Rainer Eich

HOAI 2013 – Textausgabe

HOAI 2013

Honorarordnung für Architekten und Ingenieure

Textausgabe

Textausgabe mit
Erläuterung der Neuerungen
und Musterrechnung

5. aktualisierte Auflage

Autor und Herausgeber: **Rainer Eich**
Dipl.-Ing., Freier Architekt
Öffentlich bestellter und vereidigter
Sachverständiger für Architektenleistungen

sachverständige Mitarbeit: **Felix Preisenberger**
Dipl.-Ing., Architekt
Sachverständiger für
Architekten- und Ingenieurleistungen

Rudolf Müller

Bibliografische Information Der Deutschen Nationalbibliothek
Die Deutsche Nationalbibliothek verzeichnet diese Publikation in der Deutschen Nationalbibliografie; detaillierte bibliografische Daten sind im Internet über http://dnb.d-nb.de abrufbar.

5., aktualisierte Auflage 2013

Maßgebend für das Anwenden von Normen ist deren Fassung mit dem neuesten Ausgabedatum, die bei der Beuth Verlag GmbH, Burggrafenstraße 6, 10787 Berlin, erhältlich ist. Maßgebend für das Anwenden von Regelwerken, Richtlinien, Merkblättern, Hinweisen, Verordnungen usw. ist deren Fassung mit dem neuesten Ausgabedatum, die bei der jeweiligen herausgebenden Institution erhältlich ist. Zitate aus Normen, Merkblättern usw. wurden, unabhängig von ihrem Ausgabedatum, in neuer deutscher Rechtschreibung abgedruckt.

Das vorliegende Werk wurde mit größter Sorgfalt erstellt. Verlag und Autor können dennoch für die inhaltliche und technische Fehlerfreiheit, Aktualität und Vollständigkeit des Werkes keine Haftung übernehmen.

Wir freuen uns, Ihre Meinung über dieses Fachbuch zu erfahren. Bitte teilen Sie uns Ihre Anregungen, Hinweise oder Fragen per E-Mail: fachmedien.architektur@rudolf-mueller.de oder Telefax: 0221 5497-6141 mit.

Umschlaggestaltung: Hans-Dieter Eich, Bad Breisig
Druck und Bindearbeiten: AZ Druck- und Datentechnik GmbH, Kempten
Printed in Germany

ISBN 978-3-481-03137-4

Inhaltsübersicht

A Einführung in die HOAI 2013

Autor und Herausgeber
Rainer **Eich**
Dipl.-Ing., Freier Architekt
Rationalisierungsfachmann im Wohnungsbau
Öffentlich bestellter und vereidigter
Sachverständiger für Architektenhonorar

sachverständige Mitarbeit
Felix **Preisenberger**
Dipl.-Ing., Architekt
Sachverständiger
für Architekten- und
Ingenieurhonorare

1 Vorgänger der HOAI

Da die Entwicklung der deutschen Honorarordnung für Architekten- und Ingenieurleistungen (HOAI) auf eine geschichtliche Entwicklung von über 140 Jahren verweisen kann, soll an dieser Stelle ein kurzer Überblick über die vorausgegangenen Gebührenwerke gegeben werden.

Die erste Veröffentlichung einer Gebührenordnung für Architekten erfolgte auf Initiative von Berufsverbänden im Jahre **1871.** Schon bald zeigte sich, dass dieses private Ordnungswerk eine außerordentlich positive Verhandlungsgrundlage für Bauherren und Architekten darstellte, da es klärend dazu beitrug, im Gegenzug zu dem vom Auftraggeber gewünschten Planungserfolg ein angemessenes Architektenhonorar festlegen zu können. Die Praktikabilität dieses Werks war überzeugend und veranlasste die Ingenieurverbände, eine ähnliche, den Ansprüchen ihrer Mitglieder gerecht werdende Honorarordnung zu schaffen. Diese wurde dann fünf Jahre später, im Jahr **1876,** veröffentlicht und allen Auftraggebern und Ingenieuren als **Verhandlungsgrundlage** für die Bemessung des Planerhonorars empfohlen.
Beide Gebührenordnungen wurden vom Verband der Architekten und Ingenieure im Jahr **1888** zu der **Hamburger Norm** zusammengefasst, welche bis kurz nach der Jahrhundertwende **Empfehlungscharakter** behielt.

Im Jahre **1901** erschien diese Gebührenordnung in einer grundlegenden **Neufassung,** die bis zum Jahre **1919** für die Honorarabrechnungen der Architekten und Ingenieure maßgebend blieb. Im Jahre **1920** wurde sie von den Verbänden mit der Besonderheit neu erarbeitet, dass die Honorar- und Vertragsteile systematisch getrennt dargestellt wurden. Allen bisherigen Gebührenwerken war gemeinsam, dass ihnen **keinerlei bindende Wirkung** zukam.
1935 wurde von der **Reichskammer der bildenden Künste** eine **Gebührenordnung** herausgegeben, die **1937** eine Neuerung auf **öffentlich-rechtlicher** Grundlage erfuhr und ab diesem Zeitpunkt auch für die Auftraggeberseite **verbindlich** wurde. In den Jahren **1942** und **1950** wurden die jeweils bestehenden Fassungen den wirtschaftlichen Gegebenheiten angepasst.
In den folgenden Jahren wurde an einer grundlegenden Erneuerung des Gebühren- und Vertragsrechts gearbeitet, und es setzten breite Diskussionen über eine tiefgreifende Reform des Gebührenwerks ein.

Das im Jahre **1971** in Kraft getretene **Gesetz zur Verbesserung des Mietrechts und zur Begrenzung des Mietanstiegs sowie zur Regelung von Ingenieur- und Architektenleistungen (MRVG)** schuf eine Ermächtigungsgrundlage, über deren Verfassungsmäßigkeit zwar reger Streit entstand, von der aber auch stärkerer Druck auf den Verordnungsgeber ausging, das Gebührenwerk zu reformieren.

Letztlich war es das Bundesministerium für Wirtschaft, das den entscheidenden Anstoß zur Weiterentwicklung der Gebührenordnung gab, indem es, nach vorausgegangenen nicht ganz tauglichen Versuchen, einen Forschungsauftrag an die Gruppe Pfarr/Arlt/Hobusch in Berlin erteilte, die daraufhin eine Vorformulierung der HOAI erarbeitete.

2 HOAI

Der Verordnungsgeber ist der Ausarbeitung von Pfarr/Arlt/Hobusch nicht wörtlich gefolgt, er übernahm u.a. eine unmittelbare Koppelung an die Preisentwicklung nicht, griff aber den Gesamtaufbau dieses wissenschaftlichen Gutachtens auf und erarbeitete auf dieser Grundlage die **Honorarordnung für Architekten- und Ingenieurleistungen**, **HOAI.** Hiermit füllte der Verordnungsgeber die geschaffene Ermächtigungsgrundlage des **MRVG** vom **04.11.1971** aus.

Seit dem Inkrafttreten der **HOAI** bis heute wurden **sieben Novellierungen** vom Verordnungsgeber erarbeitet und in Kraft gesetzt, die im jeweiligen Zeitrahmen, wie nachfolgend dargestellt, Gültigkeit besaßen bzw. besitzen:

vom	**01.01.1977**	bis zum	**31.12.1984**	die	**Urfassung der HOAI**,
vom	**01.01.1985**	bis zum	**09.06.1985**	die	**1. Änderungsnovelle**,
vom	**10.06.1985**	bis zum	**31.03.1988**	die	**2. Änderungsnovelle**,
vom	**01.04.1988**	bis zum	**31.12.1990**	die	**3. Änderungsnovelle**,
vom	**01.01.1991**	bis zum	**31.12.1995**	die	**4. Änderungsnovelle**,
vom	**01.01.1996**	bis zum	**17.08.2009**	die	**5. Änderungsnovelle**,
	die seit 2002 nicht mehr auf DM, sondern auf € Bezug nimmt,				
vom	**18.08.2009**	bis zum	**16.07.2013**	die	**6. Änderungsnovelle**,
ab dem	**17.07.2013**	bis auf Weiteres		die	**7. Änderungsnovelle.**

In der Koalitionsvereinbarung vom 12.06.2009 vereinbarten die Regierungsparteien der 17. Legislaturperiode, dass auf Grundlage des Bundesratsbeschlusses und Prüfauftrags zur HOAI 2009 vom 12.06.2009 die HOAI „schnellstmöglich weiter modernisiert" wird.

Das Bundesministerium für Verkehr, Bau und Stadtentwicklung (BMVBS) führte in Absprache mit dem Bundesministerium für Wirtschaft und Technologie (BMWi) in Arbeitsgruppen eine Überprüfung der Leistungsbilder durch. Die aus Vertretern des Bundes, der Länder, der Kommunen, der Deutschen Bahn AG sowie des AHO e.V., der Bundesarchitekten- und der Bundesingenieurkammern gebildeten Arbeitsgruppen legten am 02.09.2011 einen Abschlussbericht zur „Evaluierung der HOAI – Aktualisierung der Leistungsbilder" vor. Zur Prüfung des Ergebnisses dieses Abschlussberichts und des „Statusbericht 2000plus", welcher der HOAI 2009 zugrunde lag, wurde im Auftrag des BMWi durch die ArgeHOAI im Dezember 2012 eine Studie zum Aktualisierungsbedarf der HOAI vorgelegt[1]. Diese Studie schlug eine Modernisierung der Leistungsbilder und eine Erhöhung der Honorare von durchschnittlich 17 % vor[2].

---

[1] „Aktualisierungsbedarf zur Honorarstruktur der Honorarordnung für Architekten und Ingenieure (HOAI)"

[2] Mit Ausnahme einer deutlich stärkeren Erhöhung um bis zu 200 % im nicht verbindlich geregelten Leistungsbild Wärmeschutz und einer Minderung im ebenfalls nicht verbindlich geregelten Leistungsbild der Planungsbegleitenden Vermessung.

Auf Basis dieser Studie wurde am 25.04.2013 die **7. Novelle der Verordnung über die Honorare für Architekten- und Ingenieurleistungen (HOAI)** vorgelegt und erhielt am 07.06.2013 vom Bundesrat mit nur einer Stimme Mehrheit und entgegen der Empfehlung des Finanzausschusses die Zustimmung.

Der Bundesrat kritisierte dabei neben der kurzfristigen Vorlage zum Ende der Legislaturperiode insbesondere, dass trotz des Inhalts des Bundesratsbeschlusses vom 12.06.2009 die Beratungsleistungen der Anlage 1 der HOAI 2009 und die örtliche Bauleitung in den Leistungsbildern Ingenieurbauwerke und Verkehrsanlagen weiterhin nicht verbindlich geregelt sind.

Die 7. Novelle der HOAI trat am 17.07.2013 in Kraft.

Die vom 01.01.1977 bis zum 17.08.2009 geltenden **HOAI-Fassungen** lauteten im Langtext:
- Honorarordnung für Architekten und Ingenieure.

Seit der 6. Novelle dieser Rechtsverordnung nennt sie sich:
- **Verordnung über die Honorare für Architekten- und Ingenieurleistungen.**

3 Rechtscharakter

Die HOAI regelt **nicht** die werkvertraglichen Verpflichtungen des Architekten oder des Ingenieurs und schon gar nicht die Art und Menge der vom Architekten oder Ingenieur geschuldeten Einzeltätigkeiten, denn sie ist lediglich **Preisrecht**. Die Verpflichtung des Architekten und des Ingenieurs bestimmt der Vertrag, den diese mit ihrem Auftraggeber geschlossen haben. Die HOAI legt lediglich durch Mindest- und Höchstsatzgrenzen den auf das individuelle Bauvorhaben bezogenen Rahmen fest, innerhalb dessen ein Honorar rechtsgültig vereinbart werden kann.

Die vertraglichen Pflichten des Architekten und des Ingenieurs können demnach nicht der HOAI entnommen werden. Diese ergeben sich allein aus der Aufgabenstellung im Vertrag und den Regelungen des Werkvertragsrechts, § 631 ff. BGB.

In all den Jahren des Bestehens der HOAI musste immer wieder festgestellt werden, dass Auftraggeber und Auftragnehmer, und leider auch oft die an einem Honorarprozess beteiligten Juristen, die Aufzählung der sogenannten Grundleistungen der jeweiligen Leistungsbilder als Leistungserbringungsverpflichtungskataloge der Planer ansahen. Dieses führte vielmals zu abstrusen Urteilen, die jeglichen Praxisbezug entbehrten.

Der Verordnungsgeber hatte in der 6. Novelle in § 3 (8) der **HOAI 2009** darauf aufmerksam gemacht, dass das **Ergebnis jeder Leistungsphase** mit der Auftraggeberin oder dem Auftraggeber zu erörtern ist. Dies war ein Hinweis in die richtige Richtung, der betont, dass es im Rahmen eines Architekten- oder Ingenieurvertrags nicht auf das Abarbeiten aller einzelnen Arbeitsschritte, so wie diese in den einzelnen Leistungsphasen der jeweiligen Leistungsbilder aufgezählt sind, ankommt, sondern auf das **Ergebnis der Arbeit** in den einzelnen Leistungsphasen. Allein das ist werkvertragskonform.

Leider wurde dieser Absatz in der vorliegenden 7. Novelle der **HOAI 2013** wieder gestrichen, mit Hinweis darauf, dass die erforderliche Konkretisierung nun in den jeweiligen Leistungsbildern erfolge. Allerdings werden nur in den Leistungsbildern der Objekt- und Fachplanung und dort lediglich in den Leistungsphasen 1 – 3 die bisherigen Grundleistungen „Zusammenfassen" bzw. „Zusammenstellen" um die Aspekte „Erläutern" und „Dokumentieren" erweitert.

Die durch die HOAI 2009 aufgetane Chance, durch die Betonung der Ergebnisorientiertheit der einzelnen Leistungsphasen, den bisherigen und falschen Auslegungstrend, jede einzelne Grundleistung als vertraglich geschuldet anzusehen, wurde mit der HOAI 2013 wieder vertan.

4 Anwendungsbereich der HOAI

4.1 Persönlicher Anwendungsbereich

Artikel 15 der **Richtlinie des europäischen Parlaments und des Rates über Dienstleistungen im Binnenmarkt vom 12.12.2006** verbietet es, Architekten und Ingenieuren mit ausschließlichem Sitz im Ausland die Anwendung der HOAI vorzuschreiben, es sei denn, dass es hierfür Rechtfertigungsgründe gibt.

Zitat:
Artikel 15 Zu prüfende Anforderungen

(1) Die Mitgliedstaaten prüfen, ob ihre Rechtsordnungen die in Absatz 2 aufgeführten Anforderungen vorsehen, und stellen sicher, dass diese Anforderungen die Bedingungen des Absatzes 3 erfüllen. Die Mitgliedstaaten ändern ihre Rechts- und Verwaltungsvorschriften, um sie diesen Bedingungen anzupassen.

(2) Die Mitgliedstaaten prüfen, ob ihre Rechtsordnung die Aufnahme oder Ausübung einer Dienstleistungstätigkeit von folgenden nicht diskriminierenden Anforderungen abhängig macht:
   a) [...]
   g) der Beachtung von festgesetzten **Mindest- und/oder Höchstpreisen** durch den Dienstleistungserbringer;
   h) [...]

Die HOAI ist aus den in Artikel 16 Abs. 3 der Richtlinie

Zitat:
Artikel 16 Dienstleistungsfreiheit

(1) Die Mitgliedstaaten achten das Recht der Dienstleistungserbringer, Dienstleistungen in einem anderen Mitgliedstaat als demjenigen ihrer Niederlassung zu erbringen.

(3) Der Mitgliedstaat, in den sich der Dienstleistungserbringer begibt, ist nicht daran gehindert, unter Beachtung des Absatzes 1 Anforderungen in Bezug auf die Erbringung von Dienstleistungen zu stellen, die **aus Gründen der öffentlichen Ordnung, der öffentlichen Sicherheit, der öffentlichen Gesundheit oder des Schutzes der Umwelt** gerechtfertigt sind. Dieser Mitgliedstaat ist ferner nicht daran gehindert, im Einklang mit dem Gemeinschaftsrecht seine Bestimmungen über Beschäftigungsbedingungen, einschließlich derjenigen in Tarifverträgen, anzuwenden.

genannten Gründen der „öffentlichen Ordnung, Sicherheit, Gesundheit oder des Schutzes der Umwelt" nicht gerechtfertigt.

Daher nimmt die HOAI ab der Fassung von 2009 im Ausland niedergelassene Architekten und Ingenieure aus ihrem Anwendungsbereich aus.

Im Grundsatz bedeutet dies, dass für Architekten und Ingenieure,

- die nur einen Sitz im Ausland haben, die **HOAI nicht** per legem **anzuwenden** ist,
- die **auch** einen Sitz in Deutschland haben und von diesem Sitz aus Leistungen für ein Bauvorhaben erbringen **und** für solche,
- die **lediglich** einen Sitz im Inland haben,
- die **HOAI** zwingend **anzuwenden** ist.

Selbstverständlich bleibt es den Vertragspartnern überlassen, Deutsches Recht individuell zu vereinbaren und somit die HOAI als Honorarberechnungssystem in ihr Vertragsverhältnis einzubinden.

4.2 Sachlicher Anwendungsbereich

Dieser beschränkt sich auf die Berechnung der Honorare für **Grundleistungen**, die **in dem verbindlichen Teil dieser Verordnung erfasst** sind und deren ermittelte **anrechenbare Kosten**, **Werte** oder **Verrechnungseinheiten** sich **innerhalb** der jeweiligen **Tafelwerte** bewegen.

Bei Bauvorhaben, deren anrechenbare Kosten über die Honorartafelwerte der HOAI hinausgehen, ist es schon seit Jahren als absolut üblich anzusehen, die von den Landesverwaltungen für solche Fälle geschaffenen erweiterten Tabellen zur angemessenen Honorarfindung heranzuziehen. Es gibt bisher u. a. solche Tabellen von den Landesverwaltungen Bayern, Baden-Württemberg, Nordrhein-Westfalen und Berlin, welche lediglich um Nuancen variieren, im Prinzip aber nach fast identischem Ansatz weiterentwickelt worden sind. Diese Tabellen werden nicht nur bei Bauvorhaben der Bundesländer verwendet, sondern bilden mittlerweile auch immer öfter die Grundlage bei Bauten für private Bauherren. Nach Meinung des Herausgebers dieser HOAI-Textausgabe kann die Anwendung dieser fortgeschriebenen Honorartafeln durchaus als üblich im Sinne des § 632 Abs. 2 BGB angesehen werden.

Man kann davon ausgehen, dass die bestehenden Erweiterungstabellen in Bezug auf die **HOAI 2013** aktualisiert werden.

5 HOAI 2013 im Überblick

5.1 Unverändertes

Bevor die wesentlichen Neuerungen betrachtet werden, ist ein bemerkenswerter und – wie anhand des Beschlusses des Bundesrates vom 07.06.2013 sichtbar wird – strittiger Aspekt der HOAI 2013, was sich gerade **nicht verändert** hat[3]:

5.1.1 Deregulierung der Beratungsleistungen in der Anlage 1 der HOAI 2009

Anlage 1 zur HOAI 2013

Auch weiterhin ist die Honorarregelung der in Anlage 1 beschriebenen Leistungsbilder eine Empfehlung und bleibt frei vereinbar. Der Verordnungsgeber hatte deren Verbleib als unverbindlichen Anhang bei der Einführung der HOAI 2009 damit begründet, dass der Übergang von verbindlichen Regelungen in die Freivereinbarkeit erleichtert werden solle. Warum der Verordnungsgeber es in der Novelle der HOAI 2013 einerseits beim Charakter

---

3 Der Bundesrat nimmt in diesem Beschuss „mit Bedauern zur Kenntnis, dass die Bundesregierung wesentlichen Teilen seines Beschlusses vom 12. Juni 2009 nicht gefolgt ist. Das gilt insbesondere für die ausdrückliche Bitte, den Verzicht auf verbindliche Honorarsätze für Beratungsleistungen [...] kritisch zu begleiten und gegebenenfalls zur Verbindlichkeit [...] zurückzukehren. [...] Der Bundesrat ist der Auffassung, dass die Frage der Rückführung der Beratungsleistungen in den verbindlichen Teil der HOAI [...] intensiv geprüft werden muss. [...] Der Bundesrat bittet [...] um Umsetzung der baufachlichen Forderung, nach der Regelungen für die örtliche Bauüberwachung für Ingenieurbauwerke und Verkehrsanlagen als verbindlich in die HOAI aufzunehmen sind." Das Land Hessen legte seine Rechtsauffassung, dass das Europarecht einer Wiederaufnahme der Beratungsleistungen nicht im Weg stünde, in seinem Beschussantrag ausführlich dar. Das Land Nordrhein-Westfalen begründet seinen Antrag auf Ablehnung der HOAI-Novelle unter anderem mit der späten und daher mangelnden Einbindung des Bundesrates in solche Überlegungen.

eines unverbindlichen Übergangsprovisoriums belässt, es andererseits aber dennoch für notwendig gehalten hat, umfassende Modernisierungen dieser Leistungsbilder und starke Honorarsatzerhöhungen vorzunehmen, erschließt sich dem Autor nicht.

5.1.2 Örtliche Bauüberwachung als Besondere Leistung

Anlage 12 Pkt. 12.1 und Anlage 13 Pkt. 13.1 HOAI 2013
Das systemwidrige Ausklammern der Bauleitung, einem Teil des werkvertraglich geschuldeten Leistungspakets, aus der preisrechtlichen Regelung der Leistungsbilder Ingenieurbauwerke und Verkehrsanlagen, wird trotz der Bedenken des Bundesrates bereits zur HOAI 2009 weiter aufrechterhalten. Die amtliche Begründung geht darauf nicht ein.

5.2 Wiedereinführung von Regelungen und Begriffen der HOAI 1996

An einigen Stellen wurden in der HOAI 2009 abgeschaffte Regelungen wieder eingeführt, da sich die alternativen Regelungen der HOAI 2009 nicht als tragfähig und praktikabel erwiesen haben.

5.2.1 Honorierung bei Mitverarbeitung vorhandener Bausubstanz

§ 4 Abs. 3 HOAI 2013
Der § 10 Absatz 3a HOAI 1996 regelte die **Anrechenbarkeit vorhandener Bausubstanz.**

Dieser Passus wurde in der HOAI 2009 gestrichen. Der Wegfall der Anrechenbarkeit mitverarbeiteter vorhandener Bausubstanz sollte über einen frei zu vereinbarenden Umbauzuschlag von bis zu 80 % aufgefangen werden. Der Verordnungsgeber hat eingesehen, dass ein angemessenes Honorar damit nicht zu ermitteln bzw. vertraglich durchzusetzen ist.

Die HOAI 2013 führt die Anrechenbarkeit vorhandener Bausubstanz als § 4 Absatz 3 in Verbindung mit § 2 Absatz 7 HOAI 2013 wieder ein. Gegenüber der ursprünglichen Formulierung wird nun jedoch ausdrücklich auf die Mitverarbeitung durch Planungs- und Überwachungsleistung abgestellt. Zudem wird festgelegt, dass die **schriftliche Vereinbarung** zu Umfang und Wert (spätestens) **zur Kostenberechnung** erfolgen muss.

Dadurch, dass nun auch für den Wert der anrechenbaren Bausubstanz die Kostenberechnung die maßgebliche Honorarbemessungsgrundlage darstellt, ist regelmäßig nach Leistungsphase 3 die Auswirkung der vorhandenen Bausubstanz auf das Honorar geklärt. Für den Auftraggeber wird so ein gewisses Maß an Kostensicherheit bezüglich der Honorare geschaffen.

Aufgrund dieser Wiedereinführung der Anrechenbarkeit wird die **Obergrenze des Umbau- und Modernisierungszuschlags** wieder **auf 33 % zurückgenommen** in den Leistungsbildern
- Objektplanung für Gebäude gemäß § 36 Absatz 1 HOAI 2013,
- Objektplanung für Freianlagen gemäß § 40 Absatz 6 HOAI 2013,
- Objektplanung für Ingenieurbauwerke gemäß § 44 Absatz 6 HOAI 2013,
- Objektplanung für Verkehrsanlagen gemäß § 48 Absatz 6 HOAI 2013

und wieder **auf 50 % zurückgenommen** in den Leistungsbildern
- Innenräume (früher: Raumbildender Ausbau) gemäß § 36 Absatz 2 HOAI 2013,
- Tragwerksplanung gemäß § 52 Absatz 4 HOAI 2013 und
- Technische Ausrüstung gemäß § 56 Absatz 5 HOAI 2013.

§ 6 Abs. 2 S. 3 HOAI 2013
Bei fehlender schriftlicher Vereinbarung gilt zudem wieder der über § 6 Absatz 2 Satz 3 HOAI 2013 geregelte **Mindestzuschlag von 20 % erst ab durchschnittlichem Schwierigkeitsgrad** als vereinbart. Die HOAI 2009 sah diesen bereits ab Honorarzone II vor. Auch wird in der Begriffsdefinition des Umbaus die Bedingung des „wesentlichen" Eingriffs reaktiviert. Was unter dem rechtlich undefinierten Begriff „wesentlich" zu verstehen ist – darüber lässt sich in Zukunft bei Honorarprozessen erneut trefflich streiten.

5.2.2 Der Begriff der Grundleistung

§ 3 Abs. 2 HOAI 2013
Die HOAI 2009 kehrt zum bis zur HOAI 1996 verwendeten spezifischen Begriff der Grundleistungen anstatt des allgemeinen Begriffs „Leistungen" zurück. Der Begriff der „Anderen Leistungen" des § 3 Absatz 2 HOAI 2009 für Änderungsleistungen auf Verlangen des Auftraggebers ist wieder abgeschafft.

5.2.3 Zeitgrenze in Leistungsphase 9

Anlagen 10 Pkt. 10.1, 11 Pkt. 11.1, 12 Pkt. 12.1, 13 Pkt. 13.1 und 15 Pkt. 15.1 HOAI 2013
Die Zeitspanne, in der die Bearbeitung innerhalb der Gewährleistungsfristen aufgetretener Mängel eine Grundleistung der Leistungsphase 9 darstellt, wurde wieder auf die in § 634a Absatz 1 Nr. 2 BGB geregelten 5 Jahre verlängert. Die HOAI 2009 hatte diese Obergrenze auf 4 Jahre verkürzt und dabei ihre rein preisrechtliche Regelungskompetenz überschritten.

5.2.4 Gemeinsame Abrechnung von Gebäude und Innenräumen

§ 25 Absatz 1 HOAI 1996 regelte, dass Leistungen bei Innenräumen bei gleichzeitig erbrachten Grundleistungen bei Gebäuden nicht als separates Objekt abgerechnet werden können. Eine solche Regelung war in der HOAI 2009 nicht mehr zu finden.

In **§ 37 Absatz 2 HOAI 2013** wird diese Regelung zur Klarstellung und zur Vermeidung einer Mehrfachhonorierung wieder aufgenommen. Eine eventuell aus der zusätzlichen Innenraumplanung entstehende erhöhte Anforderung ist der amtlichen Begründung zufolge „im Rahmen der für die Grundleistungen am Gebäude festgesetzten Mindest- und Höchstsätze", d. h. bei der Wahl des Honorarsatzes zu berücksichtigen.

5.3 Neueinführungen und Änderungen

5.3.1 Struktur der HOAI 2013

Die HOAI 2009 war in 5 Teile mit 56 Paragrafen gegliedert und enthielt 14 Anlagen.
Die HOAI 2013 ist ebenfalls in 5 Teile gegliedert, enthält nun 58 Paragrafen und 15 Anlagen.

Die einzelnen Teile sind weiter vereinheitlicht. Jedem einzelnen Leistungsbild der Objekt- und Fachplanungen ist nun **eine** eigene **Anlage** zugeordnet, in der gebündelt die

- **Grundleistungen** und **Besonderen Leistungen** wieder, wie in den HOAI-Fassungen bis 1996, tabellarisch gegenübergestellt und die zu diesem Leistungsbild zugehörige
- **Objektliste**, meist deutlich erweitert und ausdifferenziert, angehängt werden[4].

---

[4] Bei den Disziplinen der Flächenplanung enthält die spezifische Anlage nur die Grundleistungen. Die Besonderen Leistungen für alle Flächenplanungsdisziplinen sind in Anlage 9 zusammengefasst, Objektlisten existieren nicht.

Damit ist es nicht mehr notwendig, die Regelungen für ein Leistungsbild an vielen Stellen der HOAI zusammenzusuchen. In der HOAI 2009 fand man z.B.

- die (Grund-)Leistungen in der spezifischen Anlage des Leistungsbilds,
- die Besonderen Leistungen im spezifischen Abschnitt der Anlage 2 und
- die Objektliste entweder im spezifischen Abschnitt der Anlage 3 oder im Paragrafenteil.

Das Leistungsbild Freianlagen erhält eine eigene, fachspezifischere Auflistung der Grundleistungen und Besonderen Leistungen und ist nicht mehr in die entsprechenden Listen für Gebäude und Innenräume eingearbeitet. Ebenso erhält das Leistungsbild Verkehrsanlagen eine eigene Anlage, die Grundleistungen und Besonderen Leistungen sind nicht mehr gemeinsam mit den Ingenieurbauwerken aufgeführt. Lediglich das Leistungsbild Innenräume ist bezüglich der Grundleistungen und Besonderen Leistungen noch mit dem Leistungsbild Gebäude verbunden.

5.3.2 Leistungsbilder der Flächenplanung

§ 31 HOAI 2013
Bei der Flächenplanung ist eine neue eigenständige Honorarregelung für den Landschaftspflegerischen Begleitplan eingearbeitet. Die übrigen Leistungsbilder sind komplett und umfassend überarbeitet und die Grundleistungen den aktuellen rechtlichen Bestimmungen (z.B. Umweltrecht) angepasst und ausdetailliert. Die Details würden hier zu weit gehen, sind jedoch im folgenden Verordnungstext anhand der in dieser Textausgabe blau gedruckten Änderungen ersichtlich.

5.3.3 Harmonisierung der HOAI mit dem BGB

Neben der in Abschnitt 5.2.3 genannten Wiederanpassung in Leistungsphase 9 wird auch an anderen Stellen die HOAI den Inhalten des BGB angeglichen:

§ 10 HOAI 2013
Benutzte die HOAI 2009 in § 7 Absatz 5 noch die Formulierung einer Änderung „auf Veranlassung des Auftraggebers", ging sie damit von einem einseitigen Anordnungsrecht des Auftraggebers aus. Der neue § 10 HOAI 2013 zu Änderungen des Leistungsumfangs lautet hingegen, dass „sich Auftraggeber und Auftragnehmer" über vertragliche Änderungen „einigen" und geht damit von einer dem Werkvertragsrecht des BGB konformen beidseitigen Verpflichtung ohne einseitigem Änderungsrecht einer Partei aus.

§ 15 HOAI 2013
In § 15 HOAI 2013 ist die Fälligkeit des Honorars nun wie in § 641 BGB an die Abnahme durch den Auftraggeber geknüpft.

5.3.4 Ausweitung des Schriftformerfordernisses

Die neue HOAI erweitert die Anforderung der schriftlichen Form von Vereinbarungen auf folgende Punkte:

- Herausnahme einzelner Leistungsphasen und Grundleistungen aus dem Leistungsumfang einschließlich der Honorierung eines dabei entstehenden zusätzlichen Koordinierungsaufwandes gemäß § 8 (2) und (3) HOAI 2013,

- Honorarzuschläge bei
  - separater Beauftragung der Leistungsphasen 2 oder 3 gemäß § 9 (1) HOAI 2013,
  - separater Beauftragung der vorläufigen Planfassung bei Landschaftsplänen oder Grünordnungsplänen gemäß § 9 (2) HOAI 2013,
  - separater Beauftragung der Leistungsphase 8 gemäß § 9 (3) HOAI 2013,
  - Instandsetzungen und Instandhaltungen gemäß § 12 (2) HOAI 2013.

5.3.5 Der Leistungsumfang und dessen Bewertung in der Flächenplanung

Die **Leistungsbilder der Flächenplanung** wurden umfassend überarbeitet. Die Möglichkeit, die Leistungsphasen innerhalb einer Bandbreite individuell vermindert zu bewerten, wurde abgeschafft.

Die Leistungsbilder der **Bauleitplanung**, d.h.
- Flächennutzungsplan und
- Bebauungsplan

werden statt in 5 Leistungsphasen nun in **3 Leistungsphasen** gegliedert, die wie bereits in der HOAI 2009 in jedem Leistungsbild gleich bewertet werden:
- Leistungsphase 1 mit 60 %
- Leistungsphase 2 mit 30 %
- Leistungsphase 3 mit 10 %

Die Leistungsbilder der **Landschaftsplanung**, d.h.
- Landschaftsplan
- Grünordnungsplan,
- Landschaftsrahmenplan,
- Landschaftspflegerischer Begleitplan und
- Pflege- und Entwicklungsplan

werden jetzt einheitlich in **4 Leistungsphasen** gegliedert, die nun ebenfalls in jedem Leistungsbild gleich bewertet werden:
- Leistungsphase 1 mit 3 %
- Leistungsphase 2 mit 37 %
- Leistungsphase 3 mit 50 %
- Leistungsphase 4 mit 10 %

Dies entspricht den früheren Maximalwerten für Landschafts- und Grünordnungsplanung.

5.3.6 Der Leistungsumfang und dessen Bewertung in der Objekt- und Fachplanung

Alle **Leistungsbilder der Objekt- und Fachplanung** haben eine Änderung der Grundleistungen und der Bewertung der Leistungsphasen erfahren:

5.3.6.1 Leistungsphase 1 (Grundlagenermittlung)

Alle Objektplanungen enthalten in der HOAI 2013 in der Leistungsphase 1 eine **Ortsbesichtigung** als Grundleistung. Dies war bisher nur bei Ingenieurbauwerken und Verkehrsanlagen der Fall.

Der Prozentsatz der Grundlagenermittlung wird in den Leistungsbildern der Objekt- und Fachplanung **herabgesetzt**

▪ bei Gebäuden	von	3 %	auf jetzt	2 %
▪ bei Innenräumen	von	3 %	auf jetzt	2 %
▪ bei der Technischen Ausrüstung	von	3 %	auf jetzt	2 %

Die Bewertung der Leistungsphase 1 bleibt **unverändert**

▪ bei Freianlagen	bei	3 %
▪ bei Ingenieurbauwerken	bei	2 %
▪ bei Verkehrsanlagen	bei	2 %
▪ bei der Tragwerksplanung	bei	3 %

5.3.6.2 Leistungsphase 2 (Vorplanung)

Bei den Objektplanungen und der Fachplanung der Technischen Ausrüstung umfassen die Grundleistungen eine **Terminplanung** und deren Fortschreibung **bereits ab der Leistungsphase 2** bis in die Leistungsphase 5. Dies ist praxisgerecht, da die Terminsicherheit eine immer größere Rolle im Baugeschehen spielt und spätestens für die Ausschreibung, d.h. in Leistungsphase 6, ohnehin eine Angabe der Ausführungszeiträume notwendig ist. Bis zur HOAI 2009 stellte dies jedoch eine Besondere Leistung dar.

Die **Bewertung** der Leistungsphase 2 bleibt trotz der in einigen Leistungsbildern zusätzlichen Terminplanung **unverändert**

▪ bei Gebäuden	bei	7 %
▪ bei Innenräumen	bei	7 %
▪ bei Freianlagen	bei	10 %
▪ bei der Tragwerksplanung	bei	10 %

Sie **erhöht** sich

▪ bei Ingenieurbauwerken	von	15 %	auf jetzt	20 %
▪ bei Verkehrsanlagen	von	15 %	auf jetzt	20 %

Sie **vermindert** sich trotz der zusätzlichen Grundleistung sogar

▪ bei der Technischen Ausrüstung	von	11 %	auf jetzt	9 %.

5.3.6.3 Leistungsphase 3 (Entwurfsplanung)

Die Leistungsphase des Entwurfs erhält – abgesehen von der genannten Terminplanfortschreibung bei im wesentlichen unveränderten Grundleistungen – eine **Aufwertung**. Der Prozentsatz wird in den Leistungsbildern **angehoben** bei der Planung von

▪ Gebäuden	von	11 %	auf jetzt	15 %
▪ Innenräumen	von	14 %	auf jetzt	15 %
▪ Freianlagen	von	15 %	auf jetzt	16 %
▪ Tragwerken	von	12 %	auf jetzt	15 %
▪ Anlagen der Techn. Ausrüstungen	von	15 %	auf jetzt	17 %

Im Leistungsbild der **Tragwerksplanung** ist diese Aufwertung dadurch begründet, dass die bis zur HOAI 2009 erst in der Leistungsphase 6 enthaltene **überschlägige Mengenermittlung** in die Leistungsphase 3 **vorgezogen wurde**.

Lediglich in den Leistungsbildern wurde der Prozentsatz **vermindert**

- bei Ingenieurbauwerken von 30% auf jetzt 25 %
- bei Verkehrsanlagen von 30% auf jetzt 25 %

Im Gegenzug wurde die Menge der enthaltenen Erläuterungstermine auf 3 begrenzt. Damit ist in diesen Leistungsbildern die Bewertung von Leistungsphase 2 und 3 in der Summe gleichgeblieben.

5.3.6.4 Leistungsphase 4 (Genehmigungsplanung)

Der **Prozentsatz der Genehmigungsplanung** wird – nach Meinung des Autors der Realität entsprechend – **in drei Leistungsbildern** bei gleichbleibenden Grundleistungen **deutlich verringert**:

- bei Gebäuden von 6 % auf jetzt 3 %
- bei Freianlagen von 6 % auf jetzt 4 %
- bei der Technischen Ausrüstung von 6 % auf jetzt 2 %

Die Bewertung der Leistungsbilder bleibt **unverändert**

- bei Tragwerksplanung bei 30 %
- bei Innenräumen bei 2 %
- bei Ingenieurbauwerken bei 5 %

Erhöht wird die Bewertung nur im Leistungsbild

- Verkehrsanlagen von 5 % auf jetzt 8 %,

trotz einer **Beschränkung der Erläuterung und Erörterung** auf 4 Termine **und der Stellungnahmen** auf 10 Kategorien.

5.3.6.5 Leistungsphase 5 (Ausführungsplanung)

Im Leistungsbild Fachplanung für **Technische Ausrüstung** ist das **Prüfen und Anerkennen von Montage- und Werkstattzeichnungen** der ausführenden Unternehmen aus einer Besonderen Leistung eine **Grundleistung** der Leistungsphase 5 geworden. Sie wird indirekt über § 55 (2) HOAI 2013 mit 4 % des Grundhonorars bewertet:

> **Zitat:**
> **§ 55 (2) HOAI 2013**
> (2) Die Leistungsphase 5 ist abweichend von Absatz 1 Satz 2 mit einem Abschlag von jeweils 4 Prozent zu bewerten, sofern das Anfertigen von Schlitz- und Durchbruchsplänen oder das Prüfen der Montage- und Werkstattpläne der ausführenden Firmen nicht in Auftrag gegeben wird.

Dementsprechend wird die Ausführungsplanung der Technischen Ausrüstung nun **erhöht** statt mit bisher 18 % mit 22 % bewertet.

Im Leistungsbild **Objektplanung** für Gebäude und für Innenräume ist das Prüfen notwendiger Montagepläne jetzt ausdrücklich eine Grundleistung, die Bewertung dieser Leistungsphase bleibt jedoch trotzdem und trotz der zusätzlichen Terminfortschreibung **unverändert** bei 25 % bei Gebäuden bzw. 30 % bei Innenräumen.

Bei **Freianlagen** wird die Ausführungsplanung trotz unveränderter Grundleistungen mit nun 25 % **höher** bewertet als zuvor mit 24 %.

Bei der **Tragwerksplanung** sind als **neue Grundleistungen** die Erstellung von **Leitdetails** und das **Fortführen der Abstimmung** mit den Prüforganen bzw. eine Eigenkontrolle hinzugekommen. Dennoch wird diese Leistungsphase **vermindert** statt mit 42 % nur noch mit 40 % bewertet.

5.3.6.6 Leistungsphasen 6 und 7 (Vorbereitung und Mitwirkung bei der Vergabe)

In der **Leistungsphase 6** sind in der **Objektplanung** und der **Fachplanung** der Technischen Ausrüstung als **neue Grundleistungen** eine

- Kostenermittlung durch **Bepreisen der Leistungsbeschreibungen** und eine
- **Kostenkontrolle** anhand eben dieser neuen Kostenermittlung

eingeführt.

Im Gegenzug ist in **Leistungsphase 7** die Grundleistung des **Kostenanschlags abgeschafft**. Die bisherige Grundleistung einer Kostenkontrolle in Leistungsphase 7 anhand des Kostenanschlags soll nun durch Vergleich der Ausschreibungsergebnisse mit den bepreisten Leistungsbeschreibungen stattfinden.

Der Autor hält dies für ein praxisgerechteres Verfahren. Eine Kostensteuerung ist umso wirksamer, je früher sie greift. Ein Kostenanschlag kann regelmäßig erst bei Vorlage zumindest eines guten Teils der Ausschreibungsergebnisse erstellt werden. Bei der heutigen Praxis der baubegleitenden Ausschreibung sind zu diesem Zeitpunkt bereits wichtige Teile der Bauleistungen vergeben und die Planung durch den fortgeschrittenen Bau manifestiert.

Wird dann erst bei der Kostenkontrolle anhand des Anschlags eine notwendige Einsparung entdeckt, kann diese nur noch schwer und in geringerem Umfang verwirklicht werden. Änderungen im Leistungsumfang der bereits beauftragten Unternehmer müssen außerhalb des Wettbewerbs als Nachtrag und damit üblicherweise weniger wirtschaftlich vorgenommen werden. Ist das Submissionsergebnis gegenüber der erwarteten Summe deutlich überhöht, ist eventuell sogar nach der VOB/A eine Aufhebung und langwierige Wiederholung der Ausschreibung notwendig.

Diese Gefahr wird durch eine nun zur Grundleistung erhobene kontinuierliche Kostenkontrolle anhand der erwarteten Kosten für die projektbezogene Leistungsbeschreibung vor der Ausschreibung vermindert. Das Verfahren ist bei größeren Projekten und professionellen Planern längst gängige Praxis.

5.3.6.7 Leistungsphasen 8 und 9 (Objektüberwachung und Objektbetreuung)

Das Zusammenstellen der zeichnerischen Darstellungen und rechnerischen Ergebnisse (d.h. die **Dokumentation**) ist in allen einschlägigen Leistungsbildern der Objekt- und Fachplanung von der Leistungsphase 9 **in die Leistungsphase 8 vorgezogen**. Damit gibt es eine deutlich sinnvollere Trennung für den Fall, dass die Leistungsphase 9 dem Auftragnehmer nicht übertragen wird. Nach Leistungsphase 8 ist nun das Bauwerk (bzw. Objekt) vollständig errichtet und alle Nachweise und Dokumentation übergeben. Leistungsphase 9 stellt eine reine Betreuung über die Gewährleistungsfrist dar und kann ohne Weiteres auch durch Dritte oder einen fachkundigen Auftraggeber selbst erbracht werden.

Entsprechend wurde der **Honoraranteil der Leistungsphase 8 erhöht**

▪ bei Gebäuden	von	31 %	auf jetzt	32 %
▪ bei Innenräumen	von	31 %	auf jetzt	32 %
▪ bei Freianlagen	von	29 %	auf jetzt	30 %
▪ bei der Technischen Ausrüstung	von	33 %	auf jetzt	35 %

Der Honoraranteil bleibt **unverändert**

▪ bei Ingenieurbauwerken	bei	15 %
▪ bei Verkehrsanlagen	bei	15 %

Mängel, die nach der Abnahme innerhalb der Gewährleistungsfristen auftreten, sind in der HOAI 2013 **im Rahmen der Grundleistungen der Leistungsphase 9** nicht mehr in ihrer Beseitigung zu überwachen, sondern **lediglich fachlich zu bewerten** und – sofern notwendig – vor Ort in Augenschein zu nehmen. Die Überwachung, d.h. die **Bauleitung der Mängelbeseitigung**, ist nun eine **Besondere Leistung** und somit gesondert honorarfähig.

Der **Honoraranteil der Leistungsphase 9** wurde **reduziert**

▪ bei Gebäuden	von	3 %	auf jetzt	2 %
▪ bei Innenräumen	von	3 %	auf jetzt	2 %
▪ bei Freianlagen	von	3 %	auf jetzt	2 %
▪ bei Ingenieurbauwerken	von	3 %	auf jetzt	1 %
▪ bei Verkehrsanlagen	von	3 %	auf jetzt	1 %
▪ bei der Technischen Ausrüstung	von	3 %	auf jetzt	1 %

5.3.7 Honorarzonen

In der HOAI 2009 wurden die Leistungsbilder Grünordnungsplan und Landschaftsrahmenplan in lediglich 2 Honorarzonen aufgeteilt. Mit der HOAI 2013 werden die Planungsanforderungen in der gesamten Flächenplanung einheitlich in 3 Honorarzonen unterschieden.

5.3.8 Honorartafeln

Die Tafeln sind einheitlich auf 20 Tafelwerte gekürzt, die in der HOAI 2009 noch als Relikt der Umstellung der Tafelwerte von DM auf Euro im Jahr 2002 enthaltenen „krummen" Tafelgrenzwerte (z.B. 25.565,- € und 25.564.594,- € im Leistungsbild Gebäude) nun auf- oder abgerundet.

Die im verbindlichen Teil geregelten Honorarsätze werden auf Empfehlung der Studie der ArgeHOAI fast durchweg erhöht. Dabei ändern sich die Sätze nicht einheitlich um eine feste Prozentzahl, sondern je nach Leistungsbild und Tafelwert, in der Objekt- und Fachplanung sogar je nach Honorarzone unterschiedlich:

▪ Leistungsbild Bebauungsplan	zwischen	+ 906 %[5]	und	+ 16 %
▪ Leistungsbild Landschaftsplan	zwischen	+ 85 %	und	+ 37 %
▪ Leistungsbild Landschaftsrahmenplan	zwischen	+ 91 %	und	+ 45 %
▪ Leistungsbild Pflege- und Entwicklungsplan	zwischen	+ 50 %	und	+ 32 %
▪ Leistungsbilder Gebäude und Innenräume	zwischen	+ 43 %	und	+ 1 %
▪ Leistungsbild Freianlagen	zwischen	+ 38 %	und	– 4 %
▪ Leistungsbild Ingenieurbauwerke	zwischen	+ 32 %	und	+ 4 %

5 Dieser extreme Wert ist auch auf die Einführung einer Art „Bagatellgrenze' in der Honorarzone I zurückzuführen: Von 0,5 ha bis 1,00 ha bleibt das Honorar unverändert auf 5.000,- €.

- Leistungsbild Verkehrsanlagen zwischen + 37 % und + 4 %
- Leistungsbild Tragwerksplanung zwischen + 33 % und + 3 %
- Leistungsbild Technische Ausrüstung zwischen + 35 % und – 3 %

Dabei ist regelmäßig die

- **höchste Steigerung** bei den **niedrigen Tafelwerten** der **Honorarzone I**, die
- **kleinste Steigerung** (bzw. Minderung) bei den **hohen Tafelwerten** der **Honorarzone I**

zu verzeichnen.

Die Honorartafeln der Leistungsbilder Flächennutzungsplan und Grünordnungsplan sind wegen der Umstellung der Bezugsgröße von Verrechnungseinheiten auf die Fläche des Planungsgebietes nicht direkt vergleichbar.

In der Objekt- und Fachplanung ist regelmäßig die

- **Steigerungsrate** bei **niedrigen Tafelwerten kleiner**, **je höher die Honorarzone** ist, die
- **Steigerungsrate** bei **hohen Tafelwerten größer, je höher die Honorarzone** ist.

Im Ergebnis wird dadurch die **Degression** in den **unteren Honorarzonen verstärkt**, in den **oberen Honorarzonen** eher **abgeschwächt**.

Die nachfolgenden Darstellungen am Beispiel der Honorartafel für die Leistungsbilder Gebäude, Innenräume, Freianlagen, Tragwerksplanung und Technische Ausrüstung veranschaulicht die prozentualen Änderungen. Dabei stellen die hinterlegten Prozentzahlen die durchschnittliche Änderung je Zahlenblock gegenüber den Honorarsätzen der HOAI 2009 dar.

Honorartafel zu § 35 Abs. 1 – Gebäude und Innenräume

Anrechenbare Kosten in Euro	Zone I von Euro	bis / Zone II von Euro	bis / Zone III von Euro	bis / Zone IV von Euro	bis / Zone V von Euro	bis Euro
25.000	3.120	3.657	4.339	5.412	6.094	6.631
35.000	4.217	4.942	5.865	7.315	8.237	8.962
50.000	+32,6 [illegible]	+29,0 [illegible]	+24,8 [illegible]	+21,9 [illegible]	+20,0 [illegible]	+19,3 [illegible]
75.000	8.342	9.776	11.601	14.469	16.293	17.727
100.000	10.790	12.644	15.005	18.713	21.074	22.928
150.000	15.500	18.164	21.555	26.883	30.274	32.938
200.000	20.037	23.480	27.863	34.751	39.134	42.578
300.000	+28,2 [illegible]	+27,4 [illegible]	+25,7 [illegible]	+25,0 [illegible]	+24,1 [illegible]	+24,0 [illegible]
500.000	45.232	53.006	62.900	78.449	88.343	96.118
750.000	64.666	75.781	89.927	112.156	126.301	137.416
1.000.000	83.182	97.479	115.675	144.268	162.464	176.761
1.500.000	119.307	139.813	165.911	206.923	233.022	253.527
2.000.000	+28,6 [illegible]	+28,7 [illegible]	+27,9 [illegible]	+28,3 [illegible]	+27,8 [illegible]	+27,9 [illegible]
3.000.000	220.161	258.002	306.162	381.843	430.003	467.843
5.000.000	343.879	402.984	478.207	596.416	671.640	730.744
7.500.000	493.923	578.816	686.862	856.648	964.694	1.049.587
10.000.000	638.277	747.981	887.604	1.107.012	1.246.635	1.356.339
15.000.000	+5,8 [illegible]	+10,3 [illegible]	+14,2 [illegible]	+19,4 [illegible]	+21,5 [illegible]	+23,2 [illegible]
20.000.000	1.180.414	1.383.298	1.641.513	2.047.281	2.305.496	2.508.380
25.000.000	1.436.874	1.683.837	1.998.153	2.492.079	2.806.395	3.053.358

Honorartafel zu § 40 Abs. 1 – Freianlagen						
Anrechenbare Kosten in Euro	Zone I von Euro	bis / Zone II von Euro	Zone III von / bis Euro	bis / Zone IV von Euro	Zone V von / bis Euro	bis Euro
20.000	3.643	4.348	5.229	6.521	7.403	8.108
25.000	4.406	5.259	6.325	7.888	8.954	9.807
30.000	+35,5 [illegible]	+32,1 [illegible]	+27,7 [illegible]	+23,1 [illegible]	+21,3 [illegible]	+21,0 [illegible]
35.000	5.870	[illegible]	8.426	[illegible]	11.928	13.064
40.000	6.577	7.850	9.441	11 774	13.365	14.638
50.000	7.953	9.492	11.416	14 238	16.162	17.701
60.000	9.287	11.085	13.332	16 627	18.874	20.672
75.000	+23,5 [illegible]	+21,0 [illegible]	+17,6 [illegible]	+13,8 [illegible]	+12,4 [illegible]	+12,2 [illegible]
100.000	14.832	17.106	20.574	25.659	29.127	31.901
125.000	17.315	20.666	24.855	30.999	35.188	38.539
150.000	20.201	24.111	28.998	36.166	41.053	44.963
200.000	25.746	30.729	36.958	46.094	52.323	57.306
250.000	+22,7 [illegible]	+24,1 [illegible]	+24,1 [illegible]	+23,4 [illegible]	+23,5 [illegible]	+24,2 [illegible]
350.000	41.147	49.111	59.066	73.667	83.622	91.586
500.000	55.300	66.004	79.383	99.006	112.385	123.088
650.000	69.114	82.491	99.212	123.736	140.457	153.834
800.000	82.430	98.384	118.326	147.576	167.518	183.472
1.000.000	+1,6 [illegible]	+9,9 [illegible]	+17,4 [illegible]	+25,4 [illegible]	+29,9 [illegible]	+33,6 [illegible]
1.250.000	120.238	143.510	172.600	[illegible]	244.855	267.627
1.500.000	140.204	167.340	201.261	251.011	284.931	312.067

Honorartafel zu § 52 Abs. 1 – Tragwerksplanung						
Anrechenbare Kosten in Euro	Zone I von Euro	bis / Zone II von Euro	Zone III von / bis Euro	bis / Zone IV von Euro	Zone V von / bis Euro	bis Euro
10.000	1.461	1.624	2.064	2.575	3.015	3.178
15.000	2.011	2.234	2.841	3.543	4.149	4.373
25.000	+25,4 [illegible]	+21,7 [illegible]	+17,6 [illegible]	+13,8 [illegible]	+12,3 [illegible]	+11,3 [illegible]
50.000	[illegible]	[illegible]	[illegible]	[illegible]	[illegible]	[illegible]
75.000	7.135	7.928	10.080	12.572	14.724	15.517
100.000	8.946	9.940	12.639	15.763	18.461	19.455
150.000	12.303	13.670	17.380	21.677	25.387	26.754
250.000	+17,8 [illegible]	+16,5 [illegible]	+16,2 [illegible]	+15,3 [illegible]	+15,3 [illegible]	+14,8 [illegible]
350.000	[illegible]	[illegible]	33.776	42.125	[illegible]	[illegible]
500.000	31.594	35.105	44.633	55.666	65.194	68.705
750.000	43.463	48.293	61.401	76.578	89.686	94.515
1.000.000	54.495	60.550	76.984	96.014	112.449	118.504
1.250.000	+12,1 [illegible]	+12,4 [illegible]	+15,0 [illegible]	+16,2 [illegible]	+17,5 [illegible]	+17,5 [illegible]
1.500.000	[illegible]	83.265	105.865	[illegible]	[illegible]	[illegible]
2.000.000	93.923	104.358	132.684	165.483	193.808	204.244
3.000.000	129.059	143.398	182.321	227.389	266.311	280.651
5.000.000	192.384	213.760	271.781	338.962	396.983	418.359
7.500.000	+4,5 [illegible]	+6,6 [illegible]	+12,3 [illegible]	+16,3 [illegible]	+19,3 [illegible]	+19,8 [illegible]
10.000.000	331.398	368.220	468.166	[illegible]	683.838	720.660
15.000.000	455.117	505.686	642.943	801.873	939.131	989.699

Honorartafel zu § 54 Abs. 1 – Technische Ausrüstung

Anrechenbare Kosten Euro	Zone I von Euro	bis / Zone II von Euro	Zone III von / bis Euro	bis Euro
5.000	2.132	2.547	2.990	3.405
10.000	3.689	4.408	5.174	5.893
15.000	[illegible]	[illegible]	[illegible]	[illegible]
25.000	7.615	9.098	10.681	12.164
35.000	9.934	11.869	13.934	15.869
	+29,1	+15,6	+17,1	+13,4
50.000	13.165	15.729	18.465	21.029
75.000	18.122	21.652	25.418	28.948
100.000	[illegible]	[illegible]	[illegible]	[illegible]
150.000	31.228	37.311	43.800	49.883
250.000	46.640	55.726	65.418	74.504
	+34,5	+27,6	+24,1	+20,7
500.000	80.684	96.402	113.168	128.886
750.000	111.105	132.749	155.836	177.480
1.000.000	[illegible]	[illegible]	[illegible]	[illegible]
1.250.000	166.043	198.389	232.891	265.237
1.500.000	191.545	228.859	268.660	305.974
	+10,9	+14,9	+19,0	+21,4
2.000.000	239.792	286.504	336.331	383.044
2.500.000	285.649	341.295	400.650	456.296
3.000.000	[illegible]	[illegible]	[illegible]	[illegible]
3.500.000	371.491	443.859	521.052	593.420
4.000.000	412.126	492.410	578.046	658.331
	-1,7	+9,6	+20,6	+29,3

5.3.9 Änderungen beim Auftrag über mehrere Objekte

§ 11 HOAI 2013

Der Aspekt der Degression ist auch daher wichtig, da mit dem geänderten § 11 HOAI 2013 die Hürden für eine Kumulation der anrechenbaren Kosten mehrerer Objekte niedriger liegen. Mussten noch in der HOAI 2009 „weitgehend vergleichbare Objektbedingungen" vorliegen und die Objekte „als Teil einer Gesamtmaßnahme geplant, betrieben und genutzt" werden, so genügen jetzt „vergleichbare" Objekte mit „weitgehend gleichartigen Planungsbedingungen", die zwar als Teil einer Gesamtmaßnahme geplant und gebaut werden, aber nicht gemeinsam betrieben und genutzt werden müssen.

Bei **Wiederholungsleistungen** im zeitlichen und örtlichen Zusammenhang ist in § 11 Absatz 3 HOAI 2013 eine **Minderung der Prozentsätze** vorgesehen. Bisher galt dieses Prinzip gemäß § 11 Absatz 2 HOAI 2009 bereits für im Wesentlichen „gleichartige" Objekte. In der neuen HOAI 2013 muss es sich hingegen um tatsächlich im Wesentlichen „gleiche" Objekte handeln. Die sich daraus ergebende Honorarminderung findet zudem **nur noch bis einschließlich Leistungsphase 6** statt und nicht mehr bis einschließlich Leistungsphase 7. Dies deshalb, da gemäß amtlicher Begründung „bei der Durchführung der Vergabe und der Objektüberwachung regelmäßig nicht mit Einspareffekten aufseiten des Auftragnehmers infolge der Wiederholung zu rechnen" sei.

5.3.10 Änderungen bei der Teilung des Auftrags für ein Objekt

§ 8 Absatz 3 HOAI 2013
Die HOAI 2009 sah die Berücksichtigung eines zusätzlichen Koordinierungs- und Einarbeitungsaufwandes durch Teilbeauftragung nur innerhalb des Absatzes 2 bei nicht vollständiger Beauftragung einer Leistungsphase oder Grundleistung vor. Bei einer Teilbeauftragung ganzer Leistungsphasen oder Gruppen von Leistungsphasen gemäß Absatz 1 sollte keine Vergütung des in der Praxis selbstverständlich ebenfalls anfallenden und allein durch den Auftraggeber veranlassten Mehraufwandes stattfinden.

Die HOAI 2013 sieht die Berücksichtigung eines zusätzlichen Koordinierungs- und Einarbeitungsaufwandes nun als separaten Absatz 3 für alle Arten der Aufteilung eines Leistungsbildes vor und hat damit einen unlogischen Missstand behoben.

5.3.11 Umbau- und Modernisierungszuschlag auch bei Freianlagen

§ 40 Absatz 6 HOAI 2013
Der neu eingefügte Absatz 6 im Paragrafen zu Honoraren für Leistungen bei Freianlagen regelt eine entsprechende Anwendung des § 36 Absatz 1 HOAI 2013 und sieht damit erstmals auch für Freianlagen einen Umbau- und Modernisierungszuschlag zu. Indirekt ist damit auch der in § 6 Absatz 2 vorgesehene Mindestzuschlag von 20 % bei fehlender schriftlicher Vereinbarung gültig.

5.4 Wegfall einzelner Regelungen der HOAI 2009

(Alle **§§** beziehen sich auf die **HOAI 2009**)

5.4.1 Aus Teil I HOAI 2009

§ 3 **Abs. 2 - Andere Leistungen**
Der Begriff der „Anderen Leistungen“, die durch Änderungen seitens des Auftraggebers entstehen, entfällt. Inhaltlich wird deren Vergütung nun im § 10 HOAI 2013 geregelt.

§ 3 **Abs. 8 - Erörterung der Ergebnisse**
Die generelle Pflicht zur Erörterung nach jeder Leistungsphase entfällt wieder, mit ihr aber auch der Hinweis auf die Ergebnisbezogenheit und das Werkvertragsprinzip eines Planungsauftrages.

§ 7 **Abs. 5 - Änderung des Leistungsumfanges**
Der Inhalt dieses Absatzes wird gemeinsam mit den Regelungen des § 3 Absatz 2 HOAI 2009 zusammengefasst im neuen § 10 HOAI 2013 geregelt.

§ 7 Abs. 6 - Mindestwert des Leistungsumfanges Lph 1 und 2 in der Flächenplanung

In allen Leistungsbildern der Flächenplanung außer dem Landschaftsrahmenplan konnte gemäß der §§ 18, 19, 23, 24, 26 und 27 der Leistungsumfang der ersten beiden Leistungsphasen projektbezogen innerhalb einer vorgegebenen Bandbreite bewertet werden. Beim Pflege- und Entwicklungsplan war dies sogar bis in die Leistungsphase 3 vorgesehen. Die Summe der Maximalwerte ergab einen Leistungsumfang von 100 %.

Die HOAI 2013 sieht diese Flexibilität nicht mehr vor. Daher ist eine Regelung zur Mindestbewertung der Leistungsphasen bei fehlender schriftlicher Vereinbarung nicht mehr notwendig und wurde gestrichen.

§ 11 Abs. 4 - Wiederholungsleistungen in der Flächenplanung

Diese Regelung wurde abgeschafft.

§ 12 Planausschnitte

Die Regelung zu Änderungsleistungen in der Flächenplanung wurde in die spezifischen Honorarregelungen der jeweiligen Leistungsbilder verschoben.

5.4.2 Aus Teil II HOAI 2009

§§ 18, 19, 23 und 24 Abs. 2 - Im Grundhonorar inbegriffene Teilnahme an Sitzungen

Die neue HOAI wertet die Teilnahme an Sitzungen politischer Gremien oder zur Öffentlichkeitsarbeit nun in Anlage 9 HOAI 2013 als Besondere Leistung. Damit soll der Tatsache Rechnung getragen werden, dass das Ausmaß solcher Teilnahmen sehr stark sowohl von der Planungsgebietsgröße als auch vom Planungsinhalt abhängt.

§ 21 Abs. 4 - Mindesthonorar bei Bebauungsplänen

Die Regelung eines Mindesthonorars für Lph 1–5 von 2.300.- € ist durch den neuen niedrigsten Honorarsatz der zugehörigen Tafel in Höhe von 5.000,- € obsolet.

§ 29 Abs. 5 - Honorare für Grünordnungspläne ohne endgültige Fassung

Die Regelung, wonach in diesem Fall nach der mit dem Auftraggeber abgestimmten Fassung abgerechnet wird, entfällt komplett. In der HOAI 2009 umfasste die letzte Leistungsphase 4 „Endgültige Planfassung“ die Darstellung des Plans in der „vorgeschriebenen Fassung“. Da die Leistungsphase 4 der HOAI 2013 nun ohnehin als letzte Grundleistung die „abgestimmte Fassung“ vorsieht, muss diese nicht mehr als Sonderfall geregelt werden.

5.4.3 Aus Teil III HOAI 2009

§ 36 Instandhaltungen und Instandsetzungen

Diese Regelungen wurden in den allgemeinen Teil als § 12 HOAI 2013 verschoben.

§ 37 Abs. 3 - Anrechenbarkeit von Gebäudekosten unter 7.500,- € in Freianlagen

Gemäß amtlicher Begründung sei diese Regelung in § 37 (1) HOAI 2013 überführt worden – dort ist allerdings ausschließlich von anrechenbaren Kosten für Freianlagen unter 7.500,- € die Rede. Dem Wortlaut der neuen Regelung zufolge können daher zwar weiterhin kleine Freianlagen bei der Objektplanung mit abgerechnet werden, nicht jedoch „Gebäude" mit anrechenbaren Kosten unter 7.500,- € bei der Freianlagenplanung, wie dies in der HOAI 2009 explizit geregelt war.

Es ist allerdings darauf hinzuweisen, dass die DIN 276 in der Fassung von 2008 als Kostengruppe 530 „Baukonstruktionen in Außenanlagen" umfasst. Hierin sind praktisch alle denkbaren „Gebäude" unter 7.500,- € in Außenanlagen erfasst und somit weiterhin an- bzw. abrechenbar.

§ 41 (3) Nichtanrechenbarkeit von Anlagen der Maschinentechnik

Die grundsätzliche Unzulässigkeit der Anrechnung der Kosten von Maschinentechnik von Ingenieurbauwerken ist entfallen und wird nun in § 42 (1) HOAI 2013 ausdrücklich anders geregelt.

B HOAI 2013

Im nachfolgenden Verordnungstext sind vom Autor blau die Veränderungen gegenüber dem Wortlaut der HOAI 2009 dargestellt, um einen schnellen Überblick über neu eingefügte Passagen, Umformulierungen, neue Nummerierungen und Ähnliches zu ermöglichen. Reine Streichungen ganzer Sätze oder Satzteile können damit selbstverständlich nicht markiert werden.

Verordnung über die Honorare für Architekten- und Ingenieurleistungen

(Honorarordnung für Architekten- und Ingenieure - HOAI)[6]

Vom 10. Juli 2013

Aufgrund der §§ 1 und 2 des Gesetzes zur Regelung von Ingenieur- und Architektenleistungen vom 4. November 1971, die durch Artikel 1 des Gesetzes vom 12. November 1984 (BGBl. I S. 1337) geändert worden sind, verordnet die Bundesregierung:

Teil 1 Allgemeine Vorschriften

§ 1 Anwendungsbereich

Diese Verordnung regelt die Berechnung der Entgelte für die Grundleistungen der Architekten und Architektinnen und der Ingenieure und Ingenieurinnen (Auftragnehmer oder Auftragnehmerinnen) mit Sitz im Inland, soweit die Leistungen durch diese Verordnung erfasst und vom Inland aus erbracht werden.

§ 2 Begriffsbestimmungen

(1) Objekte sind Gebäude, Innenräume, Freianlagen, Ingenieurbauwerke, Verkehrsanlagen. Objekte sind auch Tragwerke und Anlagen der Technischen Ausrüstung.

(2) Neubauten und Neuanlagen sind Objekte, die neu errichtet oder neu hergestellt werden.

(3) Wiederaufbauten sind Objekte, bei denen die zerstörten Teile auf noch vorhandenen Bau- oder Anlageteilen wiederhergestellt werden. Wiederaufbauten gelten als Neubauten, sofern eine neue Planung erforderlich ist.

(4) Erweiterungsbauten sind Ergänzungen eines vorhandenen Objekts.

(5) Umbauten sind Umgestaltungen eines vorhandenen Objekts mit wesentlichen Eingriffen in Konstruktion oder Bestand.

(6) Modernisierungen sind bauliche Maßnahmen zur nachhaltigen Erhöhung des Gebrauchswertes eines Objekts, soweit diese Maßnahmen nicht unter Absatz 4, 5 oder 8 fallen.

---

6 verkündet am 16.07.2013 (BGBl. I S. 2276)

(7) Mitzuverarbeitende Bausubstanz ist der Teil des zu planenden Objekts, der bereits durch Bauleistungen hergestellt ist und durch Planungs- oder Überwachungsleistungen technisch oder gestalterisch mitverarbeitet wird.

(8) Instandsetzungen sind Maßnahmen zur Wiederherstellung des zum bestimmungsgemäßen Gebrauch geeigneten Zustandes (Soll-Zustandes) eines Objekts, soweit sie nicht unter Absatz 3 fallen.

(9) Instandhaltungen sind Maßnahmen zur Erhaltung des Soll-Zustandes eines Objekts.

(10) Kostenschätzung ist die überschlägige Ermittlung der Kosten auf der Grundlage der Vorplanung. Die Kostenschätzung ist die vorläufige Grundlage für Finanzierungsüberlegungen. Der Kostenschätzung liegen zugrunde:

1. Vorplanungsergebnisse,
2. Mengenschätzungen,
3. erläuternde Angaben zu den planerischen Zusammenhängen, Vorgängen sowie Bedingungen und
4. Angaben zum Baugrundstück und zu dessen Erschließung.

Wird die Kostenschätzung nach § 4 Absatz 1 Satz 3 auf der Grundlage der DIN 276 in der Fassung vom Dezember 2008 (DIN 276-1:2008-12)* erstellt, müssen die Gesamtkosten nach Kostengruppen mindestens bis zur ersten Ebene der Kostengliederung ermittelt werden.

(11) Kostenberechnung ist die Ermittlung der Kosten auf der Grundlage der Entwurfsplanung. Der Kostenberechnung liegen zugrunde:

1. durchgearbeitete Entwurfszeichnungen oder auch Detailzeichnungen wiederkehrender Raumgruppen,
2. Mengenberechnungen und
3. für die Berechnung und Beurteilung der Kosten relevante Erläuterungen.

Wird die Kostenberechnung nach § 4 Absatz 1 Satz 3 auf der Grundlage der DIN 276 erstellt, müssen die Gesamtkosten nach Kostengruppen mindestens bis zur zweiten Ebene der Kostengliederung ermittelt werden.

§ 3 Leistungen und Leistungsbilder

(1) Die Honorare für Grundleistungen der Flächen-, Objekt- und Fachplanung sind in den Teilen 2 bis 4 dieser Verordnung verbindlich geregelt. Die Honorare für Beratungsleistungen der Anlage 1 sind nicht verbindlich geregelt.

(2) Grundleistungen, die zur ordnungsgemäßen Erfüllung eines Auftrags im Allgemeinen erforderlich sind, sind in Leistungsbildern erfasst. Die Leistungsbilder gliedern sich in Leistungsphasen gemäß den Regelungen in den Teilen 2 bis 4.

(3) Die Aufzählung der Besonderen Leistungen in dieser Verordnung und in den Leistungsbildern ihrer Anlagen ist nicht abschließend. Die Besonderen Leistungen eines Leistungsbildes können auch für Leistungsbilder oder Leistungsphasen, denen sie nicht zugeordnet sind, vereinbart werden, soweit sie dort keine Grundleistungen darstellen. Die Honorare für Besondere Leistungen können frei vereinbart werden.

(4) Die Wirtschaftlichkeit der Leistung ist stets zu beachten.

* Zu beziehen über das Deutsche Institut für Normung e. V. unter www.din.de (Fußnote nicht Verordnungstext).

§ 4 Anrechenbare Kosten

(1) Anrechenbare Kosten sind Teil der Kosten für die Herstellung, den Umbau, die Modernisierung, Instandhaltung oder Instandsetzung von Objekten sowie für die damit zusammenhängenden Aufwendungen. Sie sind nach allgemein anerkannten Regeln der Technik oder nach Verwaltungsvorschriften (Kostenvorschriften) auf der Grundlage ortsüblicher Preise zu ermitteln. Wird in dieser Verordnung im Zusammenhang mit der Kostenermittlung die DIN 276 in Bezug genommen, so ist die Fassung vom Dezember 2008 (DIN 276-1:2008-12) bei der Ermittlung der anrechenbaren Kosten zugrunde zu legen. Umsatzsteuer, die auf die Kosten von Objekten entfällt, ist nicht Bestandteil der anrechenbaren Kosten.

(2) Die anrechenbaren Kosten richten sich nach den ortsüblichen Preisen, wenn der Auftraggeber

1. selbst Lieferungen oder Leistungen übernimmt,
2. von bauausführenden Unternehmen oder von Lieferanten sonst nicht übliche Vergünstigungen erhält,
3. Lieferungen oder Leistungen in Gegenrechnung ausführt oder
4. vorhandene oder vorbeschaffte Baustoffe oder Bauteile einbauen lässt.

(3) Der Umfang der mitzuverarbeitenden Bausubstanz im Sinne des § 2 Abs. 7 ist bei den anrechenbaren Kosten angemessen zu berücksichtigen. Umfang und Wert der mitzuverarbeitenden Bausubstanz sind zum Zeitpunkt der Kostenberechnung oder, sofern keine Kostenberechnung vorliegt, zum Zeitpunkt der Kostenschätzung objektbezogen zu ermitteln und schriftlich zu vereinbaren.

§ 5 Honorarzonen

(1) Die Objekt- und Tragwerksplanung wird den folgenden Honorarzonen zugeordnet:

1. Honorarzone I: sehr geringe Planungsanforderungen,
2. Honorarzone II: geringe Planungsanforderungen,
3. Honorarzone III: durchschnittliche Planungsanforderungen,
4. Honorarzone IV: hohe Planungsanforderungen,
5. Honorarzone V: sehr hohe Planungsanforderungen.

(2) Flächenplanungen und die Planung der Technischen Ausrüstung werden den folgenden Honorarzonen zugeordnet:

1. Honorarzone I: geringe Planungsanforderungen,
2. Honorarzone II: durchschnittliche Planungsanforderungen,
3. Honorarzone III: hohe Planungsanforderungen.

(3) Die Honorarzonen sind anhand der Bewertungsmerkmale in den Honorarregelungen der jeweiligen Leistungsbilder der Teile 2 bis 4 zu ermitteln. Die Zurechnung zu den einzelnen Honorarzonen ist nach Maßgabe der Bewertungsmerkmale und gegebenenfalls der Bewertungspunkte sowie unter Berücksichtigung der Regelbeispiele in den Objektlisten der Anlagen dieser Verordnung vorzunehmen.

§ 6 Grundlagen des Honorars

(1) Das Honorar für Grundleistungen nach dieser Verordnung richtet sich

1. für die Leistungsbilder des Teils 2 nach der Größe der Fläche und für die Leistungsbilder der Teile 3 und 4 nach den anrechenbaren Kosten des Objekts auf der Grundlage der Kostenberechnung oder, sofern keine Kostenberechnung vorliegt, auf der Grundlage der Kostenschätzung,

2. nach dem Leistungsbild,
3. nach der Honorarzone,
4. nach der dazugehörigen Honorartafel.

(2) Honorare für Leistungen bei Umbauten und Modernisierungen gemäß § 2 Absatz 5 und Absatz 6 sind zu ermitteln nach
1. den anrechenbaren Kosten,
2. der Honorarzone, welcher der Umbau oder die Modernisierung in sinngemäßer Anwendung der Bewertungsmerkmale zuzuordnen ist,
3. den Leistungsphasen,
4. der Honorartafel und
5. dem Umbau- oder Modernisierungszuschlag auf das Honorar.

Der Umbau- oder Modernisierungszuschlag ist unter Berücksichtigung des Schwierigkeitsgrads der Leistungen schriftlich zu vereinbaren. Die Höhe des Zuschlags auf das Honorar ist in den jeweiligen Honorarregelungen der Leistungsbilder der Teile 3 und 4 geregelt. Sofern keine schriftliche Vereinbarung getroffen wurde, wird unwiderleglich vermutet, dass ein Zuschlag von 20 Prozent ab einem durchschnittlichen Schwierigkeitsgrad vereinbart ist.

(3) Wenn zum Zeitpunkt der Beauftragung noch keine Planungen als Voraussetzung für eine Kostenschätzung oder Kostenberechnung vorliegen, können die Vertragsparteien abweichend von Absatz 1 schriftlich vereinbaren, dass das Honorar auf der Grundlage der anrechenbaren Kosten einer Baukostenvereinbarung nach den Vorschriften dieser Verordnung berechnet wird. Dabei werden nachprüfbare Baukosten einvernehmlich festgelegt.

§ 7 Honorarvereinbarung

(1) Das Honorar richtet sich nach der schriftlichen Vereinbarung, die die Vertragsparteien bei Auftragserteilung im Rahmen der durch diese Verordnung festgesetzten Mindest- und Höchstsätze treffen.

(2) Liegen die ermittelten anrechenbaren Kosten oder Flächen außerhalb der in den Honorartafeln dieser Verordnung festgelegten Honorarsätze, sind die Honorare frei vereinbar.

(3) Die in dieser Verordnung festgesetzten Mindestsätze können durch schriftliche Vereinbarung in Ausnahmefällen unterschritten werden.

(4) Die in dieser Verordnung festgesetzten Höchstsätze dürfen nur bei außergewöhnlichen oder ungewöhnlich lange dauernden Grundleistungen durch schriftliche Vereinbarung überschritten werden. Dabei bleiben Umstände, soweit sie bereits für die Einordnung in die Honorarzonen oder für die Einordnung in den Rahmen der Mindest- und Höchstsätze mitbestimmend gewesen sind, außer Betracht.

(5) Sofern nicht bei Auftragserteilung etwas anderes schriftlich vereinbart worden ist, wird unwiderleglich vermutet, dass die jeweiligen Mindestsätze gemäß Absatz 1 vereinbart sind.

(6) Für Planungsleistungen, die technisch-wirtschaftliche oder umweltverträgliche Lösungsmöglichkeiten nutzen und zu einer wesentlichen Kostensenkung ohne Verminderung des vertraglich festgelegten Standards führen, kann ein Erfolgshonorar schriftlich vereinbart werden. Das Erfolgshonorar kann bis zu 20 Prozent des vereinbarten Honorars betragen. Für den Fall, dass schriftlich festgelegte anrechenbare Kosten überschritten werden, kann ein Malus-Honorar in Höhe von bis zu 5 Prozent des Honorars schriftlich vereinbart werden.

§ 8 Berechnung des Honorars in besonderen Fällen

(1) Werden dem Auftragnehmer nicht alle Leistungsphasen eines Leistungsbildes übertragen, so dürfen nur die für die übertragenen Phasen vorgesehenen Prozentsätze berechnet und vereinbart werden. Die Vereinbarung hat schriftlich zu erfolgen.

(2) Werden dem Auftragnehmer nicht alle Grundleistungen einer Leistungsphase übertragen, so darf für die übertragenen Grundleistungen nur ein Honorar berechnet und vereinbart werden, das dem Anteil der übertragenen Leistungen an der gesamten Leistungsphase entspricht. Die Vereinbarung hat schriftlich zu erfolgen. Entsprechend ist zu verfahren, wenn dem Auftragnehmer wesentliche Teile von Grundleistungen nicht übertragen werden.

(3) Die gesonderte Vergütung eines zusätzlichen Koordinierungs- oder Einarbeitungsaufwands ist schriftlich zu vereinbaren.

§ 9 Berechnung des Honorars bei Beauftragung von Einzelleistungen

(1) Wird die Vorplanung oder Entwurfsplanung bei Gebäuden und Innenräumen, Freianlagen, Ingenieurbauwerken, Verkehrsanlagen, der Tragwerksplanung und der Technischen Ausrüstung als Einzelleistung in Auftrag gegeben, können für die entsprechende Leistungsbewertung der jeweiligen Leistungsphase

1. für die Vorplanung höchstens der Prozentsatz der Vorplanung und der Prozentsatz der Grundlagenermittlung und
2. für die Entwurfsplanung höchstens der Prozentsatz der Entwurfsplanung und der Prozentsatz der Vorplanung herangezogen werden. Die Vereinbarung hat schriftlich zu erfolgen.

(2) Zur Bauleitplanung ist Absatz 1 Satz 1 Nummer 2 für den Entwurf der öffentlichen Auslegung entsprechend anzuwenden. Bei der Landschaftsplanung ist Absatz 1 Satz 1 Nummer 1 für die vorläufige Fassung sowie Absatz 1 Satz 1 Nummer 2 für die abgestimmte Fassung entsprechend anzuwenden. Die Vereinbarung hat schriftlich zu erfolgen.

(3) Wird die Objektüberwachung bei der Technischen Ausrüstung oder bei Gebäuden als Einzelleistung in Auftrag gegeben, können für die Leistungsbewertung der Objektüberwachung höchstens der Prozentsatz der Objektüberwachung und die Prozentsätze der Grundlagenermittlung und Vorplanung herangezogen werden. Die Vereinbarung hat schriftlich zu erfolgen.

§ 10 Berechnung des Honorars bei vertraglichen Änderungen des Leistungsumfangs

(1) Einigen sich Auftraggeber und Auftragnehmer während der Laufzeit des Vertrags darauf, dass der Umfang der beauftragten Leistung geändert wird, und ändern sich dadurch die anrechenbaren Kosten oder Flächen, so ist die Honorarberechnungsgrundlage für die Grundleistungen, die infolge des veränderten Leistungsumfangs zu erbringen sind, durch schriftliche Vereinbarung anzupassen.

(2) Einigen sich Auftraggeber und Auftragnehmer über die Wiederholung von Grundleistungen, ohne dass sich dadurch die anrechenbaren Kosten oder Flächen ändern, ist das Honorar für diese Grundleistungen entsprechend ihrem Anteil an der jeweiligen Leistungsphase schriftlich zu vereinbaren.

§ 11 Auftrag für mehrere Objekte

(1) Umfasst ein Auftrag mehrere Objekte, so sind die Honorare vorbehaltlich der folgenden Absätze für jedes Objekt getrennt zu berechnen.

(2) Umfasst ein Auftrag mehrere vergleichbare Gebäude, Ingenieurbauwerke, Verkehrsanlagen oder Tragwerke mit weitgehend gleichartigen Planungsbedingungen, die derselben Honorarzone zuzuordnen sind und die im zeitlichen und örtlichen Zusammenhang als Teil einer Gesamtmaßnahme geplant und errichtet werden sollen, ist das Honorar nach der Summe der anrechenbaren Kosten zu berechnen.

(3) Umfasst ein Auftrag mehrere im Wesentlichen gleiche Gebäude, Ingenieurbauwerke, Verkehrsanlagen oder Tragwerke, die im zeitlichen oder örtlichen Zusammenhang unter gleichen baulichen Verhältnissen geplant und errichtet werden sollen, oder mehrere Objekte nach Typenplanung oder Serienbauten, so sind die Prozentsätze der Leistungsphasen 1 bis 6 für die erste bis vierte Wiederholung um 50 Prozent, für die fünfte bis siebte Wiederholung um 60 Prozent und ab der achten Wiederholung um 90 Prozent zu mindern.

(4) Umfasst ein Auftrag Grundleistungen, die bereits Gegenstand eines anderen Auftrags über ein gleiches Gebäude, Ingenieurbauwerk oder Tragwerk zwischen den Vertragsparteien waren, so ist Absatz 3 für die Prozentsätze der beauftragten Leistungsphasen in Bezug auf den neuen Auftrag auch dann anzuwenden, wenn die Grundleistungen nicht im zeitlichen oder örtlichen Zusammenhang erbracht werden sollen.

§ 12 Instandsetzungen und Instandhaltungen

(1) Honorare für Grundleistungen bei Instandsetzungen und Instandhaltungen von Objekten sind nach den anrechenbaren Kosten, der Honorarzone, den Leistungsphasen und der Honorartafel, der die Instandhaltungs- und Instandsetzungsmaßnahme zuzuordnen sind, zu ermitteln.

(2) Für Grundleistungen bei Instandsetzungen und Instandhaltungen von Objekten kann schriftlich vereinbart werden, dass der Prozentsatz für die Objektüberwachung oder Bauoberleitung um bis zu 50 Prozent der Bewertung dieser Leistungsphase erhöht wird.

§ 13 Interpolation

Die Mindest- und Höchstsätze für Zwischenstufen der in den Honorartafeln angegebenen anrechenbaren Kosten und Flächen sind durch lineare Interpolation zu ermitteln.

§ 14 Nebenkosten

(1) Der Auftragnehmer kann neben den Honoraren dieser Verordnung auch die für die Ausführung des Auftrags erforderlichen Nebenkosten in Rechnung stellen; ausgenommen sind die abziehbaren Vorsteuern gemäß § 15 Absatz 1 des Umsatzsteuergesetzes in der Fassung der Bekanntmachung vom 21. Februar 2005 (BGBl. I S. 386), das zuletzt durch Artikel 2 des Gesetzes vom 8. Mai 2012 (BGBl. I S. 1030) geändert worden ist. Die Vertragsparteien können bei Auftragserteilung schriftlich vereinbaren, dass abweichend von Satz 1 eine Erstattung ganz oder teilweise ausgeschlossen ist.

(2) Zu den Nebenkosten gehören insbesondere:
1. Versandkosten, Kosten für Datenübertragungen,
2. Kosten für Vervielfältigungen von Zeichnungen und schriftlichen Unterlagen sowie für die Anfertigung von Filmen und Fotos,
3. Kosten für ein Baustellenbüro einschließlich der Einrichtung, Beleuchtung und Beheizung,
4. Fahrtkosten für Reisen, die über einen Umkreis von 15 Kilometern um den Geschäftssitz des Auftragnehmers hinausgehen, in Höhe der steuerlich zulässigen Pauschalsätze, sofern nicht höhere Aufwendungen nachgewiesen werden,
5. Trennungsentschädigungen und Kosten für Familienheimfahrten in Höhe der steuerlich zulässigen Pauschalsätze, sofern nicht höhere Aufwendungen an Mitarbeiter oder Mitarbeiterinnen des Auftragnehmers aufgrund von tariflichen Vereinbarungen bezahlt werden,
6. Entschädigungen für den sonstigen Aufwand bei längeren Reisen nach Nummer 4, sofern die Entschädigungen vor der Geschäftsreise schriftlich vereinbart worden sind,
7. Entgelte für nicht dem Auftragnehmer obliegende Leistungen, die von ihm im Einvernehmen mit dem Auftraggeber Dritten übertragen worden sind.

(3) Nebenkosten können pauschal oder nach Einzelnachweis abgerechnet werden. Sie sind nach Einzelnachweis abzurechnen, sofern bei Auftragserteilung keine pauschale Abrechnung schriftlich vereinbart worden ist.

§ 15 Zahlungen

(1) Das Honorar wird fällig, wenn die Leistung abgenommen und eine prüffähige Honorarschlussrechnung überreicht worden ist, es sei denn, es wurde etwas anderes schriftlich vereinbart.

(2) Abschlagszahlungen können zu den schriftlich vereinbarten Zeitpunkten oder in angemessenen zeitlichen Abständen für nachgewiesene Grundleistungen gefordert werden.

(3) Die Nebenkosten sind auf Einzelnachweis oder bei pauschaler Abrechnung mit der Honorarrechnung fällig.

(4) Andere Zahlungsweisen können schriftlich vereinbart werden.

§ 16 Umsatzsteuer

(1) Der Auftragnehmer hat Anspruch auf Ersatz der gesetzlich geschuldeten Umsatzsteuer für nach dieser Verordnung abrechenbare Leistungen, sofern nicht die Kleinunternehmerregelung nach § 19 des Umsatzsteuergesetzes angewendet wird. Satz 1 ist auch hinsichtlich der um die nach § 15 des Umsatzsteuergesetzes abziehbare Vorsteuer gekürzten Nebenkosten anzuwenden, die nach § 14 dieser Verordnung weiterberechenbar sind.

(2) Auslagen gehören nicht zum Entgelt für die Leistung des Auftragnehmers. Sie sind als durchlaufende Posten im umsatzsteuerrechtlichen Sinn einschließlich einer gegebenenfalls enthaltenen Umsatzsteuer weiter zu berechnen.

Teil 2 Flächenplanung

Abschnitt 1: Bauleitplanung

§ 17 Anwendungsbereich

(1) Leistungen der Bauleitplanung umfassen die Vorbereitung der Aufstellung von Flächennutzungs- und Bebauungspläne im Sinne des § 1 Absatz 2 des Baugesetzbuches in der Fassung der Bekanntmachung vom 23. September 2004 (BGBl. I S. 2414), das zuletzt durch Artikel 1 des Gesetzes vom 22. Juli 2011 (BGBl. I S. 1509) geändert worden ist, die erforderlichen Ausarbeitungen und Planfassungen sowie die Mitwirkung beim Verfahren.

(2) Honorare für Leistungen beim Städtebaulichen Entwurf können als Besondere Leistungen frei vereinbart werden.

§ 18 Leistungsbild Flächennutzungsplan

(1) Die Grundleistungen bei Flächennutzungsplänen sind in drei Leistungsphasen unterteilt und werden wie folgt in Prozentsätzen der Honorare des § 20 bewertet:

1. für die Leistungsphase 1 (Vorentwurf für die frühzeitigen Beteiligungen)
   Vorentwurf für die frühzeitigen Beteiligungen nach den Bestimmungen des Baugesetzbuchs mit 60 Prozent,
2. für die Leistungsphase 2 (Entwurf zur öffentlichen Auslegung)
   Entwurf für die öffentliche Auslegung nach den Bestimmungen des Baugesetzbuches mit 30 Prozent,
3. für die Leistungsphase 3 (Plan zur Beschlussfassung)
   Plan für den Beschluss durch die Gemeinde mit 10 Prozent.

Der Vorentwurf, Entwurf oder Plan ist jeweils in der vorgeschriebenen Fassung mit Begründung anzufertigen.

(2) Anlage 2 regelt, welche Grundleistungen jede Leistungsphase umfasst. Anlage 9 enthält Beispiele für Besondere Leistungen.

§ 19 Leistungsbild Bebauungsplan

(1) Die Grundleistungen bei Bebauungsplänen sind in drei Leistungsphasen unterteilt und werden wie folgt in Prozentsätzen der Honorare des § 21 bewertet:

1. für die Leistungsphase 1 (Vorentwurf für die frühzeitigen Beteiligungen)
   Vorentwurf für die frühzeitigen Beteiligungen nach den Bestimmungen des Baugesetzbuches mit 60 Prozent,
2. für die Leistungsphase 2 (Entwurf zur öffentlichen Auslegung)
   Entwurf für die öffentliche Auslegung nach den Bestimmungen des Baugesetzbuches mit 30 Prozent,
3. für die Leistungsphase 3 (Plan zur Beschlussfassung)
   Plan für den Beschluss durch die Gemeinde mit 10 Prozent.

Der Vorentwurf, Entwurf oder Plan ist jeweils in der vorgeschriebenen Fassung mit Begründung anzufertigen.

(2) Anlage 3 regelt, welche Grundleistungen jede Leistungsphase umfasst. Anlage 9 enthält Beispiele für Besondere Leistungen.

§ 20 Honorare für Leistungen bei Flächennutzungsplänen

(1) Die Mindest- und Höchstsätze der Honorare für die in § 18 und Anlage 2 aufgeführten Grundleistungen bei Flächennutzungsplänen sind in der folgenden Honorartafel festgesetzt:

Honorartafel zu § 20 Abs. 1 – Flächennutzungsplan

Fläche in Hektar	Zone I von Euro	Zone I bis Euro	Zone II von Euro	Zone II bis Euro	Zone III von Euro	Zone III bis Euro
1.000	70.439	85.269	85.269	100.098	100.098	114.927
1.250	78.957	95.579	95.579	112.202	112.202	128.824
1.500	86.492	104.700	104.700	122.909	122.909	141.118
1.750	93.260	112.894	112.894	132.527	132.527	152.161
2.000	99.407	120.334	120.334	141.262	141.262	162.190
2.500	111.311	134.745	134.745	158.178	158.178	181.612
3.000	121.868	147.525	147.525	173.181	173.181	198.838
3.500	131.387	159.047	159.047	186.707	186.707	214.367
4.000	140.069	169.557	169.557	199.045	199.045	228.533
5.000	155.461	188.190	188.190	220.918	220.918	253.647
6.000	168.813	204.352	204.352	239.892	239.892	275.431
7.000	180.589	218.607	218.607	256.626	256.626	294.645
8.000	191.097	231.328	231.328	271.559	271.559	311.790
9.000	200.556	242.779	242.779	285.001	285.001	327.224
10.000	209.126	253.153	253.153	297.179	297.179	341.206
11.000	216.893	262.555	262.555	308.217	308.217	353.878
12.000	223.912	271.052	271.052	318.191	318.191	365.331
13.000	230.331	278.822	278.822	327.313	327.313	375.804
14.000	236.214	285.944	285.944	335.673	335.673	385.402
15.000	241.614	292.480	292.480	343.346	343.346	394.213

(2) Das Honorar für die Aufstellung von Flächennutzungsplänen ist nach der Fläche des Plangebiets in Hektar und nach der Honorarzone zu berechnen.

(3) Welchen Honorarzonen die Grundleistungen zugeordnet werden, richtet sich nach folgenden Bewertungsmerkmalen:

1. Zentralörtliche Bedeutung und Gemeindestruktur,
2. Nutzungsvielfalt und Nutzungsdichte,
3. Einwohnerstruktur, Einwohnerentwicklung und Gemeinbedarfsstandorte,
4. Verkehr und Infrastruktur,
5. Topografie, Geologie und Kulturlandschaft,
6. Klima-, Natur- und Umweltschutz.

(4) Sind auf einen Flächennutzungsplan Bewertungsmerkmale aus mehreren Honorarzonen anwendbar und bestehen deswegen Zweifel, welcher Honorarzone der Flächennutzungsplan zugeordnet werden kann, so ist zunächst die Anzahl der Bewertungspunkte zu ermitteln. Zur Ermittlung der Bewertungspunkte werden die Bewertungsmerkmale wie folgt gewichtet:

1. geringe Anforderungen 1 Punkt,
2. durchschnittliche Anforderungen 2 Punkte,
3. hohe Anforderungen 3 Punkte.

(5) Der Flächennutzungsplan ist anhand der nach Absatz 4 ermittelten Bewertungspunkte einer der Honorarzonen zuzuordnen:

1. Honorarzone I bis zu 9 Punkte,
2. Honorarzone II 10 bis 14 Punkte,
3. Honorarzone III 15 bis 18 Punkte.

(6) Werden Teilflächen bereits aufgestellter Flächennutzungspläne (Planausschnitte) geändert oder überarbeitet, so ist das Honorar frei zu vereinbaren.

§ 21 Honorare für Leistungen bei Bebauungsplänen

(1) Die Mindest- und Höchstsätze der Honorare für die in § 19 und Anlage 3 aufgeführten Grundleistungen bei Bebauungsplänen sind in der folgenden Honorartafel festgesetzt:

Honorartafel zu § 21 Abs. 1 – Bebauungsplan

Fläche in Hektar	Zone I von Euro	Zone I bis Euro	Zone II von Euro	Zone II bis Euro	Zone III von Euro	Zone III bis Euro
0,5	5.000	5.335	5.335	7.838	7.838	10.341
1	5.000	8.799	8.799	12.926	12.926	17.054
2	7.699	14.502	14.502	21.305	21.305	28.109
3	10.306	19.413	19.413	28.521	28.521	37.628
4	12.669	23.866	23.866	35.062	35.062	46.258
5	14.864	28.000	28.000	41.135	41.135	54.271
6	16.931	31.893	31.893	46.856	46.856	61.818
7	18.896	35.595	35.595	52.294	52.294	68.992
8	20.776	39.137	39.137	57.497	57.497	75.857
9	22.584	42.542	42.542	62.501	62.501	82.459
10	24.330	45.830	45.830	67.331	67.331	88.831
15	32.325	60.892	60.892	89.458	89.458	118.025
20	39.427	74.270	74.270	109.113	109.113	143.956
25	46.385	87.376	87.376	128.366	128.366	169.357
30	52.975	99.791	99.791	146.606	146.606	193.422
40	65.342	123.086	123.086	180.830	180.830	238.574
50	76.901	144.860	144.860	212.819	212.819	280.778
60	87.599	165.012	165.012	242.425	242.425	319.838
80	107.471	202.445	202.445	297.419	297.419	392.393
100	125.791	236.955	236.955	348.119	348.119	459.282

(2) Das Honorar für die Aufstellung von Bebauungsplänen ist nach der Fläche des Plangebiets in Hektar und nach der Honorarzone zu berechnen.

(3) Welchen Honorarzonen die Grundleistungen zugeordnet werden, richtet sich nach folgenden Bewertungsmerkmalen:

1. Nutzungsvielfalt und Nutzungsdichte,
2. Baustruktur und Baudichte
3. Gestaltung und Denkmalschutz,
4. Verkehr und Infrastruktur,
5. Topografie und Landschaft,
6. Klima-, Natur- und Umweltschutz.

(4) Für die Ermittlung der Honorarzone bei Bebauungsplänen ist § 20 Absatz 4 und 5 entsprechend anzuwenden.
(5) Wird die Größe des Plangebiets im förmlichen Verfahren während der Leistungserbringung geändert, so ist das Honorar für die Leistungsphasen, die bis zur Änderung noch nicht erbracht sind, nach der geänderten Größe des Plangebiets zu berechnen.

Abschnitt 2: Landschaftsplanung

§ 22 Anwendungsbereich

(1) Landschaftsplanerische Leistungen umfassen das Vorbereiten und das Erstellen der für die Pläne nach Absatz 2 erforderlichen Ausarbeitungen.
(2) Die Bestimmungen dieses Abschnitts sind für folgende Pläne anzuwenden:
1. Landschaftspläne
2. Grünordnungspläne und Landschaftsplanerische Fachbeiträge
3. Landschaftsrahmenpläne,
4. Landschaftspflegerische Begleitpläne,
5. Pflege- und Entwicklungspläne.

§ 23 Leistungsbild Landschaftsplan

(1) Die Grundleistungen bei Landschaftsplänen sind in vier Leistungsphasen unterteilt und werden wie folgt in Prozentsätzen der Honorare des § 28 bewertet:

	Bewertung der Grundleistungen in Prozent der Honorare
1. Klären der Aufgabenstellung und Ermitteln des Leistungsumfangs	3
2. Ermitteln der Planungsgrundlagen	37
3. Vorläufige Fassung	50
4. Abgestimmte Fassung	10

(2) Anlage 4 regelt die Grundleistungen jeder Leistungsphase. Anlage 9 enthält Beispiele für Besondere Leistungen.

§ 24 Leistungsbild Grünordnungsplan

(1) Die Grundleistungen bei Grünordnungsplänen und Landschaftsplanerischen Fachbeiträgen sind in vier Leistungsphasen zusammengefasst und werden wie folgt in Prozentsätzen der Honorare des § 29 bewertet:

	Bewertung der Grundleistungen in Prozent der Honorare
1. Klären der Aufgabenstellung und Ermitteln des Leistungsumfangs	3
2. Ermitteln der Planungsgrundlagen	37
3. Vorläufige Fassung	50
4. Abgestimmte Fassung	10

(2) Anlage 5 regelt die Grundleistungen jeder Leistungsphase. Anlage 9 enthält Beispiele für Besondere Leistungen.

§ 25 Leistungsbild Landschaftsrahmenplan

(1) Die Grundleistungen bei Landschaftsrahmenplänen sind in vier Leistungsphasen unterteilt und werden wie folgt in Prozentsätzen der Honorare des § 30 bewertet:

	Bewertung der Grundleistungen in Prozent der Honorare
1. Klären der Aufgabenstellung und Ermitteln des Leistungsumfangs	3
2. Ermitteln der Planungsgrundlagen	37
3. Vorläufige Fassung	50
4. Abgestimmte Fassung	10

(2) Anlage 6 regelt die Grundleistungen jeder Leistungsphase. Anlage 9 enthält Beispiele für Besondere Leistungen.

§ 26 Leistungsbild Landschaftspflegerischer Begleitplan

(1) Die Grundleistungen bei Landschaftspflegerischen Begleitplänen sind in vier Leistungsphasen zusammengefasst und werden wie folgt in Prozentsätzen der Honorare des § 31 bewertet:

	Bewertung der Grundleistungen in Prozent der Honorare
1. Klären der Aufgabenstellung und Ermitteln des Leistungsumfangs	3
2. Ermitteln und Bewerten der Planungsgrundlagen	37
3. Vorläufige Fassung	50
4. Abgestimmte Fassung	10

(2) Anlage 7 regelt die Grundleistungen jeder Leistungsphase. Anlage 9 enthält Beispiele für Besondere Leistungen.

§ 27 Leistungsbild Pflege- und Entwicklungsplan

(1) Die Grundleistungen bei Pflege- und Entwicklungsplänen sind in vier Leistungsphasen zusammengefasst und werden wie folgt in Prozentsätzen der Honorare des § 32 bewertet:

	Bewertung der Grundleistungen in Prozent der Honorare
1. Zusammenstellen der Ausgangsbedingungen	3
2. Ermitteln der Planungsgrundlagen	37
3. Vorläufige Fassung	50
4. Abgestimmte Fassung	10

(2) Anlage 8 regelt die Grundleistungen jeder Leistungsphase. Anlage 9 enthält Beispiele für Besondere Leistungen.

§ 28 Honorare für Grundleistungen bei Landschaftsplänen

(1) Die Mindest- und Höchstsätze der Honorare für die in § 23 und Anlage 4 aufgeführten Grundleistungen bei Landschaftsplänen sind in der folgenden Honorartafel festgesetzt

Honorartafel zu § 28 Abs. 1 – Landschaftsplan

Fläche in Hektar	Zone I von Euro	Zone I bis Euro	Zone II von Euro	Zone II bis Euro	Zone III von Euro	Zone III bis Euro
1.000	23.403	27.963	27.963	32.826	32.826	37.385
1.250	26.560	31.735	31.735	37.254	37.254	42.428
1.500	29.445	35.182	35.182	41.300	41.300	47.036
1.750	32.119	38.375	38.375	45.049	45.049	51.306
2.000	34.620	41.364	41.364	48.558	48.558	55.302
2.500	39.212	46.851	46.851	54.999	54.999	62.638
3.000	43.374	51.824	51.824	60.837	60.837	69.286
3.500	47.199	56.393	56.393	66.201	66.201	75.396
4.000	50.747	60.633	60.633	71.178	71.178	81.064
5.000	57.180	68.319	68.319	80.200	80.200	91.339
6.000	63.562	75.944	75.944	89.151	89.151	101.533
7.000	69.505	83.045	83.045	97.487	97.487	111.027
8.000	75.095	89.724	89.724	105.329	105.329	119.958
9.000	80.394	96.055	96.055	112.761	112.761	128.422
10.000	85.445	102.090	102.090	119.845	119.845	136.490
11.000	89.986	107.516	107.516	126.214	126.214	143.744
12.000	94.309	112.681	112.681	132.278	132.278	150.650
13.000	98.438	117.615	117.615	138.069	138.069	157.246
14.000	102.392	122.339	122.339	143.615	143.615	163.562
15.000	106.187	126.873	126.873	148.938	148.938	169.623

(2) Das Honorar für die Aufstellung von Landschaftsplänen ist nach der Fläche des Planungsgebiets in Hektar und nach der Honorarzone zu berechnen.

(3) Welchen Honorarzonen die Grundleistungen zugeordnet werden, richtet sich nach folgenden Bewertungsmerkmalen:

1. topografische Verhältnisse,
2. Flächennutzung,
3. Landschaftsbild,
4. Anforderungen an Umweltsicherung und Umweltschutz,
5. ökologische Verhältnisse,
6. Bevölkerungsdichte.

(4) Sind auf einen Landschaftsplan Bewertungsmerkmale aus mehreren Honorarzonen anwendbar und bestehen deswegen Zweifel, welcher Honorarzone der Landschaftsplan zugeordnet werden kann, so ist zunächst die Anzahl der Bewertungspunkte zu ermitteln. Zur Ermittlung der Bewertungspunkte werden die Bewertungsmerkmale wie folgt gewichtet:

1. die Bewertungsmerkmale gemäß Absatz 3 Nummer 1, 2, 3 und 6 mit je bis zu 6 Punkten und
2. die Bewertungsmerkmale gemäß Absatz 3 Nummer 4 und 5 und mit je bis zu 9 Punkten.

(5) Der Landschaftsplan ist anhand der nach Absatz 4 ermittelten Bewertungspunkte einer der Honorarzonen zuzuordnen:
1. Honorarzone I: bis zu 16 Punkte,
2. Honorarzone II: 17 bis 30 Punkte,
3. Honorarzone III: 31 bis 42 Punkte.

(6) Werden Teilflächen bereits aufgestellter Flächennutzungspläne (Planausschnitte) geändert oder überarbeitet, so ist das Honorar frei zu vereinbaren.

§ 29 Honorare für Grundleistungen bei Grünordnungsplänen

(1) Die Mindest- und Höchstsätze der Honorare für die in § 24 und Anlage 5 aufgeführten Grundleistungen bei Grünordnungsplänen sind in der folgenden Honorartafel festgesetzt:

Honorartafel zu § 29 Abs. 1 – Grünordnungsplan

Fläche in Hektar	Zone I von Euro	Zone I bis Euro	Zone II von Euro	Zone II bis Euro	Zone III von Euro	Zone III bis Euro
1,5	5.219	6.067	6.067	6.980	6.980	7.828
2	6.008	6.985	6.985	8.036	8.036	9.013
3	7.450	8.661	8.661	9.965	9.965	11.175
4	8.770	10.195	10.195	11.730	11.730	13.155
5	10.006	11.632	11.632	13.383	13.383	15.009
10	15.445	17.955	17.955	20.658	20.658	23.167
15	20.183	23.462	23.462	26.994	26.994	30.274
20	24.513	28.496	28.496	32.785	32.785	36.769
25	28.560	33.201	33.201	38.199	38.199	42.840
30	32.394	37.658	37.658	43.326	43.326	48.590
40	39.580	46.011	46.011	52.938	52.938	59.370
50	46.282	53.803	53.803	61.902	61.902	69.423
75	61.579	71.586	71.586	82.362	82.362	92.369
100	75.430	87.687	87.687	100.887	100.887	113.145
125	88.255	102.597	102.597	118.042	118.042	132.383
150	100.288	116.585	116.585	134.136	134.136	150.433
175	111.675	129.822	129.822	149.366	149.366	167.513
200	122.516	142.425	142.425	163.866	163.866	183.774
225	133.555	155.258	155.258	178.630	178.630	200.333
250	144.284	167.730	167.730	192.980	192.980	216.426

(2) Das Honorar für Grundleistungen bei Grünordnungsplänen ist nach der Fläche des Planungsgebiets in Hektar und nach der Honorarzone zu berechnen.

(3) Welchen Honorarzonen die Grundleistungen zugeordnet werden, richtet sich nach folgenden Bewertungsmerkmalen:
1. Topographie,
2. ökologische Verhältnisse,
3. Flächennutzungen und Schutzgebiete,
4. Umwelt-, Klima-, Denkmal- und Naturschutz,

5. Erholungsvorsorge,
6. Anforderung an die Freiraumgestaltung.

(4) Sind auf einen Grünordnungsplan Bewertungsmerkmale aus mehreren Honorarzonen anwendbar und bestehen deswegen Zweifel, welcher Honorarzone der Grünordnungsplan zugeordnet werden kann, so ist zunächst die Anzahl der Bewertungspunkte zu ermitteln. Zur Ermittlung der Bewertungspunkte werden die Bewertungsmerkmale wie folgt gewichtet:
1. die Bewertungsmerkmale gemäß Absatz 3 Nummer 1, 2, 3 und 5 mit je bis zu 6 Punkten und
2. die Bewertungsmerkmale gemäß Absatz 3 Nummer 4 und 6 mit je bis zu 9 Punkten.

(5) Der Grünordnungsplan ist anhand der nach Absatz 4 ermittelten Bewertungspunkte einer der Honorarzonen zuzuordnen:
1. Honorarzone I: bis zu 16 Punkte,
2. Honorarzone II: 17 bis 30 Punkte,
3. Honorarzone III: 31 bis 42 Punkte.

(6) Wird die Größe des Planungsgebiets während der Leistungserbringung geändert, so ist das Honorar für die Leistungsphasen, die bis zur Änderung noch nicht erbracht sind, nach der geänderten Größe des Planungsgebiets zu berechnen.

§ 30 Honorare für Grundleistungen bei Landschaftsrahmenplänen

(1) Die Mindest- und Höchstsätze der Honorare für die in § 25 und Anlage 6 aufgeführten Grundleistungen bei Landschaftsrahmenplänen sind in der folgenden Honorartafel festgesetzt:

Honorartafel zu § 30 Abs. 1 – Landschaftsrahmenplan

Fläche in Hektar	Zone I von Euro	Zone I bis Euro	Zone II von Euro	Zone II bis Euro	Zone III von Euro	Zone III bis Euro
5.000	61.880	71.935	71.935	82.764	82.764	92.820
6.000	67.933	78.973	78.973	90.861	90.861	101.900
7.000	73.473	85.413	85.413	98.270	98.270	110.210
8.000	78.600	91.373	91.373	105.128	105.128	117.901
9.000	83.385	96.936	96.936	111.528	111.528	125.078
10.000	87.880	102.161	102.161	117.540	117.540	131.820
12.000	96.149	111.773	111.773	128.599	128.599	144.223
14.000	103.631	120.471	120.471	138.607	138.607	155.447
16.000	110.477	128.430	128.430	147.763	147.763	165.716
18.000	116.791	135.769	135.769	156.208	156.208	175.186
20.000	122.649	142.580	142.580	164.043	164.043	183.974
25.000	138.047	160.480	160.480	184.638	184.638	207.070
30.000	152.052	176.761	176.761	203.370	203.370	228.078
40.000	177.097	205.875	205.875	236.867	236.867	265.645
50.000	199.330	231.721	231.721	266.604	266.604	298.995
60.000	219.553	255.230	255.230	293.652	293.652	329.329
70.000	238.243	276.958	276.958	318.650	318.650	357.365
80.000	253.946	295.212	295.212	339.652	339.652	380.918
90.000	268.420	312.038	312.038	359.011	359.011	402.630
100.000	281.843	327.643	327.643	376.965	376.965	422.765

(2) Das Honorar für Grundleistungen bei Landschaftsrahmenplänen ist nach der Fläche des Planungsgebiets in Hektar und nach der Honorarzone zu berechnen.

(3) Welchen Honorarzonen die Grundleistungen zugeordnet werden, richtet sich nach folgenden Bewertungsmerkmalen:
1. topografische Verhältnisse,
2. Raumnutzung und Bevölkerungsdichte,
3. Landschaftsbild,
4. Anforderungen an Umweltsicherung, Klima- und Naturschutz,
5. ökologische Verhältnisse,
6. Freiraumsicherung und Erholung.

(4) Sind für einen Landschaftsrahmenplan Bewertungsmerkmale aus mehreren Honorarzonen anwendbar und bestehen deswegen Zweifel, welcher Honorarzone der Landschaftsrahmenplan zugeordnet werden kann, so ist zunächst die Anzahl der Bewertungspunkte zu ermitteln. Zur Ermittlung der Bewertungspunkte werden die Bewertungsmerkmale wie folgt gewichtet:
1. die Bewertungsmerkmale gemäß Absatz 3 Nummer 1, 2, 3 und 6 mit je bis zu 6 Punkten und
2. die Bewertungsmerkmale gemäß Absatz 3 Nummer 4 und 5 mit je bis zu 9 Punkten.

(5) Der Landschaftsrahmenplan ist anhand der nach Absatz 4 ermittelten Bewertungspunkte einer der Honorarzonen zuzuordnen:
1. Honorarzone I: bis zu 16 Punkte,
2. Honorarzone II: 17 bis 30 Punkte,
3. Honorarzone III: 31 bis 42 Punkte.

(6) Wird die Größe des Planungsgebiets während der Leistungserbringung geändert, so ist das Honorar für die Leistungsphasen, die bis zur Änderung noch nicht erbracht sind, nach der geänderten Größe des Planungsgebiets zu berechnen.

§ 31 Honorare für Grundleistungen bei Landschaftspflegerischen Begleitplänen

(1) Die Mindest- und Höchstsätze der Honorare für die in § 26 und Anlage 7 aufgeführten Grundleistungen bei Landschaftspflegerischen Begleitplänen sind in der folgenden Honorartafel festgesetzt:

Honorartafel zu § 31 Abs. 1 – Landschaftspflegerischer Begleitplan

Fläche in Hektar	Zone I von Euro	Zone I bis Euro	Zone II von Euro	Zone II bis Euro	Zone III von Euro	Zone III bis Euro
6	5.324	6.189	6.189	7.121	7.121	7.986
8	6.130	7.126	7.126	8.199	8.199	9.195
12	7.600	8.836	8.836	10.166	10.166	11.401
16	8.947	10.401	10.401	11.966	11.966	13.420
20	10.207	11.866	11.866	13.652	13.652	15.311
40	15.755	18.315	18.315	21.072	21.072	23.632
100	29.126	33.859	33.859	38.956	38.956	43.689
200	47.180	54.846	54.846	63.103	63.103	70.769
300	62.748	72.944	72.944	83.925	83.925	94.121
400	76.829	89.314	89.314	102.759	102.759	115.244

Honorartafel zu § 31 Abs. 1 – Landschaftspflegerischer Begleitplan						
Fläche in Hektar	Zone I		Zone II		Zone III	
	von Euro	bis Euro	von Euro	bis Euro	von Euro	bis Euro
500	89.855	104.456	104.456	120.181	120.181	134.782
600	102.062	118.647	118.647	136.508	136.508	153.093
700	113.602	132.062	132.062	151.942	151.942	170.402
800	124.575	144.819	144.819	166.620	166.620	186.863
1.200	167.729	194.985	194.985	224.338	224.338	251.594
1.600	207.279	240.961	240.961	277.235	277.235	310.918
2.000	244.349	284.056	284.056	326.817	326.817	366.524
2.400	279.559	324.987	324.987	373.910	373.910	419.338
3.200	343.814	399.683	399.683	459.851	459.851	515.720
4.000	400.847	465.985	465.985	536.133	536.133	601.270

(2) Das Honorar für Grundleistungen zu Landschaftspflegerischen Begleitplänen ist nach der Fläche des Planungsgebiets in Hektar und nach der Honorarzone zu berechnen.

(3) Welchen Honorarzonen die Grundleistungen zugeordnet werden, richtet sich nach folgenden Bewertungsmerkmalen:
1. ökologisch bedeutsame Strukturen und Schutzgebiete,
2. Landschaftsbild und Erholungsnutzung,
3. Nutzungsansprüche,
4. Anforderungen an die Gestaltung von Landschaft und Freiraum,
5. Empfindlichkeit gegenüber Umweltbelastungen und Beeinträchtigungen von Natur und Landschaft,
6. potenzielle Beeinträchtigungsintensität der Maßnahme.

(4) Sind für einen Landschaftspflegerischen Begleitplan Bewertungsmerkmale aus mehreren Honorarzonen anwendbar und bestehen deswegen Zweifel, welcher Honorarzone der Landschaftspflegerische Begleitplan zugeordnet werden kann, so ist zunächst die Anzahl der Bewertungspunkte zu ermitteln. Zur Ermittlung der Bewertungspunkte werden die Bewertungsmerkmale wie folgt gewichtet:
1. die Bewertungsmerkmale gemäß Absatz 3 Nummer 1, 2, 3 und 4 mit je bis zu 6 Punkten und
2. die Bewertungsmerkmale gemäß Absatz 3 Nummer 5 und 6 mit je bis zu 9 Punkten.

(5) Der Landschaftspflegerische Begleitplan ist anhand der nach Absatz 4 ermittelten Bewertungspunkte einer der Honorarzonen zuzuordnen:
1. Honorarzone I: bis zu 16 Punkte,
2. Honorarzone II: 17 bis 30 Punkte,
3. Honorarzone III: 31 bis 42 Punkte.

(6) Wird die Größe des Planungsgebiets während der Leistungserbringung geändert, so ist das Honorar für die Leistungsphasen, die bis zur Änderung noch nicht erbracht sind, nach der geänderten Größe des Planungsgebiets zu berechnen.

§ 32 Honorare für Grundleistungen bei Pflege- und Entwicklungsplänen

(1) Die Mindest- und Höchstsätze der Honorare für die in § 27 und Anlage 8 aufgeführten Grundleistungen bei Pflege- und Entwicklungsplänen sind in der folgenden Honorartafel festgesetzt:

Honorartafel zu § 32 Abs. 1 – Pflege und Entwicklungsplan

Fläche in Hektar	Zone I von Euro	Zone I bis Euro	Zone II von Euro	Zone II bis Euro	Zone III von Euro	Zone III bis Euro
5	3.852	7.704	7.704	11.556	11.556	15.408
10	4.802	9.603	9.603	14.405	14.405	19.207
15	5.481	10.963	10.963	16.444	16.444	21.925
20	6.029	12.058	12.058	18.087	18.087	24.116
30	6.906	13.813	13.813	20.719	20.719	27.626
40	7.612	15.225	15.225	22.837	22.837	30.450
50	8.213	16.425	16.425	24.638	24.638	32.851
75	9.433	18.866	18.866	28.298	28.298	37.731
100	10.408	20.816	20.816	31.224	31.224	41.633
150	11.949	23.899	23.899	35.848	35.848	47.798
200	13.165	26.330	26.330	39.495	39.495	52.660
300	15.318	30.636	30.636	45.954	45.954	61.272
400	17.087	34.174	34.174	51.262	51.262	68.349
500	18.621	37.242	37.242	55.863	55.863	74.484
750	21.833	43.666	43.666	65.500	65.500	87.333
1.000	24.507	49.014	49.014	73.522	73.522	98.029
1.500	28.966	57.932	57.932	86.898	86.898	115.864
2.500	36.065	72.131	72.131	108.196	108.196	144.261
5.000	49.288	98.575	98.575	147.863	147.863	197.150
10.000	69.015	138.029	138.029	207.044	207.044	276.058

(2) Das Honorar für Grundleistungen bei Pflege- und Entwicklungsplänen ist nach der Fläche des Planungsgebiets in Hektar und nach der Honorarzone zu berechnen.

(3) Welchen Honorarzonen die Grundleistungen zugeordnet werden, richtet sich nach folgenden Bewertungsmerkmalen:

1. fachliche Vorgaben,
2. Differenziertheit des floristischen Inventars oder der Pflanzengesellschaften,
3. Differenziertheit des faunistischen Inventars,
4. Beeinträchtigungen oder Schädigungen von Naturhaushalt und Landschaftsbild,
5. Aufwand für die Festlegung von Zielaussagen sowie Pflege- und Entwicklungsmaßnahmen.

(4) Sind für einen Pflege- und Entwicklungsplan Bewertungsmerkmale aus mehreren Honorarzonen anwendbar und bestehen deswegen Zweifel, welcher Honorarzone der Pflege- und Entwicklungsplan zugeordnet werden kann, so ist zunächst die Anzahl der Bewertungspunkte zu ermitteln. Zur Ermittlung der Bewertungspunkte werden die Bewertungsmerkmale wie folgt gewichtet:

1. das Bewertungsmerkmal gemäß Absatz 3 Nummer 1 mit bis zu 4 Punkten,
2. die Bewertungsmerkmale gemäß Absatz 3 Nummer 4 und 5 mit je bis zu 6 Punkten und
3. die Bewertungsmerkmale gemäß Absatz 3 Nummer 2 und 3 mit je bis zu 9 Punkten.

(5) Der Pflege- und Entwicklungsplan ist anhand der nach Absatz 4 ermittelten Bewertungspunkte einer der Honorarzonen zuzuordnen:

1. Honorarzone I: bis zu 13 Punkte,
2. Honorarzone II: 14 bis 24 Punkte,
3. Honorarzone III: 25 bis 34 Punkte.

(6) Wird die Größe des Planungsgebiets während der Leistungserbringung geändert, so ist das Honorar für die Leistungsphasen, die bis zur Änderung noch nicht erbracht sind, nach der geänderten Größe des Planungsgebiets zu berechnen.

Teil 3 Objektplanung

Abschnitt 1: Gebäude und Innenräume

§ 33 Besondere Grundlagen des Honorars

(1) Für Grundleistungen bei Gebäuden und Innenräumen sind die Kosten der Baukonstruktion anrechenbar.

(2) Für Grundleistungen bei Gebäuden und Innenräumen sind auch die Kosten für Technische Anlagen, die der Auftragnehmer nicht fachlich plant oder deren Ausführung er nicht fachlich überwacht,
1. vollständig anrechenbar bis zu einem Betrag von 25 Prozent der sonstigen anrechenbaren Kosten und
2. zur Hälfte anrechenbar mit dem Betrag, der 25 Prozent der sonstigen anrechenbaren Kosten übersteigt.

(3) Nicht anrechenbar sind insbesondere die Kosten für das Herrichten, für die nicht öffentliche Erschließung sowie für Leistungen zur Ausstattung und zu Kunstwerken, soweit der Auftragnehmer die Leistungen weder plant noch bei der Beschaffung mitwirkt oder ihre Ausführung oder ihren Einbau fachlich überwacht.

§ 34 Leistungsbild Gebäude und Innenräume

(1) Das Leistungsbild Gebäude und Innenräume umfasst Leistungen für Neubauten, Neuanlagen, Wiederaufbauten, Erweiterungsbauten, Umbauten, Modernisierungen, Instandsetzungen und Instandhaltungen.

(2) Leistungen für Innenräume sind die Gestaltung oder Erstellung von Innenräumen ohne wesentliche Eingriffe in Bestand oder Konstruktion.

(3) Die Grundleistungen sind in neun Leistungsphasen unterteilt und werden wie folgt in Prozentsätzen der Honorare des § 35 bewertet:

	Bewertung der Leistungen in Prozent der Honorare	
	Gebäude	Innenräume
1. Grundlagenermittlung	2	2
2. Vorplanung	7	7
3. Entwurfsplanung	15	15
4. Genehmigungsplanung	3	2
5. Ausführungsplanung	25	30
6. Vorbereitung der Vergabe	10	7
7. Mitwirkung bei der Vergabe	4	3
8. Objektüberwachung (Bauüberwachung und Dokumentation)	32	32
9. Objektbetreuung	2	2

(4) Anlage 10 Nummer 10.1 dieser Verordnung regelt die Grundleistungen jeder Leistungsphase und enthält Beispiele für Besondere Leistungen.

§ 35 Honorare für Leistungen bei Gebäuden und Innenräumen

(1) Die Mindest- und Höchstsätze der Honorare für die in § 34 und der Anlage 10 Nummer 10.1 aufgeführten Grundleistungen für Gebäude und Innenräume sind in der folgenden Honorartafel festgesetzt.

Honorartafel zu § 35 Abs. 1 – Gebäude und Innenräume

Anrechenbare Kosten in Euro	Zone I von Euro	bis / Zone II von Euro	bis / Zone III von Euro	bis / Zone IV von Euro	bis / Zone V von Euro	bis Euro
25.000	3.120	3.657	4.339	5.412	6.094	6.631
35.000	4.217	4.942	5.865	7.315	8.237	8.962
50.000	5.804	6.801	8.071	10.066	11.336	12.333
75.000	8.342	9.776	11.601	14.469	16.293	17.727
100.000	10.790	12.644	15.005	18.713	21.074	22.928
150.000	15.500	18.164	21.555	26.883	30.274	32.938
200.000	20.037	23.480	27.863	34.751	39.134	42.578
300.000	28.750	33.692	39.981	49.864	56.153	61.095
500.000	45.232	53.006	62.900	73.449	88.343	96.118
750.000	64.666	75.781	89.927	112.156	126.301	137.416
1.000.000	83.182	97.479	115.675	144.268	162.464	176.761
1.500.000	119.307	139.813	165.911	206.923	233.022	253.527
2.000.000	153.965	180.428	214.108	267.034	300.714	327.177
3.000.000	220.161	258.002	306.162	381.843	430.003	467.843
5.000.000	343.879	402.984	478.207	596.416	671.640	730.744
7.500.000	493.923	578.816	686.862	856.648	964.694	1.049.587
10.000.000	638.277	747.981	887.604	1.107.012	1.246.635	1.356.339
15.000.000	915.129	1.072.416	1.272.601	1.587.176	1.787.360	1.944.648
20.000.000	1.180.414	1.383.298	1.641.513	2.047.281	2.305.496	2.508.380
25.000.000	1.436.874	1.683.837	1.998.153	2.492.079	2.806.395	3.053.358

(2) Welchen Honorarzonen die Grundleistungen für Gebäude zugeordnet werden, richtet sich nach folgenden Bewertungsmerkmalen:

1. Anforderungen an die Einbindung in die Umgebung,
2. Anzahl der Funktionsbereiche,
3. gestalterische Anforderungen,
4. konstruktive Anforderungen,
5. technische Ausrüstung,
6. Ausbau.

(3) Welchen Honorarzonen die Grundleistungen für Innenräume zugeordnet werden, richtet sich nach folgenden Bewertungsmerkmalen:

1. Anzahl der Funktionsbereiche,
2. Anforderungen an die Lichtgestaltung,
3. Anforderungen an die Raumzuordnung und Raumproportion,
4. technische Ausrüstung,
5. Farb- und Materialgestaltung,
6. konstruktive Detailgestaltung.

(4) Sind für ein Gebäude Bewertungsmerkmale aus mehreren Honorarzonen anwendbar und bestehen deswegen Zweifel, welcher Honorarzone das Gebäude oder der Innenraum zugeordnet werden kann, so ist zunächst die Anzahl der Bewertungspunkte zu ermitteln. Zur Ermittlung der Bewertungspunkte werden die Bewer-

tungsmerkmale wie folgt gewichtet:

1. die Bewertungsmerkmale gemäß Absatz 2 Nummer 1, 4 bis 6 mit je bis zu 6 Punkten und
2. die Bewertungsmerkmale gemäß Absatz 2 Nummer 2 und 3 mit je bis zu 9 Punkten.

(5) Sind für Innenräume Bewertungsmerkmale aus mehreren Honorarzonen anwendbar und bestehen deswegen Zweifel, welcher Honorarzone das Gebäude oder der Innenraum zugeordnet werden kann, so ist zunächst die Anzahl der Bewertungspunkte zu ermitteln. Zur Ermittlung der Bewertungspunkte werden die Bewertungsmerkmale wie folgt gewichtet:

1. die Bewertungsmerkmale gemäß Absatz 3 Nummer 1 bis 4 mit je bis zu 6 Punkten und
2. die Bewertungsmerkmale gemäß Absatz 3 Nummer 5 und 6 mit je bis zu 9 Punkten.

(6) Das Gebäude oder der Innenraum ist anhand der nach Absatz 5[7] ermittelten Bewertungspunkte einer der Honorarzonen zuzuordnen:

1. Honorarzone I: bis zu 10 Punkte,
2. Honorarzone II: 11 bis 18 Punkte,
3. Honorarzone III: 19 bis 26 Punkte,
4. Honorarzone IV: 27 bis 34 Punkte,
5. Honorarzone V: 35 bis 42 Punkte.

(7) Für die Zuordnung zu den Honorarzonen ist die Objektliste der Anlage 10 Nummer 10.2 und Nummer 10.3 zu berücksichtigen.

§ 36 Umbauten und Modernisierungen von Gebäuden und Innenräumen

(1) Für Umbauten und Modernisierungen von Gebäuden kann bei einem durchschnittlichen Schwierigkeitsgrad ein Zuschlag gemäß § 6 Absatz 2 Satz 3 bis 33 Prozent auf das ermittelte Honorar schriftlich vereinbart werden.

(2) Für Umbauten und Modernisierungen von Innenräumen in Gebäuden kann bei einem durchschnittlichen Schwierigkeitsgrad ein Zuschlag gemäß § 6 Absatz 2 Satz 3 bis 50 Prozent auf das ermittelte Honorar schriftlich vereinbart werden.

§ 37 Aufträge für Gebäude und Freianlagen oder für Gebäude und Innenräume

(1) § 11 Absatz 1 ist nicht anzuwenden, wenn die getrennte Berechnung der Honorare für Freianlagen weniger als 7.500 Euro anrechenbare Kosten ergeben würde.

(2) Werden Grundleistungen für Innenräume in Gebäuden, die neu gebaut, wiederaufgebaut, erweitert oder umgebaut werden, einem Auftragnehmer übertragen, dem auch Grundleistungen für dieses Gebäude nach § 34 übertragen werden, so sind die Grundleistungen für Innenräume im Rahmen der festgesetzten Mindest- und Höchstsätze bei der Vereinbarung des Honorars für die Grundleistungen am Gebäude zu berücksichtigen. Ein gesondertes Honorar nach § 11 Absatz 1 darf für die Grundleistungen für Innenräume nicht berechnet werden.

---

[7] Hierbei handelt es sich nach Auffassung des Autors um einen redaktionellen Fehler des Verordnungsgebers. Logisch wäre ein Bezug auf die Absätze 4 und 5.

Abschnitt 2: Freianlagen

§ 38 Besondere Grundlagen des Honorars

(1) Für Grundleistungen bei Freianlagen sind die Kosten für Außenanlagen anrechenbar, insbesondere für folgende Bauwerke und Anlagen, soweit diese durch den Auftragnehmer geplant oder überwacht werden:
1. Einzelgewässer mit überwiegend ökologischen und landschaftsgestalterischen Elementen,
2. Teiche ohne Dämme,
3. flächenhafter Erdbau zur Geländegestaltung,
4. einfache Durchlässe und Uferbefestigungen als Mittel zur Geländegestaltung, soweit keine Grundleistungen nach Teil 4 Abschnitt 1 erforderlich sind,
5. Lärmschutzwälle als Mittel zur Geländegestaltung,
6. Stützbauwerke und Geländeabstützungen ohne Verkehrsbelastung als Mittel zur Geländegestaltung, soweit keine Tragwerke mit durchschnittlichem Schwierigkeitsgrad erforderlich sind,
7. Stege und Brücken, soweit keine Leistungen nach Teil 4 Abschnitt 1 erforderlich sind,
8. Wege ohne Eignung für den regelmäßigen Fahrverkehr mit einfachen Entwässerungsverhältnissen sowie andere Wege und befestigte Flächen, die als Gestaltungselement der Freianlagen geplant werden und für die keine Grundleistungen nach Teil 3 Abschnitt 3 und 4 erforderlich sind.

(2) Nicht anrechenbar sind für Grundleistungen bei Freianlagen die Kosten für
1. das Gebäude sowie die in § 33 Absatz 3 genannten Kosten und
2. den Unter- und Oberbau von Fußgängerbereichen ausgenommen die Kosten für die Oberflächenbefestigung.

§ 39 Leistungsbild Freianlagen

(1) Freianlagen sind planerisch gestaltete Freiflächen und Freiräume sowie entsprechend gestaltete Anlagen in Verbindung mit Bauwerken oder in Bauwerken und landschaftspflegerische Freianlagenplanungen in Verbindung mit Objekten.

(2) § 34 Absatz 1 gilt entsprechend.

(3) Die Grundleistungen bei Freianlagen sind in neun Leistungsphasen unterteilt und werden wie folgt in Prozentsätzen der Honorare des § 40 bewertet:

	Bewertung der Grundleistungen in Prozent der Honorare
1. Grundlagenermittlung	3
2. Vorplanung	10
3. Entwurfsplanung	16
4. Genehmigungsplanung	4
5. Ausführungsplanung	25
6. Vorbereitung der Vergabe	7
7. Mitwirkung bei der Vergabe	3
8. Objektüberwachung (Bauüberwachung und Dokumentation)	30
9. Objektbetreuung	2

(4) Anlage 11 Nummer 11.1 regelt die Grundleistungen jeder Leistungsphase und enthält Beispiele für Besondere Leistungen.

§ 40 Honorare für Grundleistungen bei Freianlagen

(1) Die Mindest- und Höchstsätze der Honorare für die in § 39 und der Anlage 11 Nummer 11.1 aufgeführten Grundleistungen für Freianlagen sind in der folgenden Honorartafel festgesetzt:

Honorartafel zu § 40 Abs. 1 – Freianlagen

Anrechenbare Kosten	Zone I von	bis / Zone II von	bis / Zone III von	bis / Zone IV von	bis / Zone V von	bis
Euro	Euro	Euro	Euro	Euro	Euro	Euro
20.000	3.643	4.348	5.229	6.521	7.403	8.108
25.000	4.406	5.259	6.325	7.888	8.954	9.807
30.000	5.147	6.143	7.388	9.215	10.460	11.456
35.000	5.870	7.006	8.426	10.508	11.928	13.064
40.000	6.577	7.850	9.441	11.774	13.365	14.638
50.000	7.953	9.492	11.416	14.238	16.162	17.701
60.000	9.287	11.085	13.332	16.627	18.874	20.672
75.000	11.227	13.400	16.116	20.100	22.816	24.989
100.000	14.332	17.106	20.574	25.659	29.127	31.901
125.000	17.315	20.666	24.855	30.999	35.188	38.539
150.000	20.201	24.111	28.998	36.166	41.053	44.963
200.000	25.746	30.729	36.958	46.094	52.323	57.306
250.000	31.053	37.063	44.576	55.594	63.107	69.117
350.000	41.147	49.111	59.066	73.667	83.622	91.586
500.000	55.300	66.004	79.383	99.006	112.385	123.088
650.000	69.114	82.491	99.212	123.736	140.457	153.834
800.000	82.430	98.384	118.326	147.576	167.518	183.472
1.000.000	99.578	118.851	142.942	178.276	202.368	221.641
1.250.000	120.238	143.510	172.600	215.265	244.355	267.627
1.500.000	140.204	167.340	201.261	251.011	284.931	312.067

(2) Welchen Honorarzonen die Grundleistungen zugeordnet werden, richtet sich nach folgenden Bewertungsmerkmalen:

1. Anforderungen an die Einbindung in die Umgebung,
2. Anforderungen an Schutz, Pflege und Entwicklung von Natur und Landschaft,
3. Anzahl der Funktionsbereiche,
4. gestalterische Anforderungen,
5. Ver- und Entsorgungseinrichtungen.

(3) Sind für eine Freianlage Bewertungsmerkmale aus mehreren Honorarzonen anwendbar und bestehen deswegen Zweifel, welcher Honorarzone die Freianlage zugeordnet werden kann, so ist zunächst die Anzahl der Bewertungspunkte zu ermitteln. Zur Ermittlung der Bewertungspunkte werden die Bewertungsmerkmale wie folgt gewichtet:

1. die Bewertungsmerkmale gemäß Absatz 2 Nummer 1, 2 und 4 mit je bis zu 8 Punkten,
2. die Bewertungsmerkmale gemäß Absatz 2 Nummer 3 und 5 mit je bis zu 6 Punkten.

(4) Die Freianlage ist anhand der nach Absatz 3 ermittelten Bewertungspunkte einer der Honorarzonen zuzuordnen:
   1. Honorarzone I: bis zu 8 Punkte,
   2. Honorarzone II: 9 bis 15 Punkte,
   3. Honorarzone III: 16 bis 22 Punkte,
   4. Honorarzone IV: 23 bis 29 Punkte,
   5. Honorarzone V: 30 bis 36 Punkte.

(5) Für die Zuordnung zu den Honorarzonen ist die Objektliste der Anlage 11 Nummer 11.2 zu berücksichtigen.

(6) § 36 Absatz 1 ist für Freianlagen entsprechend anzuwenden.

Abschnitt 3: Ingenieurbauwerke

§ 41 Anwendungsbereich

Ingenieurbauwerke umfassen:
1. Bauwerke und Anlagen der Wasserversorgung,
2. Bauwerke und Anlagen der Abwasserentsorgung,
3. Bauwerke und Anlagen des Wasserbaus ausgenommen Freianlagen nach § 39 Absatz 1,
4. Bauwerke und Anlagen für Ver- und Entsorgung mit Gasen, Feststoffen und wassergefährdenden Flüssigkeiten, ausgenommen Anlagen der Technischen Ausrüstung nach § 53 Absatz 2,
5. Bauwerke und Anlagen der Abfallentsorgung,
6. konstruktive Ingenieurbauwerke für Verkehrsanlagen.
7. sonstige Einzelbauwerke ausgenommen Gebäude und Freileitungsmaste.

§ 42 Besondere Grundlagen des Honorars

(1) Für Grundleistungen bei Ingenieurbauwerken sind die Kosten der Baukonstruktion anrechenbar. Die Kosten für die Anlagen der Maschinentechnik, die der Zweckbestimmung des Ingenieurbauwerks dienen, sind anrechenbar, soweit der Auftragnehmer diese plant oder deren Ausführung überwacht.

(2) Für Grundleistungen bei Ingenieurbauwerken sind auch die Kosten für Technische Anlagen, die der Auftragnehmer nicht fachlich plant oder deren Ausführung der Auftragnehmer nicht fachlich überwacht,
   1. vollständig anrechenbar bis zum Betrag von 25 Prozent der sonstigen anrechenbaren Kosten und
   2. zur Hälfte anrechenbar mit dem Betrag, der 25 Prozent der sonstigen anrechenbaren Kosten übersteigt.

(3) Nicht anrechenbar sind, soweit der Auftragnehmer die Anlagen weder plant noch ihre Ausführung überwacht, die Kosten für
   1. das Herrichten des Grundstücks,
   2. die öffentliche und die nicht öffentliche Erschließung, die Außenanlagen, das Umlegen und Verlegen von Leitungen,
   3. verkehrsregelnde Maßnahmen während der Bauzeit,
   4. die Ausstattung und Nebenanlagen von Ingenieurbauwerken.

§ 43 Leistungsbild Ingenieurbauwerke

(1) § 34 Absatz 1 gilt entsprechend. Die Grundleistungen für Ingenieurbauwerke sind in neun Leistungsphasen unterteilt und werden wie folgt in Prozentsätzen der Honorare des § 44 bewertet:

	Bewertung der Grundleistungen in Prozent der Honorare
1. Grundlagenermittlung	2
2. Vorplanung	20
3. Entwurfsplanung	25
4. Genehmigungsplanung	5
5. Ausführungsplanung	15
6. Vorbereitung der Vergabe	13
7. Mitwirkung bei der Vergabe	4
8. Bauoberleitung	15
9. Objektbetreuung	1

(2) Abweichend von Absatz 1 Nummer 2 wird die Leistungsphase 2 bei Objekten nach § 41 Nummer 6 und 7, die eine Tragwerksplanung erfordern, mit 10 Prozent bewertet.

(3) Die Vertragsparteien können abweichend von Absatz 1 schriftlich vereinbaren, dass

1. die Leistungsphase 4 mit 5 bis 8 Prozent bewertet wird, wenn dafür ein eigenständiges Planfeststellungsverfahren erforderlich ist,
2. die Leistungsphase 5 mit 15 bis 35 Prozent bewertet wird, wenn ein überdurchschnittlicher Aufwand an Ausführungszeichnungen erforderlich wird.

(4) Anlage 12 Nummer 12.1 regelt die Grundleistungen jeder Leistungsphase und enthält Beispiele für Besondere Leistungen.

§ 44 Honorare für Grundleistungen bei Ingenieurbauwerken

(1) Die Mindest- und Höchstsätze der Honorare für die in § 43 und der Anlage 12 Nummer 12.01 aufgeführten Grundleistungen bei Ingenieurbauwerken sind in der folgenden Honorartafel für den Anwendungsbereich des § 41 festgesetzt:

Honorartafel zu § 44 Abs. 1 – Ingenieurbauwerke (Anwendungsbereich des § 41)

Anrechenbare Kosten	Zone I von	Zone I bis	Zone III von	Zone III bis	Zone V von	Zone V bis
		Zone II von	Zone II bis	Zone IV von	Zone IV bis	
Euro	Euro	Euro	Euro	Euro	Euro	Euro
25.000	3.449	4.109	4.768	5.428	6.036	6.696
35.000	4.475	5.331	6.186	7.042	7.831	8.687
50.000	5.897	7.024	8.152	9.279	10.320	11.447
75.000	8.069	9.611	11.154	12.697	14.121	15.663
100.000	10.079	12.005	13.932	15.859	17.637	19.564

Honorartafel zu § 44 Abs. 1 – Ingenieurbauwerke (Anwendungsbereich des § 41)

Anrechenbare Kosten	Zone I von	bis / Zone II von	bis / Zone III von	bis / Zone IV von	bis / Zone V von	bis
Euro	Euro	Euro	Euro	Euro	Euro	Euro
150.000	13.786	16.422	19.058	21.693	24.126	26.762
200.000	17.215	20.506	23.797	27.088	30.126	33.417
300.000	23.534	28.033	32.532	37.031	41.185	45.684
500.000	34.865	41.530	48.195	54.861	61.013	67.679
750.000	47.576	56.672	65.767	74.863	83.258	92.354
1.000.000	59.264	70.594	81.924	93.254	103.712	115.042
1.500.000	80.998	96.482	111.967	127.452	141.746	157.230
2.000.000	101.054	120.373	139.692	159.011	176.844	196.163
3.000.000	137.907	164.272	190.636	217.001	241.338	267.702
5.000.000	203.584	242.504	281.425	320.345	356.272	395.192
7.500.000	278.415	331.642	384.868	438.095	487.227	540.453
10.000.000	347.568	414.014	480.461	546.908	608.244	674.690
15.000.000	474.901	565.691	656.480	747.270	831.076	921.866
20.000.000	592.324	705.563	818.801	932.040	1.036.568	1.149.806
25.000.000	702.770	837.123	971.476	1.105.829	1.229.848	1.364.201

(2) Welchen Honorarzonen die Grundleistungen zugeordnet werden, richtet sich nach folgenden Bewertungsmerkmalen:

1. geologische und baugrundtechnische Gegebenheiten,
2. technische Ausrüstung und Ausstattung,
3. Einbindung in die Umgebung oder in das Objektumfeld,
4. Umfang der Funktionsbereiche oder der konstruktiven oder technischen Anforderungen,
5. fachspezifische Bedingungen.

(3) Sind für Ingenieurbauwerke Bewertungsmerkmale aus mehreren Honorarzonen anwendbar und bestehen deswegen Zweifel, welcher Honorarzone das Objekt zugeordnet werden kann, so ist zunächst die Anzahl der Bewertungspunkte zu ermitteln. Zur Ermittlung der Bewertungspunkte werden die Bewertungsmerkmale wie folgt gewichtet:

1. die Bewertungsmerkmale gemäß Absatz 2 Nummer 1, 2 und 3 mit bis zu 5 Punkten,
2. das Bewertungsmerkmal gemäß Absatz 2 Nummer 4 mit bis zu 10 Punkten,
3. das Bewertungsmerkmal gemäß Absatz 2 Nummer 5 mit bis zu 15 Punkten.

(4) Das Ingenieurbauwerk ist anhand der nach Absatz 3 ermittelten Bewertungspunkte einer der Honorarzonen zuzuordnen:

1. Honorarzone I: bis zu 10 Punkte,
2. Honorarzone II: 11 bis 17 Punkte,
3. Honorarzone III: 18 bis 25 Punkte,
4. Honorarzone IV: 26 bis 33 Punkte,
5. Honorarzone V: 34 bis 40 Punkte.

(5) Für die Zuordnung zu den Honorarzonen ist die Objektliste der Anlage 12 Nummer 12.2 zu berücksichtigen.

(6) Für Umbauten und Modernisierungen von Ingenieurbauwerken kann bei einem durchschnittlichen Schwierigkeitsgrad ein Zuschlag gemäß § 6 Absatz 2 Satz 3 bis 33 Prozent schriftlich vereinbart werden.
(7) Steht der Planungsaufwand für Ingenieurbauwerke mit großer Längenausdehnung, die unter gleichen baulichen Bedingungen errichtet werden, in einem Missverhältnis zum ermittelten Honorar, ist § 7 Absatz 3 anzuwenden.

Abschnitt 4: Verkehrsanlagen

§ 45 Anwendungsbereich

Verkehrsanlagen sind
1. Anlagen des Straßenverkehrs ausgenommen selbstständige Rad-, Geh- und Wirtschaftswege und Freianlagen nach § 39 Absatz 1,
2. Anlagen des Schienenverkehrs,
3. Anlagen des Flugverkehrs.

§ 46 Besondere Grundlagen des Honorars

(1) Für Grundleistungen bei Verkehrsanlagen sind die Kosten der Baukonstruktion anrechenbar. Soweit der Auftragnehmer die Ausstattung von Anlagen des Straßen-, Schienen- und Flugverkehrs einschließlich der darin enthaltenen Entwässerungsanlagen, die der Zweckbestimmung der Verkehrsanlagen dienen, plant oder deren Ausführung überwacht, sind die dadurch entstehenden Kosten anrechenbar.
(2) Für Grundleistungen bei Verkehrsanlagen sind auch die Kosten für Technische Anlagen, die der Auftragnehmer nicht fachlich plant oder deren Ausführung der Auftragnehmer nicht fachlich überwacht,
   1. vollständig anrechenbar bis zu einem Betrag von 25 Prozent der sonstigen anrechenbaren Kosten und
   2. zur Hälfte mit dem Betrag, der 25 Prozent der sonstigen anrechenbaren Kosten übersteigt.
(3) Nicht anrechenbar sind, soweit der Auftragnehmer die Anlagen weder plant noch ihre Ausführung überwacht, die Kosten für
   1. das Herrichten des Grundstücks,
   2. die öffentliche und die nicht öffentliche Erschließung, die Außenanlagen, das Umlegen und Verlegen von Leitungen,
   3. die Nebenanlagen von Anlagen des Straßen-, Schienen- und Flugverkehrs,
   4. verkehrsregelnde Maßnahmen während der Bauzeit.
(4) Für Grundleistungen der Leistungsphasen 1 bis 7 und 9 bei Verkehrsanlagen sind:
   1. die Kosten für Erdarbeiten einschließlich Felsarbeiten anrechenbar bis zu einem Betrag von 40 Prozent der sonstigen anrechenbaren Kosten nach Absatz 1 und
   2. 10 Prozent der Kosten für Ingenieurbauwerke anrechenbar, wenn dem Auftragnehmer für diese Ingenieurbauwerke nicht gleichzeitig Grundleistungen nach § 43 übertragen werden.
(5) Die nach den Absätzen 1 bis 4 ermittelten Kosten sind für Grundleistungen des § 47 Absatz 1 Satz 2 Nummer 1 bis 7 und 9
   1. bei Straßen, die mehrere durchgehende Fahrspuren mit einer gemeinsamen Entwurfsachse und einer gemeinsamen Entwurfsgradiente haben, wie folgt anteilig anrechenbar:

a) bei dreistreifigen Straßen zu 85 Prozent,
b) bei vierstreifigen Straßen zu 70 Prozent und
c) bei mehr als vierstreifigen Straßen zu 60 Prozent,

2. bei Gleis- und Bahnsteiganlagen, die zwei Gleise mit einem gemeinsamen Planum haben, zu 90 Prozent anrechenbar. Das Honorar für Gleis- und Bahnsteiganlagen mit mehr als zwei Gleisen oder Bahnsteigen kann frei vereinbart werden.

§ 47 Leistungsbild Verkehrsanlagen

(1) § 34 Absatz 1 gilt entsprechend. Die Grundleistungen für Verkehrsanlagen sind in neun Leistungsphasen unterteilt und werden wie folgt in Prozentsätzen der Honorare des § 48 bewertet:

	Bewertung der Grundleistungen in Prozent der Honorare
1. Grundlagenermittlung	2
2. Vorplanung	20
3. Entwurfsplanung	25
4. Genehmigungsplanung	8
5. Ausführungsplanung	15
6. Vorbereitung der Vergabe	10
7. Mitwirkung bei der Vergabe	4
8. Bauoberleitung	15
9. Objektbetreuung	1

(2) Anlage 13 Nummer 13.1 regelt die Grundleistungen jeder Leistungsphase und enthält Beispiele für Besondere Leistungen.

§ 48 Honorare für Grundleistungen bei Verkehrsanlagen

(1) Die Mindest- und Höchstsätze der Honorare für die in § 47 und der Anlage 13 Nummer 13.1 aufgeführten Grundleistungen bei Verkehrsanlagen sind in der folgenden Honorartafel für den Anwendungsbereich des § 45 festgesetzt:

Honorartafel zu § 48 Abs. 1 – Verkehrsanlagen (Anwendungsbereich des § 45)

Anrechenbare Kosten Euro	Zone I von Euro	Zone I bis / Zone II von Euro	Zone II bis / Zone III von Euro	Zone III bis / Zone IV von Euro	Zone IV bis / Zone V von Euro	Zone V bis Euro
25.000	3.882	4.624	5.366	6.108	6.793	7.535
35.000	4.981	5.933	6.885	7.837	8.716	9.668
50.000	6.487	7.727	8.967	10.207	11.352	12.592
75.000	8.759	10.434	12.108	13.783	15.328	17.003
100.000	10.839	12.911	14.983	17.056	18.968	21.041
150.000	14.634	17.432	20.229	23.027	25.610	28.407
200.000	18.106	21.567	25.029	28.490	31.685	35.147
300.000	24.435	29.106	33.778	38.449	42.761	47.433
500.000	35.622	42.433	49.243	56.053	62.339	69.149
750.000	48.001	57.178	66.355	75.532	84.002	93.179

Honorartafel zu § 48 Abs. 1 – Verkehrsanlagen (Anwendungsbereich des § 45)

Anrechenbare	Zone I von	bis	Zone III von	bis	Zone V von	bis
Kosten		Zone II von	bis	Zone IV von	bis	
Euro	Euro	Euro	Euro	Euro	Euro	Euro
1.000.000	59.267	70.597	81.928	93.258	103.717	115.047
1.500.000	80.009	95.305	110.600	125.896	140.015	155.311
2.000.000	98.962	117.881	136.800	155.719	173.183	192.102
3.000.000	133.441	158.951	184.462	209.973	233.521	259.032
5.000.000	194.094	231.200	268.306	305.412	339.664	376.770
7.500.000	262.407	312.573	362.739	412.905	459.212	509.378
10.000.000	324.978	387.107	449.235	511.363	568.712	630.840
15.000.000	439.179	523.140	607.101	691.062	768.564	852.525
20.000.000	543.619	647.546	751.473	855.401	951.333	1.055.260
25.000.000	641.265	763.860	886.454	1.009.049	1.122.213	1.244.808

(2) Welchen Honorarzonen die Grundleistungen zugeordnet werden, richtet sich nach folgenden Bewertungsmerkmalen:
1. geologische und baugrundtechnische Gegebenheiten,
2. technische Ausrüstung und Ausstattung,
3. Einbindung in die Umgebung oder das Objektumfeld,
4. Umfang der Funktionsbereiche oder der konstruktiven oder technischen Anforderungen,
5. fachspezifische Bedingungen.

(3) Sind für Verkehrsanlagen Bewertungsmerkmale aus mehreren Honorarzonen anwendbar und bestehen deswegen Zweifel, welcher Honorarzone das Objekt zugeordnet werden kann, so ist zunächst die Anzahl der Bewertungspunkte zu ermitteln. Zur Ermittlung der Bewertungspunkte werden die Bewertungsmerkmale wie folgt gewichtet:
1. die Bewertungsmerkmale gemäß Absatz 2 Nummer 1, 2 mit bis zu 5 Punkten,
2. das Bewertungsmerkmal gemäß Absatz 2 Nummer 3 mit bis zu 15 Punkten,
3. das Bewertungsmerkmal gemäß Absatz 2 Nummer 4 mit bis zu 10 Punkten,
4. das Bewertungsmerkmal gemäß Absatz 2 Nummer 5 mit bis zu 5 Punkten,

(4) Die Verkehrsanlage ist anhand der nach Absatz 3 ermittelten Bewertungspunkte einer der Honorarzonen zuzuordnen:
1. Honorarzone I: bis zu 10 Punkte,
2. Honorarzone II: 11 bis 17 Punkte,
3. Honorarzone III: 18 bis 25 Punkte,
4. Honorarzone IV: 26 bis 33 Punkte,
5. Honorarzone V: 34 bis 40 Punkte.

(5) Für die Zuordnung zu den Honorarzonen ist die Objektliste der Anlage 13 Nummer 13.2 zu berücksichtigen.

(6) Für Umbauten und Modernisierungen von Verkehrsanlagen kann bei einem durchschnittlichen Schwierigkeitsgrad ein Zuschlag gemäß § 6 Absatz 2 Satz 3 bis 33 Prozent schriftlich vereinbart werden.

Teil 4 Fachplanung

Abschnitt 1: Tragwerksplanung

§ 49 Anwendungsbereich

(1) Leistungen der Tragwerksplanung sind die statische Fachplanung für die Objektplanung Gebäude und Ingenieurbauwerke.

(2) Das Tragwerk bezeichnet das statische Gesamtsystem der miteinander verbundenen, lastabtragenden Konstruktionen, die für die Standsicherheit von Gebäuden, Ingenieurbauwerken und Traggerüsten bei Ingenieurbauwerken maßgeblich sind.

§ 50 Besondere Grundlagen des Honorars

(1) Bei Gebäuden und zugehörigen baulichen Anlagen sind 55 Prozent der Baukonstruktionskosten und 10 Prozent der Kosten der Technischen Anlagen anrechenbar.

(2) Die Vertragsparteien können bei Gebäuden mit einem hohen Anteil an Kosten der Gründung und der Tragkonstruktionen schriftlich vereinbaren, dass die anrechenbaren Kosten abweichend von Absatz 1 nach Absatz 3 ermittelt werden.

(3) Bei Ingenieurbauwerken sind 90 Prozent der Baukonstruktionskosten und 15 Prozent der Kosten der Technischen Anlagen anrechenbar.

(4) Für Traggerüste bei Ingenieurbauwerken sind die Herstellkosten einschließlich der zugehörigen Kosten für Baustelleneinrichtungen anrechenbar. Bei mehrfach verwendeten Bauteilen ist der Neuwert anrechenbar.

(5) Die Vertragsparteien können vereinbaren, dass Kosten von Arbeiten, die nicht in den Absätzen 1 bis 3 erfasst sind, ganz oder teilweise anrechenbar sind, wenn der Auftragnehmer wegen dieser Arbeiten Mehrleistungen für das Tragwerk nach § 51 erbringt.

§ 51 Leistungsbild Tragwerksplanung

(1) Die Grundleistungen der Tragwerksplanung sind für Gebäude und zugehörige bauliche Anlagen sowie für Ingenieurbauwerke nach § 41 Nummer 1 bis 5 in den Leistungsphasen 1 bis 6 sowie für Ingenieurbauwerke nach § 41 Nummer 6 und 7 in den Leistungsphasen 2 bis 6 zusammengefasst und werden wie folgt in Prozentsätzen der Honorare des § 52 bewertet:

	Bewertung der Grundleistungen in Prozent der Honorare
1. Grundlagenermittlung	3
2. Vorplanung	10
3. Entwurfsplanung	15
4. Genehmigungsplanung	30
5. Ausführungsplanung	40
6. Vorbereitung der Vergabe	2

(2) Die Leistungsphase 5 ist abweichend von Absatz 1 mit 30 Prozent der Honorare des § 52 zu bewerten
   1. im Stahlbetonbau, sofern keine Schalpläne in Auftrag gegeben werden,
   2. im Holzbau mit unterdurchschnittlichem Schwierigkeitsgrad.

(3) Die Leistungsphase 5 ist abweichend von Absatz 1 mit 20 Prozent der Honorare des § 52 zu bewerten, sofern nur Schalpläne in Auftrag gegeben werden.

(4) Bei sehr enger Bewehrung kann die Bewertung der Leistungsphase 5 um bis zu 4 Prozent erhöht werden.

(5) Anlage 14 Nummer 14.1 regelt die Grundleistungen jeder Leistungsphase und enthält Beispiele für Besondere Leistungen. Für Ingenieurbauwerke nach § 41 Nummer 6 und 7 sind die Grundleistungen der Tragwerksplanung zur Leistungsphase 1 im Leistungsbild der Ingenieurbauwerke gemäß § 43 enthalten.

§ 52 Honorare für Grundleistungen bei Tragwerksplanungen

(1) Die Mindest- und Höchstsätze der Honorare für die in § 51 und der Anlage 14 Nummer 14.1 aufgeführten Grundleistungen der Tragwerksplanungen sind in der folgenden Honorartafel festgesetzt:

Honorartafel zu § 52 Abs. 1 – Tragwerksplanung

Anrechenbare	Zone I von	bis	Zone III von	bis	Zone V von	bis
Kosten		Zone II von	bis	Zone IV von	bis	
Euro	Euro	Euro	Euro	Euro	Euro	Euro
10.000	1.461	1.624	2.064	2.575	3.015	3.178
15.000	2.011	2.234	2.841	3.543	4.149	4.373
25.000	3.006	3.340	4.247	5.296	6.203	6.537
50.000	5.187	5.763	7.327	9.139	10.703	11.279
75.000	7.135	7.928	10.080	12.572	14.724	15.517
100.000	8.946	9.940	12.639	15.763	18.461	19.455
150.000	12.303	13.670	17.380	21.677	25.387	26.754
250.000	18.370	20.411	25.951	32.365	37.906	39.947
350.000	23.909	26.565	33.776	42.125	49.335	51.992
500.000	31.594	35.105	44.633	55.666	65.194	68.705
750.000	43.463	48.293	61.401	76.578	89.686	94.515
1.000.000	54.495	60.550	76.984	96.014	112.449	118.504
1.250.000	64.940	72.155	91.740	114.418	134.003	141.218
1.500.000	74.938	83.265	105.865	132.034	154.635	162.961
2.000.000	93.923	104.358	132.684	165.483	193.808	204.244
3.000.000	129.059	143.398	182.321	227.389	266.311	280.651
5.000.000	192.384	213.760	271.781	338.962	396.983	418.359
7.500.000	264.487	293.874	373.640	466.001	545.767	575.154
10.000.000	331.398	368.220	468.166	583.892	683.838	720.660
15.000.000	455.117	505.686	642.943	801.873	939.131	989.699

(2) Die Honorarzone wird nach dem statisch-konstruktiven Schwierigkeitsgrad anhand der in Anlage 14 Nummer 14.2 dargestellten Bewertungsmerkmale ermittelt.

(3) Sind für ein Tragwerk Bewertungsmerkmale aus mehreren Honorarzonen anwendbar und bestehen deswegen Zweifel, welcher Honorarzone das Tragwerk zugeordnet werden kann, so ist für die Zuordnung die Mehrzahl der in den jeweiligen Honorarzonen nach Absatz 2 aufgeführten Bewertungsmerkmale und ihre Bedeutung im Einzelfall maßgebend.

(4) Für Umbauten und Modernisierungen kann bei einem durchschnittlichen Schwierigkeitsgrad ein Zuschlag gemäß § 6 Absatz 2 Satz 3 bis 50 Prozent schriftlich vereinbart werden.

(5) Steht der Planungsaufwand für Tragwerke bei Ingenieurbauwerken mit großer Längenausdehnung, die unter gleichen baulichen Bedingungen errichtet werden, in einem Missverhältnis zum ermittelten Honorar, ist § 7 Absatz 3 anzuwenden.

Abschnitt 2: Technische Ausrüstung

§ 53 Anwendungsbereich

(1) Die Leistungen der Technischen Ausrüstung umfassen die Fachplanungen für Objekte.

(2) Zur Technischen Ausrüstung gehören folgende Anlagegruppen:

1. Abwasser-, Wasser- und Gasanlagen,
2. Wärmeversorgungsanlagen,
3. Lufttechnische Anlagen,
4. Starkstromanlagen,
5. Fernmelde- und informationstechnische Anlagen
6. Förderanlagen,
7. nutzungsspezifische Anlagen und verfahrenstechnische Anlagen,
8. Gebäudeautomation und Automation von Ingenieurbauwerken.

§ 54 Besondere Grundlagen des Honorars

(1) Das Honorar für Grundleistungen bei der Technischen Ausrüstung richtet sich für das jeweilige Objekt im Sinne des § 2 Absatz 1 Satz 1 nach der Summe der anrechenbaren Kosten der Anlagen jeder Anlagengruppe. Dies gilt für nutzungsspezifische Anlagen nur, wenn die Anlagen funktional gleichartig sind. Anrechenbar sind auch sonstige Maßnahmen für Technische Anlagen.

(2) Umfasst ein Auftrag für unterschiedliche Objekte im Sinne des § 2 Absatz 1 Satz 1 mehrere Anlagen, die unter funktionalen und technischen Kriterien eine Einheit bilden, werden die anrechenbaren Kosten der Anlagen jeder Anlagengruppe zusammengefasst. Dies gilt für nutzungsspezifische Anlagen nur, wenn diese Anlagen funktional gleichartig sind. § 11 Absatz 1 ist nicht anzuwenden.

(3) Umfasst ein Auftrag im Wesentlichen gleiche Anlagen, die unter weitgehend vergleichbaren Bedingungen für im Wesentlichen gleiche Objekte geplant werden, ist die Rechtsfolge des § 11 Absatz 3 anzuwenden. Umfasst ein Auftrag im Wesentlichen gleiche Anlagen, die bereits Gegenstand eines anderen Vertrags zwischen den Vertragsparteien waren, ist die Rechtsfolge des § 11 Absatz 4 anzuwenden.

(4) Nicht anrechenbar sind die Kosten für die nicht öffentliche Erschließung und die Technischen Anlagen in Außenanlagen, soweit der Auftragnehmer diese nicht plant oder ihre Ausführung nicht überwacht.

(5) Werden Teile der Technischen Ausrüstung in Baukonstruktionen ausgeführt, so können die Vertragsparteien vereinbaren, dass die Kosten hierfür ganz oder teilweise zu den anrechenbaren Kosten gehören. Satz 1 ist entsprechend für Bauteile der Kostengruppe Baukonstruktionen anzuwenden, deren Abmessung oder Konstruktion durch die Leistung der Technischen Ausrüstung wesentlich beeinflusst wird.

§ 55 Leistungsbild Technische Ausrüstung

(1) Das Leistungsbild Technische Ausrüstung umfasst Grundleistungen für Neuanlagen, Wiederaufbauten, Erweiterungsbauten, Umbauten, Modernisierungen, Instandhaltungen und Instandsetzungen. Die Grundleistungen bei der Technischen Ausrüstung sind in neun Leistungsphasen zusammengefasst und werden wie folgt in Prozentsätzen der Honorare des § 56 bewertet.

	Bewertung der Grundleistungen in Prozent der Honorare
1. Grundlagenermittlung	2
2. Vorplanung	9
3. Entwurfsplanung	17
4. Genehmigungsplanung	2
5. Ausführungsplanung	22
6. Vorbereitung der Vergabe	7
7. Mitwirkung bei der Vergabe	5
8. Objektüberwachung (Bauüberwachung)	35
9. Objektbetreuung	1

(2) Die Leistungsphase 5 ist abweichend von Absatz 1 Satz 2 mit einem Abschlag von jeweils 4 Prozent zu bewerten, sofern das Anfertigen von Schlitz- und Durchbruchsplänen oder das Prüfen der Montage- und Werkstattpläne der ausführenden Firmen nicht in Auftrag gegeben wird.

(3) Anlage 15 Nummer 15.1 regelt die Grundleistungen jeder Leistungsphase und enthält Beispiele für Besondere Leistungen.

§ 56 Honorare für Grundleistungen bei der Technischen Ausrüstung

(1) Die Mindest- und Höchstsätze der Honorare für die in § 55 und der Anlage 15.1 aufgeführten Grundleistungen bei einzelnen Anlagen sind in der folgenden Honorartafel festgesetzt:

Honorartafel zu § 56 Abs. 1 – Technische Ausrüstung

Anrechenbare Kosten Euro	Zone I von Euro	Zone I bis Euro	Zone II von Euro	Zone II bis Euro	Zone III von Euro	Zone III bis Euro
5.000	2.132	2.547	2.547	2.990	2.990	3.405
10.000	3.689	4.408	4.408	5.174	5.174	5.893
15.000	5.084	6.075	6.075	7.131	7.131	8.122
25.000	7.615	9.098	9.098	10.681	10.681	12.164
35.000	9.934	11.869	11.869	13.934	13.934	15.869
50.000	13.165	15.729	15.729	18.465	18.465	21.029
75.000	18.122	21.652	21.652	25.418	25.418	28.948
100.000	22.723	27.150	27.150	31.872	31.872	36.299
150.000	31.228	37.311	37.311	43.800	43.800	49.883
250.000	46.640	55.726	55.726	65.418	65.418	74.504

Honorartafel zu § 56 Abs. 1 – Technische Ausrüstung						
Anrechenbare Kosten	Zone I		Zone II		Zone III	
Euro	von Euro	bis Euro	von Euro	bis Euro	von Euro	bis Euro
500.000	80.684	96.402	96.402	113.168	113.168	128.886
750.000	111.105	132.749	132.749	155.836	155.836	177.480
1.000.000	139.347	166.493	166.493	195.448	195.448	222.594
1.250.000	166.043	198.389	198.389	232.891	232.891	265.237
1.500.000	191.545	228.859	228.859	268.660	268.660	305.974
2.000.000	239.792	286.504	286.504	336.331	336.331	383.044
2.500.000	285.649	341.295	341.295	400.650	400.650	456.296
3.000.000	329.420	393.593	393.593	462.044	462.044	526.217
3.500.000	371.491	443.859	443.859	521.052	521.052	593.420
4.000.000	412.126	492.410	492.410	578.046	578.046	658.331

(2) Welchen Honorarzonen die Grundleistungen zugeordnet werden, richtet sich nach folgenden Bewertungsmerkmalen:
1. Anzahl der Funktionsbereiche,
2. Integrationsansprüche,
3. technische Ausgestaltung,
4. Anforderungen an die Technik,
5. konstruktive Anforderungen.

(3) Für die Zuordnung zu den Honorarzonen ist die Objektliste der Anlage 15 Nummer 15.2 zu berücksichtigen.

(4) Werden Anlagen einer Gruppe verschiedenen Honorarzonen zugeordnet, so ergibt sich das Honorar nach Absatz 1 aus der Summe der Einzelhonorare. Ein Einzelhonorar wird dabei für alle Anlagen ermittelt, die einer Honorarzone zugeordnet werden. Für die Ermittlung des Einzelhonorars ist zunächst für die Anlagen jeder Honorarzone das Honorar zu berechnen, das sich ergeben würde, wenn die gesamten anrechenbaren Kosten der Anlagengruppe nur der Honorarzone zugeordnet würden, für die das Einzelhonorar berechnet wird. Das Einzelhonorar ist dann nach dem Verhältnis der Summe der anrechenbaren Kosten der Anlagen einer Honorarzone zu den gesamten anrechenbaren Kosten der Anlagengruppe zu ermitteln.

(5) Für Umbauten und Modernisierungen kann bei einem durchschnittlichen Schwierigkeitsgrad ein Zuschlag gemäß § 6 Absatz 2 Satz 3 bis 50 Prozent schriftlich vereinbart werden.

(6) Steht der Planungsaufwand für die Technische Ausrüstung von Ingenieurbauwerken mit großer Längenausdehnung, die unter gleichen baulichen Bedingungen errichtet werden, in einem Missverhältnis zum ermittelten Honorar, ist § 7 Absatz 3 anzuwenden.

Teil 5 Übergangs- und Schlussvorschriften

§ 57 Übergangsvorschrift

Diese Verordnung ist nicht auf Grundleistungen anzuwenden, die vor ihrem Inkrafttreten vertraglich vereinbart wurden; insoweit bleiben die bisherigen Vorschriften anwendbar.

§ 58 Inkrafttreten, Außerkrafttreten

Diese Verordnung tritt am Tag nach der Verkündung in Kraft. Gleichzeitig tritt die Honorarordnung für Architekten und Ingenieure vom 11. August 2009 (BGBl. I S. 2732) außer Kraft.

Der Bundesrat hat zugestimmt.

Anlagen

Anlage 1 zu § 3 Absatz 1: Beratungsleistungen

1.1 Umweltverträglichkeitsstudie

1.1.1 Leistungsbild Umweltverträglichkeitsstudie

(1) Die Grundleistungen bei Umweltverträglichkeitsstudien können in vier Leistungsphasen unterteilt und wie folgt in Prozentsätzen der Honorare in Nummer 1.1.2 bewertet werden. Die Bewertung der Leistungsphasen der Honorare erfolgt für

	Bewertung der Grundleistungen in Prozentsätzen der Honorare
1. Klären der Aufgabenstellung und Ermitteln des Leistungsumfangs	3
2. Grundlagenermittlung	37
3. Vorläufige Fassung	50
4. Abgestimmte Fassung	10

(2) Das Leistungsbild kann sich wie folgt zusammensetzen:

Leistungsphase 1:
Klären der Aufgabenstellung und Ermitteln des Leistungsumfangs

- Zusammenstellen und Prüfen der vom Auftraggeber zur Verfügung gestellten untersuchungsrelevanten Unterlagen,
- Ortsbesichtigungen,
- Abgrenzen der Untersuchungsräume,
- Ermitteln der Untersuchungsinhalte,
- Konkretisieren weiteren Bedarfs an Daten und Unterlagen,
- Beraten zum Leistungsumfang für ergänzende Untersuchungen und Fachleistungen,
- Aufstellen eines verbindlichen Arbeitsplans unter Berücksichtigung der sonstigen Fachbeiträge.

Leistungsphase 2:
Grundlagenermittlung

- Ermitteln und Beschreiben der untersuchungsrelevanten Sachverhalte aufgrund vorhandener Unterlagen,
- Beschreiben der Umwelt einschließlich des rechtlichen Schutzstatus, der fachplanerischen Vorgaben und Ziele sowie der für die Bewertung relevanten Funktionselemente für jedes Schutzgut einschließlich der Wechselwirkungen,
- Beschreiben der vorhandenen Beeinträchtigungen der Umwelt,
- Bewerten der Funktionselemente und der Leistungsfähigkeit der einzelnen Schutzgüter hinsichtlich ihrer Bedeutung und Empfindlichkeit,
- Raumwiderstandsanalyse, soweit nach Art des Vorhabens erforderlich einschließlich des Ermittelns konfliktarmer Bereiche,

- Darstellen von Entwicklungstendenzen des Untersuchungsraums für den Prognose-Null-Fall,
- Überprüfen der Abgrenzung des Untersuchungsraums und der Untersuchungsinhalte,
- Zusammenfassendes Darstellen der Erfassung und Bewertung als Grundlage für die Erörterung mit dem Auftraggeber.

Leistungsphase 3:
Vorläufige Fassung

- Ermitteln und Beschreiben der Umweltauswirkungen und Erstellen der vorläufigen Fassung,
- Mitwirken bei der Entwicklung und der Auswahl vertieft zu untersuchender planerischer Lösungen,
- Mitwirken bei der Optimierung von bis zu drei planerischen Lösungen (Hauptvarianten) zur Vermeidung von Beeinträchtigungen,
- Ermitteln, Beschreiben und Bewerten der unmittelbaren und mittelbaren Auswirkungen von bis zu drei planerischen Lösungen (Hauptvarianten) auf die Schutzgüter im Sinne des Gesetzes über die Umweltverträglichkeitsprüfung vom 24. Februar 2010 (BGBl. I S. 94) einschließlich der Wechselwirkungen,
- Einarbeiten der Ergebnisse vorhandener Untersuchungen zum Gebiets- und Artenschutz sowie zum Boden- und Wasserschutz,
- Vergleichendes Darstellen und Bewerten der Auswirkungen von bis zu drei planerischen Lösungen,
- Zusammenfassendes vergleichendes Bewerten des Projekts mit dem Prognose-Null-Fall,
- Erstellen von Hinweisen auf Maßnahmen zur Vermeidung und Verminderung von Beeinträchtigungen sowie zur Ausgleichbarkeit der unvermeidbaren Beeinträchtigungen,
- Erstellen von Hinweisen auf Schwierigkeiten bei der Zusammenstellung der Angaben,
- Zusammenführen und Darstellen der Ergebnisse als vorläufige Fassung in Text und Karten einschließlich des Herausarbeitens der grundsätzlichen Lösung der wesentlichen Teile der Aufgabe,
- Abstimmen der vorläufigen Fassung mit dem Auftraggeber.

Leistungsphase 4:
Abgestimmte Fassung

Darstellen der mit dem Auftraggeber abgestimmten Fassung der Umweltverträglichkeitsstudie in Text und Karte einschließlich einer Zusammenfassung.

(3) Im Leistungsbild Umweltverträglichkeitsstudie können insbesondere die Besonderen Leistungen der Anlage 9 Anwendung finden.

1.1.2 Honorare für Grundleistungen bei Umweltverträglichkeitsstudien

(1) Die Mindest- und Höchstsätze der Honorare für die in Nummer 1.1.1 aufgeführten Grundleistungen bei Umweltverträglichkeitsstudien können anhand der folgenden Honorartafel bestimmt werden:

Honorartafel zu Leistungen bei Umweltverträglichkeitsstudien						
Fläche in ha	Zone I		Zone II		Zone III	
	von Euro	bis Euro	von Euro	bis Euro	von Euro	bis Euro
50	10.176	12.862	12.862	15.406	15.406	18.091
100	14.972	18.923	18.923	22.666	22.666	26.617
150	18.942	23.940	23.940	28.676	28.676	33.674
200	22.454	28.380	28.380	33.994	33.994	39.919
300	28.644	36.203	36.203	43.364	43.364	50.923
400	34.117	43.120	43.120	51.649	51.649	60.653
500	39.110	49.431	49.431	59.209	59.209	69.530
750	50.211	63.461	63.461	76.014	76.014	89.264
1.000	60.004	75.838	75.838	90.839	90.839	106.674
1.500	77.182	97.550	97.550	116.846	116.846	137.213
2.000	92.278	116.629	116.629	139.698	139.698	164.049
2.500	105.963	133.925	133.925	160.416	160.416	188.378
3.000	118.598	149.895	149.895	179.544	179.544	210.841
4.000	141.533	178.883	178.883	214.266	214.266	251.615
5.000	162.148	204.937	204.937	245.474	245.474	288.263
6.000	182.186	230.263	230.263	275.810	275.810	323.887
7.000	201.072	254.133	254.133	304.401	304.401	357.461
8.000	218.466	276.117	276.117	330.734	330.734	388.384
9.000	234.394	296.247	296.247	354.846	354.846	416.700
10.000	249.492	315.330	315.330	377.704	377.704	443.542

(2) Das Honorar für die Erstellung von Umweltverträglichkeitsstudien kann nach der Gesamtfläche des Untersuchungsraums in Hektar und nach der Honorarzone berechnet werden.

(3) Umweltverträglichkeitsstudien können folgenden Honorarzonen zugeordnet werden:

1. Honorarzone I (geringe Anforderungen),
2. Honorarzone II (durchschnittliche Anforderungen),
3. Honorarzone III (hohe Anforderungen).

(4) Die Zuordnung zu den Honorarzonen kann anhand folgender Bewertungsmerkmale für zu erwartende nachteilige Auswirkungen auf die Umwelt ermittelt werden:

1. Bedeutung des Untersuchungsraums für die Schutzgüter im Sinne des Gesetzes über die Umweltverträglichkeitsprüfung (UVPG),
2. Ausstattung des Untersuchungsraums mit Schutzgebieten,
3. Landschaftsbild und -struktur,
4. Nutzungsansprüche,
5. Empfindlichkeit des Untersuchungsraums gegenüber Umweltbelastungen und -beeinträchtigungen,
6. Intensität und Komplexität potenzieller nachteiliger Wirkfaktoren auf die Umwelt.

(5) Sind für eine Umweltverträglichkeitsstudie Bewertungsmerkmale aus mehreren Honorarzonen anwendbar und bestehen deswegen Zweifel, welcher Honorarzone die Umweltverträglichkeitsstudie zugeordnet werden kann, kann die Anzahl der Bewertungspunkte nach Absatz 4 ermittelt werden die Umweltverträglichkeitsstudie kann nach der Summe der Bewertungspunkte folgenden Honorarzonen zugeordnet werden:

1. Honorarzone I: Umweltverträglichkeitsstudien mit bis zu 16 Punkten,
2. Honorarzone II: Umweltverträglichkeitsstudien mit 17 bis zu 30 Punkten,
3. Honorarzone III: Umweltverträglichkeitsstudien mit 31 bis zu 42 Punkten.

(6) Bei der Zuordnung einer Umweltverträglichkeitsstudie zu den Honorarzonen können nach dem Schwierigkeitsgrad der Anforderungen die Bewertungsmerkmale wie folgt gewichtet werden:
1. die Bewertungsmerkmale gemäß Absatz 4 Nummer 1 bis 4 mit je bis zu 6 Punkten und
2. die Bewertungsmerkmale gemäß Absatz 4 Nummer 5 und 6 mit je bis zu 9 Punkten.

(7) Wird die Größe des Untersuchungsraums während der Leistungserbringung geändert, so kann das Honorar für die Leistungsphasen, die bis zur Änderung noch nicht erbracht sind, nach der geänderten Größe des Untersuchungsraums berechnet werden.

1.2 Bauphysik

1.2.1 Anwendungsbereich

(1) Zu den Grundleistungen für Bauphysik können gehören:
- Wärmeschutz und Energiebilanzierung,
- Bauakustik (Schallschutz),
- Raumakustik.

(2) Wärmeschutz und Energiebilanzierung kann den Wärmeschutz von Gebäuden und Ingenieurbauwerken und die fachübergreifende Energiebilanzierung umfassen.

(3) Die Bauakustik kann den Schallschutz von Objekten zur Erreichung eines regelgerechten Luft- und Trittschallschutzes und zur Begrenzung der von außen einwirkenden Geräusche sowie der Geräusche von Anlagen der Technischen Ausrüstung umfassen. Dazu kann auch der Schutz der Umgebung vor schädlichen Umwelteinwirkungen durch Lärm (Schallimmissionsschutz) gehören.

(4) Die Raumakustik kann die Beratung zu Räumen mit besonderen raumakustischen Anforderungen umfassen.

(5) Die Besonderen Grundlagen der Honorare werden gesondert in den Teilgebieten Wärmeschutz und Energiebilanzierung, Bauakustik, Raumakustik aufgeführt.

1.2.2 Leistungsbild Bauphysik

(1) Die Grundleistungen für Bauphysik können in sieben Leistungsphasen unterteilt und wie folgt in Prozentsätzen der Honorare in Nummer 1.2.3 bewertet werden:

	Bewertung der Grundleistungen in Prozent der Honorare
1. Grundlagenermittlung	3
2. Mitwirken bei der Vorplanung	20
3. Mitwirken bei der Entwurfsplanung	40
4. Mitwirken bei der Genehmigungsplanung	6
5. Mitwirken bei der Ausführungsplanung	27
6. Mitwirken bei der Vorbereitung der Vergabe	2
7. Mitwirken bei der Vergabe	2

(2) Das Leistungsbild kann sich wie folgt zusammensetzen:

Grundleistungen	Besondere Leistungen
LPH 1 Grundlagenermittlung a) Klären der Aufgabenstellung b) Festlegen der Grundlagen, Vorgaben und Ziele	▪ Mitwirken bei der Ausarbeitung von Auslobungen und bei Vorprüfungen für Wettbewerbe ▪ Bestandsaufnahme bestehender Gebäude, Ermitteln und Bewerten von Kennwerten ▪ Schadensanalyse bestehender Gebäude ▪ Mitwirken bei Vorgaben für Zertifizierungen
LPH 2 Mitwirkung bei der Vorplanung a) Analyse der Grundlagen b) Klären der wesentlichen Zusammenhänge von Gebäuden und technischen Anlagen einschließlich Betrachtung von Alternativen c) Vordimensionieren der relevanten Bauteile des Gebäudes d) Mitwirken beim Abstimmen der fachspezifischen Planungskonzepte der Objektplanung und der Fachplanungen e) Erstellen eines Gesamtkonzeptes in Abstimmung mit der Objektplanung und den Fachplanungen f) Erstellen von Rechenmodellen, Auflisten der wesentlichen Kennwerte als Arbeitsgrundlage für Objektplanung und Fachplanungen	▪ Mitwirken beim Klären von Vorgaben für Fördermaßnahmen und bei deren Umsetzung ▪ Mitwirken an Projekt-, Käufer- oder Mieterbaubeschreibungen ▪ Erstellen eines fachübergreifenden Bauteilkatalogs
LPH 3 Mitwirkung bei der Entwurfsplanung a) Fortschreiben der Rechenmodelle und der wesentlichen Kennwerte für das Gebäude b) Mitwirken beim Fortschreiben der Planungskonzepte der Objektplanung und Fachplanung bis zum vollständigen Entwurf	▪ Simulationen zur Prognose des Verhaltens von Bauteilen, Räumen, Gebäuden und Freiräumen

Grundleistungen	Besondere Leistungen
c) Bemessen der Bauteile des Gebäudes d) Erarbeiten von Übersichtsplänen und des Erläuterungsberichtes mit Vorgaben, Grundlagen und Auslegungsdaten	
LPH 4 Mitwirkung bei der Genehmigungsplanung a) Mitwirken beim Aufstellen der Genehmigungsplanung und bei Vorgesprächen mit Behörden b) Aufstellen der förmlichen Nachweise c) Vervollständigen und Anpassen der Unterlagen	▪ Mitwirken bei Vorkontrollen in Zertifizierungsprozessen ▪ Mitwirken beim Einholen von Zustimmungen im Einzelfall
LPH 5 Mitwirkung bei der Ausführungsplanung a) Durcharbeiten der Ergebnisse der Leistungsphasen 3 und 4 unter Beachtung der durch die Objektplanung integrierten Fachplanun-gen b) Mitwirken bei der Ausführungsplanung durch ergänzende Angaben für die Objektplanung und Fachplanungen	▪ Mitwirken beim Prüfen und Anerkennen der Montage- und Werkstattplanung der ausführenden Unternehmen auf Übereinstimmung mit der Ausführungsplanung
LPH 6 Mitwirkung bei der Vorbereitung der Vergabe Beiträge zu Ausschreibungsunterlagen	
LPH 7 Mitwirkung bei der Vergabe Mitwirken beim Prüfen und Bewerten der Angebote auf Erfüllung der Anforderungen	▪ Prüfen von Nebenangeboten
LPH 8 Objektüberwachung und Dokumentation	▪ Mitwirken bei der Baustellenkontrolle ▪ Messtechnisches Überprüfen der Qualität der Bauausführung und von Bauteil- oder Raumeigenschaften

Grundleistungen	Besondere Leistungen
LPH 9 Objektbetreuung	
	▪ Mitwirken bei Audits in Zertifizierungsprozessen

1.2.3 Honorare für Grundleistungen für Wärmeschutz und Energiebilanzierung

(1) Das Honorar für die Grundleistungen nach Nummer 1.2.2 Absatz 2 kann sich nach den anrechenbaren Kosten des Gebäudes gemäß § 33 nach der Honorarzone nach § 35, der das Gebäude zuzuordnen ist, und nach der Honorartafel in Absatz 2 richten.

(2) Die Mindest- und Höchstsätze der Honorare für die in Nummer 1.2.2 Absatz 2 aufgeführten Grundleistungen für Wärmeschutz und Energiebilanzierung können anhand der folgenden Honorartafel bestimmt werden:

Honorartafel zu Grundleistungen für Wärmeschutz und Energiebilanzierung

Anrechenbare Kosten Euro	Zone I von Euro	Zone I bis / Zone II von Euro	Zone II bis / Zone III von Euro	Zone III bis / Zone IV von Euro	Zone IV bis / Zone V von Euro	Zone V bis Euro
250.000	1.757	2.023	2.395	2.928	3.300	3.566
275.000	1.789	2.061	2.440	2.982	3.362	3.633
300.000	1.821	2.097	2.484	3.036	3.422	3.698
350.000	1.883	2.168	2.567	3.138	3.537	3.822
400.000	1.941	2.235	2.647	3.235	3.646	3.941
500.000	2.049	2.359	2.793	3.414	3.849	4.159
600.000	2.146	2.471	2.926	3.576	4.031	4.356
750.000	2.273	2.617	3.099	3.788	4.270	4.614
1.000.000	2.440	2.809	3.327	4.066	4.583	4.953
1.250.000	2.748	3.164	3.747	4.579	5.162	5.579
1.500.000	3.050	3.512	4.159	5.083	5.730	6.192
2.000.000	3.639	4.190	4.962	6.065	6.837	7.388
2.500.000	4.213	4.851	5.745	7.022	7.916	8.554
3.500.000	5.329	6.136	7.266	8.881	10.012	10.819
5.000.000	6.944	7.996	9.469	11.573	13.046	14.098
7.500.000	9.532	10.977	12.999	15.887	17.909	19.354
10.000.000	12.033	13.856	16.408	20.055	22.607	24.430
15.000.000	16.856	19.410	22.986	28.094	31.670	34.224
20.000.000	21.516	24.776	29.339	35.859	40.423	43.683
25.000.000	26.056	30.004	35.531	43.427	48.954	52.902

(3) Für Umbauten und Modernisierungen kann bei einem durchschnittlichen Schwierigkeitsgrad ein Zuschlag bis 33 Prozent auf das Honorar schriftlich vereinbart werden.

1.2.4 Honorare für Leistungen der Bauakustik

(1) Die Kosten für Baukonstruktionen und Anlagen der Technischen Ausrüstung können zu den anrechenbaren Kosten gehören. Der Umfang der mitzuverarbeitenden Bausubstanz kann angemessen berücksichtigt werden.

(2) Die Vertragsparteien können vereinbaren, dass die Kosten für besondere Bauausführungen ganz oder teilweise zu den anrechenbaren Kosten gehören, wenn hierdurch dem Auftragnehmer ein erhöhter Arbeitsaufwand entsteht.

(3) Die Mindest- und Höchstsätze der Honorare für die in Nummer 1.2.2 Absatz 2 aufgeführten Grundleistungen der Bauakustik können anhand der folgenden Honorartafel bestimmt werden:

Honorartafel zu Leistungen der Bauakustik

Anrechenbare Kosten Euro	Zone I von Euro	Zone I bis Euro	Zone II von Euro	Zone II bis Euro	Zone III von Euro	Zone III bis Euro
250.000	1.729	1.985	1.985	2.284	2.284	2.625
275.000	1.840	2.113	2.113	2.431	2.431	2.794
300.000	1.948	2.237	2.237	2.574	2.574	2.959
350.000	2.156	2.475	2.475	2.847	2.847	3.273
400.000	2.353	2.701	2.701	3.108	3.108	3.573
500.000	2.724	3.127	3.127	3.598	3.598	4.136
600.000	3.069	3.524	3.524	4.055	4.055	4.661
750.000	3.553	4.080	4.080	4.694	4.694	5.396
1.000.000	4.291	4.927	4.927	5.669	5.669	6.516
1.250.000	4.968	5.704	5.704	6.563	6.563	7.544
1.500.000	5.599	6.429	6.429	7.397	7.397	8.503
2.000.000	6.763	7.765	7.765	8.934	8.934	10.270
2.500.000	7.830	8.990	8.990	10.343	10.343	11.890
3.500.000	9.766	11.213	11.213	12.901	12.901	14.830
5.000.000	12.345	14.174	14.174	16.307	16.307	18.746
7.500.000	16.114	18.502	18.502	21.287	21.287	24.470
10.000.000	19.470	22.354	22.354	25.719	25.719	29.565
15.000.000	25.422	29.188	29.188	33.582	33.582	38.604
20.000.000	30.722	35.273	35.273	40.583	40.583	46.652
25.000.000	35.585	40.857	40.857	47.008	47.008	54.037

(4) Für Umbauten und Modernisierungen kann bei einem durchschnittlichen Schwierigkeitsgrad ein Zuschlag bis 33 Prozent auf das Honorar schriftlich vereinbart werden.

(5) Die Leistungen der Bauakustik können den Honorarzonen anhand folgender Bewertungsmerkmale zugeordnet werden:

1. Art der Nutzung,
2. Anforderungen des Immissionsschutzes,
3. Anforderungen des Emissionsschutzes,
4. Art der Hüllkonstruktion, Anzahl der Konstruktionstypen,
5. Art und Intensität der Außenlärmbelastung,
6. Art und Umfang der Technischen Ausrüstung.

(6) § 52 Absatz 3 kann sinngemäß angewendet werden.

(7) Objektliste für die Bauakustik
Die nachstehend aufgeführten Innenräume können in der Regel den Honorarzonen wie folgt zugeordnet werden:

Objektliste – Bauakustik	Honorarzone		
	I	II	III
Wohnhäuser, Heime, Schulen, Verwaltungsgebäude oder Banken mit jeweils durchschnittlicher Technischer Ausrüstung oder entsprechendem Ausbau	X		
Heime, Schulen, Verwaltungsgebäude mit jeweils überdurchschnittlicher Technischer Ausrüstung oder entsprechendem Ausbau		X	
Wohnhäuser mit versetzten Grundrissen		X	
Wohnhäuser mit Außenlärmbelastungen		X	
Hotels, soweit nicht in Honorarzone III erwähnt		X	
Universitäten oder Hochschulen		X	
Krankenhäuser, soweit nicht in Honorarzone III erwähnt		X	
Gebäude für Erholung, Kur oder Genesung		X	
Versammlungsstätten, soweit nicht in Honorarzone III erwähnt		X	
Werkstätten mit schutzbedürftigen Räumen		X	
Hotels mit umfangreichen gastronomischen Einrichtungen			X
Gebäude mit gewerblicher Nutzung oder Wohnnutzung			X
Krankenhäuser in bauakustisch besonders ungünstigen Lagen oder mit ungünstiger Anordnung der Versorgungseinrichtungen			X
Theater-, Konzert- oder Kongressgebäude			X
Tonstudios oder akustische Messräume			X

1.2.5 Honorare für Grundleistungen der Raumakustik

(1) Das Honorar für jeden Innenraum, für den Grundleistungen zur Raumakustik erbracht werden, kann sich nach den anrechenbaren Kosten nach Absatz 2, nach der Honorarzone, der der Innenraum zuzuordnen ist, sowie nach der Honorartafel in Absatz 3 richten.

(2) Die Kosten für Baukonstruktionen und Technische Ausrüstung sowie die Kosten für die Ausstattung (DIN 276-1:2008-12, Kostengruppe 610) des Innenraums können zu den anrechenbaren Kosten gehören. Die Kosten für die Baukonstruktionen und Technische Ausrüstung werden für die Anrechnung durch den Bruttorauminhalt des Gebäudes geteilt und mit dem Rauminhalt des Innenraums multipliziert. Der Umfang der mitzuverarbeitenden Bausubstanz kann angemessen berücksichtigt werden.

(3) Die Mindest- und Höchstsätze der Honorare für die in Nummer 1.2.2 Absatz 2 aufgeführten Grundleistungen der Raumakustik können anhand der folgenden Honorartafel bestimmt werden:

Honorartafel zu Grundleistungen für Raumakustik

Anrechenbare Kosten Euro	Zone I von Euro	bis Zone II von Euro	bis Zone III von Euro	bis Zone IV von Euro	bis Zone V von Euro	bis Euro
50.000	1.714	2.226	2.737	3.279	3.790	4.301
75.000	1.805	2.343	2.882	3.452	3.990	4.528
100.000	1.892	2.457	3.021	3.619	4.183	4.748
150.000	2.061	2.676	3.291	3.942	4.557	5.171
200.000	2.225	2.888	3.551	4.254	4.917	5.581
250.000	2.384	3.095	3.806	4.558	5.269	5.980
300.000	2.540	3.297	4.055	4.857	5.614	6.371
400.000	2.844	3.693	4.541	5.439	6.287	7.136
500.000	3.141	4.078	5.015	6.007	6.944	7.881
750.000	3.860	5.011	6.163	7.382	8.533	9.684
1.000.000	4.555	5.913	7.272	8.710	10.069	11.427
1.500.000	5.896	7.655	9.413	11.275	13.034	14.792
2.000.000	7.193	9.338	11.483	13.755	15.900	18.045
2.500.000	8.457	10.979	13.501	16.172	18.694	21.217
3.000.000	9.696	12.588	15.479	18.541	21.433	24.325
4.000.000	12.115	15.729	19.342	23.168	26.781	30.395
5.000.000	14.474	18.791	23.108	27.679	31.996	36.313
6.000.000	16.786	21.793	26.799	32.100	37.107	42.113
7.000.000	19.060	24.744	30.429	36.448	42.133	47.817
7.500.000	20.184	26.204	32.224	38.598	44.618	50.638

(4) Für Umbauten und Modernisierungen kann bei einem durchschnittlichen Schwierigkeitsgrad ein Zuschlag bis 33 Prozent auf das Honorar vereinbart werden.

(5) Innenräume können nach den in Absatz 6 genannten Bewertungsmerkmalen folgenden Honorarzonen zugeordnet werden:

1. Honorarzone I: Innenräume mit sehr geringen Anforderungen,
2. Honorarzone II: Innenräume mit geringen Anforderungen,
3. Honorarzone III: Innenräume mit durchschnittlichen Anforderungen,
4. Honorarzone IV: Innenräume mit hohen Anforderungen,
5. Honorarzone V: Innenräume mit sehr hohen Anforderungen.

(6) Für die Zuordnung zu den Honorarzonen können folgende Bewertungsmerkmale herangezogen werden:

1. Anforderungen an die Einhaltung der Nachhallzeit,
2. Einhalten eines bestimmten Frequenzganges der Nachhallzeit,
3. Anforderungen an die räumliche und zeitliche Schallverteilung,
4. akustische Nutzungsart des Innenraums,
5. Veränderbarkeit der akustischen Eigenschaften des Innenraums.

(7) Objektliste für die Raumakustik
Die nachstehend aufgeführten Innenräume können in der Regel den Honorarzonen wie folgt zugeordnet werden:

Objektliste – raumakustische Planung	Honorarzone				
	I	II	III	IV	V
Pausenhallen, Spielhallen, Liege- und Wandelhallen	X				
Großraumbüros		X			
Unterrichts-, Vortrags- und Sitzungsräume					
▪ bis 500 m³		X			
▪ 500 bis 1 500 m³			X		
▪ über 1 500 m³				X	
Filmtheater					
▪ bis 1 000 m³		X			
▪ 1 000 bis 3 000 m³			X		
▪ über 3 000 m³				X	
Kirchen					
▪ bis 1 000 m³		X			
▪ 1 000 bis 3 000 m³			X		
▪ über 3 000 m³				X	
Sporthallen, Turnhallen					
▪ nicht teilbar, bis 1.000 m³		X			
▪ teilbar, bis 3.000 m³			X		
Mehrzweckhallen					
▪ bis 3 000 m³				X	
▪ über 3 000 m³					X
Konzertsäle, Theater, Opernhäuser					X
Tonaufnahmeräume, akustische Messräume					X
Innenräume mit veränderlichen akustischen Eigenschaften					X

(8) § 52 Absatz 3 kann sinngemäß angewendet werden.

1.3 Geotechnik

1.3.1 Anwendungsbereich

(1) Die Leistungen für Geotechnik können die Beschreibung und Beurteilung der Baugrund- und Grundwasserverhältnisse für Gebäude und Ingenieurbauwerke im Hinblick auf das Objekt und die Erarbeitung einer Gründungsempfehlung umfassen. Dazu gehört auch die Beschreibung der Wechselwirkung zwischen Baugrund und Bauwerk sowie die Wechselwirkung mit der Umgebung.

(2) Die Leistungen können insbesondere das Festlegen von Baugrundkennwerten und von Kennwerten für rechnerische Nachweise zur Standsicherheit und Gebrauchstauglichkeit des Objektes, die Abschätzung zum Schwankungsbereich des Grundwassers sowie die Einordnung des Baugrunds nach bautechnischen Klassifikationsmerkmalen umfassen.

1.3.2 Besondere Grundlagen des Honorars

(1) Das Honorar der Grundleistungen kann sich nach den anrechenbaren Kosten der Tragwerksplanung nach § 50 Absatz 1 bis 3 für das gesamte Objekt aus Bauwerk und Baugrube richten.

(2) Das Honorar für Ingenieurbauwerke mit großer Längenausdehnung (Linienbauwerke) kann ergänzend frei vereinbart werden.

1.3.3 Leistungsbild Geotechnik

(1) Grundleistungen können die Beschreibung und Beurteilung der Baugrund- und Grundwasserverhältnisse sowie die daraus abzuleitenden Empfehlungen für die Gründung einschließlich der Angabe der Bemessungsgrößen für eine Flächen- oder Pfahlgründung, Hinweise zur Herstellung und Trockenhaltung der Baugrube und des Bauwerks, Angaben zur Auswirkung des Bauwerks auf die Umgebung und auf Nachbarbauwerke sowie Hinweise zur Bauausführung umfassen. Die Darstellung der Inhalte kann im Geotechnischen Bericht erfolgen.

(2) Die Grundleistungen können in folgenden Teilleistungen zusammengefasst und wie folgt in Prozentsätzen der Honorare der Nummer 1.3.4 bewertet werden:

	Bewertung der Grundleistungen in Prozent der Honorare
1. **Teilleistung a** (Grundlagenermittlung und Erkundungskonzept)	15
2. **Teilleistung b** (Beschreiben der Baugrund- und Grundwasserverhältnisse)	35
3. **Teilleistung c** (Beurteilung der Baugrund- und Grundwasserverhältnisse, Empfehlungen, Hinweise, Angaben zur Bemessung der Gründung)	50

(3) Das Leistungsbild kann sich wie folgt zusammensetzen:

Grundleistungen	Besondere Leistungen
Geotechnischer Bericht	
a) Grundlagenermittlung und Erkundungskonzept ▪ Klären der Aufgabenstellung, Ermitteln der Baugrund- und Grundwasserverhältnisse auf Basis vorhandener Unterlagen ▪ Festlegen und Darstellen der erforderlichen Baugrunderkundungen **b)** Beschreiben der Baugrund- und Grundwasserverhältnisse ▪ Auswerten und Darstellen der Baugrunderkundungen sowie der Labor- und Felduntersuchungen ▪ Abschätzen des Schwankungsbereichs von Wasserständen und/oder Druckhöhen im Boden ▪ Klassifizieren des Baugrunds und Festlegen der Baugrundkennwerte **c)** Beurteilung der Baugrund- und Grundwasserverhältnisse, Empfehlungen, Hinweise, Angaben zur Bemessung der Gründung ▪ Beurteilung des Baugrunds ▪ Empfehlung für die Gründung mit Angabe der geotechnischen Bemessungsparameter (zum Beispiel Angaben zur Bemessung einer Flächen- oder Pfahlgründung) ▪ Angabe der zu erwartenden Setzungen für die vom Tragwerksplaner im Rahmen der Entwurfsplanung nach § 49 zu erbringenden Grundleistungen ▪ Hinweise zur Herstellung und Trockenhaltung der Baugrube und des Bauwerks sowie Anga-	▪ Beschaffen von Bestandsunterlagen ▪ Vorbereiten und Mitwirken bei der Vergabe von Aufschlussarbeiten und deren Überwachung ▪ Veranlassen von Labor- und Felduntersuchungen ▪ Aufstellen von geotechnischen Berechnungen zur Standsicherheit oder Gebrauchstauglichkeit, wie zum Beispiel Setzungs-, Grundbruch- und Geländebruchberechnungen ▪ Aufstellen von hydrogeologischen, geohydraulischen und besonderen numerischen Berechnungen ▪ Beratung zu Dränanlagen, Anlagen zur Grundwasserabsenkung oder sonstigen ständigen oder bauzeitlichen Eingriffen in das Grundwasser ▪ Beratung zu Probebelastungen sowie fachtechnisches Betreuen und Auswerten ▪ geotechnische Beratung zu Gründungselementen, Baugruben- oder Hangsicherungen und Erdbauwerken, Mitwirkung bei der Beratung zur Sicherung von Nachbarbauwerken ▪ Untersuchungen zur Berücksichtigung dynamischer Beanspruchungen bei der Bemessung des Objekts oder seiner Gründung sowie Beratungsleistungen zur Vermeidung oder Beherrschung von dynamischen Einflüssen ▪ Mitwirken bei der Bewertung von Nebenangeboten aus geotechnischer Sicht

Grundleistungen	Besondere Leistungen
ben zur Auswirkung der Baumaßnahme auf Nachbarbauwerke ▪ Allgemeine Angaben zum Erdbau ▪ Angaben zur geotechnischen Eignung von Aushubmaterial zur Wiederverwendung bei der betreffenden Baumaßnahme sowie Hinweise zur Bauausführung	▪ Mitwirken während der Planung oder Ausführung des Objekts sowie Besprechungs- und Ortstermine ▪ geotechnische Freigaben

1.3.4 Honorare Geotechnik

(1) Honorare für die in Nummer 1.3.3 Absatz 3 aufgeführten Grundleistungen können nach der folgenden Honorartafel bestimmt werden:

Honorartafel zu Leistungen der Geotechnik

Anrechenbare Kosten in Euro	Zone I von Euro	Zone I bis / Zone II von Euro	Zone II bis / Zone III von Euro	Zone III bis / Zone IV von Euro	Zone IV bis / Zone V von Euro	Zone V bis Euro
50.000	789	1.222	1.654	2.105	2.537	2.970
75.000	951	1.472	1.993	2.537	3.058	3.579
100.000	1.086	1.681	2.276	2.896	3.491	4.086
125.000	1.204	1.863	2.522	3.210	3.869	4.528
150.000	1.309	2.026	2.742	3.490	4.207	4.924
200.000	1.494	2.312	3.130	3.984	4.802	5.621
300.000	1.800	2.786	3.772	4.800	5.786	6.772
400.000	2.054	3.179	4.304	5.478	6.603	7.728
500.000	2.276	3.522	4.768	6.069	7.315	8.561
750.000	2.740	4.241	5.741	7.307	8.808	10.308
1.000.000	3.125	4.836	6.548	8.334	10.045	11.756
1.500.000	3.765	5.827	7.889	10.041	12.103	14.165
2.000.000	4.297	6.650	9.003	11.459	13.812	16.165
3.000.000	5.175	8.009	10.842	13.799	16.633	19.467
5.000.000	6.535	10.114	13.693	17.428	21.007	24.586
7.500.000	7.878	12.192	16.506	21.007	25.321	29.635
10.000.000	8.994	13.919	18.844	23.983	28.909	33.834
15.000.000	10.839	16.775	22.711	28.905	34.840	40.776
20.000.000	12.373	19.148	25.923	32.993	39.769	46.544
25.000.000	13.708	21.215	28.722	36.556	44.063	51.570

(2) Die Honorarzone kann bei den geotechnischen Grundleistungen aufgrund folgender Bewertungsmerkmale ermittelt werden:

1. Honorarzone I:
   Gründungen mit sehr geringem Schwierigkeitsgrad, insbesondere
   - gering setzungsempfindliche Objekte mit einheitlicher Gründungsart bei annähernd regelmäßigem Schichtenaufbau des Untergrunds mit einheitlicher Tragfähigkeit und Setzungsfähigkeit innerhalb der Baufläche;

2. Honorarzone II:
   Gründungen mit geringem Schwierigkeitsgrad, insbesondere
   - setzungsempfindliche Objekte sowie gering setzungsempfindliche Objekte mit bereichsweise unterschiedlicher Gründungsart oder bereichsweise stark unterschiedlichen Lasten bei annähernd regelmäßigem Schichtenaufbau des Untergrunds mit einheitlicher Tragfähigkeit und Setzungsfähigkeit innerhalb der Baufläche,
   - gering setzungsempfindliche Objekte mit einheitlicher Gründungsart bei unregelmäßigem Schichtenaufbau des Untergrunds mit unterschiedlicher Tragfähigkeit und Setzungsfähigkeit innerhalb der Baufläche;
3. Honorarzone III:
   Gründungen mit durchschnittlichem Schwierigkeitsgrad, insbesondere
   - stark setzungsempfindliche Objekte bei annähernd regelmäßigem Schichtenaufbau des Untergrunds mit einheitlicher Tragfähigkeit und Setzungsfähigkeit innerhalb der Baufläche,
   - setzungsempfindliche Objekte sowie gering setzungsempfindliche Bauwerke mit bereichsweise unterschiedlicher Gründungsart oder bereichsweise stark unterschiedlichen Lasten bei unregelmäßigem Schichtenaufbau des Untergrunds mit unterschiedlicher Tragfähigkeit und Setzungsfähigkeit innerhalb der Baufläche,
   - gering setzungsempfindliche Objekte mit einheitlicher Gründungsart bei unregelmäßigem Schichtenaufbau des Untergrunds mit stark unterschiedlicher Tragfähigkeit und Setzungsfähigkeit innerhalb der Baufläche;
4. Honorarzone IV:
   Gründungen mit hohem Schwierigkeitsgrad, insbesondere
   - stark setzungsempfindliche Objekte bei unregelmäßigem Schichtenaufbau des Untergrunds mit unterschiedlicher Tragfähigkeit und Setzungsfähigkeit innerhalb der Baufläche,
   - setzungsempfindliche Objekte sowie gering setzungsempfindliche Objekte mit bereichsweise unterschiedlicher Gründungsart oder bereichsweise stark unterschiedlichen Lasten bei unregelmäßigem Schichtenaufbau des Untergrunds mit stark unterschiedlicher Tragfähigkeit und Setzungsfähigkeit innerhalb der Baufläche;
5. Honorarzone V:
   Gründungen mit sehr hohem Schwierigkeitsgrad, insbesondere
   - stark setzungsempfindliche Objekte bei unregelmäßigem Schichtenaufbau des Untergrundes mit stark unterschiedlicher Tragfähigkeit und Setzungsfähigkeit innerhalb der Baufläche.

(3) § 52 Absatz 3 kann sinngemäß angewendet werden.

(4) Die Aspekte des Grundwassereinflusses auf das Objekt und die Nachbarbebauung können bei der Festlegung der Honorarzone zusätzlich berücksichtigt werden.

1.4 Ingenieurvermessung

1.4.1 Anwendungsbereich

(1) Leistungen der Ingenieurvermessung können das Erfassen raumbezogener Daten über Bauwerke und Anlagen, Grundstücke und Topografie, das Erstellen von Plänen, das Übertragen von Planungen in die Örtlichkeit sowie das vermessungstechnische Überwachen der Bauausführung einbeziehen, soweit die Leistungen mit besonderen instrumentellen und vermessungstechnischen Verfahrensanforderungen erbracht werden müssen. Ausgenommen von Satz 1 sind Leistungen, die nach landesrechtlichen Vorschriften für Zwecke der Landesvermessung und des Liegenschaftskatasters durchgeführt werden.

(2) Zur Ingenieurvermessung können gehören:

1. Planungsbegleitende Vermessungen für die Planung und den Entwurf von Gebäuden, Ingenieurbauwerken, Verkehrsanlagen sowie für Flächenplanungen,
2. Bauvermessung vor und während der Bauausführung und die abschließende Bestandsdokumentation von Gebäuden, Ingenieurbauwerken und Verkehrsanlagen,
3. sonstige vermessungstechnische Leistungen:
   - Vermessung an Objekten außerhalb der Planungs- und Bauphase,
   - Vermessung bei Wasserstraßen,
   - Fernerkundungen, die das Aufnehmen, Auswerten und Interpretieren von Luftbildern und anderer raumbezogener Daten umfassen, die durch Aufzeichnung über eine große Distanz erfasst sind, als Grundlage insbesondere für Zwecke der Raumordnung und des Umweltschutzes,
   - vermessungstechnische Leistungen zum Aufbau von geografisch-geometrischen Datenbasen für raumbezogene Informationssysteme sowie
   - vermessungstechnische Leistungen, soweit sie nicht in Absatz 1 und Absatz 2 erfasst sind.

1.4.2 Grundlagen des Honorars bei der Planungsbegleitenden Vermessung

(1) Das Honorar für Grundleistungen der Planungsbegleitenden Vermessung kann sich nach der Summe der Verrechnungseinheiten, der Honorarzone in Nummer 1.4.3 und der Honorartafel in Nummer 1.4.8 richten.

(2) Die Verrechnungseinheiten können sich aus der Größe der aufzunehmenden Flächen und deren Punktdichte berechnen. Die Punktdichte beschreibt die durchschnittliche Anzahl der für die Erfassung der planungsrelevanten Daten je Hektar zu messenden Punkte.

(3) Abhängig von der Punktdichte können die Flächen den nachstehenden Verrechnungseinheiten (VE) je Hektar (ha) zugeordnet werden:

		Verrechnungseinheiten je Hektar
sehr geringe Punktdichte	ca. 70 Punkte / ha	50 VE
geringe Punktdichte	ca. 150 Punkte / ha	70 VE
durchschnittliche Punktdichte	ca. 250 Punkte / ha	100 VE
hohe Punktdichte	ca. 350 Punkte / ha	130 VE
sehr hohe Punktdichte	ca. 500 Punkte / ha	150 VE

(4) Umfasst ein Auftrag Vermessungen für mehrere Objekte, so können die Honorare für die Vermessung jedes Objekts getrennt berechnet werden.

1.4.3 Honorarzonen für Leistungen bei der Planungsgebleitenden Vermessung

(1) Die Honorarzone kann bei der Planungsbegleitenden Vermessung aufgrund folgender Bewertungsmerkmale ermittelt werden:

	Bewertung der Honorarzone nach Punkten
a) Qualität der vorhandenen Daten und Kartenunterlagen	
▪ sehr hoch	1
▪ hoch	2
▪ befriedigend	3
▪ kaum ausreichend	4
▪ mangelhaft	5
b) Qualität des vorhandenen geodätischen Raumbezugs	
▪ sehr hoch	1
▪ hoch	2
▪ befriedigend	3
▪ kaum ausreichend	4
▪ mangelhaft	5
c) Anforderungen an die Genauigkeit	
▪ sehr gering	1
▪ gering	2
▪ durchschnittlich	3
▪ hoch	4
▪ sehr hoch	5
d) Beeinträchtigungen durch die Geländebeschaffenheit und bei der Begehbarkeit	
▪ sehr gering	1 - 2
▪ gering	3 - 4
▪ durchschnittlich	5 - 6
▪ hoch	7 - 8
▪ sehr hoch	9 - 10
e) Behinderung durch Bebauung und Bewuchs	
▪ sehr gering	1 - 3
▪ gering	4 - 6
▪ durchschnittlich	7 - 9
▪ hoch	10 - 12
▪ sehr hoch	13 - 15
f) Behinderung durch Verkehr	
▪ sehr gering	1 - 3
▪ gering	4 - 6
▪ durchschnittlich	7 - 9
▪ hoch	10 - 12
▪ sehr hoch	13 - 15

(2) Die Honorarzone kann sich aus der Summe der Bewertungspunkte wie folgt ergeben:

Honorarzone I: bis 13 Punkte
Honorarzone II: 14 bis 23 Punkte
Honorarzone III: 24 bis 34 Punkte
Honorarzone IV: 35 bis 44 Punkte
Honorarzone V: 45 bis 55 Punkte.

1.4.4. Leistungsbild Planungsbegleitende Vermessung

(1) Das Leistungsbild Planungsbegleitende Vermessung kann die Aufnahme planungsrelevanter Daten und die Darstellung in analoger und digitaler Form für die Planung und den Entwurf von Gebäuden, Ingenieurbauwerken, Verkehrslagen sowie für Flächenplanungen umfassen.

(2) Die Grundleistungen können in vier Leistungsphasen zusammengefasst und wie folgt in Prozentsätzen der Honorare der Nummer 1.4.8 Absatz 1 bewertet werden:

	Bewertung der Grundleistungen in Prozent der Honorare
1. Grundlagenermittlung	5
2. Geodätischer Raumbezug	20
3. Vermessungstechnische Grundlagen	65
4. Digitales Geländemodell	10

(3) Das Leistungsbild kann sich wie folgt zusammensetzen:

Grundleistungen	Besondere Leistungen
1. Grundlagenermittlung	
a) Einholen von Informationen und Beschaffen von Unterlagen über die Örtlichkeit und das geplante Objekt b) Beschaffen vermessungstechnischer Unterlagen und Dateien c) Ortsbesichtigung d) Ermitteln des Leistungsumfangs in Abhängigkeit von den Genauigkeitsanforderungen und dem Schwierigkeitsgrad	▪ Schriftliches Einholen von Genehmigungen zum Betreten von Grundstücken, von Bauwerken, zum Befahren von Gewässern und für anordnungsbedürftige Verkehrssicherungsmaßnahmen
2. Geodätischer Raumbezug	
a) Erkunden und Vermarken von Lage- und Höhenfestpunkten b) Fertigen von Punktbeschreibungen und Einmessungsskizzen c) Messungen zum Bestimmen der Fest- und Passpunkte	▪ Entwurf, Messung und Auswertung von Sondernetzen hoher Genauigkeit ▪ Vermarken aufgrund besonderer Anforderungen ▪ Aufstellung von Rahmenmessprogrammen

Grundleistungen

d) Auswerten der Messungen und Erstellen des Koordinaten- und Höhenverzeichnisses

3. Vermessungstechnische Grundlagen

a) Topografische/morphologische Geländeaufnahme einschließlich Erfassen von Zwangspunkten und planungsrelevanter Objekte

b) Aufbereiten und Auswerten der erfassten Daten

c) Erstellen eines digitalen Lagemodells mit ausgewählten planungsrelevanten Höhenpunkten

d) Übernehmen von Kanälen, Leitungen und unterirdischen Bauwerken aus vorhandenen Unterlagen

e) Übernehmen des Liegenschaftskatasters

f) Übernehmen der bestehenden öffentlich-rechtlichen Festsetzungen

g) Erstellen von Plänen mit Darstellen der Situation im Planungsbereich mit ausgewählten planungsrelevanten Höhenpunkten

h) Liefern der Pläne und Daten in analoger und digitaler Form

4. Digitales Geländemodell

a) Selektion der die Geländeoberfläche beschreibenden Höhenpunkte und Bruchkanten aus der Geländeaufnahme

b) Berechnung eines digitalen Geländemodells

c) Ableitung von Geländeschnitten

d) Darstellen der Höhen in Punkt-, Raster- oder Schichtlinienform

e) Liefern der Pläne und Daten in analoger und digitaler Form

Besondere Leistungen

- Maßnahmen für anordnungsbedürftige Verkehrssicherung
- Orten und Aufmessen des unterirdischen Bestandes
- Vermessungsarbeiten unter Tage, unter Wasser oder bei Nacht
- Detailliertes Aufnehmen bestehender Objekte und Anlagen neben der normalen topografischen Aufnahme, wie zum Beispiel Fassaden und Innenräume von Gebäuden
- Ermitteln von Gebäudeschnitten
- Aufnahmen über den festgelegten Planungsbereich hinaus
- Erfassen zusätzlicher Merkmale, wie zum Beispiel Baumkronen
- Eintragen von Eigentümerangaben
- Darstellen in verschiedenen Maßstäben
- Ausarbeiten der Lagepläne entsprechend der rechtlichen Bedingungen für behördliche Genehmigungsverfahren
- Übernahme der Objektplanung in ein digitales Lagemodell

1.4.5 Grundlagen des Honorars bei der Bauvermessung

(1) Das Honorar für Grundleistungen bei der Bauvermessung kann sich nach den anrechenbaren Kosten des Objekts, der Honorarzone in Nummer 1.4.6 und der Honorartafel in Nummer 1.4.8 richten.

(2) Anrechenbare Kosten können die Herstellungskosten des Objekts darstellen. Diese können entsprechend § 4 Absatz 1 und
1. bei Gebäuden entsprechend § 33,
2. bei Ingenieurbauwerken entsprechend § 42,
3. bei Verkehrsanlagen entsprechend § 46

ermittelt werden.
Anrechenbar können bei Ingenieurbauwerken 100 Prozent, bei Gebäuden und Verkehrsanlagen 80 Prozent der ermittelten Kosten sein.

(3) Die Absätze 1 bis 2 sowie die Nummer 1.4.6 und 1.4.7 finden keine Anwendung für vermessungstechnische Grundleistungen bei ober- und unterirdischen Leitungen, Tunnel-, Stollen- und Kavernenbauwerken, innerörtlichen Verkehrsanlagen mit überwiegend innerörtlichem Verkehr, bei Geh- und Radwegen sowie Gleis- und Bahnsteiganlagen. Das Honorar für die in Satz 1 genannten Objekte kann ergänzend frei vereinbart werden.

1.4.6 Honorarzonen für Leistungen bei der Bauvermessung

(1) Die Honorarzone kann bei der Bauvermessung aufgrund folgender Bewertungsmerkmale ermittelt werden:

	Bewertung der Honorarzone nach Punkten
a) Beeinträchtigungen durch die Geländebeschaffenheit und bei der Begehbarkeit	
▪ sehr gering	1
▪ gering	2
▪ durchschnittlich	3
▪ hoch	4
▪ sehr hoch	5
b) Behinderungen durch Bebauung und Bewuchs	
▪ sehr gering	1 – 2
▪ gering	3 – 4
▪ durchschnittlich	5 – 6
▪ hoch	7 – 8
▪ sehr hoch	9 – 10
c) Behinderung durch den Verkehr	
▪ sehr gering	1 – 2
▪ gering	3 – 4
▪ durchschnittlich	5 – 6
▪ hoch	7 – 8
▪ sehr hoch	9 – 10

	Bewertung der Honorarzone nach Punkten
d) Anforderungen an die Genauigkeit	
▪ sehr gering	1 – 2
▪ gering	3 – 4
▪ durchschnittlich	5 – 6
▪ hoch	7 – 8
▪ sehr hoch	9 – 10
e) Anforderungen durch die Geometrie des Objekts	
▪ sehr gering	1 – 2
▪ gering	3 – 4
▪ durchschnittlich	5 – 6
▪ hoch	7 – 8
▪ sehr hoch	9 – 10
f) Behinderung durch den Baubetrieb	
▪ sehr gering	1 – 3
▪ gering	4 – 6
▪ durchschnittlich	7 – 9
▪ hoch	10 – 12
▪ sehr hoch	13 – 15

(2) Die Honorarzone kann sich aus der Summe der Bewertungspunkte wie folgt ergeben:

Honorarzone I: bis 14 Punkte
Honorarzone II: 15 bis 25 Punkte
Honorarzone III: 26 bis 37 Punkte
Honorarzone IV: 38 bis 48 Punkte
Honorarzone V: 49 bis 60 Punkte.

1.4.7 Leistungsbild Bauvermessung

(1) Das Leistungsbild Bauvermessung kann die Vermessungsleistungen für den Bau und die abschließende Bestandsdokumentation von Gebäuden, Ingenieurbauwerken und Verkehrsanlagen umfassen.

(2) Die Grundleistungen können in fünf Leistungsphasen zusammengefasst und wie folgt in Prozentsätzen der Honorare der Nummer 1.4.8 Absatz 2 bewertet werden:

	Bewertung der Grundleistungen in Prozent der Honorare
1. Baugeometrische Beratung	2
2. Absteckungsunterlagen	5
3. Bauvorbereitende Vermessung	16
4. Bauausführungsvermessung	62
5. Vermessungstechnische Überwachung der Bauausführung	15

(3) Das Leistungsbild kann sich wie folgt zusammensetzen:

Grundleistungen	Besondere Leistungen
1. Baugeometrische Beratung a) Ermitteln des Leistungsumfanges in Abhängigkeit vom Projekt b) Beraten, insbesondere im Hinblick auf die erforderlichen Genauigkeiten und zur Konzeption eines Messprogramms c) Festlegen eines für alle Beteiligten verbindlichen Maß-, Bezugs- und Benennungssystems	▪ Erstellen von vermessungstechnischen Leistungsbeschreibungen ▪ Erarbeiten von Organisationvorschlägen über Zuständigkeiten, Verantwortlichkeit und Schnittstellen der Objektvermessung ▪ Erstellen von Messprogrammen für Bewegungs- und Deformationsmessungen einschließlich Vorgaben für die Baustelleneinrichtung
2. Absteckungsunterlagen a) Berechnen der Detailgeometrie anhand der Ausführungsplanung, Erstellen eines Absteckungsplanes und Berechnen von Absteckungsdaten einschließlich Aufzeigen von Widersprüchen (Absteckungsunterlagen)	▪ Durchführen von zusätzlichen Aufnahmen und ergänzende Berechnungen, falls keine qualifizierten Unterlagen aus der Leistungsphase vermessungstechnische Grundlagen vorliegen ▪ Durchführen von Optimierungsberechnungen im Rahmen der Baugeometrie (zum Beispiel Flächennutzung, Abstandsflächen) ▪ Erarbeitung von Vorschlägen zur Beseitigung von Widersprüchen bei der Verwendung von Zwangspunkten (zum Beispiel bauordnungsrechtliche Vorgaben)
3. Bauvorbereitende Vermessung a) Prüfen und Ergänzen des bestehenden Festpunktfelds b) Zusammenstellung und Aufbereitung der Absteckungsdaten c) Absteckung: Übertragen der Projektgeometrie (Hauptpunkte) und des Baufelds in die Örtlichkeit d) Übergabe der Lage- und Höhenfestpunkte, der Hauptpunkte und der Absteckungsunterlagen an das bauausführende Unternemen	▪ Absteckung auf besondere Anforderungen (zum Beispiel Archäologie, Ausholzung, Grobabsteckung, Kampfmittelräumung)

Grundleistungen	Besondere Leistungen
4. Bauausführungsvermessung	
a) Messungen zur Verdichtung des Lage- und Höhenfestpunktfeldes b) Messungen zur Überprüfung und Sicherung von Fest- und Achspunkten c) Baubegleitende Absteckungen der geometriebestimmenden Bauwerkspunkte nach Lage und Höhe d) Messungen zur Erfassung von Bewegungen und Deformationen des zu erstellenden Objekts an konstruktiv bedeutsamen Punkten e) Baubegleitende Eigenüberwachungsmessungen und deren Dokumentation f) Fortlaufende Bestandserfassung während der Bauausführung als Grundlage für den Bestandsplan	▪ Erstellen und Konkretisieren des Messprogramms ▪ Absteckungen unter Berücksichtigung von belastungs- und fertigungstechnischen Verformungen ▪ Prüfen der Maßgenauigkeit von Fertigteilen ▪ Aufmaß von Bauleistungen, soweit besondere vermessungstechnische Leistungen gegeben sind ▪ Ausgabe von Baustellenbestandsplänen während der Bauausführung ▪ Fortführen der vermessungstechnischen Bestandspläne nach Abschluss der Grundleistungen ▪ Herstellen von Bestandsplänen
5. Vermessungstechnische Überwachung der Bauausführung	
a) Kontrollieren der Bauausführung durch stichprobenartige Messungen an Schalungen und entstehenden Bauteilen (Kontrollmessungen) b) Fertigen von Messprotokollen c) Stichprobenartige Bewegungs- und Deformationsmessungen an konstruktiv bedeutsamen Punkten des zu erstellenden Objekts	▪ Prüfen der Mengenermittlungen ▪ Beratung zu langfristigen vermessungstechnischen Objektüberwachungen im Rahmen der Ausführungskontrolle baulicher Maßnahmen und deren Durchführung ▪ Vermessungen für die Abnahme von Bauleistungen, soweit besondere vermessungstechnische Anforderungen gegeben sind

(4) Die Leistungsphase 4 ist abweichend von Absatz 2 bei Gebäuden mit 45 bis 62 Prozent zu bewerten.

1.4.8 Honorare für Grundleistungen bei der Ingenieurvermessung

(1) Die Honorare für die in Nummer 1.4.4 Absatz 3 aufgeführten Grundleistungen der Planungsbegleitenden Vermessung können sich nach der folgenden Honorartafel richten:

Honorartafel zu Leistungen bei der Ingenieurvermessung

Verrechnungseinheiten	Zone I von	bis / Zone II von	bis / Zone III von	bis / Zone IV von	bis / Zone V von	bis
	Euro	Euro	Euro	Euro	Euro	Euro
6	658	777	914	1.051	1.170	1.289
20	953	1.123	1.306	1.489	1.659	1.828
50	1.480	1.740	2.000	2.260	2.520	2.780
103	2.225	2.616	3.007	3.399	3.790	4.182
188	3.325	3.826	4.327	4.829	5.330	5.831
278	4.320	4.931	5.542	6.153	6.765	7.376
359	5.156	5.826	6.547	7.217	7.939	8.609
435	5.881	6.656	7.437	8.212	8.994	9.768
506	6.547	7.383	8.219	9.055	9.892	10.728
659	7.867	8.859	9.815	10.809	11.765	12.757
822	9.187	10.299	11.413	12.513	13.625	14.737
1.105	11.332	12.667	14.002	15.336	16.672	18.006
1.400	13.525	14.977	16.532	18.086	19.642	21.196
2.033	17.714	19.597	21.592	23.586	25.582	27.576
2.713	21.894	24.217	26.652	29.086	31.522	33.956
3.430	26.074	28.837	31.712	34.586	37.462	40.336
4.949	34.434	38.077	41.832	45.586	49.342	53.096
7.385	46.974	51.937	57.012	62.086	67.162	72.236
11.726	67.874	75.037	82.312	89.586	96.862	104.136

(2) Die Honorare für die in Nummer 1.4.7 Absatz 3 Grundleistungen der Bauvermessung können sich nach der folgenden Honorartafel richten:

Honorartafel zu Leistungen bei der Bauvermessung

Anrechenbare Kosten in Euro	Zone I von Euro	bis / Zone II von Euro	bis / Zone III von Euro	bis / Zone IV von Euro	bis / Zone V von Euro	bis Euro
50.000	4.282	4.782	5.283	5.839	6.339	6.840
75.000	4.648	5.191	5.734	6.338	6.881	7.424
100.000	5.002	5.586	6.171	6.820	7.405	7.989
150.000	5.684	6.349	7.013	7.751	8.416	9.080
200.000	6.344	7.086	7.827	8.651	9.393	10.134
250.000	6.987	7.804	8.621	9.528	10.345	11.162
300.000	7.618	8.508	9.399	10.388	11.278	12.169
400.000	8.848	9.883	10.917	12.066	13.100	14.134
500.000	10.048	11.222	12.397	13.702	14.876	16.051
600.000	11.223	12.535	13.847	15.304	16.616	17.928
750.000	12.950	14.464	15.978	17.659	19.173	20.687
1.000.000	15.754	17.596	19.437	21.483	23.325	25.166
1.500.000	21.165	23.639	26.113	28.862	31.336	33.810
2.000.000	26.393	29.478	32.563	35.990	39.075	42.160
2.500.000	31.488	35.168	38.849	42.938	46.619	50.299
3.000.000	36.480	40.744	45.008	49.745	54.009	58.273
4.000.000	46.224	51.626	57.029	63.032	68.435	73.838
5.000.000	55.720	62.232	68.745	75.981	82.494	89.007
7.500.000	78.690	87.888	97.085	107.305	116.502	125.700
10.000.000	100.876	112.667	124.458	137.559	149.350	161.140

1.4.9 Sonstige vermessungstechnische Leistungen

Für sonstige vermessungstechnische Leistungen nach Nummer 1.4.1 kann ein Honorar ergänzend frei vereinbart werden.

Anlage 2 zu § 18 Absatz 2: Grundleistungen im Leistungsbild Flächennutzungsplan

Das Leistungsbild Flächennutzungsplan setzt sich aus folgenden Grundleistungen je Leistungsphase zusammen:

Leistungsphase 1: Vorentwurf für die frühzeitigen Beteiligungen

a) Zusammenstellen und Werten des vorhandenen Grundlagenmaterials
b) Erfassen der abwägungsrelevanten Sachverhalte
c) Ortsbesichtigungen
d) Festlegen ergänzender Fachleistungen und Formulieren von Entscheidungshilfen für die Auswahl anderer fachlich Beteiligter, soweit notwendig
e) Analysieren und Darstellen des Zustandes des Plangebiets, soweit für die Planung von Bedeutung und abwägungsrelevant, unter Verwendung hierzu vorliegender Fachbeiträge
f) Mitwirken beim Festlegen von Zielen und Zwecken der Planung
g) Erarbeiten des Vorentwurfes in der vorgeschriebenen Fassung mit Begründung für die frühzeitigen Beteiligungen nach den Bestimmungen des Baugesetzbuchs
h) Darlegen der wesentlichen Auswirkungen der Planung
i) Berücksichtigen von Fachplanungen
j) Mitwirken an der frühzeitigen Öffentlichkeitsbeteiligung einschließlich Erörterung der Planung
k) Mitwirken an der frühzeitigen Beteiligung der Behörden und Stellen, die Träger öffentlicher Belange sind
l) Mitwirken an der frühzeitigen Abstimmung mit den Nachbargemeinden
m) Abstimmen des Vorentwurfes für die frühzeitigen Beteiligungen in der vorgeschriebenen Fassung mit der Gemeinde

Leistungsphase 2: Entwurf zur öffentlichen Auslegung

a) Erarbeiten des Entwurfes in der vorgeschriebenen Fassung mit Begründung für die Öffentlichkeits- und Behördenbeteiligung nach den Bestimmungen des Baugesetzbuchs
b) Mitwirken an der Öffentlichkeitsbeteiligung
c) Mitwirken an der Beteiligung der Behörden und Stellen, die Träger öffentlicher Belange sind
d) Mitwirken an der Abstimmung mit den Nachbargemeinden
e) Mitwirken bei der Abwägung der Gemeinde zu Stellungnahmen aus frühzeitigen Beteiligungen
f) Abstimmen des Entwurfs mit der Gemeinde

Leistungsphase 3: Plan zur Beschlussfassung

a) Erarbeiten des Planes in der vorgeschriebenen Fassung mit Begründung für den Beschluss durch die Gemeinde
b) Mitwirken bei der Abwägung der Gemeinde zu Stellungnahmen
c) Erstellen des Planes in der durch Beschluss der Gemeinde aufgestellten Fassung.

Anlage 3 zu § 19 Absatz 2: Grundleistungen im Leistungsbild Bebauungsplan

Das Leistungsbild Bebauungsplan setzt sich aus folgenden Grundleistungen je Leistungsphase zusammen:

Leistungsphase 1: Vorentwurf für die frühzeitigen Beteiligungen

a) Zusammenstellen und Werten des vorhandenen Grundlagenmaterials
b) Erfassen der abwägungsrelevanten Sachverhalte
c) Ortsbesichtigungen
d) Festlegen ergänzender Fachleistungen und Formulieren von Entscheidungshilfen für die Auswahl anderer fachlich Beteiligter, soweit notwendig
e) Analysieren und Darstellen des Zustandes des Plangebiets, soweit für die Planung von Bedeutung und abwägungsrelevant, unter Verwendung hierzu vorliegender Fachbeiträge
f) Mitwirken beim Festlegen von Zielen und Zwecken der Planung
g) Erarbeiten des Vorentwurfes in der vorgeschriebenen Fassung mit Begründung für die frühzeitigen Beteiligungen nach den Bestimmungen des Baugesetzbuchs
h) Darlegen der wesentlichen Auswirkungen der Planung
i) Berücksichtigen von Fachplanungen
j) Mitwirken an der frühzeitigen Öffentlichkeitsbeteiligung einschließlich Erörterung der Planung
k) Mitwirken an der frühzeitigen Beteiligung der Behörden und Stellen, die Träger öffentlicher Belange sind
l) Mitwirken an der frühzeitigen Abstimmung mit den Nachbargemeinden
m) Abstimmen des Vorentwurfes für die frühzeitigen Beteiligungen in der vorgeschriebenen Fassung mit der Gemeinde

Leistungsphase 2: Entwurf zur öffentlichen Auslegung

a) Erarbeiten des Entwurfes in der vorgeschriebenen Fassung mit Begründung für die Öffentlichkeits- und Behördenbeteiligung nach den Bestimmungen des Baugesetzbuchs
b) Mitwirken an der Öffentlichkeitsbeteiligung
c) Mitwirken an der Beteiligung der Behörden und Stellen, die Träger öffentlicher Belange sind
d) Mitwirken an der Abstimmung mit den Nachbargemeinden
e) Mitwirken bei der Abwägung der Gemeinde zu Stellungnahmen aus frühzeitigen Beteiligungen
f) Abstimmen des Entwurfs mit der Gemeinde

Leistungsphase 3: Plan zur Beschlussfassung

a) Erarbeiten des Planes in der vorgeschriebenen Fassung mit Begründung für den Beschluss durch die Gemeinde
b) Mitwirken bei der Abwägung der Gemeinde zu Stellungnahmen
c) Erstellen des Planes in der durch Beschluss der Gemeinde aufgestellten Fassung.

Anlage 4 zu § 23 Absatz 2: Grundleistungen im Leistungsbild Landschaftsplan

Das Leistungsbild setzt sich aus folgenden Grundleistungen je Leistungsphase zusammen:

Leistungsphase 1: Klären der Aufgabenstellung und Ermitteln des Leistungsumfangs

a) Zusammenstellen und Prüfen der vom Auftraggeber zur Verfügung gestellten planungsrelevanten Unterlagen
b) Ortsbesichtigungen
c) Abgrenzen des Planungsgebiets
d) Konkretisieren weiteren Bedarfs an Daten und Unterlagen
e) Beraten zum Leistungsumfang für ergänzende Untersuchungen und Fachleistungen
f) Aufstellen eines verbindlichen Arbeitsplans unter Berücksichtigung der sonstigen Fachbeiträge

Leistungsphase 2: Ermitteln der Planungsgrundlagen

a) Ermitteln und Beschreiben der planungsrelevanten Sachverhalte auf Grundlage vorhandener Unterlagen und Daten
b) Landschaftsbewertung nach den Zielen und Grundsätzen des Naturschutzes und der Landschaftspflege
c) Bewerten von Flächen und Funktionen des Naturhaushalts und des Landschaftsbildes hinsichtlich ihrer Eignung, Leistungsfähigkeit, Empfindlichkeit und Vorbelastung
d) Bewerten geplanter Eingriffe in Natur und Landschaft
e) Feststellung von Nutzungs- und Zielkonflikten
c) Zusammenfassendes Darstellen der Erfassung und Bewertung

Leistungsphase 3: Vorläufige Fassung

a) Formulieren von örtlichen Zielen und Grundsätzen zum Schutz, zur Pflege und Entwicklung von Natur und Landschaft einschließlich Erholungsvorsorge
b) Darlegen der angestrebten Flächenfunktionen und Flächennutzungen sowie der örtlichen Erfordernisse und Maßnahmen zur Umsetzung der konkretisierten Ziele des Naturschutzes und der Landschaftspflege
c) Erarbeiten von Vorschlägen zur Übernahme in andere Planungen, insbesondere in die Bauleitpläne
d) Hinweise auf Folgeplanungen und -maßnahmen
e) Mitwirken bei der Beteiligung der nach den Bestimmungen des Bundesnaturschutzgesetzes anerkannten Verbände
f) Mitwirken bei der Abstimmung der Vorläufigen Fassung mit der für Naturschutz und Landschaftspflege zuständigen Behörde
g) Abstimmen der Vorläufigen Fassung mit dem Auftraggeber

Leistungsphase 4: Abgestimmte Fassung

Darstellen des Landschaftsplans in der mit dem Auftraggeber abgestimmten Fassung in Text und Karte.

Anlage 5 zu § 24 Absatz 2: Grundleistungen im Leistungsbild Grünordnungsplan

Das Leistungsbild Grünordnungsplan setzt sich aus folgenden Grundleistungen je Leistungsphase zusammen:

Leistungsphase 1: Klären der Aufgabenstellung und Ermitteln des Leistungsumfangs

a) Zusammenstellen und Prüfen der vom Auftraggeber zur Verfügung gestellten planungsrelevanten Unterlagen
b) Ortsbesichtigungen
c) Abgrenzen des Planungsgebiets
d) Konkretisieren weiteren Bedarfs an Daten und Unterlagen
e) Beraten zum Leistungsumfang für ergänzende Untersuchungen und Fachleistungen
f) Aufstellen eines verbindlichen Arbeitsplans unter Berücksichtigung der sonstigen Fachbeiträge

Leistungsphase 2: Ermitteln der Planungsgrundlagen

a) Ermitteln und Beschreiben der planungsrelevanten Sachverhalte auf Grundlage vorhandener Unterlagen und Daten
b) Bewerten der Landschaft nach den Zielen des Naturschutzes und der Landschaftspflege einschließlich der Erholungsvorsorge
c) Zusammenfassendes Darstellen der Bestandsaufnahme und Bewertung in Text und Karte

Leistungsphase 3: Vorläufige Fassung

a) Lösen der Planungsaufgabe und Erläutern der Ziele, Erfordernisse und Maßnahmen in Text und Karte
b) Darlegen der angestrebten Flächenfunktionen und Flächennutzungen
c) Darlegen von Gestaltungs-, Schutz-, Pflege- und Entwicklungsmaßnahmen
d) Vorschläge zur Übernahme in andere Planungen, insbesondere in die Bauleitplanung
e) Mitwirken bei der Abstimmung der vorläufigen Fassung mit der für den Naturschutz zuständigen Behörde
f) Bearbeiten der naturschutzrechtlichen Eingriffsregelung
   aa) Ermitteln und Bewerten der durch die Planung zu erwartenden Beeinträchtigungen des Naturhaushalts und des Landschaftsbildes nach Art, Umfang, Ort und zeitlichem Ablauf
   bb) Erarbeiten von Lösungen zur Vermeidung oder Verminderung erheblicher Beeinträchtigungen des Naturhaushalts und des Landschaftsbildes in Abstimmung mit den an der Planung fachlich Beteiligten
   cc) Ermitteln der unvermeidbaren Beeinträchtigungen
   dd) Vergleichendes Gegenüberstellen von unvermeidbaren Beeinträchtigungen und Ausgleich und Ersatz einschließlich Darstellen verbleibender, nicht ausgleichbarer oder ersetzbarer Beeinträchtigungen

ee) Darstellen und Begründen von Maßnahmen des Naturschutzes und der Landschaftspflege, insbesondere Ausgleichs-, Ersatz-, Gestaltungs- und Schutzmaßnahmen sowie Maßnahmen zur Unterhaltung und rechtlichen Sicherung von Ausgleichs- und Ersatzmaßnahmen

ff) Integrieren ergänzender, zulassungsrelevanter Regelungen und Maßnahmen aufgrund des Natura 2000-Gebietsschutzes und der Vorschriften zum besonderen Artenschutz auf Grundlage vorhandener Unterlagen

Leistungsphase 4: Abgestimmte Fassung

Darstellen des Grünordnungsplans oder Landschaftsplanerischen Fachbeitrags in der mit dem Auftraggeber abgestimmten Fassung in Text und Karte.

Anlage 6 zu § 25 Absatz 2: Grundleistungen im Leistungsbild Landschaftsrahmenplan

Das Leistungsbild Landschaftsrahmenplan setzt sich aus folgenden Grundleistungen je Leistungsphase zusammen:

Leistungsphase 1: Klären der Aufgabenstellung und Ermitteln des Leistungsumfangs

a) Zusammenstellen und Prüfen der vom Auftraggeber zur Verfügung gestellten planungsrelevanten Unterlagen
b) Ortsbesichtigungen
c) Abgrenzen des Planungsgebiets
d) Konkretisieren weiteren Bedarfs an Daten und Unterlagen
e) Beraten zum Leistungsumfang für ergänzende Untersuchungen und Fachleistungen
f) Aufstellen eines verbindlichen Arbeitsplans unter Berücksichtigung der sonstigen Fachbeiträge

Leistungsphase 2: Ermitteln der Planungsgrundlagen

a) Ermitteln und Beschreiben der planungsrelevanten Sachverhalte auf Grundlage vorhandener Unterlagen und Daten
b) Landschaftsbewertung nach den Zielen und Grundsätzen des Naturschutzes und der Landschaftspflege
c) Bewerten von Flächen und Funktionen des Naturhaushalts und des Landschaftsbildes hinsichtlich ihrer Eignung, Leistungsfähigkeit, Empfindlichkeit und Vorbelastung
d) Bewerten geplanter Eingriffe in Natur und Landschaft
e) Feststellen von Nutzungs- und Zielkonflikten
f) Zusammenfassendes Darstellen der Erfassung und Bewertung

Leistungsphase 3: Vorläufige Fassung

a) Lösen der Planungsaufgabe und
b) Erläutern der Ziele, Erfordernisse und Maßnahmen in Text und Karte

Zu Buchstabe a) und b) gehören:
- aa) Erstellen des Zielkonzepts
- bb) Umsetzen des Zielkonzepts durch Schutz, Pflege und Entwicklung bestimmter Teile von Natur und Landschaft und durch Artenhilfsmaßnahmen für ausgewählte Tier- und Pflanzenarten
- cc) Vorschläge zur Übernahme in andere Planungen, insbesondere in Regionalplanung, Raumordnung und Bauleitplanung
- dd) Mitwirken bei der Abstimmung der vorläufigen Fassung mit der für den Naturschutz zuständigen Behörde
- ee) Abstimmen der Vorläufigen Fassung mit dem Auftraggeber

Leistungsphase 4: Abgestimmte Fassung

Darstellen des Landschaftsrahmenplans in der mit dem Auftraggeber abgestimmten Fassung in Text und Karte.

Anlage 7 zu § 26 Absatz 2: Grundleistungen im Leistungsbild Landschaftspflegerischer Begleitplan

Das Leistungsbild Landschaftspflegerischer Begleitplan setzt sich aus folgenden Grundleistungen je Leistungsphase zusammen:

Leistungsphase 1: Klären der Aufgabenstellung und Ermitteln des Leistungsumfangs

a) Zusammenstellen und Prüfen der vom Auftraggeber zur Verfügung gestellten planungsrelevanten Unterlagen
b) Ortsbesichtigungen
c) Abgrenzen des Planungsgebiets anhand der planungsrelevanten Funktionen
d) Konkretisieren weiteren Bedarfs an Daten und Unterlagen
e) Beraten zum Leistungsumfang für ergänzende Untersuchungen und Fachleistungen
f) Aufstellen eines verbindlichen Arbeitsplans unter Berücksichtigung der sonstigen Fachbeiträge

Leistungsphase 2: Ermitteln und Bewerten der Planungsgrundlagen

a) Bestandsaufnahme:
Erfassen von Natur und Landschaft jeweils einschließlich des rechtlichen Schutzstatus und fachplanerischer Festsetzungen und Ziele für die Naturgüter auf Grundlage vorhandener Unterlagen und vorhandener örtlicher Erhebungen
b) Bestandsbewertung:
aa) Bewerten der Leistungsfähigkeit und Empfindlichkeit des Naturhaushalts und des Landschaftsbildes nach den Zielen und Grundsätzen des Naturschutzes und der Landschaftspflege
bb) Bewerten der vorhandenen Beeinträchtigungen von Natur und Landschaft (Vorbelastung)
cc) Zusammenfassendes Darstellung der Ergebnisse als Grundlage für die Erörterung mit dem Auftraggeber

Leistungsphase 3: Vorläufige Fassung

a) Konfliktanalyse
b) Ermitteln und Bewerten der durch das Vorhaben zu erwartenden Beeinträchtigungen des Naturhaushalts und des Landschaftsbildes nach Art, Umfang, Ort und zeitlichem Ablauf
c) Konfliktminderung
d) Erarbeiten von Lösungen zur Vermeidung oder Verminderung erheblicher Beeinträchtigungen des Naturhaushalts und des Landschaftsbildes in Abstimmung mit den an der Planung fachlich Beteiligten
e) Ermitteln der unvermeidbaren Beeinträchtigungen
f) Erarbeiten und Begründen von Maßnahmen des Naturschutzes und der Landschaftspflege, insbesondere Ausgleichs-, Ersatz- und Gestaltungsmaßnahmen sowie Angaben zur Unterhaltung dem Grunde nach und Vorschläge zur rechtlichen Sicherung von Ausgleichs- und Ersatzmaßnahmen

g) Integrieren von Maßnahmen aufgrund des Natura 2000-Gebietsschutzes sowie aufgrund der Vorschriften zum besonderen Artenschutz und anderer Umweltfachgesetze auf Grundlage vorhandener Unterlagen und Erarbeiten eines Gesamtkonzepts
h) Vergleichendes Gegenüberstellen von unvermeidbaren Beeinträchtigungen und Ausgleich und Ersatz einschließlich Darstellen verbleibender, nicht ausgleichbarer oder ersetzbarer Beeinträchtigungen
i) Kostenermittlung nach Vorgaben des Auftraggebers
j) Zusammenfassendes Darstellen der Ergebnisse in Text und Karte
k) Mitwirken bei der Abstimmung mit der für Naturschutz und Landschaftspflege zuständigen Behörde
l) Abstimmen der Vorläufigen Fassung mit dem Auftraggeber

Leistungsphase 4: Abgestimmte Fassung

Darstellen des Landschaftspflegerischen Begleitplans in der mit dem Auftraggeber abgestimmten Fassung in Text und Karte.

Anlage 8 zu § 27 Absatz 2: Grundleistungen im Leistungsbild Pflege- und Entwicklungsplan

Das Leistungsbild Pflege- und Entwicklungsplan setzt sich aus folgenden Grundleistungen je Leistungsphase zusammen:

Leistungsphase 1: Klären der Aufgabenstellung und Ermitteln des Leistungsumfangs

a) Zusammenstellen und Prüfen der vom Auftraggeber zur Verfügung gestellten planungsrelevanten Unterlagen
b) Ortsbesichtigungen
c) Abgrenzen des Planungsgebiets anhand der planungsrelevanten Funktionen
d) Konkretisieren weiteren Bedarfs an Daten und Unterlagen
e) Beraten zum Leistungsumfang für ergänzende Untersuchungen und Fachleistungen
f) Aufstellen eines verbindlichen Arbeitsplans unter Berücksichtigung der sonstigen Fachbeiträge

Leistungsphase 2: Ermitteln der Planungsgrundlagen

a) Ermitteln und Beschreiben der planungsrelevanten Sachverhalte aufgrund vorhandener Unterlagen
b) Auswerten und Einarbeiten von Fachbeiträgen
c) Bewerten der Bestandsaufnahmen einschließlich vorhandener Beeinträchtigungen sowie der abiotischen Faktoren hinsichtlich ihrer Standort- und Lebensraumbedeutung nach den Zielen und Grundsätzen des Naturschutzes
d) Beschreiben der Zielkonflikte mit bestehenden Nutzungen
e) Beschreiben des zu erwartenden Zustands von Arten und ihren Lebensräumen (Zielkonflikte mit geplanten Nutzungen)
f) Überprüfen der festgelegten Untersuchungsinhalte
g) Zusammenfassendes Darstellen von Erfassung und Bewertung in Text und Karte

Leistungsphase 3: Vorläufige Fassung

a) Lösen der Planungsaufgabe und Erläutern der Ziele, Erfordernisse und Maßnahmen in Text und Karte
b) Formulieren von Zielen zum Schutz, zur Pflege, zur Erhaltung und Entwicklung von Arten, Biotoptypen und naturnahen Lebensräumen bzw. Standortbedingungen
c) Erfassen und Darstellen von Flächen, auf denen eine Nutzung weiter betrieben werden soll und von Flächen, auf denen regelmäßig Pflegemaßnahmen durchzuführen sind, sowie von Maßnahmen zur Verbesserung der ökologischen Standortverhältnisse und zur Änderung der Biotopstruktur
d) Erarbeiten von Vorschlägen für Maßnahmen zur Förderung bestimmter Tier- und Pflanzenarten, zur Lenkung des Besucherverkehrs, für die Durchführung der Pflege- und Entwicklungsmaßnahmen und für Änderungen von Schutzzweck und -zielen sowie Grenzen von Schutzgebieten
e) Erarbeiten von Hinweisen für weitere wissenschaftliche Untersuchungen (Monitoring), Folgeplanungen und Maßnahmen
f) Kostenermittlung
g) Abstimmen der Vorläufigen Fassung mit dem Auftraggeber

Leistungsphase 4: Abgestimmte Fassung

Darstellen des Pflege- und Entwicklungsplans in der mit dem Auftraggeber abgestimmten Fassung in Text und Karte.

Anlage 9 zu § 18 Absatz 2, § 19 Absatz 2, § 23 Absatz 2, § 24 Absatz 2, § 25 Absatz 2, § 26 Absatz 2, § 27 Absatz 2: Besondere Leistungen zur Flächenplanung

Für die Leistungsbilder der Flächenplanung können insbesondere folgende Besondere Leistungen vereinbart werden:

1. Rahmensetzende Pläne und Konzepte:

a) Leitbilder
b) Entwicklungskonzepte
c) Masterpläne
d) Rahmenpläne

2. Städtebaulicher Entwurf:

a) Grundlagenermittlung
b) Vorentwurf
c) Entwurf

Der Städtebauliche Entwurf kann als Grundlage für Leistungen nach § 19 HOAI dienen und Ergebnis eines städtebaulichen Wettbewerbes sein.

3. Leistungen zur Verfahrens- und Projektsteuerung sowie zur Qualitätssicherung:

a) Durchführen von Planungsaudits
b) Vorabstimmungen mit Planungsbeteiligten und Fachbehörden
c) Aufstellen und Überwachen von integrierten Terminplänen
d) Vor- und Nachbereiten von planungsbezogenen Sitzungen
e) Koordinieren von Planungsbeteiligten
f) Moderation von Planungsverfahren
g) Ausarbeiten von Leistungskatalogen für Leistungen Dritter
h) Mitwirken bei Vergabeverfahren für Leistungen Dritter (Einholung von Angeboten, Vergabevorschläge)
i) Prüfen und Bewerten von Leistungen Dritter
j) Mitwirken beim Ermitteln von Fördermöglichkeiten
k) Stellungnahmen zu Einzelvorhaben während der Planaufstellung

4. Leistungen zur Vorbereitung und inhaltlichen Ergänzung:

a) Erstellen digitaler Geländemodelle
b) Digitalisieren von Unterlagen
c) Anpassen von Datenformaten
d) Erarbeiten einer einheitlichen Planungsgrundlage aus unterschiedlichen Unterlagen
e) Strukturanalysen
f) Stadtbildanalysen, Landschaftsbildanalysen
g) Statistische und örtliche Erhebungen sowie Bedarfsermittlungen, zum Beispiel zur Versorgung, zur Wirtschafts-, Sozial- und Baustruktur sowie zur soziokulturellen Struktur
h) Befragungen und Interviews
i) Differenziertes Erheben, Kartieren, Analysieren und Darstellen von spezifischen Merkmalen und Nutzungen

j) Erstellen von Beiplänen, zum Beispiel für Verkehr, Infrastruktureinrichtungen, Flurbereinigungen, Grundbesitzkarten und Gütekarten unter Berücksichtigung der Pläne anderer an der Planung fachlich Beteiligter
k) Modelle
l) Erstellen zusätzlicher Hilfsmittel der Darstellung zum Beispiel Fotomontagen, 3-D-Darstellungen, Videopräsentationen

5. Verfahrensbegleitende Leistungen:

a) Vorbereiten und Durchführen des Scopings
b) Vorbereiten, Durchführen, Auswerten und Dokumentieren der formellen Beteiligungsverfahren
c) Ermitteln der voraussichtlich erheblichen Umweltauswirkungen für die Umweltprüfung
d) Erarbeiten des Umweltberichtes
e) Berechnen und Darstellen der Umweltschutzmaßnahmen
f) Bearbeiten der Anforderungen aus der naturschutzrechtlichen Eingriffsregelung in Bauleitplanungsverfahren
g) Erstellen von Sitzungsvorlagen, Arbeitsheften und anderen Unterlagen
h) Wesentliche Änderungen oder Neubearbeitung des Entwurfs nach Offenlage oder Beteiligungen, insbesondere nach Stellungnahmen
i) Ausarbeiten der Beratungsunterlagen der Gemeinde zu Stellungnahmen im Rahmen der formellen Beteiligungsverfahren
j) Leistungen für die Drucklegung, Erstellen von Mehrausfertigungen
k) Überarbeiten von Planzeichnungen und von Begründungen nach der Beschlussfassung (zum Beispiel Satzungsbeschluss)
l) Verfassen von Bekanntmachungstexten und Organisation der öffentlichen Bekanntmachungen
m) Mitteilen des Ergebnisses der Prüfung der Stellungnahmen an die Beteiligten
n) Benachrichtigen von Bürgern und Behörden, die Stellungnahmen abgegeben haben, über das Abwägungsergebnis
o) Erstellen der Verfahrensdokumentation
p) Erstellen und Fortschreiben eines digitalen Planungsordners
q) Mitwirken an der Öffentlichkeitsarbeit des Auftraggebers einschließlich Mitwirken an Informationsschriften und öffentlichen Diskussionen sowie Erstellen der dazu notwendigen Planungsunterlagen und Schriftsätze
r) Teilnehmen an Sitzungen von politischen Gremien des Auftraggebers oder an Sitzungen im Rahmen der Öffentlichkeitsbeteiligung
s) Mitwirken an Anhörungs- oder Erörterungsterminen
t) Leiten bzw. Begleiten von Arbeitsgruppen
u) Erstellen der zusammenfassenden Erklärung nach Baugesetzbuch
v) Anwenden komplexer Bilanzierungsverfahren im Rahmen der naturschutzrechtlichen Eingriffsregelung
w) Erstellen von Bilanzen nach fachrechtlichen Vorgaben
x) Entwickeln von Monitoringkonzepten und -maßnahmen
y) Ermitteln von Eigentumsverhältnissen, insbesondere Klären der Verfügbarkeit von geeigneten Flächen für Maßnahmen

6. Weitere besondere Leistungen bei landschaftsplanerischen Leistungen:

a) Erarbeiten einer Planungsraumanalyse im Rahmen einer Umweltverträglichkeitsstudie
b) Mitwirken an der Prüfung der Verpflichtung, zu einem Vorhaben oder eine Planung eine Umweltverträglichkeitsprüfung durchzuführen (Screening)

c) Erstellen einer allgemein verständlichen nichttechnischen Zusammenfassung nach dem Gesetz über die Umweltverträglichkeitsprüfung
d) Daten aus vorhandenen Unterlagen im Einzelnen ermitteln und aufbereiten
e) Örtliche Erhebungen, die nicht überwiegend der Kontrolle der aus Unterlagen erhobenen Daten dienen
f) Erstellen eines eigenständigen allgemein verständlichen Erläuterungsberichtes für Genehmigungsverfahren oder qualifizierende Zuarbeiten hierzu
g) Erstellen von Unterlagen im Rahmen von artenschutzrechtlichen Prüfungen oder Prüfungen zur Vereinbarkeit mit der Fauna-Flora-Habitat-Richtlinie
h) Kartieren von Biotoptypen, floristischen oder faunistischen Arten oder Artengruppen
i) Vertiefendes Untersuchen des Naturhaushalts, wie z. B. der Geologie, Hydrogeologie, Gewässergüte und -morphologie, Bodenanalysen
j) Mitwirken an Beteiligungsverfahren in der Bauleitplanung
k) Mitwirken an Genehmigungsverfahren nach fachrechtlichen Vorschriften
l) Fortführen der mit dem Auftraggeber abgestimmten Fassung im Rahmen eines Genehmigungsverfahrens, Erstellen einer genehmigungsfähigen Fassung auf der Grundlage von Anregungen Dritter.

Anlage 10 zu § 34 Absatz 4, § 35 Absatz 7: Grundleistungen im Leistungsbild Gebäude und Innenräume, Besondere Leistungen, Objektlisten

10.1 Leistungsbild Gebäude und Innenräume

Grundleistungen	Besondere Leistungen
LPH 1 Grundlagenermittlung a) Klären der Aufgabenstellung auf Grundlage der Vorgaben oder der Bedarfsplanung des Auftraggebers b) Ortsbesichtigung c) Beraten zum gesamten Leistungs- und Untersuchungsbedarf d) Formulieren der Entscheidungshilfen für die Auswahl anderer an der Planung fachlich Beteiligter e) Zusammenfassen, Erläutern und Dokumentieren der Ergebnisse	▪ Bedarfsplanung ▪ Bedarfsermittlung ▪ Aufstellen eines Funktionsprogramms ▪ Aufstellen eines Raumprogramms ▪ Standortanalyse ▪ Mitwirken bei Grundstücks- und Objektauswahl, -beschaffung und -übertragung ▪ Beschaffen von Unterlagen, die für das Vorhaben erheblich sind ▪ Bestandsaufnahme ▪ technische Substanzerkundung ▪ Betriebsplanung ▪ Prüfen der Umwelterheblichkeit ▪ Prüfen der Umweltverträglichkeit ▪ Machbarkeitsstudie ▪ Wirtschaftlichkeitsuntersuchung ▪ Projektstrukturplanung ▪ Zusammenstellen der Anforderungen aus Zertifizierungssystemen ▪ Verfahrensbetreuung, Mitwirken bei der Vergabe von Planungs- und Gutachterleistungen
LPH 2 Vorplanung (Projekt- und Planungsvorbereitung) a) Analysieren der Grundlagen, Abstimmen der Leistungen mit den fachlich an der Planung Beteiligten b) Abstimmen der Zielvorstellungen, Hinweisen auf Zielkonflikte c) Erarbeiten der Vorplanung, Untersuchen, Darstellen und Bewerten von Varianten nach gleichen Anforderungen, Zeichnungen im Maßstab nach Art und Größe des Objekts	▪ Aufstellen eines Katalogs für die Planung und Abwicklung der Programmziele ▪ Untersuchen alternativer Lösungsansätze nach verschiedenen Anforderungen einschließlich Kostenbewertung ▪ Beachten der Anforderungen des vereinbarten Zertifizierungssystems ▪ Durchführen des Zertifizierungssystems

Grundleistungen	Besondere Leistungen

d) Klären und Erläutern der wesentlichen Zusammenhänge, Vorgaben und Bedingungen (zum Beispiel städtebauliche, gestalterische, funktionale, technische, wirtschaftliche, ökologische, bauphysikalische, energiewirtschaftliche, soziale, öffentlich-rechtliche)
e) Bereitstellen der Arbeitsergebnisse als Grundlage für die anderen an der Planung fachlich Beteiligten sowie Koordination und Integration von deren Leistungen
f) Vorverhandlungen über die Genehmigungsfähigkeit
g) Kostenschätzung nach DIN 276, Vergleich mit den finanziellen Rahmenbedingungen
h) Erstellen eines Terminplans mit den wesentlichen Vorgängen des Planungs- und Bauablaufs
i) Zusammenfassen, Erläutern und Dokumentieren der Ergebnisse
	▪ Ergänzen der Vorplanungsunterlagen aufgrund besonderer Anforderungen
	▪ Aufstellen eines Finanzierungsplanes
	▪ Mitwirken bei der Kredit- und Fördermittelbeschaffung
	▪ Durchführen von Wirtschaftlichkeitsuntersuchungen
	▪ Durchführen der Voranfrage (Bauanfrage)
	▪ Anfertigen von besonderen Präsentationshilfen, die für die Klärung im Vorentwurfsprozess nicht notwendig sind, zum Beispiel
	  ▪ Präsentationsmodelle
	  ▪ Perspektivische Darstellungen
	  ▪ Bewegte Darstellung / Animation
	  ▪ Farb- und Materialcollagen
	  ▪ digitales Geländemodell
	▪ 3-D- oder 4-D-Gebäudemodellbearbeitung (Building Information Modelling BIM)
	▪ Aufstellen einer vertieften Kostenschätzung nach Positionen einzelner Gewerke
	▪ Fortschreiben des Projektstrukturplanes
	▪ Aufstellen von Raumbüchern
	▪ Erarbeiten und Erstellen von besonderen bauordnungsrechtlichen Nachweisen für den vorbeugenden und organisatorischen Brandschutz bei baulichen Anlagen besonderer Art und Nutzung, Bestandsbauten oder im Falle von Abweichungen von der Bauordnung

Grundleistungen	Besondere Leistungen
LPH 3 Entwurfsplanung (System- und Integrationsplanung)	
a) Erarbeiten der Entwurfsplanung, unter weiterer Berücksichtigung der wesentlichen Zusammenhänge, Vorgaben und Bedingungen (zum Beispiel städtebauliche, gestalterische, funktionale, technische, wirtschaftliche, ökologische, soziale, öffentlich-rechtliche) auf der Grundlage der Vorplanung und als Grundlage für die weiteren Leistungsphasen und die erforderlichen öffentlich-rechtlichen Genehmigungen unter Verwendung der Beiträge anderer an der Planung fachlich Beteiligter. Zeichnungen nach Art und Größe des Objekts im erforderlichen Umfang und Detaillierungsgrad unter Berücksichtigung aller fachspezifischen Anforderungen, z.B. bei Gebäuden im Maßstab 1:100, z.B. bei Innenräumen im Maßstab 1:50 bis 1:20 b) Bereitstellen der Arbeitsergebnisse als Grundlage für die anderen an der Planung fachlich Beteiligten sowie Koordination und Integration von deren Leistungen c) Objektbeschreibung d) Verhandlungen über die Genehmigungsfähigkeit e) Kostenberechnung nach DIN 276 und Vergleich mit der Kostenschätzung f) Fortschreiben des Terminplans g) Zusammenfassen, Erläutern und Dokumentieren der Ergebnisse	▪ Analyse der Alternativen/Varianten und deren Wertung mit Kostenuntersuchung (Optimierung) ▪ Wirtschaftlichkeitsberechnung ▪ Aufstellen und Fortschreiben einer vertieften Kostenberechnung ▪ Fortschreiben von Raumbüchern
LPH 4 Genehmigungsplanung	
a) Erarbeiten und Zusammenstellen der Vorlagen und Nachweise für öffentlich-rechtliche Genehmigungen oder Zustimmungen einschließlich der Anträge auf Ausnahmen und Befreiungen, sowie notwendiger Verhandlungen mit Behörden unter Verwendung der Beiträge anderer an der Planung fachlich Beteiligter b) Einreichen der Vorlagen	▪ Mitwirken bei der Beschaffung der nachbarlichen Zustimmung ▪ Nachweise, insbesondere technischer, konstruktiver und bauphysikalischer Art, für die Erlangung behördlicher Zustimmungen im Einzelfall ▪ Fachliche und organisatorische Unterstützung des Bauherrn im Widerspruchsverfahren, Klageverfahren oder ähnlichen Verfahren

Grundleistungen

c) Ergänzen und Anpassen der Planungsunterlagen, Beschreibungen und Berechnungen

LPH 5 Ausführungsplanung

a) Erarbeiten der Ausführungsplanung mit allen für die Ausführung notwendigen Einzelangaben (zeichnerisch und textlich) auf der Grundlage der Entwurfs- und Genehmigungsplanung bis zur ausführungsreifen Lösung als Grundlage für die weiteren Leistungsphasen
b) Ausführungs-, Detail- und Konstruktionszeichnungen nach Art und Größe des Objekts im erforderlichen Umfang und Detaillierungsgrad unter Berücksichtigung aller fachspezifischen Anforderungen, zum Beispiel bei Gebäuden im Maßstab 1:50 bis 1:1, zum Beispiel bei Innenräumen im Maßstab 1:20 bis 1:1
c) Bereitstellen der Arbeitsergebnisse als Grundlage für die anderen an der Planung fachlich Beteiligten sowie Koordination und Integration von deren Leistungen
d) Fortschreiben des Terminplans
e) Fortschreiben der Ausführungsplanung aufgrund der gewerkeorientierten Bearbeitung während der Objektausführung
f) Überprüfen erforderlicher Montagepläne der vom Objektplaner geplanten Baukonstruktionen und baukonstruktiven Einbauten auf Übereinstimmung mit der Ausführungsplanung

Besondere Leistungen

- Aufstellen einer detaillierten Objektbeschreibung als Grundlage der Leistungsbeschreibung mit Leistungsprogramm [x]
- Prüfen der vom bauausführenden Unternehmen aufgrund der Leistungsbeschreibung mit Leistungsprogramm ausgearbeiteten Ausführungspläne auf Übereinstimmung mit der Entwurfsplanung [x]
- Fortschreiben von Raumbüchern in detaillierter Form
- Mitwirken beim Anlagenkennzeichnungssystem (AKS)
- Prüfen und Anerkennen von Plänen Dritter, nicht an der Planung fachlich Beteiligter auf Übereinstimmung mit den Ausführungsplänen (zum Beispiel Werkstattzeichnungen von Unternehmen, Aufstellungs- und Fundamentpläne nutzungsspezifischer oder betriebstechnischer Anlagen), soweit die Leistungen Anlagen betreffen, die in den anrechenbaren Kosten nicht erfasst sind

[x] Diese Besondere Leistung wird bei Leistungsbeschreibung mit Leistungsprogramm ganz oder teilweise Grundleistung. In diesem Fall ent-fallen die entsprechenden Grundleistungen dieser Leistungsphase.

Grundleistungen	Besondere Leistungen
LPH 6 Vorbereitung der Vergabe	
a) Aufstellen eines Vergabeterminplans b) Aufstellen von Leistungsbeschreibungen mit Leistungsverzeichnissen nach Leistungsbereichen, Ermitteln und Zusammenstellen von Mengen auf der Grundlage der Ausführungsplanung unter Verwendung der Beiträge anderer an der Planung fachlich Beteiligter c) Abstimmen und Koordinieren der Schnittstellen zu den Leistungsbeschreibungen der an der Planung fachlich Beteiligten d) Ermitteln der Kosten auf Grundlage vom Planer bepreister Leistungsverzeichnisse e) Kostenkontrolle durch Vergleich der vom Planer bepreisten Leistungsverzeichnisse mit der Kostenberechnung f) Zusammenstellen der Vergabeunterlagen für alle Leistungsbereiche	▪ Aufstellen der Leistungsbeschreibungen mit Leistungsprogramm auf der Grundlage der detaillierten Objektbeschreibung [x] ▪ Aufstellen von alternativen Leistungsbeschreibungen für geschlossene Leistungsbereiche ▪ Aufstellen von vergleichenden Kostenübersichten unter Auswertung der Beiträge anderer an der Planung fachlich Beteiligter [x] Diese Besondere Leistung wird bei einer Leistungsbeschreibung mit Leistungsprogramm ganz oder teilweise zur Grundleistung. In diesem Fall entfallen die entsprechenden Grundleistungen dieser Leistungsphase.
LPH 7 Mitwirkung bei der Vergabe	
a) Koordinieren der Vergaben der Fachplaner b) Einholen von Angeboten c) Prüfen und Werten der Angebote einschließlich Aufstellen eines Preisspiegels nach Einzelpositionen oder Teilleistungen, Prüfen und Werten der Angebote zusätzlicher und geänderter Leistungen der ausführenden Unternehmen und der Angemessenheit der Preise d) Führen von Bietergesprächen e) Erstellen der Vergabevorschläge, Dokumentation des Vergabeverfahrens f) Zusammenstellen der Vertragsunterlagen für alle Leistungsbereiche g) Vergleichen der Ausschreibungsergebnisse mit den vom Planer bepreisten Leistungsverzeichnissen oder der Kostenberechnung h) Mitwirken bei der Auftragserteilung	▪ Prüfen und Werten von Nebenangeboten mit Auswirkungen auf die abgestimmte Planung ▪ Mitwirken bei der Mittelabflussplanung ▪ Fachliche Vorbereitung und Mitwirken bei Nachprüfungsverfahren ▪ Mitwirken bei der Prüfung von bauwirtschaftlich begründeten Nachtragsangeboten ▪ Prüfen und Werten der Angebote aus Leistungsbeschreibung mit Leistungsprogramm einschließlich Preisspiegel [x] ▪ Aufstellen, Prüfen und Werten von Preisspiegeln nach besonderen Anforderungen [x] Diese Besondere Leistung wird bei Leistungsbeschreibung mit Leistungsprogramm ganz oder teilweise Grundleistung. In diesem Fall entfallen die entsprechenden Grundleistungen dieser Leistungsphase.

Grundleistungen	Besondere Leistungen
LPH 8 Objektüberwachung (Bauüberwachung) und Dokumentation	
a) Überwachen der Ausführung des Objektes auf Übereinstimmung mit der öffentlich-rechtlichen Genehmigung oder Zustimmung, den Verträgen mit ausführenden Unternehmen, den Ausführungsunterlagen, den einschlägigen Vorschriften sowie mit den allgemein anerkannten Regeln der Technik b) Überwachen der Ausführung von Tragwerken mit sehr geringen und geringen Planungsanforderungen auf Übereinstimmung mit dem Standsicherheitsnachweis c) Koordinieren der an der Objektüberwachung fachlich Beteiligten d) Aufstellen, Fortschreiben und Überwachen eines Terminplans (Balkendiagramm) e) Dokumentation des Bauablaufs (zum Beispiel Bautagebuch) f) Gemeinsames Aufmaß mit den ausführenden Unternehmen g) Rechnungsprüfung einschließlich Prüfen der Aufmaße der bauausführenden Unternehmen h) Vergleich der Ergebnisse der Rechnungsprüfungen mit den Auftragssummen einschließlich Nachträgen i) Kostenkontrolle durch Überprüfen der Leistungsabrechnung der bauausführenden Unternehmen im Vergleich zu den Vertragspreisen j) Kostenfeststellung, zum Beispiel nach DIN 276 k) Organisation der Abnahme der Bauleistungen unter Mitwirkung anderer an der Planung und Objektüberwachung fachlich Beteiligter, Feststellung von Mängeln, Abnahmeempfehlung für den Auftraggeber l) Antrag auf öffentlich-rechtliche Abnahmen und Teilnahme daran m) Systematische Zusammenstellung der Dokumentation, zeichnerischen Darstellungen und rechnerischen Ergebnisse des Objekts n) Übergabe des Objekts o) Auflisten der Verjährungsfristen für Mängelansprüche	▪ Aufstellen, Überwachen und Fortschreiben eines Zahlungsplanes ▪ Aufstellen, Überwachen und Fortschreiben von differenzierten Zeit-, Kosten- oder Kapazitätsplänen ▪ Tätigkeit als verantwortlicher Bauleiter, soweit diese Tätigkeit nach jeweiligem Landesrecht über die Grundleistungen der LPH 8 hinausgeht

Grundleistungen	Besondere Leistungen
p) Überwachen der Beseitigung der bei der Abnahme festgestellten Mängel	
LPH 9 Objektbetreuung	
a) Fachliche Bewertung der innerhalb der Verjährungsfristen für Gewährleistungsansprüche festgestellten Mängel, längstens jedoch bis zum Ablauf von 5 Jahren seit Abnahme der Leistung, einschließlich notwendiger Begehungen b) Objektbegehung zur Mängelfeststellung vor Ablauf der Verjährungsfristen für Mängelansprüche gegenüber den ausführenden Unternehmen c) Mitwirken bei der Freigabe von Sicherheitsleistungen	▪ Überwachen der Mängelbeseitigung innerhalb der Verjährungsfrist ▪ Erstellen einer Gebäudebestandsdokumentation ▪ Aufstellen von Ausrüstungs- und Inventarverzeichnissen ▪ Erstellen von Wartungs- und Pflegeanweisungen ▪ Erstellen eines Instandhaltungskonzepts ▪ Objektbeobachtung ▪ Objektverwaltung ▪ Baubegehungen nach Übergabe ▪ Aufbereiten der Planungs- und Kostendaten für eine Objektdatei oder Kostenrichtwerte ▪ Evaluieren von Wirtschaftlichkeitsberechnungen

10.2 Objektliste Gebäude

Nachstehende Gebäude werden in der Regel folgenden Honorarzonen zugerechnet:

Objektliste Gebäude	Honorarzone				
	I	II	III	IV	V
Wohnen					
▪ Einfache Behelfsbauten für vorübergehende Nutzung	X				
▪ Einfache Wohnbauten mit gemeinschaftlichen Sanitär- und Kücheneinrichtungen		X			
▪ Einfamilienhäuser, Wohnhäuser und Hausgruppen in verdichteter Bauweise			X	X	
▪ Wohnheime, Gemeinschaftsunterkünfte, Jugendherbergen, -freizeitzentren, -stätten			X	X	
Ausbildung / Wissenschaft / Forschung					
▪ Offene Pausen-, Spielhallen	X				
▪ Studentenhäuser			X	X	
▪ Schulen mit durchschnittlichen Planungsanforderungen, zum Beispiel Grundschulen, weiterführende Schulen und Berufsschulen			X		
▪ Schulen mit hohen Planungsanforderungen, Bildungszentren, Hochschulen, Universitäten, Akademien				X	
▪ Hörsaal-, Kongresszentren				X	
▪ Labor- und Institutsgebäude				X	X
Büro / Verwaltung / Staat / Kommune					
▪ Büro-, Verwaltungsgebäude			X	X	
▪ Wirtschaftsgebäude, Bauhöfe			X	X	
▪ Parlaments-, Gerichtsgebäude				X	
▪ Bauten für den Strafvollzug				X	X
▪ Feuerwachen, Rettungsstationen			X	X	
▪ Sparkassen, Banken (und -filialen)			X	X	
Gesundheit, Betreuung					
▪ Liege- und Wandelhallen	X				
▪ Kindergärten, Kinderhorte			X		
▪ Jugendzentren, Jugendfreizeitstätten			X		
▪ Betreuungseinrichtungen, Altentagesstätten			X		
▪ Pflegeheime oder Bettenhäuser, ohne oder mit medizinisch-technischer Einrichtungen			X	X	
▪ Unfall-, Sanitätswachen, Ambulatorien		X	X		
▪ Therapie- oder Rehabilitationseinrichtungen, Gebäude für Erholung, Kur oder Genesung			X	X	
▪ Hilfskrankenhäuser			X		
▪ Krankenhäuser der Versorgungsstufe I und II, Krankenhäuser besonderer Zweckbestimmung				X	
▪ Krankenhäuser der Versorgungsstufe III, Universitätskliniken					X

Objektliste Gebäude	Honorarzone				
	I	II	III	IV	V
Handel und Verkauf / Gastgewerbe					
▪ Einfache Verkaufslager, Verkaufsstände, Kioske		X			
▪ Ladenbauten, Discounter, Einkaufszentren, Märkte, Messehallen			X	X	
▪ Gebäude für Gastronomie, Kantinen und Mensen			X	X	
▪ Großküchen, mit und ohne Speiseräume				X	
▪ Pensionen, Hotels			X	X	
Freizeit / Sport					
▪ Einfache Tribünenbauten		X			
▪ Bootshäuser		X			
▪ Turn- und Sportgebäude			X	X	
▪ Mehrzweckhallen, Hallenschwimmbäder, Großsportstätten				X	X
Gewerbe / Industrie / Landwirtschaft					
▪ Einfache Landwirtschaftliche Gebäude, zum Beispiel Feldscheunen, Einstellhallen	X				
▪ Landwirtschaftliche Betriebsgebäude, Stallanlagen		X	X	X	
▪ Gewächshäuser für die Produktion		X			
▪ Einfache geschlossene, eingeschossige Hallen, Werkstätten		X			
▪ Spezielle Lagergebäude, zum Beispiel Kühlhäuser			X		
▪ Werkstätten, Fertigungsgebäude des Handwerks und der Industrie		X	X	X	
Infrastruktur					
▪ Offene Verbindungsgänge, Überdachungen, zum Beispiel Wetterschutzhäuser, Carports	X				
▪ Einfache Garagenbauten		X			
▪ Parkhäuser, -garagen, Tiefgaragen, jeweils mit integrierten weiteren Nutzungsarten		X	X		
▪ Bahnhöfe oder Stationen verschiedener öffentlicher Verkehrsmittel				X	
▪ Flughäfen				X	X
▪ Energieversorgungzentralen, Kraftwerksgebäude, Großkraftwerke				X	X
Kultur- / Sakralbauten					
▪ Pavillons für kulturelle Zwecke		X	X		
▪ Bürger-, Gemeindezentren, Kultur-/Sakralbauten, Kirchen				X	
▪ Mehrzweckhallen für religiöse oder kulturelle Zwecke				X	
▪ Ausstellungsgebäude, Lichtspielhäuser			X	X	
▪ Museen				X	X
▪ Theater-, Opern-, Konzertgebäude				X	X
▪ Studiogebäude für Rundfunk oder Fernsehen				X	X

10.3 Objektliste Innenräume

Nachstehende Innenräume werden in der Regel folgenden Honorarzonen zugerechnet:

Objektliste Innenräume	Honorarzone I	II	III	IV	V
▪ Einfachste Innenräume für vorübergehende Nutzung ohne oder mit einfachsten seriellen Einrichtungsgegenständen	X				
▪ Innenräume mit geringer Planungsanforderung, unter Verwendung von serienmäßig hergestellten Möbeln und Ausstattungsgegenständen einfacher Qualität, ohne technische Ausstattung		X			
▪ Innenräume mit durchschnittlicher Planungsanforderung, zum überwiegenden Teil unter Verwendung von serienmäßig hergestellten Möbeln und Ausstattungsgegenständen oder mit durchschnittlicher technischer Ausstattung			X		
▪ Innenräume mit hohen Planungsanforderungen, unter Mitverwendung von serienmäßig hergestellten Möbeln und Ausstattungsgegenständen gehobener Qualität oder gehobener technischer Ausstattung				X	
▪ Innenräume mit sehr hohen Planungsanforderungen, unter Verwendung von aufwendiger Einrichtung und Ausstattung oder umfangreicher technischer Ausstattung					X
Wohnen					
▪ Einfachste Räume ohne Einrichtung oder für vorübergehende Nutzung	X				
▪ Einfache Wohnräume mit geringen Anforderungen an Gestaltung oder Ausstattung		X			
▪ Wohnräume mit durchschnittlichen Anforderungen, serielle Einbauküchen			X		
▪ Wohnräume in Gemeinschaftsunterkünften oder Heimen			X		
▪ Wohnräume gehobener Anforderungen, individuell geplante Küchen und Bäder				X	
▪ Dachgeschossausbauten, Wintergärten				X	
▪ Individuelle Wohnräume in anspruchsvoller Gestaltung mit aufwendiger Einrichtung, Ausstattung und technischer Ausrüstung					X
Ausbildung / Wissenschaft / Forschung					
▪ Einfache offene Hallen	X				
▪ Lager- oder Nebenräume mit einfacher Einrichtung oder Ausstattung		X			
▪ Gruppenräume, zum Beispiel in Kindergärten, Kinderhorten, Jugendzentren, Jugendherbergen, Jugendheimen			X	X	
▪ Klassenzimmer, Hörsäle, Seminarräume, Büchereien, Mensen			X	X	

Objektliste Innenräume	Honorarzone I	II	III	IV	V
▪ Aulen, Bildungszentren, Bibliotheken, Labore, Lehrküchen mit oder ohne Speise- oder Aufenthaltsräume, Fachunterrichtsräume mit technischer Ausstattung				X	
▪ Kongress-, Konferenz-, Seminar-, Tagungsbereiche mit individuellem Ausbau und Einrichtung und umfangreicher technischer Ausstattung				X	
▪ Räume wissenschaftlicher Forschung mit hohen Ansprüchen und technischer Ausrüstung					X
Büro / Verwaltung / Staat / Kommune					
▪ Innere Verkehrsflächen	X				
▪ Post-, Kopier-, Putz- und sonstige Nebenräume ohne baukonstruktive Einbauten		X			
▪ Büro-, Verwaltungs-, Aufenthaltsräume mit durchschnittlichen Anforderungen, Treppenhäuser, Wartehallen, Teeküchen			X		
▪ Räume für sanitäre Anlagen, Werkräume, Wirtschaftsräume, Technikräume			X		
▪ Eingangshallen, Sitzungs- oder Besprechungsräume, Kantinen, Sozialräume			X	X	
▪ Kundenzentren, -ausstellungen, -präsentationen			X	X	
▪ Versammlungs-, Konferenzbereiche, Gerichtssäle, Arbeitsbereiche von Führungskräften mit individueller Gestaltung oder Einrichtung oder gehobener technischer Ausstattung				X	
▪ Geschäfts-, Versammlungs- oder Konferenzräume mit anspruchsvollem Ausbau oder anspruchsvoller Einrichtung, aufwendiger Ausstattung oder sehr hohen technischen Anforderungen					X
Gesundheit / Betreuung					
▪ Offene Spiel- oder Wandelhallen	X				
▪ Einfache Ruhe- oder Nebenräume		X			
▪ Sprech-, Betreuungs-, Patienten-, Heimzimmer oder Sozialräume mit durchschnittlichen Anforderungen ohne medizintechnische Ausrüstung			X		
▪ Behandlungs- oder Betreuungsbereiche mit medizintechnischer Ausrüstung oder Einrichtung in Kranken-, Therapie-, Rehabilitations- und Pflegeeinrichtungen, Arztpraxen				X	
▪ Operations-, Kreißsäle, Röntgenräume				X	X
Handel / Gastgewerbe					
▪ Verkaufsstände für vorübergehende Nutzung	X				
▪ Kioske, Verkaufslager, Nebenräume mit einfacher Einrichtung und Ausstattung		X			
▪ Durchschnittliche Laden- oder Gasträume, Einkaufsbereiche, Schnellgaststätten			X		

Objektliste Innenräume	Honorarzone I	II	III	IV	V
▪ Fachgeschäfte, Boutiquen, Showrooms, Lichtspieltheater, Großküchen				X	
▪ Messestände, bei Verwendung von System- oder Modulbauteilen			X		
▪ Individuelle Messestände				X	
▪ Gasträume, Sanitärbereiche gehobener Gestaltung, zum Beispiel in Restaurants, Bars, Weinstuben, Cafés, Clubräumen				X	
▪ Gast- oder Sanitärbereiche, zum Beispiel in Pensionen oder Hotels mit durchschnittlichen Anforderungen oder Einrichtungen oder Ausstattungen			X		
▪ Gast- Informations- oder Unterhaltungsbereiche in Hotels mit individueller Gestaltung und Möblierung oder gehobener Einrichtung oder technischer Ausstattung				X	
Freizeit / Sport					
▪ Neben- oder Wirtschafträume in Sportanlagen oder Schwimmbädern		X			
▪ Schwimmbäder, Fitness-, Wellness- oder Saunaanlagen, Großsportstätten			X	X	
▪ Sport-, Mehrzweck- oder Stadthallen, Gymnastikräume, Tanzschulen			X	X	
Gewerbe / Industrie / Landwirtschaft / Verkehr					
▪ Einfache Hallen oder Werkstätten ohne fachspezifische Einrichtung, Pavillons		X			
▪ Landwirtschaftliche Betriebsbereiche		X	X		
▪ Gewerbebereiche, Werkstätten mit technischer oder maschineller Einrichtung			X	X	
▪ Umfassende Fabrikations- und Produktionsanlagen				X	
▪ Räume in Tiefgaragen, Unterführungen		X			
▪ Gast- oder Betriebsbereiche in Flughäfen, Bahnhöfen				X	X
Kultur- / Sakralbauten					
▪ Kultur- oder Sakralbereiche, Kirchenräume,				X	X
▪ Individuell gestaltete Ausstellungs-, Museums- oder Theaterbereiche				X	X
▪ Konzert- oder Theatersäle, Studioräume für Rundfunk, Fernsehen oder Theater					X

Anlage 11 zu § 39 Absatz 4, § 40 Absatz 5: Grundleistungen im Leistungsbild Freianlagen, Besondere Leistungen, Objektliste

11.1 Leistungsbild Freianlagen

Grundleistungen	Besondere Leistungen
LPH 1 Grundlagenermittlung a) Klären der Aufgabenstellung aufgrund der Vorgaben oder der Bedarfsplanung des Auftraggebers oder vorliegender Planungs- und Genehmigungsunterlagen b) Ortsbesichtigung c) Beraten zum gesamten Leistungs- und Untersuchungsbedarf d) Formulieren der Entscheidungshilfen für die Auswahl anderer an der Planung fachlich Beteiligter e) Zusammenfassen, Erläutern und Dokumentieren der Ergebnisse	▪ Mitwirken bei der öffentlichen Erschließung ▪ Kartieren und Untersuchen des Bestandes, floristische oder faunistische Kartierungen ▪ Begutachtung des Standortes mit besonderen Methoden, zum Beispiel Bodenanalysen ▪ Beschaffen bzw. Aktualisieren bestehender Planunterlagen, Erstellen von Bestandskarten
LPH 2 Vorplanung (Projekt- und Planungsvorbereitung) a) Analysieren der Grundlagen, Abstimmen der Leistungen mit den fachlich an der Planung Beteiligten b) Abstimmen der Zielvorstellungen c) Erfassen, Bewerten und Erläutern der Wechselwirkungen im Ökosystem d) Erarbeiten eines Planungskonzepts einschließlich Untersuchen und Bewerten von Varianten nach gleichen Anforderungen unter Berücksichtigung zum Beispiel ▪ der Topografie und der weiteren standörtlichen und ökologischen Rahmenbedingungen, ▪ der Umweltbelange einschließlich der natur- und artenschutzrechtlichen Anforderungen und der vegetationstechnischen Bedingungen, ▪ der gestalterischen und funktionalen Anforderungen, ▪ Klären der wesentlichen Zusammenhänge, Vorgänge und Bedingungen,	▪ Umweltfolgenabschätzung ▪ Bestandsaufnahme, Vermessung ▪ Fotodokumentationen ▪ Mitwirken bei der Beantragung von Fördermitteln und Beschäftigungsmaßnahmen ▪ Erarbeiten von Unterlagen für besondere technische Prüfverfahren ▪ Beurteilen und Bewerten der vorhandenen Bausubstanz, Bauteile, Materialien, Einbauten oder der zu schützenden oder zu erhaltenden Gehölze oder Vegetationsbestände

Grundleistungen	Besondere Leistungen
▪ Abstimmen oder Koordinieren unter Integration der Beiträge anderer an der Planung fachlich Beteiligter	
e) Darstellen des Vorentwurfs mit Erläuterungen und Angaben zum terminlichen Ablauf	
f) Kostenschätzung, zum Beispiel nach DIN 276, Vergleich mit den finanziellen Rahmenbedingungen	
g) Zusammenfassen, Erläutern und Dokumentieren der Vorplanungsergebnisse	
LPH 3 Entwurfsplanung (System- und Integrationsplanung)	
a) Erarbeiten der Entwurfsplanung auf Grundlage der Vorplanung unter Vertiefung zum Beispiel der gestalterischen, funktionalen, wirtschaftlichen, standörtlichen, ökologischen, natur- und artenschutzrechtlichen Anforderungen Abstimmen oder Koordinieren unter Integration der Beiträge anderer an der Planung fachlich Beteiligter b) Abstimmen der Planung mit zu beteiligenden Stellen und Behörden c) Darstellen des Entwurfs, zum Beispiel im Maßstab 1:500 bis 1:100, mit erforderlichen Angaben, insbesondere ▪ zur Bepflanzung, ▪ zu Materialien und Ausstattungen, ▪ zu Maßnahmen aufgrund rechtlicher Vorgaben, ▪ zum terminlichen Ablauf d) Objektbeschreibung mit Erläuterung von Ausgleichs- und Ersatzmaßnahmen nach Maßgabe der naturschutzrechtlichen Eingriffsregelung e) Kostenberechnung, zum Beispiel nach DIN 276 einschließlich zugehöriger Mengenermittlung f) Vergleich der Kostenberechnung mit der Kostenschätzung	▪ Mitwirken beim Beschaffen nachbarlicher Zustimmungen ▪ Erarbeiten besonderer Darstellungen, zum Beispiel Modelle, Perspektiven, Animationen ▪ Beteiligung von externen Initiativ- und Betroffenengruppen bei Planung und Ausführung ▪ Mitwirken bei Beteiligungsverfahren oder Workshops ▪ Mieter- oder Nutzerbefragungen ▪ Erarbeiten von Ausarbeitungen nach den Anforderungen der naturschutzrechtlichen Eingriffsregelung sowie des besonderen Arten- und Biotopschutzrechtes, Eingriffsgutachten, Eingriffs oder Ausgleichsbilanz nach landesrechtlichen Regelungen ▪ Mitwirken beim Erstellen von Kostenaufstellungen und Planunterlagen für Vermarktung und Vertrieb ▪ Erstellen und Zusammenstellen von Unterlagen für die Beauftragung von Dritten (Sachverständigenbeauftragung) ▪ Mitwirken bei der Beantragung und Abrechnung von Fördermitteln und Beschäftigungsmaßnahmen ▪ Abrufen von Fördermitteln nach Vergleich mit den Ist-Kosten (Baufinanzierungsleistung) ▪ Mitwirken bei der Finanzierungsplanung ▪ Erstellen einer Kosten-Nutzen-Analyse

Grundleistungen	Besondere Leistungen
g) Zusammenfassen, Erläutern und Dokumentieren der Entwurfsplanungsergebnisse	▪ Aufstellen und Berechnen von Lebenszykluskosten
LPH 4 Genehmigungsplanung	
a) Erarbeiten und Zusammenstellen der Vorlagen und Nachweise für öffentlich-rechtliche Genehmigungen oder Zustimmungen einschließlich der Anträge auf Ausnahmen und Befreiungen sowie notwendiger Verhandlungen mit Behörden unter Verwendung der Beiträge anderer an der Planung fachlich Beteiligter b) Einreichen der Vorlagen c) Ergänzen und Anpassen der Planungsunterlagen, Beschreibungen und Berechnungen	▪ Teilnahme an Sitzungen in politischen Gremien oder im Rahmen der Öffentlichkeitsbeteiligung ▪ Erstellen von landschaftspflegerischen Fachbeiträgen oder natur- und artenschutzrechtlichen Beiträgen ▪ Mitwirken beim Einholen von Genehmigungen und Erlaubnissen nach Naturschutz-, Fach- und Satzungsrecht, ▪ Erfassen, Bewerten und Darstellen des Bestandes gemäß Ortssatzung ▪ Erstellen von Rodungs- und Baumfällanträgen ▪ Erstellen von Genehmigungsunterlagen und Anträgen nach besonderen Anforderungen ▪ Erstellen eines Überflutungsnachweises für Grundstücke ▪ Prüfen von Unterlagen der Planfeststellung auf Übereinstimmung mit der Planung
LPH 5 Ausführungsplanung	
a) Erarbeiten der Ausführungsplanung auf Grundlage der Entwurfs- und Genehmigungsplanung bis zur ausführungsreifen Lösung als Grundlage für die weiteren Leistungsphasen b) Erstellen von Plänen oder Beschreibungen, je nach Art des Bauvorhabens, zum Beispiel im Maßstab 1:200 bis 1:50 c) Abstimmen oder Koordinieren unter Integration der Beiträge anderer an der Planung fachlich Beteiligter	▪ Erarbeitung von Unterlagen für besondere technische Prüfverfahren (zum Beispiel Lastplattendruckversuche) ▪ Auswahl von Pflanzen beim Lieferanten (Erzeuger)

Grundleistungen	Besondere Leistungen
d) Darstellen der Freianlagen mit den für die Ausführung notwendigen Angaben, Detail- oder Konstruktionszeichnungen, insbesondere ▪ zu Oberflächenmaterial, -befestigungen und -relief, ▪ zu ober- und unterirdischen Einbauten und Ausstattungen, ▪ zur Vegetation mit Angaben zu Arten, Sorten und Qualitäten, ▪ zu landschaftspflegerischen, naturschutzfachlichen oder artenschutzrechtlichen Maßnahmen. e) Fortschreiben der Angaben zum terminlichen Ablauf f) Fortschreiben der Ausführungsplanung während der Objektausführung	
LPH 6 Vorbereitung der Vergabe	
a) Aufstellen von Leistungsbeschreibungen mit Leistungsverzeichnissen b) Ermitteln und Zusammenstellen von Mengen auf Grundlage der Ausführungsplanung c) Abstimmen oder Koordinieren der Leistungsbeschreibungen mit den an der Planung fachlich Beteiligten d) Aufstellen eines Terminplans unter Berücksichtigung jahreszeitlicher, bauablaufbedingter und witterungsbedingter Erfordernisse e) Ermitteln der Kosten auf Grundlage der vom Planer bepreisten Leistungsverzeichnisse f) Kostenkontrolle durch Vergleich der vom Planer bepreisten Leistungsverzeichnisse mit der Kostenberechnung g) Zusammenstellen der Vergabeunterlagen	▪ Alternative Leistungsbeschreibung für geschlossene Leistungsbereiche ▪ Besondere Ausarbeitungen, zum Beispiel für Selbsthilfearbeiten

Grundleistungen	Besondere Leistungen
LPH 7 Mitwirkung bei der Vergabe a) Einholen von Angeboten b) Prüfen und Werten der Angebote einschließlich Aufstellen eines Preisspiegels nach Einzelpositionen oder Teilleistungen, Prüfen und Werten der Angebote zusätzlicher und geänderter Leistungen der ausführenden Unternehmen und der Angemessenheit der Preise c) Führen von Bietergesprächen d) Erstellen der Vergabevorschläge, Dokumentation des Vergabeverfahrens e) Zusammenstellen der Vertragsunterlagen f) Kostenkontrolle durch Vergleichen der Ausschreibungsergebnisse mit den vom Planer bepreisten Leistungsverzeichnissen und der Kostenberechnung g) Mitwirken bei der Auftragserteilung	
LPH 8 Objektüberwachung (Bauüberwachung) und Dokumentation a) Überwachen der Ausführung des Objekts auf Übereinstimmung mit der Genehmigung oder Zustimmung, den Verträgen mit ausführenden Unternehmen, den Ausführungsunterlagen, den einschlägigen Vorschriften sowie mit den allgemein anerkannten Regeln der Technik b) Überprüfen von Pflanzen- und Materiallieferungen c) Abstimmen mit den oder Koordinieren der an der Objektüberwachung fachlich Beteiligten d) Fortschreiben und Überwachen des Terminplans unter Berücksichtigung jahreszeitlicher, bauablaufbedingter und witterungsbedingter Erfordernisse e) Dokumentation des Bauablaufes (zum Beispiel Bautagebuch), Feststellen des Anwuchsergebnisses f) Mitwirken beim Aufmaß mit den bauausführenden Unternehmen	▪ Dokumentation des Bauablaufs nach besonderen Anforderungen des Auftraggebers ▪ fachliches Mitwirken bei Gerichtsverfahren ▪ Bauoberleitung, künstlerische Oberleitung ▪ Erstellen einer Freianlagenbestandsdokumentation

Grundleistungen	Besondere Leistungen
g) Rechnungsprüfung einschließlich Prüfen der Aufmaße der ausführenden Unternehmen h) Vergleich der Ergebnisse der Rechnungsprüfungen mit den Auftragssummen einschließlich Nachträgen i) Organisation der Abnahme der Bauleistungen unter Mitwirkung anderer an der Planung und Objektüberwachung fachlich Beteiligter, Feststellung von Mängeln, Abnahmeempfehlung für den Auftraggeber j) Antrag auf öffentlich-rechtliche Abnahmen und Teilnahme daran k) Übergabe des Objekts l) Überwachen der Beseitigung der bei der Abnahme festgestellten Mängel m) Auflisten der Verjährungsfristen für Mängelansprüche n) Überwachen der Fertigstellungspflege bei vegetationstechnischen Maßnahmen o) Kostenkontrolle durch Überprüfen der Leistungsabrechnung der bauausführenden Unternehmen im Vergleich zu den Vertragspreisen p) Kostenfeststellung, zum Beispiel nach DIN 276 q) Systematische Zusammenstellung der Dokumentation, zeichnerischen Darstellungen und rechnerischen Ergebnisse des Objekts	
LPH 9 Objektbetreuung a) Fachliche Bewertung der innerhalb der Verjährungsfristen für Gewährleistungsansprüche festgestellten Mängel, längstens jedoch bis zum Ablauf von 5 Jahren seit Abnahme der Leistung einschließlich notwendiger Begehungen b) Objektbegehung zur Mängelfeststellung vor Ablauf der Verjährungsfristen für Mängelansprüche gegenüber den ausführenden Unternehmen c) Mitwirken bei der Freigabe von Sicherheitsleistungen	▪ Überwachung der Entwicklungs- und Unterhaltungspflege ▪ Überwachen von Wartungsleistungen ▪ Überwachen der Mängelbeseitigung innerhalb der Verjährungsfrist

11.2 Objektliste Freianlagen

Nachstehende Freianlagen werden in der Regel folgenden Honorarzonen zugeordnet:

Objektliste Freianlagen	Honorarzone I	II	III	IV	V
In der freien Landschaft					
▪ einfache Geländegestaltung	X				
▪ Einsaaten in der freien Landschaft	X				
▪ Pflanzungen in der freien Landschaft oder Windschutzpflanzungen mit sehr geringen oder geringen Anforderungen	X	X			
▪ Pflanzungen in der freien Landschaft mit natur- und artenschutzrechtlichen Anforderungen (Kompensationserfordernissen)			X		
▪ Flächen für den Arten- und Biotopschutz mit differenzierten Gestaltungsansprüchen oder mit Biotopverbundfunktion				X	
▪ Naturnahe Gewässer- und Ufergestaltung			X		
▪ Geländegestaltungen und Pflanzungen für Deponien, Halden und Entnahmestellen mit geringen oder durchschnittlichen Anforderungen		X	X		
▪ Freiflächen mit einfachem Ausbau bei kleineren Siedlungen, bei Einzelbauwerken und bei landwirtschaftlichen Aussiedlungen		X			
▪ Begleitgrün zu Objekten, Bauwerken und Anlagen mit geringen oder durchschnittlichen Anforderungen		X	X		
In Stadt- und Ortslagen					
▪ Grünverbindungen ohne besondere Ausstattung			X		
▪ innerörtliche Grünzüge, Grünverbindungen mit besonderer Ausstattung				X	
▪ Freizeitparks und Parkanlagen				X	
▪ Geländegestaltung ohne oder mit Abstützungen			X	X	
▪ Begleitgrün zu Objekten, Bauwerken und Anlagen sowie an Ortsrändern		X	X		
▪ Schulgärten und naturkundliche Lehrpfade und -gebiete				X	
▪ Hausgärten und Gartenhöfe mit Repräsentationsansprüchen				X	X
Gebäudebegrünung					
▪ Terrassen- und Dachgärten					X
▪ Bauwerksbegrünung vertikal und horizontal mit hohen oder sehr hohen Anforderungen				X	X
▪ Innenbegrünung mit hohen oder sehr hohen Anforderungen				X	X
▪ Innenhöfe mit hohen oder sehr hohen Anforderungen				X	X

Objektliste Freianlagen	Honorarzone I	II	III	IV	V
Spiel- und Sportanlagen					
▪ Ski- und Rodelhänge ohne oder mit technischer Ausstattung	X	X			
▪ Spielwiesen		X			
▪ Ballspielplätze, Bolzplätze mit geringen oder durchschnittlichen Anforderungen		X	X		
▪ Sportanlagen in der Landschaft, Parcours, Wettkampfstrecken			X		
▪ Kombinationsspielfelder, Sport-, Tennisplätze und Sportanlagen mit Tennenbelag oder Kunststoff- oder Kunstrasenbelag			X	X	
▪ Spielplätze				X	
▪ Sportanlagen Typ A bis C oder Sportstadien				X	X
▪ Golfplätze mit besonderen natur- und artenschutzrechtlichen Anforderungen oder in stark reliefiertem Geländeumfeld				X	X
▪ Freibäder mit besonderen Anforderungen, Schwimmteiche				X	X
▪ Schul- und Pausenhöfe mit Spiel- und Bewegungsangebot				X	
Sonderanlagen					
▪ Freilichtbühnen				X	
▪ Zelt- oder Camping- oder Badeplätze mit durchschnittlicher oder hoher Ausstattung oder Kleingartenanlagen			X	X	
Objekte					
▪ Friedhöfe, Ehrenmale, Gedenkstätten mit hoher oder sehr hoher Ausstattung				X	X
▪ Zoologische und botanische Gärten					X
▪ Lärmschutzeinrichtungen				X	
▪ Garten- und Hallenschauen					X
▪ Freiflächen im Zusammenhang mit historischen Anlagen, historische Park- und Gartenanlagen, Gartendenkmale					X
Sonstige Freianlagen					
▪ Freiflächen mit Bauwerksbezug mit durchschnittlichen topografischen Verhältnissen oder durchschnittlicher Ausstattung			X		
▪ Freiflächen mit Bauwerksbezug mit schwierigen oder besonders schwierigen topografischen Verhältnissen oder hoher oder sehr hoher Ausstattung				X	X
▪ Fußgängerbereiche und Stadtplätze mit hoher oder sehr hoher Ausstattungsintensität				X	X

Anlage 12 zu § 43 Absatz 5, § 44 Absatz 5: Grundleistungen im Leistungsbild Ingenieurbauwerke, Besondere Leistungen, Objektliste

12.1 Leistungsbild Ingenieurbauwerke

Grundleistungen	Besondere Leistungen
LPH 1 Grundlagenermittlung	
a) Klären der Aufgabenstellung aufgrund der Vorgaben oder der Bedarfsplanung des Auftraggebers b) Ermitteln der Planungsrandbedingungen sowie Beraten zum gesamten Leistungsbedarf c) Formulieren von Entscheidungshilfen für die Auswahl anderer an der Planung fachlich Beteiligter d) bei Objekten nach § 41 Nummer 6 und 7, die eine Tragwerksplanung erfordern: Klären der Aufgabenstellung auch auf dem Gebiet der Tragwerksplanung e) Ortsbesichtigung f) Zusammenfassen, Erläutern und Dokumentieren der Ergebnisse	▪ Auswahl und Besichtigung ähnlicher Objekte
LPH 2 Vorplanung	
a) Analysieren der Grundlagen b) Abstimmen der Zielvorstellungen auf die öffentlich-rechtlichen Randbedingungen sowie Planungen Dritter c) Untersuchen von Lösungsmöglichkeiten mit ihren Einflüssen auf bauliche und konstruktive Gestaltung, Zweckmäßigkeit, Wirtschaftlichkeit unter Beachtung der Umweltverträglichkeit d) Beschaffen und Auswerten amtlicher Karten e) Erarbeiten eines Planungskonzepts einschließlich Untersuchung der alternativen Lösungsmöglichkeiten nach gleichen Anforderungen mit zeichnerischer Darstellung und Bewertung unter Einarbeitung der Beiträge anderer an der Planung fachlich Beteiligter f) Klären und Erläutern der wesentlichen fachspezifischen Zusammenhänge, Vorgänge und Bedingungen	▪ Erstellen von Leitungsbestandsplänen ▪ vertiefte Untersuchungen zum Nachweis von Nachhaltigkeitsaspekten ▪ Anfertigen von Nutzen-Kosten-Untersuchungen ▪ Wirtschaftlichkeitsprüfung ▪ Beschaffen von Auszügen aus Grundbuch, Kataster und anderen amtlichen Unterlagen

Grundleistungen	Besondere Leistungen
g) Vorabstimmen mit Behörden und anderen an der Planung fachlich Beteiligten über die Genehmigungsfähigkeit, gegebenenfalls Mitwirken bei Verhandlungen über die Bezuschussung und Kostenbeteiligung h) Mitwirken beim Erläutern des Planungskonzepts gegenüber Dritten an bis zu zwei Terminen i) Überarbeiten des Planungskonzepts nach Bedenken und Anregungen j) Kostenschätzung, Vergleich mit den finanziellen Rahmenbedingungen k) Zusammenfassen, Erläutern und Dokumentieren der Ergebnisse	
LPH 3 Entwurfsplanung	
a) Erarbeiten des Entwurfs auf Grundlage der Vorplanung durch zeichnerische Darstellung im erforderlichen Umfang und Detaillierungsgrad unter Berücksichtigung aller fachspezifischen Anforderungen, Bereitstellen der Arbeitsergebnisse als Grundlage für die anderen an der Planung fachlich Beteiligten sowie Integration und Koordination der Fachplanungen b) Erläuterungsbericht unter Verwendung der Beiträge anderer an der Planung fachlich Beteiligter c) fachspezifische Berechnungen ausgenommen Berechnungen aus anderen Leistungsbildern d) Ermitteln und Begründen der zuwendungsfähigen Kosten, Mitwirken beim Aufstellen des Finanzierungsplans sowie Vorbereiten der Anträge auf Finanzierung e) Mitwirken beim Erläutern des vorläufigen Entwurfs gegenüber Dritten an bis zu drei Terminen, Überarbeiten des vorläufigen Entwurfs aufgrund von Bedenken und Anregungen f) Vorabstimmen der Genehmigungsfähigkeit mit Behörden und anderen an der Planung fachlich Beteiligten g) Kostenberechnung einschließlich zugehöriger Mengenermittlung, Vergleich der Kostenberechnung mit der Kostenschätzung	▪ Fortschreiben von Nutzen-Kosten-Untersuchungen ▪ Mitwirken bei Verwaltungsvereinbarungen ▪ Nachweis der zwingenden Gründe des überwiegenden öffentlichen Interesses der Notwendigkeit der Maßnahme (zum Beispiel Gebiets- und Artenschutz gemäß der Richtlinie 92 / 43 / EWG des Rates vom 21. Mai 1992 zur Erhaltung der natürlichen Lebensräume sowie der wild lebenden Tiere und Pflanzen (ABl. L 206 vom 22.07.1992, S. 7) ▪ Fiktivkostenberechnungen (Kostenteilung)

Grundleistungen	Besondere Leistungen
h) Ermitteln der wesentlichen Bauphasen unter Berücksichtigung der Verkehrslenkung und der Aufrechterhaltung des Betriebes während der Bauzeit i) Bauzeiten- und Kostenplan j) Zusammenfassen, Erläutern und Dokumentieren der Ergebnisse	
LPH 4 Genehmigungsplanung a) Erarbeiten und Zusammenstellen der Unterlagen für die erforderlichen öffentlich-rechtlichen Verfahren oder Genehmigungsverfahren einschließlich der Anträge auf Ausnahmen und Befreiungen, Aufstellen des Bauwerksverzeichnisses unter Verwendung der Beiträge anderer an der Planung fachlich Beteiligter b) Erstellen des Grunderwerbsplanes und des Grunderwerbsverzeichnisses unter Verwendung der Beiträge anderer an der Planung fachlich Beteiligter c) Vervollständigen und Anpassen der Planungsunterlagen, Beschreibungen und Berechnungen unter Verwendung der Beiträge anderer an der Planung fachlich Beteiligter d) Abstimmen mit Behörden e) Mitwirken in Genehmigungsverfahren einschließlich der Teilnahme an bis zu vier Erläuterungs-, Erörterungsterminen f) Mitwirken beim Abfassen von Stellungnahmen zu Bedenken und Anregungen in bis zu zehn Kategorien	▪ Mitwirken bei der Beschaffung der Zustimmung von Betroffenen

Grundleistungen	Besondere Leistungen
LPH 5 Ausführungsplanung a) Erarbeiten der Ausführungsplanung auf Grundlage der Ergebnisse der Leistungsphasen 3 und 4 unter Berücksichtigung aller fachspezifischen Anforderungen und Verwendung der Beiträge anderer an der Planung fachlich Beteiligter bis zur ausführungsreifen Lösung b) Zeichnerische Darstellung, Erläuterungen und zur Objektplanung gehörige Berechnungen mit allen für die Ausführung notwendigen Einzelangaben einschließlich Detailzeichnungen in den erforderlichen Maßstäben c) Bereitstellen der Arbeitsergebnisse als Grundlage für die anderen an der Planung fachlich Beteiligten und Integrieren ihrer Beiträge bis zur ausführungsreifen Lösung d) Vervollständigen der Ausführungsplanung während der Objektausführung	▪ Objektübergreifende, integrierte Bauablaufplanung ▪ Koordination des Gesamtprojekts ▪ Aufstellen von Ablauf- und Netzplänen ▪ Planen von Anlagen der Verfahrens- und Prozesstechnik für Ingenieurbauwerke gemäß § 41 Nummer 1 bis 3 und 5, die dem Auftragnehmer übertragen werden, der auch die Grundleistungen für die jeweiligen Ingenieurbauwerke erbringt
LPH 6 Vorbereiten der Vergabe a) Ermitteln von Mengen nach Einzelpositionen unter Verwendung der Beiträge anderer an der Planung fachlich Beteiligter b) Aufstellen der Vergabeunterlagen, insbesondere Anfertigen der Leistungsbeschreibungen mit Leistungsverzeichnissen sowie der Besonderen Vertragsbedingungen c) Abstimmen und Koordinieren der Schnittstellen zu den Leistungsbeschreibungen der anderen an der Planung fachlich Beteiligten d) Festlegen der wesentlichen Ausführungsphasen e) Ermitteln der Kosten auf Grundlage der vom Planer (Entwurfsverfasser) bepreisten Leistungsverzeichnisse f) Kostenkontrolle durch Vergleich der vom Planer (Entwurfsverfasser) bepreisten Leistungsverzeichnisse mit der Kostenberechnung g) Zusammenstellen der Vergabeunterlagen	▪ detaillierte Planung von Bauphasen bei besonderen Anforderungen

Grundleistungen	Besondere Leistungen
LPH 7 Mitwirken bei der Vergabe	
a) Einholen von Angeboten b) Prüfen und Werten der Angebote, Aufstellen des Preisspiegels c) Abstimmen und Zusammenstellen der Leistungen der fachlich Beteiligten, die an der Vergabe mitwirken d) Führen von Bietergesprächen e) Erstellen der Vergabevorschläge Dokumentation des Vergabeverfahrens f) Zusammenstellen der Vertragsunterlagen g) Vergleichen der Ausschreibungsergebnisse mit den vom Planer bepreisten Leistungsverzeichnissen und der Kostenberechnung h) Mitwirken bei der Auftragserteilung	▪ Prüfen und Werten von Nebenangeboten
LPH 8 Bauoberleitung	

a) Aufsicht über die örtliche Bauüberwachung, Koordinierung der an der Objektüberwachung fachlich Beteiligten, einmaliges Prüfen von Plänen auf Übereinstimmung mit dem auszuführenden Objekt und Mitwirken bei deren Freigabe
b) Aufstellen, Fortschreiben und Überwachen eines Terminplans (Balkendiagramm)
c) Veranlassen und Mitwirken beim Inverzugsetzen der ausführenden Unternehmen
d) Kostenfeststellung, Vergleich der Kostenfeststellung mit der Auftragssumme
e) Abnahme von Bauleistungen, Leistungen und Lieferungen unter Mitwirkung der örtlichen Bauüberwachung und anderer an der Planung und Objektüberwachung fachlich Beteiligter, Feststellen von Mängeln, Fertigung einer Niederschrift über das Ergebnis der Abnahme
f) Überwachen der Prüfungen der Funktionsfähigkeit der Anlagenteile und der Gesamtanlage
g) Antrag auf behördliche Abnahmen und Teilnahme daran
h) Übergabe des Objekts
	▪ Kostenkontrolle
	▪ Prüfen von Nachträgen
	▪ Erstellen eines Bauwerksbuchs
	▪ Erstellen von Bestandsplänen
	▪ Örtliche Bauüberwachung:
	  ▪ Plausibilitätsprüfung der Absteckung
	  ▪ Überwachen der Ausführung der Bauleistungen
	    ▪ Mitwirken beim Einweisen des Auftragnehmers in die Baumaßnahme (Bauanlaufbesprechung)
	    ▪ Überwachen der Ausführung des Objektes auf Übereinstimmung mit den zur Ausführung freigegebenen Unterlagen, dem Bauvertrag und den Vorgaben des Auftraggebers
	    ▪ Prüfen und Bewerten der Berechtigung von Nachträgen
	    ▪ Durchführen oder Veranlassen von Kontrollprüfungen
	    ▪ Überwachen der Beseitigung der bei der Abnahme der Leistungen festgestellten Mängel
	    ▪ Dokumentation des Bauablaufs
	  ▪ Mitwirken beim Aufmaß mit den ausführenden Unternehmen und Prüfen der Aufmaße

Grundleistungen	Besondere Leistungen
i) Auflisten der Verjährungsfristen der Mängelansprüche j) Zusammenstellen und Übergeben der Dokumentation des Bauablaufs, der Bestandsunterlagen und der Wartungsvorschriften	▪ Mitwirken bei behördlichen Abnahmen ▪ Mitwirken bei der Abnahme von Leistungen und Lieferungen ▪ Rechnungsprüfung, Vergleich der Ergebnisse der Rechnungsprüfungen mit der Auftragssumme ▪ Mitwirken beim Überwachen der Prüfung der Funktionsfähigkeit der Anlagenteile und der Gesamtanlage ▪ Überwachen der Ausführung von Tragwerken nach 14.2 Honorarzone I und II mit sehr geringen und geringen Planungsanforderungen auf Übereinstimmung mit dem Standsicherheitsnachweis
LPH 9 Objektbetreuung	
a) Fachliche Bewertung der innerhalb der Verjährungsfristen für Gewährleistungsansprüche festgestellten Mängel, längstens jedoch bis zum Ablauf von fünf Jahren seit Abnahme der Leistung einschließlich notwendiger Begehungen b) Objektbegehung zur Mängelfeststellung vor Ablauf der Verjährungsfristen für Mängelansprüche gegenüber den ausführenden Unternehmen c) Mitwirken bei der Freigabe von Sicherheitsleistungen	▪ Überwachen der Mängelbeseitigung innerhalb der Verjährungsfrist

12.2 Objektliste Ingenieurbauwerke

Nachstehende Objekte werden in der Regel folgenden Honorarzonen zugerechnet:

Gruppe 1 Bauwerke und Anlagen der Wasserversorgung	Honorarzone I	II	III	IV	V
▪ Zisternen	X				
▪ einfache Anlagen zur Gewinnung und Förderung von Wasser, zum Beispiel Quellfassungen, Schachtbrunnen		X			
▪ Tiefbrunnen			X		
▪ Brunnengalerien und Horizontalbrunnen				X	
▪ Leitungen für Wasser ohne Zwangspunkte	X				
▪ Leitungen für Wasser mit geringen Verknüpfungen und wenigen Zwangspunkten		X			
▪ Leitungen für Wasser mit zahlreichen Verknüpfungen und mehreren Zwangspunkten			X		
▪ Einfache Leitungsnetze für Wasser		X			
▪ Leitungsnetze mit mehreren Verknüpfungen und zahlreichen Zwangspunkten und mit einer Druckzone			X		
▪ Leitungsnetze für Wasser mit zahlreichen Verknüpfungen und zahlreichen Zwangspunkten				X	
▪ einfache Anlagen zur Speicherung von Wasser, zum Beispiel Behälter in Fertigbauweise, Feuerlöschbecken		X			
▪ Speicherbehälter			X		
▪ Speicherbehälter in Turmbaumweise[8]				X	
▪ einfache Wasseraufbereitungsanlagen und Anlagen mit mechanischen Verfahren, Pumpwerke und Druckerhöhungsanlagen			X		
▪ Wasseraufbereitungsanlagen mit physikalischen und chemischen Verfahren, schwierige Pumpwerke und Druckerhöhungsanlagen				X	
▪ Bauwerke und Anlagen mehrstufiger oder kombinierter Verfahren der Wasseraufbereitung					X

[8] Hier handelt es sich offensichtlich um einen Rechtschreibfehler im Verordnungstext. Es muss „Turmbauweise" heißen.

Gruppe 2 Bauwerke und Anlagen der Abwasserentsorgung mit Ausnahme Entwässerungsanlagen, die der Zweckbestimmung der Verkehrsanlagen dienen, und Regenwasserversickerung (Abgrenzung zu Freianlagen)	Honorarzone				
	I	**II**	**III**	**IV**	**V**
▪ Leitungen für Abwasser ohne Zwangspunkte	X				
▪ Leitungen für Abwasser mit geringen Verknüpfungen und wenigen Zwangspunkten		X			
▪ Leitungen für Abwasser mit zahlreichen Verknüpfungen und zahlreichen Zwangspunkten			X		
▪ einfache Leitungsnetze für Abwasser		X			
▪ Leitungsnetze für Abwasser mit mehreren Verknüpfungen und mehreren Zwangspunkten			X		
▪ Leitungsnetze für Abwasser mit zahlreichen Zwangspunkten				X	
▪ Erdbecken als Regenrückhaltebecken		X			
▪ Regenbecken und Kanalstauräume mit geringen Verknüpfungen und wenigen Zwangspunkten			X		
▪ Regenbecken und Kanalstauräume mit zahlreichen Verknüpfungen und zahlreichen Zwangspunkten, kombinierte Regenwasserbewirtschaftungsanlagen				X	
▪ Schlammabsetzanlagen, Schlammpolder		X			
▪ Schlammabsetzanlagen mit mechanischen Einrichtungen			X		
▪ Schlammbehandlungsanlagen				X	
▪ Bauwerke und Anlagen für mehrstufige oder kombinierte Verfahren der Schlammbehandlung					X
▪ Industriell systematisierte Abwasserbehandlungs-anlagen, einfache Pumpwerke und Hebeanlagen		X			
▪ Abwasserbehandlungsanlagen mit gemeinsamer aerober Stabilisierung, Pumpwerke und Hebeanlagen			X		
▪ Abwasserbehandlungsanlagen, schwierige Pumpwerke und Hebeanlagen				X	
▪ Schwierige Abwasserbehandlungsanlagen					X

Gruppe 3 Bauwerke und Anlagen des Wasserbaus ausgenommen Freianlagen nach § 39 Absatz 1	Honorarzone				
	I	**II**	**III**	**IV**	**V**
▪ Berieselung und rohrlose Dränung, flächenhafter Erdbau mit unterschiedlichen Schütthöhen oder Materialien		X			
▪ Beregnung und Rohrdränung			X		
▪ Beregnung und Rohrdränung bei ungleichmäßigen Boden- und schwierigen Geländeverhältnissen				X	
▪ Einzelgewässer mit gleichförmigem ungegliedertem Querschnitt ohne Zwangspunkte ausgenommen Einzelgewässer mit überwiegend ökologischen und landschaftsgestalterischen Elementen	X				
▪ Einzelgewässer mit gleichförmigem gegliedertem Querschnitt und einigen Zwangspunkten		X			
▪ Einzelgewässer mit ungleichförmigem ungegliedertem Querschnitt und einigen Zwangspunkten, Gewässersysteme mit einigen Zwangspunkten			X		
▪ Einzelgewässer mit ungleichförmigem gegliedertem Querschnitt und vielen Zwangspunkten,				X	

Gruppe 3 Bauwerke und Anlagen des Wasserbaus ausgenommen Freianlagen nach § 39 Absatz 1	Honorarzone				
	I	II	III	IV	V
Gewässersysteme mit vielen Zwangspunkten, besonders schwieriger Gewässerausbau mit sehr hohen technischen Anforderungen und ökologischen Ausgleichsmaßnahmen					
▪ Teiche bis 3 m Dammhöhe über Sohle ohne Hochwasserentlastung ausgenommen Teiche ohne Dämme	X				
▪ Teiche mit mehr als 3 m Dammhöhe über Sohle ohne Hochwasserentlastung, Teiche bis 3 m Dammhöhe über Sohle mit Hochwasserentlastung		X			
▪ Hochwasserrückhaltebecken und Talsperren bis 5 m Dammhöhe über Sohle oder bis 100.000 m^3 Speicherraum			X		
▪ Hochwasserrückhaltebecken und Talsperren mit mehr als 100.000 m^3 und weniger als 5.000.000 m^3 Speicherraum				X	
▪ Hochwasserrückhaltebecken und Talsperren mit mehr als 5.000.000 m^3 Speicherraum					X
▪ Deich und Dammbauten		X			
▪ schwierige Deich- und Dammbauten			X		
▪ besonders schwierige Deich- und Dammbauten				X	
▪ einfache Pumpanlagen, Pumpwerke und Schöpfwerke		X			
▪ Pump- und Schöpfwerke, Siele			X		
▪ schwierige Pump- und Schöpfwerke				X	
▪ Einfache Durchlässe	X				
▪ Durchlässe und Düker,		X			
▪ schwierige Durchlässe und Düker			X		
▪ Besonders schwierige Durchlässe und Düker,				X	
▪ einfache feste Wehre		X			
▪ feste Wehre			X		
▪ einfache bewegliche Wehre			X		
▪ bewegliche Wehre				X	
▪ einfache Sperrwerke, Sperrtore			X		
▪ Sperrwerke				X	
▪ Kleinwasserkraftanlagen			X		
▪ Wasserkraftanlagen				X	
▪ Schwierige Wasserkraftanlagen, zum Beispiel Pumpspeicherwerke oder Kavernenkraftwerke					X
▪ Fangedämme, Hochwasserwände			X		
▪ Fangedämme, Hochwasserschutzwände in schwieriger Bauweise				X	
▪ eingeschwommene Senkkästen, schwierige Fangedämme, Wellenbrecher					X
▪ Bootsanlegestellen mit Dalben, Leitwänden, Festmacher- und Fenderanlagen an stehenden Gewässern	X				
▪ Bootsanlegestellen mit Dalben, Leitwänden, Festmacher- und Fenderanlagen an fließenden Gewässern, einfache Schiffslösch- und -ladestellen, einfache Kaimauern und Piers		X			
▪ Schiffslösch- und -ladestellen, Häfen, jeweils mit Dalben,			X		

Gruppe 3 Bauwerke und Anlagen des Wasserbaus ausgenommen Freianlagen nach § 39 Absatz 1	Honorarzone I	II	III	IV	V
Leitwänden, Festmacher- und Fenderanlagen mit hohen Belastungen, Kaimauern und Piers					
▪ Schiffsanlege-, -lösch- und -ladestellen bei Tide oder Hochwasserbeeinflussung, Häfen bei Tide- und Hochwasserbeeinflussung, schwierige Kaimauern und Piers				X	
▪ Schwierige schwimmende Schiffsanleger, bewegliche Verladebrücken					X
▪ Einfache Uferbefestigungen	X				
▪ Uferwände und -mauern		X			
▪ Schwierige Uferwände und -mauern, Ufer- und Sohlensicherung an Wasserstraßen			X		
▪ Schifffahrtskanäle mit Dalben, Leitwänden, bei einfachen Bedingungen			X		
▪ Schifffahrtskanäle mit Dalben, Leitwänden, bei schwierigen Bedingungen in Dammstrecken, mit Kreuzungsbauwerken				X	
▪ Kanalbrücken					X
▪ einfache Schiffsschleusen, Bootsschleusen		X			
▪ Schiffsschleusen bei geringen Hubhöhen			X		
▪ Schiffsschleusen bei großen Hubhöhen und Sparschleusen				X	
▪ Schiffshebewerke					X
▪ Werftanlagen, einfache Docks			X		
▪ schwierige Docks				X	
▪ Schwimmdocks					X

Gruppe 4 Bauwerke und Anlagen für Ver- und Entsorgung mit Gasen, Energieträgern, Feststoffen einschließlich wassergefährdenden Flüssigkeiten ausgenommen Anlagen nach § 53 Absatz 2	Honorarzone I	II	III	IV	V
▪ Transportleitungen für Fernwärme, wassergefährdende Flüssigkeiten und Gase ohne Zwangspunkte	X				
▪ Transportleitungen für Fernwärme, wassergefährdende Flüssigkeiten und Gase mit geringen Verknüpfungen und wenigen Zwangspunkten		X			
▪ Transportleitungen für Fernwärme, wassergefährdende Flüssigkeiten und Gase mit zahlreichen Verknüpfungen oder zahlreichen Zwangspunkten			X		
▪ Transportleitungen für Fernwärme, wassergefährdende Flüssigkeiten und Gase mit zahlreichen Verknüpfungen und zahlreichen Zwangspunkten				X	
▪ Industriell vorgefertigte einstufige Leichtflüssigkeitsabscheider		X			
▪ Einstufige Leichtflüssigkeitsabscheider			X		
▪ mehrstufige Leichtflüssigkeitsabscheider				X	

Gruppe 4 Bauwerke und Anlagen für Ver- und Entsorgung mit Gasen, Energieträgern, Feststoffen einschließlich wassergefährdenden Flüssigkeiten ausgenommen Anlagen nach § 53 Absatz 2	Honorarzone I	II	III	IV	V
▪ Leerrohrnetze mit wenigen Verknüpfungen			X		
▪ Leerrohrnetze mit zahlreichen Verknüpfungen				X	
▪ Handelsübliche Fertigbehälter für Tankanlagen	X				
▪ Pumpzentralen für Tankanlagen in Ortbetonbauweise			X		
▪ Anlagen zur Lagerung wassergefährdender Flüssigkeiten in einfachen Fällen			X		

Gruppe 5 Bauwerke und Anlagen der Abfallentsorgung	Honorarzone I	II	III	IV	V
▪ Zwischenlager, Sammelstellen und Umladestationen offener Bauart für Abfälle oder Wertstoffe ohne Zusatzeinrichtungen	X				
▪ Zwischenlager, Sammelstellen und Umladestationen offener Bauart für Abfälle oder Wertstoffe mit einfachen Zusatzeinrichtungen		X			
▪ Zwischenlager, Sammelstellen und Umladestationen offener Bauart für Abfälle oder Wertstoffe mit schwierigen Zusatzeinrichtungen			X		
▪ Einfache, einstufige Aufbereitungsanlagen für Wertstoffe		X			
▪ Aufbereitungsanlagen für Wertstoffe			X		
▪ Mehrstufige Aufbereitungsanlagen für Wertstoffe				X	
▪ Einfache Bauschuttaufbereitungsanlagen		X			
▪ Bauschuttaufbereitungsanlagen			X		
▪ Bauschuttdeponien ohne besondere Einrichtungen		X			
▪ Bauschuttdeponien			X		
▪ Pflanzenabfall-Kompostierungsanlagen ohne besondere Einrichtungen		X			
▪ Biomüll-Kompostierungsanlagen, Pflanzenabfall-Kompostierungsanlagen			X		
▪ Kompostwerke				X	
▪ Hausmüll- und Monodeponien			X		
▪ Hausmülldeponien und Monodeponien mit schwierigen technischen Anforderungen				X	
▪ Anlagen zur Konditionierung von Sonderabfällen				X	
▪ Verbrennungsanlagen, Pyrolyseanlagen					X
▪ Sonderabfalldeponien				X	
▪ Anlagen für Untertagedeponien				X	
▪ Behälterdeponien				X	
▪ Abdichtung von Altablagerungen und kontaminierten Standorten			X		
▪ Abdichtung von Altablagerungen und kontaminierten Standorten mit schwierigen technischen Anforderungen				X	
▪ Anlagen zur Behandlung kontaminierter Böden einschließlich Bodenluft				X	
▪ einfache Grundwasserdekontaminierungsanlagen				X	
▪ komplexe Grundwasserdekontaminierungsanlagen					X

Gruppe 6 konstruktive Ingenieurbauwerke für Verkehrsanlagen	Honorarzone				
	I	II	III	IV	V
▪ Lärmschutzwälle ausgenommen Lärmschutzwälle als Mittel der Geländegestaltung	X				
▪ Einfache Lärmschutzanlagen		X			
▪ Lärmschutzanlagen			X		
▪ Lärmschutzanlagen in schwieriger städtebaulicher Situation				X	
▪ Gerade Einfeldbrücken einfacher Bauart		X			
▪ Einfeldbrücken			X		
▪ Einfache Mehrfeld- und Bogenbrücken			X		
▪ Schwierige Einfeld-, Mehrfeld- und Bogenbrücken				X	
▪ Schwierige, längs vorgespannte Stahlverbund-konstruktionen					X
▪ Besonders schwierige Brücken					X
▪ Tunnel- und Trogbauwerke			X		
▪ Schwierige Tunnel- und Trogbauwerke				X	
▪ Besonders schwierige Tunnel- und Trogbauwerke					X
▪ Untergrundbahnhöfe			X		
▪ schwierige Untergrundbahnhöfe				X	
▪ besonders schwierige Untergrundbahnhöfe und Kreuzungsbahnhöfe					X

Gruppe 7 sonstige Einzelbauwerke sonstige Einzelbauwerke ausgenommen Gebäude und Freileitungs- und Oberleitungs-maste	Honorarzone				
	I	II	III	IV	V
▪ Einfache Schornsteine		X			
▪ Schornsteine			X		
▪ Schwierige Schornsteine				X	
▪ Besonders schwierige Schornsteine					X
▪ Einfache Masten und Türme ohne Aufbauten	X				
▪ Masten und Türme ohne Aufbauten		X			
▪ Masten und Türme mit Aufbauten			X		
▪ Masten und Türme mit Aufbauten und Betriebsgeschoss				X	
▪ Masten und Türme mit Aufbauten, Betriebsgeschoss und Publikumseinrichtungen					X
▪ Einfache Kühltürme			X		
▪ Kühltürme				X	
▪ Schwierige Kühltürme					X

Gruppe 7 sonstige Einzelbauwerke sonstige Einzelbauwerke ausgenommen Gebäude und Freileitungs- und Oberleitungsmaste	Honorarzone				
	I	**II**	**III**	**IV**	**V**
▪ Versorgungsbauwerke und Schutzrohre in sehr einfachen Fällen ohne Zwangspunkte	X				
▪ Versorgungsbauwerke und Schutzrohre mit zugehörigen Schächten für Versorgungssysteme mit wenigen Zwangspunkten		X			
▪ Versorgungsbauwerke mit zugehörigen Schächten für Versorgungssysteme unter beengten Verhältnissen			X		
▪ Versorgungsbauwerke mit zugehörigen Schächten in schwierigen Fällen für mehrere Medien				X	
▪ Flach gegründete, einzeln stehende Silos ohne Anbauten		X			
▪ Einzeln stehende Silos mit einfachen Anbauten, auch in Gruppenbauweise			X		
▪ Silos mit zusammengefügten Zellenblöcken und Anbauten				X	
▪ Schwierige Windkraftanlagen				X	
▪ Unverankerte Stützbauwerke bei geringen Geländesprüngen ohne Verkehrsbelastung als Mittel zur Geländegestaltung und zur konstruktiven Böschungssicherung	X				
▪ Unverankerte Stützbauwerke bei hohen Geländesprüngen mit Verkehrsbelastungen mit einfachen Baugrund-, Belastungs- und Geländeverhältnissen		X			
▪ Stützbauwerke mit Verankerung oder unverankerte Stützbauwerke bei schwierigen Baugrund-, Belastungs- oder Geländeverhältnissen			X		
▪ Stützbauwerke mit Verankerung und schwierigen Baugrund-, Belastungs- oder Geländeverhältnissen,				X	
▪ Stützbauwerke mit Verankerung und ungewöhnlich schwierigen Randbedingungen					X
▪ Schlitz- und Bohrpfahlwände, Trägerbohlwände			X		
▪ Einfache Traggerüste und andere einfache Gerüste			X		
▪ Traggerüste und andere Gerüste				X	
▪ Sehr schwierige Gerüste und sehr hohe oder weitgespannte Traggerüste, verschiebliche (Trag-) Gerüste					X
▪ eigenständige Tiefgaragen, einfache Schacht- und Kavernenbauwerke, einfache Stollenbauten			X		
▪ schwierige eigenständige Tiefgaragen, schwierige Schacht- und Kavernenbauwerke, schwierige Stollenbauwerke				X	
▪ Besonders schwierige Schacht- und Kavernenbauwerke					X

Anlage 13 zu § 47 Absatz 2, § 48 Absatz 5: Grundleistungen im Leistungsbild Verkehrsanlagen, Besondere Leistungen, Objektliste

13.1 Leistungsbild Verkehrsanlagen

Grundleistungen	Besondere Leistungen
LPH 1 Grundlagenermittlung	
a) Klären der Aufgabenstellung aufgrund der Vorgaben oder der Bedarfsplanung des Auftraggebers b) Ermitteln der Planungsrandbedingungen sowie Beraten zum gesamten Leistungsbedarf c) Formulieren von Entscheidungshilfen für die Auswahl anderer an der Planung fachlich Beteiligter d) Ortsbesichtigung e) Zusammenfassen, Erläutern und Dokumentieren der Ergebnisse	▪ Ermitteln besonderer, in den Normen nicht festgelegter Einwirkungen ▪ Auswahl und Besichtigen ähnlicher Objekte
LPH 2 Vorplanung	
a) Beschaffen und Auswerten amtlicher Karten b) Analysieren der Grundlagen c) Abstimmen der Zielvorstellungen auf die öffentlich-rechtlichen Randbedingungen sowie Planungen Dritter d) Untersuchen von Lösungsmöglichkeiten mit ihren Einflüssen auf bauliche und konstruktive Gestaltung, Zweckmäßigkeit, Wirtschaftlichkeit unter Beachtung der Umweltverträglichkeit e) Erarbeiten eines Planungskonzepts einschließlich Untersuchung von bis zu 3 Varianten nach gleichen Anforderungen mit zeichnerischer Darstellung und Bewertung unter Einarbeitung der Beiträge anderer an der Planung fachlich Beteiligter Überschlägige verkehrstechnische Bemessung der Verkehrsanlage, Ermitteln der Schallimmissionen von der Verkehrsanlage an kritischen Stellen nach Tabellenwerten Untersuchen der möglichen Schallschutzmaßnahmen ausgenommen detaillierte schalltechnische Untersuchungen	▪ Erstellen von Leitungsbestandsplänen ▪ Untersuchungen zur Nachhaltigkeit ▪ Anfertigen von Nutzen-Kosten-Untersuchungen ▪ Wirtschaftlichkeitsprüfung ▪ Beschaffen von Auszügen aus Grundbuch, Kataster und anderen amtlichen Unterlagen

Grundleistungen	Besondere Leistungen
f) Klären und Erläutern der wesentlichen fachspezifischen Zusammenhänge, Vorgänge und Bedingungen g) Vorabstimmen mit Behörden und anderen an der Planung fachlich Beteiligten über die Genehmigungsfähigkeit, gegebenenfalls Mitwirken bei Verhandlungen über die Bezuschussung und Kostenbeteiligung h) Mitwirken beim Erläutern des Planungskonzepts gegenüber Dritten an bis zu 2 Terminen i) Überarbeiten des Planungskonzepts nach Bedenken und Anregungen j) Bereitstellen von Unterlagen als Auszüge aus der Voruntersuchung zur Verwendung für ein Raumordnungsverfahren k) Kostenschätzung, Vergleich mit den finanziellen Rahmenbedingungen l) Zusammenfassen, Erläutern und Dokumentieren	
LPH 3 Entwurfsplanung	
a) Erarbeiten des Entwurfs auf Grundlage der Vorplanung durch zeichnerische Darstellung im erforderlichen Umfang und Detaillierungsgrad unter Berücksichtigung aller fachspezifischen Anforderungen Bereitstellen der Arbeitsergebnisse als Grundlage für die anderen an der Planung fachlich Beteiligten sowie Integration und Koordination der Fachplanungen b) Erläuterungsbericht unter Verwendung der Beiträge anderer an der Planung fachlich Beteiligter c) Fachspezifische Berechnungen ausgenommen Berechnungen aus anderen Leistungsbildern d) Ermitteln der zuwendungsfähigen Kosten, Mitwirken beim Aufstellen des Finanzierungsplans sowie Vorbereiten der Anträge auf Finanzierung e) Mitwirken beim Erläutern des vorläufigen Entwurfs gegenüber Dritten an bis zu drei Terminen, Überarbeiten des vorläufigen Entwurfs aufgrund von Bedenken und Anregungen	▪ Fortschreiben von Nutzen-Kosten-Untersuchungen ▪ Detaillierte signaltechnische Berechnung ▪ Mitwirken bei Verwaltungsvereinbarungen ▪ Nachweis der zwingenden Gründe des überwiegenden öffentlichen Interesses der Notwendigkeit der Maßnahme (zum Beispiel Gebiets- und Artenschutz gemäß der Richtlinie 92/43/EWG des Rates vom 21. Mai 1992 zur Erhaltung der natürlich Lebensräume sowie der wild lebenden Tiere und Pflanzen (ABl. L 206 vom 22.07.1992, S. 7) ▪ Fiktivkostenberechnungen (Kostenteilung)

Grundleistungen	Besondere Leistungen
f) Vorabstimmen der Genehmigungsfähigkeit mit Behörden und anderen an der Planung fachlich Beteiligten g) Kostenberechnung einschließlich zugehöriger Mengenermittlung, Vergleich der Kostenberechnung mit der Kostenschätzung h) Überschlägige Festlegung der Abmessungen von Ingenieurbauwerken i) Ermitteln der Schallimmissionen von der Verkehrsanlage nach Tabellenwerten; Festlegen der erforderlichen Schallschutzmaßnahmen an der Verkehrsanlage, gegebenenfalls unter Einarbeitung der Ergebnisse detaillierter schalltechnischer Untersuchungen und Feststellen der Notwendigkeit von Schallschutzmaßnahmen an betroffenen Gebäuden j) Rechnerische Festlegung des Objekts k) Darlegen der Auswirkungen auf Zwangspunkte l) Nachweis der Lichtraumprofile m) Ermitteln der wesentlichen Bauphasen unter Berücksichtigung der Verkehrslenkung und der Aufrechterhaltung des Betriebes während der Bauzeit n) Bauzeiten- und Kostenplan o) Zusammenfassen, Erläutern und Dokumentieren der Ergebnisse	
LPH 4 Genehmigungsplanung a) Erarbeiten und Zusammenstellen der Unterlagen für die erforderlichen öffentlich-rechtlichen Verfahren oder Genehmigungsverfahren einschließlich der Anträge auf Ausnahmen und Befreiungen, Aufstellen des Bauwerksverzeichnisses unter Verwendung der Beiträge anderer an der Planung fachlich Beteiligter b) Erstellen des Grunderwerbsplans und des Grunderwerbsverzeichnisses unter Verwendung der Beiträge anderer an der Planung fachlich Beteiligter c) Vervollständigen und Anpassen der Planungsunterlagen, Beschreibungen und Berechnungen unter Verwendung der Beiträge anderer an der Planung fachlich Beteiligter	▪ Mitwirken bei der Beschaffung der Zustimmung von Betroffenen

Grundleistungen	Besondere Leistungen
d) Abstimmen mit Behörden e) Mitwirken in Genehmigungsverfahren einschließlich der Teilnahme an bis zu vier Erläuterungs-, Erörterungsterminen f) Mitwirken beim Abfassen von Stellungnahmen zu Bedenken und Anregungen in bis zu 10 Kategorien	
LPH 5 Ausführungsplanung	
a) Erarbeiten der Ausführungsplanung auf Grundlage der Ergebnisse der Leistungsphasen 3 und 4 unter Berücksichtigung aller fachspezifischen Anforderungen und Verwendung der Beiträge anderer an der Planung fachlich Beteiligter bis zur ausführungsreifen Lösung b) Zeichnerische Darstellung, Erläuterungen und zur Objektplanung gehörige Berechnungen mit allen für die Ausführung notwendigen Einzelangaben einschließlich Detailzeichnungen in den erforderlichen Maßstäben c) Bereitstellen der Arbeitsergebnisse als Grundlage für die anderen an der Planung fachlich Beteiligten und Integrieren ihrer Beiträge bis zur ausführungsreifen Lösung d) Vervollständigen der Ausführungsplanung während der Objektausführung	▪ Objektübergreifende, integrierte Bauablaufplanung ▪ Koordination des Gesamtprojekts ▪ Aufstellen von Ablauf- und Netzplänen
LPH 6 Vorbereiten der Vergabe	
a) Ermitteln von Mengen nach Einzelpositionen unter Verwendung der Beiträge anderer an der Planung fachlich Beteiligter b) Aufstellen der Vergabeunterlagen, insbesondere Anfertigen der Leistungsbeschreibungen mit Leistungsverzeichnissen sowie der Besonderen Vertragsbedingungen c) Abstimmen und Koordinieren der Schnittstellen zu den Leistungsbeschreibungen der anderen an der Planung fachlich Beteiligten d) Festlegen der wesentlichen Ausführungsphasen e) Ermitteln der Kosten auf Grundlage der vom Planer (Entwurfsverfasser) bepreisten Leistungsverzeichnisse f) Kostenkontrolle durch Vergleich der vom Planer (Entwurfsverfasser) be-	▪ detaillierte Planung von Bauphasen bei besonderen Anforderungen

Grundleistungen	**Besondere Leistungen**
preisten Leistungsverzeichnisse mit der Kostenberechnung g) Zusammenstellen der Vergabeunterlagen	
LPH 7 Mitwirken bei der Vergabe a) Einholen von Angeboten b) Prüfen und Werten der Angebote, Aufstellen der Preisspiegel c) Abstimmen und Zusammenstellen der Leistungen der fachlich Beteiligten, die an der Vergabe mitwirken d) Führen von Bietergesprächen e) Erstellen der Vergabevorschläge, Dokumentation des Vergabeverfahrens f) Zusammenstellen der Vertragsunterlagen g) Vergleichen der Ausschreibungsergebnisse mit den vom Planer bepreisten Leistungsverzeichnissen und der Kostenberechnung h) Mitwirken bei der Auftragserteilung	▪ Prüfen und Werten von Nebenangeboten

LPH 8 Bauoberleitung
a) Aufsicht über die örtliche Bauüberwachung, Koordinierung der an der Objektüberwachung fachlich Beteiligten, einmaliges Prüfen von Plänen auf Übereinstimmung mit dem auszuführenden Objekt und Mitwirken bei deren Freigabe
b) Aufstellen, Fortschreiben und Überwachen eines Terminplans (Balkendiagramm)
c) Veranlassen und Mitwirken daran, die ausführenden Unternehmen in Verzug zu setzen
d) Kostenfeststellung, Vergleich der Kostenfeststellung mit der Auftragssumme
e) Abnahme von Bauleistungen, Leistungen und Lieferungen unter Mitwirkung der örtlichen Bauüberwachung und anderer an der Planung und Objektüberwachung fachlich Beteiligter, Feststellen von Mängeln, Fertigen einer Niederschrift über das Ergebnis der Abnahme
f) Antrag auf behördliche Abnahmen und Teilnahme daran
g) Überwachen der Prüfungen der Funktionsfähigkeit der Anlagenteile und der Gesamtanlage
	▪ Kostenkontrolle
	▪ Prüfen von Nachträgen
	▪ Erstellen eines Bauwerksbuchs
	▪ Erstellen von Bestandsplänen
	▪ Örtliche Bauüberwachung:
	  ▪ Plausibilitätsprüfung der Absteckung
	  ▪ Überwachen der Ausführung der Bauleistungen
	    ▪ Mitwirken beim Einweisen des Auftragnehmers in die Baumaßnahme (Bauanlaufbesprechung)
	    ▪ Überwachen der Ausführung des Objekts auf Übereinstimmung mit der zur Ausführung freigegebenen Unterlagen, dem Bauvertrag und den Vorgaben des Auftraggebers
	    ▪ Prüfen und Bewerten der Berechtigung von Nachträgen
	    ▪ Durchführen oder Veranlassen von Kontrollprüfungen
	    ▪ Überwachen der Beseitigung der bei der Abnahme der Leistungen festgestellten Mängel
	    ▪ Dokumentation des Bauablaufs
	  ▪ Mitwirken beim Aufmaß mit den ausführenden Unternehmen und Prüfen der Aufmaße

Grundleistungen	Besondere Leistungen
h) Übergabe des Objekts i) Auflisten der Verjährungsfristen der Mängelansprüche j) Zusammenstellen und Übergeben der Dokumentation des Bauablaufs, der Bestandsunterlagen und der Wartungsvorschriften	▪ Mitwirken bei behördlichen Abnahmen ▪ Mitwirken bei der Abnahme von Leistungen und Lieferungen ▪ Rechnungsprüfung, Vergleich der Ergebnisse der Rechnungsprüfungen mit der Auftragssumme ▪ Mitwirken beim Überwachen der Prüfung der Funktionsfähigkeit der Anlagenteile und der Gesamtanlage ▪ Überwachen der Ausführung von Tragwerken nach Anlage 14.2 Honorarzone I und II mit sehr geringen und geringen Planungsanforderungen auf Übereinstimmung mit dem Standsicherheitsnachweis
LPH 9 Objektbetreuung	
a) Fachliche Bewertung der innerhalb der Verjährungsfristen für Gewährleistungsansprüche festgestellten Mängel, längstens jedoch bis zum Ablauf von fünf Jahren seit Abnahme der Leistung einschließlich notwendiger Begehungen b) Objektbegehung zur Mängelfeststellung vor Ablauf der Verjährungsfristen für Mängelansprüche gegenüber den ausführenden Unternehmen c) Mitwirken bei der Freigabe von Sicherheitsleistungen	▪ Überwachen der Mängelbeseitigung innerhalb der Verjährungsfrist

13.2 Objektliste Verkehrsanlagen

Nachstehende Verkehrsanlagen werden in der Regel folgenden Honorarzonen zugeordnet:

a) Anlagen des Straßenverkehrs	Honorarzone I	II	III	IV	V
Außerörtliche Straßen					
▪ ohne besondere Zwangspunkte oder im wenig bewegten Gelände		X			
▪ mit besonderen Zwangspunkten oder in bewegtem Gelände			X		
▪ mit vielen besonderen Zwangspunkten oder in stark bewegtem Gelände				X	
▪ im Gebirge					X
Innerörtliche Straßen und Plätze					
▪ Anlieger- und Sammelstraßen		X			
▪ sonstige innerörtliche Straßen mit normalen verkehrstechnischen Anforderungen oder normaler städtebaulicher Situation (durchschnittliche Anzahl Verknüpfungen mit der Umgebung)			X		
▪ sonstige innerörtliche Straßen mit hohen verkehrstechnischen Anforderungen oder schwieriger städtebaulicher Situation (hohe Anzahl Verknüpfungen mit der Umgebung)				X	
▪ sonstige innerörtliche Straßen mit sehr hohen verkehrstechnischen Anforderungen oder sehr schwieriger städtebaulicher Situation (sehr hohe Anzahl Verknüpfungen mit der Umgebung)					X
Wege					
▪ im ebenen Gelände mit einfachen Entwässerungsverhältnissen	X				
▪ im bewegtem Gelände mit einfachen Baugrund- und Entwässerungsverhältnissen		X			
▪ im bewegtem Gelände mit schwierigen Baugrund- und Entwässerungsverhältnissen			X		
Plätze, Verkehrsflächen					
▪ einfache Verkehrsflächen, Plätze außerorts	X				
▪ innerörtliche Parkplätze		X			
▪ verkehrsberuhigte Bereiche mit normalen städtebaulichen Anforderungen			X		
▪ verkehrsberuhigte Bereiche mit hohen städtebaulichen Anforderungen				X	
▪ Flächen für Güterumschlag Straße zu Straße			X		
▪ Flächen für Güterumschlag in kombinierten Ladeverkehr				X	

a) Anlagen des Straßenverkehrs	Honorarzone I	II	III	IV	V
Tankstellen, Rastanlagen					
▪ mit normalen verkehrstechnischen Anforderungen	X				
▪ mit hohen verkehrstechnischen Anforderungen			X		
Knotenpunkte					
▪ einfach höhengleich		X			
▪ schwierig höhengleich			X		
▪ sehr schwierig höhengleich				X	
▪ einfach höhenungleich			X		
▪ schwierig höhenungleich				X	
▪ sehr schwierig höhenungleich					X

b) Anlagen des Schienenverkehrs	Honorarzone I	II	III	IV	V
Gleis und Bahnsteiganlagen der freien Strecke					
▪ ohne Weichen und Kreuzungen	X				
▪ ohne besondere Zwangspunkte oder in wenig bewegtem Gelände		X			
▪ mit besonderen Zwangspunkten oder in bewegtem Gelände			X		
▪ mit vielen Zwangspunkten oder in stark bewegtem Gelände				X	
Gleis- und Bahnsteiganlagen der Bahnhöfe					
▪ mit einfachen Spurplänen		X			
▪ mit schwierigen Spurplänen			X		
▪ mit sehr schwierigen Spurplänen				X	

c) Anlagen des Flugverkehrs	Honorarzone I	II	III	IV	V
▪ einfache Verkehrsflächen für Landeplätze, Segelfluggelände		X			
▪ schwierige Verkehrsflächen für Landeplätze, einfache Verkehrsflächen für Flughäfen			X		
▪ schwierige Verkehrsflächen für Flughäfen				X	

Anlage 14 zu § 51 Absatz 6, § 52 Absatz 2: Grundleistungen im Leistungbild Tragwerksplanung, Besondere Leistungen, Objektliste

14.1 Leistungsbild Tragwerksplanung

Grundleistungen	Besondere Leistungen
LPH 1 Grundlagenermittlung a) Klären der Aufgabenstellung aufgrund der Vorgaben oder der Bedarfsplanung des Auftraggebers im Benehmen mit dem Objektplaner b) Zusammenstellen der die Aufgabe beeinflussenden Planungsabsichten c) Zusammenfassen, Erläutern und Dokumentieren der Ergebnisse	
LPH 2 Vorplanung (Projekt- u. Planungsvorbereitung) a) Analysieren der Grundlagen b) Beraten in statisch-konstruktiver Hinsicht unter Berücksichtigung der Belange der Standsicherheit, der Gebrauchsfähigkeit und der Wirtschaftlichkeit c) Mitwirken bei dem Erarbeiten eines Planungskonzepts einschließlich Untersuchung der Lösungsmöglichkeiten des Tragwerks unter gleichen Objektbedingungen mit skizzenhafter Darstellung, Klärung und Angabe der für das Tragwerk wesentlichen konstruktiven Festlegungen für zum Beispiel Baustoffe, Bauarten und Herstellungsverfahren, Konstruktionsraster und Gründungsart d) Mitwirken bei Vorverhandlungen mit Behörden und anderen an der Planung fachlich Beteiligten über die Genehmigungsfähigkeit e) Mitwirken bei der Kostenschätzung und bei der Terminplanung f) Zusammenfassen, Erläutern und Dokumentieren der Ergebnisse	▪ Aufstellen von Vergleichsberechnungen für mehrere Lösungsmöglichkeiten unter verschiedenen Objektbedingungen ▪ Aufstellen eines Lastenplans, zum Beispiel als Grundlage für die Baugrundbeurteilung und Gründungsberatung ▪ Vorläufige nachprüfbare Berechnung wesentlicher tragender Teile ▪ Vorläufige nachprüfbare Berechnung der Gründung

Grundleistungen	Besondere Leistungen
LPH 3 Entwurfsplanung (System- u. Integrationsplanung)	
a) Erarbeiten der Tragwerkslösung, unter Beachtung der durch die Objektplanung integrierten Fachplanungen, bis zum konstruktiven Entwurf mit zeichnerischer Darstellung b) Überschlägige statische Berechnung und Bemessung c) Grundlegende Festlegungen der konstruktiven Details und Hauptabmessungen des Tragwerks für zum Beispiel Gestaltung der tragenden Querschnitte, Aussparungen und Fugen; Ausbildung der Auflager- und Knotenpunkte sowie der Verbindungsmittel d) Überschlägiges Ermitteln der Betonstahlmengen im Stahlbetonbau, der Stahlmengen im Stahlbau und der Holzmengen im Ingenieurholzbau e) Mitwirken bei der Objektbeschreibung bzw. beim Erläuterungsbericht f) Mitwirken bei Verhandlungen mit Behörden und anderen an der Planung fachlich Beteiligten über die Genehmigungsfähigkeit g) Mitwirken bei der Kostenberechnung und bei der Terminplanung h) Mitwirken beim Vergleich der Kostenberechnung mit der Kostenschätzung i) Zusammenfassen, Erläutern und Dokumentieren der Ergebnisse	▪ Vorgezogene, prüfbare und für die Ausführung geeignete Berechnung wesentlich tragender Teile ▪ Vorgezogene, prüfbare und für die Ausführung geeignete Berechnung der Gründung ▪ Mehraufwand bei Sonderbauweisen oder Sonderkonstruktionen, zum Beispiel Klären von Konstruktionsdetails ▪ Vorgezogene Stahl- oder Holzmengenermittlung des Tragwerks und der kraftübertragenden Verbindungsteile für eine Ausschreibung, die ohne Vorliegen von Ausführungsunterlagen durchgeführt wird ▪ Nachweise der Erdbebensicherung
LPH 4 Genehmigungsplanung	
a) Aufstellen der prüffähigen statischen Berechnungen für das Tragwerk unter Berücksichtigung der vorgegebenen bauphysikalischen Anforderungen b) Bei Ingenieurbauwerken: Erfassen von normalen Bauzuständen c) Anfertigen der Positionspläne für das Tragwerk oder Eintragen der statischen Positionen, der Tragwerksabmessungen, der Verkehrslasten, der Art und Güte der Baustoffe und der Besonderheiten der Konstruktionen in die Entwurfszeichnungen des Objektplaners d) Zusammenstellen der Unterlagen der Tragwerksplanung zur Genehmigung e) Abstimmen mit Prüfämtern und Prüfingenieuren oder Eigenkontrolle f) Vervollständigen und Berichtigen der Berechnungen und Pläne	▪ Nachweise zum konstruktiven Brandschutz, soweit erforderlich unter Berücksichtigung der Temperatur (Heißbemessung) ▪ Statische Berechnung und zeichnerische Darstellung für Bergschadenssicherungen und Bauzustände bei Ingenieurbauwerken, soweit diese Leistungen über das Erfassen von normalen Bauzuständen hinausgehen ▪ Zeichnungen mit statischen Positionen und den Tragwerksabmessungen, den Bewehrungsquerschnitten, den Verkehrslasten und der Art und Güte der Baustoffe sowie Besonderheiten der Konstruktionen zur Vorlage bei der bauaufsichtlichen Prüfung anstelle von Positionsplänen

Grundleistungen	Besondere Leistungen
	▪ Aufstellen der Berechnungen nach militärischen Lastenklassen (MLC) ▪ Erfassen von Bauzuständen bei Ingenieurbauwerken, in denen das statische System von dem des Endzustands abweicht ▪ Statische Nachweise an nicht zum Tragwerk gehörende Konstruktionen (zum Beispiel Fassaden)
LPH 5 Ausführungsplanung a) Durcharbeiten der Ergebnisse der Leistungsphasen 3 und 4 unter Beachtung der durch die Objektplanung integrierten Fachplanungen b) Anfertigen der Schalpläne in Ergänzung der fertiggestellten Ausführungspläne des Objektplaners c) Zeichnerische Darstellung der Konstruktionen mit Einbau- und Verlegeanweisungen, zum Beispiel Bewehrungspläne, Stahlbau- oder Holzkonstruktionspläne mit Leitdetails (keine Werkstattzeichnungen) d) Aufstellen von Stahl- oder Stücklisten als Ergänzung zur zeichnerischen Darstellung der Konstruktionen mit Stahlmengenermittlung e) Fortführen der Abstimmung mit Prüfämtern und Prüfingenieuren oder Eigenkontrolle	▪ Konstruktion und Nachweise der Anschlüsse im Stahl- und Holzbau ▪ Werkstattzeichnungen im Stahl- und Holzbau einschließlich Stücklisten, Elementpläne für Stahlbetonfertigteile einschließlich Stahl- und Stücklisten ▪ Berechnen der Dehnwege, Festlegen des Spannvorganges und Erstellen der Spannprotokolle im Spannbetonbau ▪ Rohbauzeichnungen im Stahlbetonbau, die auf der Baustelle nicht der Ergänzung durch die Pläne des Objektplaners bedürfen
LPH 6 Vorbereitung der Vergabe a) Ermitteln der Betonstahlmengen im Stahlbetonbau, der Stahlmengen in Stahlbau und der Holzmengen im Ingenieurholzbau als Ergebnis der Ausführungsplanung und als Beitrag zur Mengenermittlung des Objektplaners b) Überschlägiges Ermitteln der Mengen der konstruktiven Stahlteile und statisch erforderlichen Verbindungs- und Befestigungsmittel im Ingenieurholzbau c) Mitwirken beim Erstellen der Leistungsbeschreibung als Ergänzung zu den Mengenermittlungen als Grundlage für das Leistungsverzeichnis des Tragwerks	▪ Beitrag zur Leistungsbeschreibung mit Leistungsprogramm des Objektplaners [x] ▪ Beitrag zum Aufstellen von vergleichenden Kostenübersichten des Objektplaners ▪ Beitrag zum Aufstellen des Leistungsverzeichnisses des Tragwerks [x] diese Besondere Leistung wird bei Leistungsbeschreibung mit Leistungsprogramm Grundleistung. In diesem Fall entfallen die Grundleistungen dieser Leistungsphase.

Grundleistungen	Besondere Leistungen
LPH 7 Mitwirkung bei der Vergabe	
	▪ Mitwirken bei der Prüfung und Wertung der Angebote Leistungsbeschreibung mit Leistungsprogramm des Objektplaners ▪ Mitwirken bei der Prüfung und Wertung von Nebenangeboten ▪ Mitwirken beim Kostenanschlag nach DIN 276 oder anderer Vorgaben des Auftraggebers aus Einheitspreisen oder Pauschalangeboten
LPH 8 Objektüberwachung	
	▪ Ingenieurtechnische Kontrolle der Ausführung des Tragwerks auf Übereinstimmung mit den geprüften statischen Unterlagen ▪ Ingenieurtechnische Kontrolle der Baubehelfe, zum Beispiel Arbeits- und Lehrgerüste, Kranbahnen, Baugrubensicherungen ▪ Kontrolle der Betonherstellung und -verarbeitung auf der Baustelle in besonderen Fällen sowie Auswertung der Güteprüfungen ▪ Betontechnologische Beratung ▪ Mitwirken bei der Überwachung der Ausführung der Tragwerkseingriffe bei Umbauten und Modernisierungen
LPH 9 Dokumentation und Objektbetreuung	
	▪ Baubegehung zur Feststellung und Überwachung von die Standsicherheit betreffenden Einflüssen

14.2 Objektliste Tragwerksplanung

Nachstehende Tragwerke können in der Regel folgenden Honorarzonen zugeordnet werden:

Objektliste Tragwerksplanung	Honorarzone I	II	III	IV	V
Bewertungsmerkmale zur Ermittlung der Honorarzone bei der Tragwerksplanung					
▪ Tragwerke mit sehr geringem Schwierigkeitsgrad, insbesondere einfache statisch bestimmte ebene Tragwerke aus Holz, Stahl, Stein oder unbewehrtem Beton mit ruhenden Lasten, ohne Nachweis horizontaler Aussteifung	X				
▪ Tragwerke mit geringem Schwierigkeitsgrad, insbesondere statisch bestimmte ebene Tragwerke in gebräuchlichen Bauarten ohne Vorspann- und Verbundkonstruktionen, mit vorwiegend ruhenden Lasten		X			
▪ Tragwerke mit durchschnittlichen Schwierigkeitsgrad, insbesondere schwierige statisch bestimmte und statisch unbe-stimmte ebene Tragwerke in gebräuchlichen Bauarten und ohne Gesamtstabilitätsuntersuchungen			X		
▪ Tragwerke mit hohem Schwierigkeitsgrad, insbesondere statisch und konstruktiv schwierige Tragwerke in gebräuchlichen Bauarten und Tragwerke, für deren Standsicherheits- und Festigkeitsnachweis schwierig zu ermittelnde Einflüsse zu berücksichtigen sind				X	
▪ Tragwerke mit sehr hohem Schwierigkeitsgrad, insbesondere statisch u. konstruktiv ungewöhnlich schwierige Tragwerke					X
Stützwände, Verbau					
▪ unverankerte Stützwände zur Abfangung von Geländesprüngen bis 2 m Höhe und konstruktive Böschungssicherungen bei einfachen Baugrund-, Belastungs- und Geländeverhältnissen	X				
▪ Sicherung von Geländesprüngen bis 4 m Höhe ohne Rückverankerungen bei einfachen Baugrund-, Belastungs- und Geländeverhältnissen wie z. B. Stützwände, Uferwände, Baugrubenverbauten		X			
▪ Sicherung von Geländesprüngen ohne Rückverankerungen bei schwierigen Baugrund-, Belastungs- oder Geländeverhältnissen oder mit einfacher Rückverankerung bei einfachen Baugrund-, Belastungs- oder Geländeverhältnissen wie z. B. Stützwände, Uferwände, Baugrubenverbauten			X		

Objektliste Tragwerksplanung	Honorarzone				
	I	II	III	IV	V
▪ schwierige, verankerte Stützwände, Baugrubenverbauten oder Uferwände				X	
▪ Baugrubenverbauten mit ungewöhnlich schwierigen Randbedingungen					X
Gründung					
▪ Flachgründungen einfacher Art		X			
▪ Flachgründungen mit durchschnittlichem Schwierigkeitsgrad, ebene und räumliche Pfahlgründungen mit durchschnittlichem Schwierigkeitsgrad			X		
▪ schwierige Flachgründungen, schwierige ebene und räumliche Pfahlgründungen, besondere Gründungsverfahren, Unterfahrungen				X	
Mauerwerk					
▪ Mauerwerksbauten mit bis zur Gründung durchgehenden tragenden Wänden ohne Nachweis horizontaler Aussteifung		X			
▪ Tragwerke mit Abfangung der tragenden beziehungsweise aussteifenden Wände,			X		
▪ Konstruktionen mit Mauerwerk nach Eignungsprüfung (Ingenieurmauerwerk)				X	
Gewölbe					
▪ einfache Gewölbe			X		
▪ schwierige Gewölbe und Gewölbereihen				X	
Deckenkonstruktionen, Flächentragwerke					
▪ Deckenkonstruktionen mit einfachem Schwierigkeitsgrad, bei vorwiegend ruhenden Flächenlasten		X			
▪ Deckenkonstruktionen mit durchschnittlichem Schwierigkeitsgrad			X		
▪ schiefwinklige Einfeldplatten				X	
▪ schiefwinklige Mehrfeldplatten					X
▪ schiefwinklig gelagerte oder gekrümmte Träger				X	
▪ schiefwinklig gelagerte, gekrümmte Träger					X
▪ Trägerroste und orthotrope Platten mit durchschnittlichem Schwierigkeitsgrad				X	
▪ schwierige Trägerroste und schwierige orthotrope Platten					X
▪ Flächentragwerke (Platten, Scheiben) mit durchschnittlichem Schwierigkeitsgrad				X	
▪ schwierige Flächentragwerke (Platten, Scheiben, Faltwerke, Schalen)					X
▪ einfache Faltwerke ohne Vorspannung				X	

Objektliste Tragwerksplanung	Honorarzone I	II	III	IV	V
Verbundkonstruktionen					
▪ einfache Verbundkonstruktionen ohne Berücksichtigung des Einflusses von Kriechen und Schwinden			X		
▪ Verbundkonstruktionen mittlerer Schwierigkeit				X	
▪ Verbundkonstruktionen mit Vorspannung durch Spannglieder oder andere Maßnahmen					X
Rahmen- und Skelettbauten					
▪ ausgesteifte Skelettbauten			X		
▪ Tragwerke für schwierige Rahmen- und Skelettbauten sowie turmartige Bauten, bei denen der Nachweis der Stabilität und Aussteifung die Anwendung besonderer Berechnungsverfahren erfordert				X	
▪ einfache Rahmentragwerke ohne Vorspann-konstruktionen und ohne Gesamtstabilitäts-untersuchungen			X		
▪ Rahmentragwerke mit durchschnittlichem Schwierigkeitsgrad				X	
▪ schwierige Rahmentragwerke mit Vorspann-konstruktionen und Stabilitätsuntersuchungen					X
Räumliche Stabwerke					
▪ räumliche Stabwerke mit durchschnittlichem Schwierigkeitsgrad				X	
▪ schwierige räumliche Stabwerke					X
Seilverspannte Konstruktionen					
▪ einfache seilverspannte Konstruktionen				X	
▪ seilverspannte Konstruktionen mit durchschnittlichem bis sehr hohem Schwierigkeitsgrad					X
Konstruktionen mit Schwingungsbeanspruchung					
▪ Tragwerke mit einfachen Schwingungsuntersuchungen				X	
▪ Tragwerke mit Schwingungsuntersuchungen mit durchschnittlichem bis sehr hohem Schwierigkeitsgrad					X
Besondere Berechnungsmethoden					
▪ schwierige Tragwerke, die Schnittgrößenbestim-mungen nach der Theorie II. Ordnung erfordern				X	
▪ ungewöhnlich schwierige Tragwerke, die Schnitt-größenbestimmungen nach der Theorie II. Ordnung erfordern					X
▪ schwierige Tragwerke in neuen Bauarten					X
▪ Tragwerke mit Standsicherheitsnachweisen, die nur unter Zuhilfenahme modellstatischer Untersuchungen oder durch Berechnungen mit finiten Elementen beurteilt werden können					X
▪ Tragwerke, bei denen die Nachgiebigkeit der Verbindungsmittel bei der Schnittkraftermittlung zu berücksichtigen ist					X

Objektliste Tragwerksplanung	Honorarzone				
	I	II	III	IV	V
Spannbeton					
▪ einfache, äußerlich und innerlich statisch bestimmte und zwängungsfrei gelagerte vorgespannte Konstruktionen			X		
▪ vorgespannte Konstruktionen mit durchschnittlichem Schwierigkeitsgrad				X	
▪ vorgespannte Konstruktionen mit hohem bis sehr hohem Schwierigkeitsgrad					X
Traggerüste					
▪ einfache Traggerüste und andere einfache Gerüste für Ingenieurbauwerke		X			
▪ schwierige Traggerüste und andere schwierige Gerüste für Ingenieurbauwerke				X	
▪ sehr schwierige Traggerüste und andere sehr schwierige Gerüste für Ingenieurbauwerke, zum Beispiel weit gespannte oder hohe Traggerüste					X

Anlage 15 zu § 55 Absatz 3, § 56 Absatz 3: Grundleistungen im Leistungsbild Technische Ausrüstung, Besondere Leistungen, Objektliste

15.1 Grundleistungen und Besondere Leistungen im Leistungsbild Technische Ausrüstung

Grundleistungen

LPH 1 Grundlagenermittlung

a) Klären der Aufgabenstellung aufgrund der Vorgaben oder der Bedarfsplanung des Auftraggebers im Benehmen mit dem Objektplaner
b) Ermitteln der Planungsrandbedingungen und Beraten zum Leistungsbedarf und gegebenenfalls zur technischen Erschließung
c) Zusammenfassen, Erläutern und Dokumentieren der Ergebnisse

Besondere Leistungen

- Mitwirken bei der Bedarfsplanung für komplexe Nutzungen zur Analyse der Bedürfnisse, Ziele und einschränkenden Gegebenheiten (Kosten, Termine und andere Rahmenbedingungen) des Bauherrn und wichtiger Beteiligter
- Bestandsaufnahme, zeichnerische Darstellung und Nachrechnen vorhandener Anlagen und Anlagenteile
- Datenerfassung, Analysen und Optimierungsprozesse im Bestand
- Durchführen von Verbrauchsmessungen
- Endoskopische Untersuchungen
- Mitwirken bei der Ausarbeitung von Auslobungen und bei Vorprüfungen für Planungswettbewerbe

Grundleistungen

LPH 2 Vorplanung (Projekt- und Planungsvorbereitung)

a) Analysieren der Grundlagen, Mitwirken beim Abstimmen der Leistungen mit den Planungsbeteiligten
b) Erarbeiten eines Planungskonzepts, dazu gehören zum Beispiel: Vordimensionieren der Systeme und maßbestimmenden Anlagenteile, Untersuchen von alternativen Lösungsmöglichkeiten bei gleichen Nutzungsanforderungen einschließlich Wirtschaftlichkeitsvorbetrachtung, zeichnerische Darstellung zur Integration in die Objektplanung unter Berücksichtigung exemplarischer Details, Angaben zum Raumbedarf
c) Aufstellen eines Funktionsschemas bzw. Prinzipschaltbildes für jede Anlage
d) Klären und Erläutern der wesentlichen fachübergreifenden Prozesse, Randbedingungen und Schnittstellen, Mitwirken bei der Integration der technischen Anlagen

Besondere Leistungen

- Erstellen des technischen Teils eines Raumbuches
- Durchführen von Versuchen und Modellversuchen

Grundleistungen	Besondere Leistungen
e) Vorverhandlungen mit Behörden über die Genehmigungsfähigkeit und mit den zu beteiligenden Stellen zur Infrastruktur f) Kostenschätzung nach DIN 276 (2. Ebene) und Terminplanung g) Zusammenfassen, Erläutern und Dokumentieren der Ergebnisse	
LPH 3 Entwurfsplanung (System- und Integrationsplanung)	
a) Durcharbeiten des Planungskonzepts (stufenweise Erarbeitung einer Lösung) unter Berücksichtigung aller fachspezifischen Anforderungen sowie unter Beachtung der durch die Objektplanung integrierten Fachplanungen bis zum vollständigen Entwurf b) Festlegen aller Systeme und Anlagenteile c) Berechnen und Bemessen der technischen Anlagen und Anlagenteile, Abschätzen von jährlichen Bedarfswerten (z. B. Nutz-, End- und Primärenergiebedarf) und Betriebskosten; Abstimmen des Platzbedarfs für technische Anlagen und Anlagenteile; Zeichnerische Darstellung des Entwurfs in einem mit dem Objektplaner abgestimmten Ausgabemaßstab mit Angabe maßbestimmender Dimensionen Fortschreiben und Detaillieren der Funktions- und Strangschemata der Anlagen Auflisten aller Anlagen mit technischen Daten und Angaben, zum Beispiel für Energiebilanzierungen Anlagenbeschreibungen mit Angabe der Nutzungsbedingungen d) Übergeben der Berechnungsergebnisse an andere Planungsbeteiligte zum Aufstellen vorgeschriebener Nachweise; Angabe und Abstimmung der für die Tragwerksplanung notwendigen Angaben über Durchführungen und Lastangaben (ohne Anfertigen von Schlitz- und Durchführungsplänen)	▪ Erarbeiten von besonderen Daten für die Planung Dritter, zum Beispiel für Stoffbilanzen etc. ▪ Detaillierte Betriebskostenberechnung für die ausgewählte Anlage ▪ Detaillierter Wirtschaftlichkeitsnachweis ▪ Berechnung von Lebenszykluskosten ▪ Detaillierte Schadstoffemissionsberechnung für die ausgewählte Anlage ▪ Detaillierter Nachweis von Schadstoffemissionen ▪ Aufstellen einer gewerkeübergreifenden Brandschutzmatrix ▪ Fortschreiben des technischen Teils des Raumbuches ▪ Auslegung der technischen Systeme bei Ingenieurbauwerken nach Maschinenrichtlinie ▪ Anfertigen von Ausschreibungszeichnungen bei Leistungsbeschreibung mit Leistungsprogramm ▪ Mitwirken bei einer vertieften Kostenberechnung ▪ Simulationen zur Prognose des Verhaltens von Gebäuden, Bauteilen, Räumen und Freiräumen

Grundleistungen | **Besondere Leistungen**

e) Verhandlungen mit Behörden und mit anderen zu beteiligenden Stellen über die Genehmigungsfähigkeit
f) Kostenberechnung nach DIN 276 (3. Ebene) und Terminplanung
g) Kostenkontrolle durch Vergleich der Kostenberechnung mit der Kostenschätzung
h) Zusammenfassen, Erläutern und Dokumentieren der Ergebnisse

LPH 4 Genehmigungsplanung

a) Erarbeiten und Zusammenstellen der Vorlagen und Nachweise für öffentlich-rechtliche Genehmigungen oder Zustimmungen einschließlich der Anträge auf Ausnahmen oder Befreiungen sowie Mitwirken bei Verhandlungen mit Behörden
b) Vervollständigen und Anpassen der Planungsunterlagen, Beschreibungen und Berechnungen

LPH 5 Ausführungsplanung

a) Erarbeiten der Ausführungsplanung auf Grundlage der Ergebnisse der Leistungsphasen 3 und 4 (stufenweise Erarbeitung und Darstellung der Lösung) unter Beachtung der durch die Objektplanung integrierten Fachplanungen bis zur ausführungsreifen Lösung
b) Fortschreiben der Berechnungen und Bemessungen zur Auslegung der technischen Anlagen und Anlagenteile
Zeichnerische Darstellung der Anlagen in einem mit dem Objektplaner abgestimmten Ausgabemaßstab und Detaillierungsgrad einschließlich Dimensionen (keine Montage- oder Werkstattpläne)
Anpassen und Detaillieren der Funktions- und Strangschemata der Anlagen bzw. der GA-Funktionslisten
Abstimmen der Ausführungszeichnungen mit dem Objektplaner und den übrigen Fachplanern

Besondere Leistungen (LPH 5):

- Prüfen und Anerkennen von Schalplänen des Tragwerksplaners auf Übereinstimmung mit der Schlitz und Durchbruchsplanung
- Anfertigen von Plänen für Anschlüsse von beigestellten Betriebsmitteln und Maschinen (Maschinenanschlussplanung) mit besonderem Aufwand (zum Beispiel bei Produktionseinrichtungen)
- Leerrohrplanung mit besonderem Aufwand (zum Beispiel bei Sichtbeton oder Fertigteilen)
- Mitwirkung bei Detailplanungen mit besonderem Aufwand, zum Beispiel Darstellung von Wandabwicklungen in hochinstallierten Bereichen
- Anfertigen von allpoligen Stromlaufplänen

Grundleistungen	Besondere Leistungen
c) Anfertigen von Schlitz- und Durchbruchsplänen d) Fortschreibung des Terminplans e) Fortschreiben der Ausführungsplanung auf den Stand der Ausschreibungsergebnisse und der dann vorliegenden Ausführungsplanung des Objektplaners, Übergeben der fortgeschriebenen Ausführungsplanung an die ausführenden Unternehmen f) Prüfen und Anerkennen der Montage- und Werkstattpläne der ausführenden Unternehmen auf Übereinstimmung mit der Ausführungsplanung	
LPH 6 Vorbereitung der Vergabe a) Ermitteln von Mengen als Grundlage für das Aufstellen von Leistungsverzeichnissen in Abstimmung mit Beiträgen anderer an der Planung fachlich Beteiligter b) Aufstellen der Vergabeunterlagen, insbesondere mit Leistungsverzeichnissen nach Leistungsbereichen einschließlich der Wartungsleistungen auf Grundlage bestehender Regelwerke c) Mitwirken beim Abstimmen der Schnittstellen zu den Leistungsbeschreibungen der anderen an der Planung fachlich Beteiligten d) Ermitteln der Kosten auf Grundlage der vom Planer bepreisten Leistungsverzeichnisse e) Kostenkontrolle durch Vergleich der vom Planer bepreisten Leistungsverzeichnisse mit der Kostenberechnung f) Zusammenstellen der Vergabeunterlagen	▪ Erarbeiten der Wartungsplanung und -organisation ▪ Ausschreibung von Wartungsleistungen, soweit von bestehenden Regelwerken abweichend

Grundleistungen	Besondere Leistungen
LPH 7 Mitwirkung bei der Vergabe	
a) Einholen von Angeboten b) Prüfen und Werten der Angebote, Aufstellen der Preisspiegel nach Einzelpositionen, Prüfen und Werten der Angebote für zusätzliche oder geänderte Leistungen der ausführenden Unternehmen und der Angemessenheit der Preise c) Führen von Bietergesprächen d) Vergleichen der Ausschreibungsergebnisse mit den vom Planer bepreisten Leistungsverzeichnissen und der Kostenberechnung e) Erstellen der Vergabevorschläge, Mitwirken bei der Dokumentation der Vergabeverfahren f) Zusammenstellen der Vertragsunterlagen und bei der Auftragserteilung[9]	▪ Prüfen und Werten von Nebenangeboten ▪ Mitwirken bei der Prüfung von bauwirtschaftlich begründeten Angeboten (Claimabwehr)
LPH 8 Objektüberwachung (Bauüberwachung) und Dokumentation	
a) Überwachen der Ausführung des Objekts auf Übereinstimmung mit der öffentlich-rechtlichen Genehmigung oder Zustimmung, den Verträgen mit den ausführenden Unternehmen, den Ausführungsunterlagen, den Montage- und Werkstattplänen, den einschlägigen Vorschriften und den allgemein anerkannten Regeln der Technik b) Mitwirken bei der Koordination der am Projekt Beteiligten c) Aufstellen, Fortschreiben und Überwachen des Terminplans (Balkendiagramm) d) Dokumentation des Bauablaufs (Bautagebuch) e) Prüfen und Bewerten der Notwendigkeit geänderter oder zusätzlicher Leistungen der Unternehmer und der Angemessenheit der Preise f) Gemeinsames Aufmaß mit den ausführenden Unternehmen g) Rechnungsprüfung in rechnerischer und fachlicher Hinsicht mit Prüfen und Bescheinigen des Leistungsstandes anhand nachvollziehbarer Leistungsnachweise	▪ Durchführen von Leistungsmessungen und Funktionsprüfungen ▪ Werksabnahmen ▪ Fortschreiben der Ausführungspläne (zum Beispiel Grundrisse, Schnitte, Ansichten) bis zum Bestand ▪ Erstellen von Rechnungsbelegen anstelle der ausführenden Firmen, zum Beispiel Aufmaß ▪ Schlussrechnung (Ersatzvornahme) ▪ Erstellen fachübergreifender Betriebsanleitungen (zum Beispiel Betriebshandbuch, Reparaturhandbuch) oder computer-aided Facility-Management-Konzepte ▪ Planung der Hilfsmittel für Reparaturzwecke

9 Hierbei handelt es sich nach Auffassung des Autors um einen redaktionellen Fehler des Verordnungsgebers. Analog zur HOAI 2009 muss es wohl „und Mitwirken bei der Auftragserteilung" heißen.

Grundleistungen	Besondere Leistungen
h) Kostenkontrolle durch Überprüfen der Leistungsabrechnungen der ausführenden Unternehmen im Vergleich zu den Vertragspreisen und dem Kostenanschlag	
i) Kostenfeststellung	
j) Mitwirken bei Leistungs- u. Funktionsprüfungen	
k) fachtechnische Abnahme der Leistungen auf Grundlage der vorgelegten Dokumentation, Erstellung eines Abnahmeprotokolls, Feststellen von Mängeln und Erteilen einer Abnahmeempfehlung	
l) Antrag auf behördliche Abnahmen und Teilnahme daran	
m) Prüfung der übergebenen Revisionsunterlagen auf Vollzähligkeit, Vollständigkeit und stichprobenartige Prüfung auf Übereinstimmung mit dem Stand der Ausführung	
n) Auflisten der Verjährungsfristen der Ansprüche auf Mängelbeseitigung	
o) Überwachen der Beseitigung der bei der Abnahme festgestellten Mängel	
p) Systematische Zusammenstellung der Dokumentation, der zeichnerischen Darstellungen und rechnerischen Ergebnisse des Objekts	
LPH 9 Objektbetreuung	
a) Fachliche Bewertung der innerhalb der Verjährungsfristen für Gewährleistungsansprüche festgestellten Mängel, längstens jedoch bis zum Ablauf von fünf Jahren seit Abnahme der Leistung einschließlich notwendiger Begehungen b) Objektbegehung zur Mängelfeststellung vor Ablauf der Verjährungsfristen für Mängelansprüche gegenüber den ausführenden Unternehmen c) Mitwirken bei der Freigabe von Sicherheitsleistungen	▪ Überwachen der Mängelbeseitigung innerhalb der Verjährungsfrist ▪ Energiemonitoring innerhalb der Gewährleistungsphase, Mitwirkung bei den jährlichen Verbrauchsmessungen aller Medien ▪ Vergleich mit den Bedarfswerten aus der Planung, Vorschläge für die Betriebsoptimierung und zur Senkung der Medien- und Energieverbrauches

15.2 Objektliste

Objektliste Technische Ausrüstung	Honorarzone I	Honorarzone II	Honorarzone III
Anlagengruppe 1 Abwasser-, Wasser- oder Gasanlagen			
▪ Anlagen mit kurzen einfachen Netzen	X		
▪ Abwasser-, Wasser-, Gas- und sanitärtechnische Anlagen mit verzweigten Netzen, Trinkwasserzirkulationsanlagen, Hebeanlagen, Druckerhöhungsanlagen		X	
▪ Anlagen zur Reinigung, Entgiftung oder Neutralisation von Abwasser, Anlagen zur biologischen, chemischen oder physikalischen Behandlung von Wasser, Anlagen mit besonderen hygienischen Anforderungen oder neuen Techniken (zum Beispiel Kliniken, Alten- oder Pflegeeinrichtungen)			X
▪ Gasdruckreglerstationen, mehrstufige Leichtflüssigkeitsabscheider			X
Anlagengruppe 2 Wärmeversorgungsanlagen			
▪ Einzelheizgeräte, Etagenheizung	X		
▪ Gebäudeheizungsanlagen, mono- und bivalente Systeme (zum Beispiel Solaranlage zur Brauchwassererwärmung, Wärmepumpenanlagen)		X	
▪ Flächenheizungen		X	
▪ Hausstationen		X	
▪ verzweigte Netze		X	
▪ Multivalente Systeme			X
▪ Systeme mit Kraft-Wärme-Kopplung, Dampfanlagen, Heißwasseranlagen, Deckenstrahlheizungen (zum Beispiel Sport- oder Industriehallen)			X
Anlagengruppe 3 Lufttechnische Anlagen			
▪ Einzelabluftanlagen	X		
▪ Lüftungsanlagen mit einer thermodynamischen Luftbehandlungsfunktion (zum Beispiel Heizen), Druckbelüftung		X	
▪ Lüftungsanlagen mit mindestens zwei thermodynamischen Luftbehandlungsfunktionen (zum Beispiel Heizen oder Kühlen), Teilklimaanlagen, Klimaanlagen			X
▪ Anlagen mit besonderen Anforderungen an die Luftqualität (zum Beispiel Operationsräume)			X
▪ Kühlanlagen, Kälteerzeugungsanlagen ohne Prozesskälteanlagen			X
▪ Hausstationen für Fernkälte, Rückkühlanlagen			X
Anlagengruppe 4 Starkstromanlagen			
▪ Niederspannungsanlagen mit bis zu zwei Verteilungsebenen ab Übergabe EVU einschließlich Beleuchtung und Sicherheitsbeleuchtung mit Einzelbatterien	X		
▪ Erdungsanlagen	X		

Objektliste Technische Ausrüstung	Honorarzone I	II	III
▪ Kompakt-Transformatorenstationen, Eigenstromerzeugungsanlagen (zum Beispiel zentrale Batterie- und unterbrechungsfreie Stromversorgungsanlagen, Fotovoltaik-Anlagen)		X	
▪ Niederspannungsanlagen mit bis zu drei Verteilebenen ab Übergabe EVU einschließlich Beleuchtungsanlagen		X	
▪ zentrale Sicherheitsbeleuchtungsanlagen		X	
▪ Niederspannungsinstallationen einschließlich Bussystemen		X	
▪ Blitzschutz- oder Erdungsanlagen, soweit nicht in HZ I oder HZ III erwähnt		X	
▪ Außenbeleuchtungsanlagen		X	
▪ Hoch- oder Mittelspannungsanlagen, Transformatorenstationen, Eigenstromversorgungsanlagen mit besonderen Anforderungen (zum Beispiel Notstromaggregate, Blockheizkraftwerke, dynamische unterbrechungsfreie Stromversorgung)			X
▪ Niederspannungsanlagen mit mindestens vier Verteilebenen oder mehr als 1.000 A Nennstrom			X
▪ Beleuchtungsanlagen mit besonderen Planungsanforderungen (zum Beispiel Lichtsimulationen in aufwendigen Verfahren für Museen oder Sonderräume)			X
▪ Blitzschutzanlagen mit besonderen Anforderungen (zum Beispiel für Kliniken, Hochhäuser, Rechenzentren)			X
Anlagengruppe 5 Fernmelde- und informationstechnische Anlagen			
▪ Einfache Fernmeldeinstallationen mit einzelnen Endgeräten	X		
▪ Fernmelde- oder informationstechnische Anlagen, soweit nicht in HZ I oder HZ III erwähnt		X	
▪ Fernmelde- und informationstechnische Anlagen mit besonderen Anforderungen (zum Beispiel Konferenz- oder Dolmetscheranlagen, Beschallungsanlagen von Sonderräumen, Objektüberwachungsanlagen, aktive Netzwerkkomponenten, Fernübertragungsnetze, Fernwirkanlagen, Parkleitsysteme)			X
Anlagengruppe 6 Förderanlagen			
▪ Einzelne Standardaufzüge, Kleingüteraufzüge, Hebebühnen	X		
▪ Aufzugsanlagen, soweit nicht in HZ I oder HZ III erwähnt, Fahrtreppen oder Fahrsteige, Krananlagen, Ladebrücken, Stetigförderanlagen		X	
▪ Aufzugsanlagen mit besonderen Anforderungen, Fassadenaufzüge, Transportanlagen mit mehr als zwei Sende- oder Empfangsstellen			X

Objektliste Technische Ausrüstung	Honorarzone I	II	III
Anlagengruppe 7 Nutzungsspezifische oder verfahrenstechnische Anlagen			
7.1 Nutzungsspezifische Anlagen			
▪ Küchentechnische Geräte, zum Beispiel für Teeküchen	X		
▪ Küchentechnische Anlagen, zum Beispiel Küchen mittlerer Größe, Aufwärmküchen, Einrichtungen zur Speise- oder Getränkeaufbereitung,-ausgabe oder -lagerung (keine Produktionsküche) einschließlich zugehöriger Kälteanlagen		X	
▪ Küchentechnische Anlagen, zum Beispiel Großküchen, Einrichtungen für Produktionsküchen einschließlich der Ausgabe oder Lagerung sowie der zugehörigen Kälteanlagen, Gewerbekälte für Großküchen, große Kühlräume oder Kühlzellen			X
▪ Wäscherei- oder Reinigungsgeräte, zum Beispiel für Gemeinschaftswaschküchen	X		
▪ Wäscherei- oder Reinigungsanlagen, zum Beispiel Wäschereieinrichtungen für Waschsalons		X	
▪ Wäscherei- oder Reinigungsanlagen, zum Beispiel chemische oder physikalische Einrichtungen für Großbetriebe			X
▪ Medizin- oder labortechnische Anlagen, zum Beispiel für Einzelpraxen der Allgemeinmedizin	X		
▪ Medizin- oder labortechnische Anlagen, zum Beispiel für Gruppenpraxen der Allgemeinmedizin oder Einzelpraxen der Fachmedizin, Sanatorien, Pflegeeinrichtungen, Krankenhausabteilungen, Laboreinrichtungen für Schulen		X	
▪ Medizin- oder labortechnische Anlagen, zum Beispiel für Kliniken, Institute mit Lehr- oder Forschungsaufgaben, Laboratorien, Fertigungsbetriebe			X
▪ Feuerlöschgeräte, zum Beispiel Handfeuerlöscher	X		
▪ Feuerlöschanlagen, zum Beispiel manuell betätigte Feuerlöschanlagen		X	
▪ Feuerlöschanlagen, zum Beispiel selbsttätig auslösende Anlagen			X
▪ Entsorgungsanlagen, zum Beispiel Abwurfanlagen für Abfall oder Wäsche	X		
▪ Entsorgungsanlagen, zum Beispiel zentrale Entsorgungsanlagen für Wäsche oder Abfall, zentrale Staubsauganlagen			X
▪ Bühnentechnische Anlagen, zum Beispiel technische Anlagen für Klein- oder Mittelbühnen		X	
▪ Bühnentechnische Anlagen, zum Beispiel für Großbühnen			X
▪ Medienversorgungsanlagen, zum Beispiel zur Erzeugung, Lagerung, Aufbereitung oder Verteilung medizinischer oder technischer Gase, Flüssigkeiten oder Vakuum			X
▪ Badetechnische Anlagen, zum Beispiel Aufbereitungsanlagen, Wellenerzeugungsanlagen, höhenverstellbare Zwischenböden			X
▪ Prozesswärmeanlagen, Prozesskälteanlagen,			X

Objektliste Technische Ausrüstung	Honorarzone I	II	III
Prozessluftanlagen, zum Beispiel Vakuumanlagen, Prüfstände, Windkanäle, industrielle Ansauganlagen			
▪ Technische Anlagen für Tankstellen, Fahrzeugwaschanlagen			X
▪ Lagertechnische Anlagen, zum Beispiel Regalbediengeräte (mit zugehörigen Regalanlagen), automatische Warentransportanlagen			X
▪ Taumittelsprühanlagen und Enteisungsanlagen		X	
▪ Stationäre Enteisungsanlagen für Großanlagen zum Beispiel Flughäfen			X
7.2 Verfahrenstechnische Anlagen			
▪ Einfache Technische Anlagen der Wasseraufbereitung (zum Beispiel Belüftung, Enteisenung, Entmanganung, chemische Entsäuerung, physikalische Entsäuerung)		X	
▪ Technische Anlagen der Wasseraufbereitung (zum Beispiel Membranfiltration, Flockungsfiltration, Ozonierung, Entarsenierung, Entaluminierung, Denitrifikation)			X
▪ Einfache Technische Anlagen der Abwasserreinigung (zum Beispiel gemeinsame aerobe Stabilisierung)		X	
▪ Technische Anlagen der Abwasserreinigung (zum Beispiel für mehrstufige Abwasserbehandlungsanlagen)			X
▪ Einfache Schlammbehandlungsanlagen (zum Beispiel Schlammabsetzanlagen mit mechanischen Einrichtungen)		X	
▪ Anlagen für mehrstufige oder kombinierte Verfahren der Schlammbehandlung			X
▪ Einfache Technische Anlagen der Abwasserableitung		X	
▪ Technische Anlagen der Abwasserableitung			X
▪ Einfache Technische Anlagen der Wassergewinnung, -förderung, -speicherung		X	
▪ Technische Anlagen der Wassergewinnung, -förderung, -speicherung			X
▪ Einfache Regenwasserbehandlungsanlagen		X	
▪ Einfache Anlagen für Grundwasserdekontaminierungs-anlagen		X	
▪ Komplexe Technische Anlagen für Grundwasser-dekontaminierungsanlagen			X
▪ Einfache Technische Anlagen für die Ver- und Entsorgung mit Gasen (z.B. Odorieranlage)		X	
▪ Einfache Technische Anlagen für die Ver- und Entsorgung mit Feststoffen		X	
▪ Technische Anlagen für die Ver- und Entsorgung mit Feststoffen			X

Objektliste Technische Ausrüstung	Honorarzone I	Honorarzone II	Honorarzone III
▪ Einfache Technische Anlagen der Abfallentsorgung (zum Beispiel für Kompostwerke, Anlagen zur Konditionierung von Sonderabfällen, Hausmülldeponien oder Monodeponien für Sonderabfälle, Anlagen für Untertagedeponien, Anlagen zur Behandlung kontaminierter Böden)		X	
▪ Technische Anlagen der Abfallentsorgung (zum Beispiel für Verbrennungsanlagen, Pyrolyseanlagen, mehrfunktionale Aufbereitungsanlagen für Wertstoffe)			X
Anlagengruppe 8 Gebäudeautomation			
▪ Herstellerneutrale Gebäudeautomationssysteme oder Automationssysteme mit anlagengruppenübergreifender Systemintegration			X

C Synopse HOAI 2009/2013 Teil 1, mit amtlicher Begründung

Teil 1 Allgemeine Vorschriften

HOAI 2009 | HOAI 2013

Die nachfolgende Synopse soll lediglich darstellen, was sich im Teil 1 gegenüber der HOAI 2009 geändert hat, um einen schnellen Überblick zu erhalten, auf was man

- bei der Gestaltung eines neuen Architekten- und oder Ingenieurvertrags oder
- bei der Berechnung des Honorars

achten muss. Blau sind im Verordnungstext der HOAI 2013 die Veränderungen gegenüber dem Wortlaut der HOAI 2009 dargestellt, um neu eingefügte Passagen, Umformulierungen, neue Nummerierungen und Ähnliches zu markieren. *Streichungen gegenüber der HOAI 2009* sind im Verordnungstext der HOAI 2009 *grau kursiv* dargestellt.

Amtliche Begründung zur HOAI 2013, Allgemeiner Teil:

Die HOAI regelt die Honorare für Leistungen von Architekten und Architektinnen sowie Ingenieuren und Ingenieurinnen. Als Rechtsverordnung der Bundesregierung, die der Zustimmung des Bundesrates bedarf, wird die HOAI auf der Grundlage des Gesetzes zur Regelung von Ingenieur- und Architektenleistungen (ArchLG) erlassen.

Mit der sechsten Novellierung der HOAI im Jahr 2009 sollten der Wettbewerb gefördert und der Bürokratieabbau vorangebracht werden. Die Verordnung wurde neu strukturiert und inhaltlich überarbeitet. Der Anwendungsbereich des verbindlichen Preisrechts wurde zur Umsetzung der EU-Dienstleistungsrichtlinie 2006/123/EG im Hinblick auf die Dienstleistungsfreiheit auf Inländer beschränkt. Denn die HOAI regelt Leistungen von Architekten und Architektinnen sowie Ingenieuren und Ingenieurinnen mit Sitz im Inland, soweit die Leistung vom Inland aus erbracht wird. Darüber hinaus wurden die verbindlichen Preisvorgaben auf Planungsleistungen begrenzt. Zu den Beratungsleistungen der Anlage 1 gibt die HOAI seither unverbindliche Preisempfehlungen, die als Richtwert für die vertragliche Einigung über den Inhalt der honorarrechtlich geschuldeten Leistungen und die Höhe ihrer Vergütung herangezogen werden können. Mit Einführung des Baukostenberechnungsmodells wurde das Honorar von den tatsächlichen Baukosten entkoppelt. Das Honorar ist auf Grundlage der in der Kostenberechnung festgelegten Baukosten zu berechnen. Alternativ kann das Honorar auf der Grundlage einer Baukostenvereinbarung berechnet werden. Im Rahmen der sechsten Novellierung des Jahres 2009 wurden die Leistungsbilder für Architekten und Architektinnen sowie Ingenieure und Ingenieurinnen sowie die Honorarsätze im Einzelnen nicht aktualisiert. Die Honorartafelwerte wurden lediglich pauschal um 10 Prozent angehoben.

Die siebte Novellierung der HOAI richtet sich nach dem Auftrag des Koalitionsvertrages zwischen CDU, CSU und FDP für die 17. Legislaturperiode und dem Prüfauftrag des Bundesrates vom 12. Juni 2009 (Drs. 395/09). Der Bundesrat hatte die Bundesregierung vor allem zur Modernisierung und Vereinheitlichung der Leistungsbilder sowie Aktualisierung der Honorarstruktur unter dem Blickwinkel des Wandels der Berufsbilder, der Umweltbelange und der Regeln der Technik aufgefordert. Für die Untersuchung des Reformbedarfs der HOAI verständigten sich das federführende Bundesministerium für Wirtschaft und Technologie (BMWi) und das Bundesministerium für Verkehr, Bau und Stadtentwicklung (BMVBS) auf eine Aufgabenteilung. Die Untersuchung des baufachlichen Aktualisierungsbedarfs, insbesondere zu den Leistungsbildern, erfolgte in der Zuständigkeit des BMVBS und die Aktualisierung der Honorartafelwerte der HOAI in der Zuständigkeit des BMWi.

Die Leistungsbilder der HOAI sind überwiegend am Stand der Technik der 70er Jahre des letzten Jahrhunderts ausgerichtet. Die Planungsprozesse und Büroabläufe der HOAI 1976 umfassten Zeichnungen am Reißbrett, Berechnungen mit Rechenschiebern, Leistungsbeschreibungen per Schreibmaschine sowie Kommunikation mittels Brief und Telefon. Die aktuelle Planungswirklichkeit zeichnet sich hingegen durch den Einsatz des PC für Beschreibungen und Berechnungen des Planungsprozesses, CAD (computer aided design), E-Mail, Telefon, EU-weite Ausschreibungen und Vergaben über elektronische Plattformen aus. Auch haben sich die Anforderungen an die Planungsaufgaben gewandelt: Aspekte der Nachhaltigkeit sowie des Klima- und Umweltschutzes haben an Bedeutung gewonnen. Die Ansprüche an Kosten- und Terminsicherheit sind gestiegen und die Administration der Planungsprojekte muss deutlich höheren Haftungsansprüchen standhalten. Eine Anpassung der Leistungsbilder in den einzelnen Fachdisziplinen ist somit erforderlich.

Kern der aktuellen Novellierung der HOAI ist daher die baufachliche Überarbeitung der Leistungsbilder und die Aktualisierung der Honorartafelwerte. Zudem werden die Honorarvorschriften der HOAI im Allgemeinen und Besonderen Teil überarbeitet und vereinfacht. Dadurch wird die Anwendung der HOAI durchgehend erleichtert. Im Hinblick auf die Informationsasymmetrie zwischen Anbietern und Nachfragern am Markt ist es Ziel der Novellierung, für die in der HOAI aufgeführten Planungs- und Beratungsleistungen weiterhin einen angemessenen Interessenausgleich zwischen Auftraggebern und Auftragnehmern bei der vertraglichen Vereinbarung des Honorars zu gewährleisten. Dabei soll zugleich ein Beitrag zur Sicherstellung einer hohen Bauqualität sowie zum Verbraucherschutz geleistet werden.

Das BMVBS hat den baufachlichen Aktualisierungsbedarf im Rahmen eines Forschungsprojekts geprüft. Dabei wurden die Vorschläge zur baufachlichen Überarbeitung der HOAI in einem offenen Diskussionsprozess zusammen mit Experten und Expertinnen der Berufsstände und der Auftraggeber erarbeitet. Damit sollte das Anwender- und Erfahrungswissen der Experten und Expertinnen auf Auftraggeber- und Auftragnehmerseite unmittelbar in den Untersuchungsprozess eingebunden werden. Fünf Facharbeitsgruppen, zwei Unterarbeitsgruppen und eine übergreifende Koordinierungsgruppe haben innerhalb eines Jahres die Untersuchungsergebnisse erarbeitet. Die beteiligten Gruppen waren jeweils paritätisch besetzt. Im BMVBS-Abschlussbericht werden insbesondere Vorschläge unterbreitet, wie die Grundleistungen und Besonderen Leistungen sämtlicher Leistungsbilder aufgrund der neuen fachlichen, technischen und rechtlichen Anforderungen an die Planung umfassend überarbeitet und synchronisiert werden können. Darüber hinaus gibt der Abschlussbericht vielfältige Hinweise zur Überarbeitung des Allgemeinen Teils der HOAI. Dazu gehört vor allem die Überarbeitung der Honorarvorschrift zum Bauen im Bestand. Vorgeschlagen wird dabei, die Bemessungsgrundlage für die Honorarermittlung durch eine angemessene Berücksichtigung des Wertes der mitzuverarbeitenden Bausubstanz zu verbreitern. Der Abschlussbericht des BMVBS zur Evaluierung der HOAI und zur Aktualisierung der Leistungsbilder ist im Internet unter http://www.bmvbs.de abrufbar.

In einem weiteren Forschungsprojekt hat das BMWi – ausgehend vom BMVBS-Abschlussbericht – den Aktualisierungsbedarf zur Honorarstruktur der HOAI untersuchen lassen. Auch in den Arbeitsprozess dieses Forschungsprojekts waren Vertreter und Vertreterinnen der Auftragnehmer- und Auftraggeberseite sowie der zuständigen Länderressorts durch einen informellen Begleitkreis eingebunden. Auf der Grundlage einer Aktualisierung der Leistungsbilder der HOAI waren die Honorartafelwerte der HOAI entsprechend dem neuen Planungsaufwand der Auftragnehmer in den verschiedenen Fachdisziplinen neu zu bemessen. Hintergrund ist, dass die Honorartafelwerte im Rahmen der letzten HOAI-Novellierung im Jahr 2009 lediglich pauschal um 10 Prozent angehoben wurden. Der Abschlussbericht zum Forschungsprojekt ist im Internet unter www.bmwi.bund.de abrufbar.

Im Rahmen des Forschungsprojekts wurden die Honorarempfehlungen für die HOAI 2013 wie folgt methodisch ermittelt: Maßgebliche Einflussfaktoren auf das Honorar stellen der Mehr- oder Minderaufwand aus den aktualisierten Leistungsbildern, die Baupreisentwicklung, die Entwicklung der Personal- und Sachkosten in den Architektur- und Ingenieurbüros sowie die Rationalisierung des Planungsprozesses dar. Die Einflussfaktoren spiegeln die Veränderungen zwischen 1996 und 2013 in Prozentsätzen wider. Der anschließenden Berechnung der Honorarempfehlung für die HOAI 2013 liegen die zuvor ermittelten mathematischen Funktionen zugrunde, in die die Einflussfaktoren integriert sind.

Grundsätzlich empfiehlt die Untersuchung eine Erhöhung der Honorare. Bei fast allen untersuchten Leistungsbildern steigen danach die Honorare im Mittel um rund 17 Prozent gegenüber der HOAI 2009 an. Als Sonderfall folgt das Leistungsbild Wärmeschutz und Energiebilanzierung nicht dieser allgemeinen Tendenz, sondern liegt mit einer Erhöhung von 99,81% bis 203,03% deutlich über dem Durchschnitt. Grund dafür ist, dass sich Umfang und Inhalt dieses Leistungsbildes wesentlich erweitert haben. Allerdings sind die Honorare für dieses Leistungsbild aus der Anlage 1 der HOAI nicht verbindlich geregelt, sondern stellen lediglich unverbindliche Honorarempfehlungen dar. Die unterschiedlichen Ergebnisse der Honorarempfehlungen für die HOAI 2013 für einzelne Leistungsbilder sind insbesondere auf den geänderten Planungs- bzw. Beratungsaufwand für die aktualisierten Leistungsbilder zurückzuführen.

§ 1 Anwendungsbereich 2009	**§ 1 Anwendungsbereich 2013**
Diese Verordnung regelt die Berechnung der Entgelte für die Leistungen der Architekten und Architektinnen und der Ingenieure und Ingenieurinnen (Auftragnehmer oder Auftragnehmerinnen) mit Sitz im Inland, soweit die Leistungen durch diese Verordnung erfasst und vom Inland aus erbracht werden.	**Diese Verordnung regelt die Berechnung der Entgelte für die Grundleistungen der Architekten und Architektinnen und der Ingenieure und Ingenieurinnen (Auftragnehmer oder Auftragnehmerinnen) mit Sitz im Inland, soweit die Leistungen durch diese Verordnung erfasst und vom Inland aus erbracht werden.**

Amtliche Begründung

§ 1 der HOAI bleibt unverändert. Der Anwendungsbereich der HOAI ist auf Büros mit Sitz im Inland begrenzt. Die Beschränkung des Anwendungsbereiches ist an der grundrechtlich geschützten Berufsausübungsfreiheit sowie an dem allgemeinen Gleichheitssatz zu messen. Die grundrechtlichen Beeinträchtigungen bleiben im Wesentlichen aus den gleichen Gründen sachlich gerechtfertigt, die im Rahmen der Begründung zur sechsten Novelle der HOAI im Jahr 2009 angeführt wurden (BR-Drs. 395/09, S. 146 bis 148). Im Hinblick auf die Informationsasymmetrie zwischen Anbietern und Nachfragern am Markt ist es Ziel der Novellierung, für die in der HOAI aufgeführten Planungs- und Beratungsleistungen weiterhin einen angemessenen Interessenausgleich zwischen Auftraggebern und Auftragnehmern bei der vertraglichen Vereinbarung des Honorars zu gewährleisten. Dabei soll zugleich ein Beitrag zur Sicherstellung einer hohen Bauqualität sowie zum Verbraucherschutz geleistet werden. Wie bereits bei der HOAI-Novelle von 2009 ist die Einschränkung der Wettbewerbschancen inländischer Architekten und Architektinnen sowie Ingenieure und Ingenieurinnen auch zumutbar. Nach wie vor liegen der Bundesregierung – außerhalb von Grenzregionen und Großprojekten, auf die die HOAI wegen einer Überschreitung der Honorartafelendwerte nicht anwendbar ist – keine Anhaltspunkte dafür vor, dass ein realer Wettbewerb durch ausländische, unternehmerisch tätige Anbieter im Bereich der HOAI statistisch messbar wäre. Dies liegt im Regelfall vor allem an der Sprachbarriere, da die Planungsaufgaben eine intensive Kommunikation zwischen Auftraggeber und Auftragnehmer erfordern. Zu beachten sind auch die Besonderheiten der deutschen Rechtsordnung, insbesondere das nationale Bauordnungsrecht und die Gestaltung des Vertragsverhältnisses zwischen Auftraggeber und Auftragnehmer nach dem Werkvertragsrecht des Bürgerlichen Gesetzbuchs. Trotz EU-weiter Ausschreibungen und Vergaben über elektronische Plattformen bleibt der Anteil der grenzüberschreitenden Vergaben durch öffentliche Auftraggeber sehr gering. Bezogen auf die infrage stehenden Leistungen der Architekten und Architektinnen sowie Ingenieure und Ingenieurinnen ist dieser Anteil statistisch nicht messbar. Schließlich bestehen ebenfalls vor dem Hintergrund der angeführten besonderen rechtlichen und faktischen (wie etwa den sprachlichen) Anforderungen in Deutschland keinerlei Anhaltspunkte dafür, dass – auch unter Zugrundelegung der angestrebten Änderungen der HOAI – künftig mit einer bedeutsamen Änderung der Wettbewerbssituation zu rechnen wäre.

§ 2 Begriffsbestimmungen 2009	§ 2 **Begriffsbestimmungen 2013**

Amtliche Begründung

§ 2 HOAI bleibt im weiten Umfang unverändert. Inhaltliche Änderungen betreffen vor allem den Begriff der „Objekte" in Absatz 1 und die Aufnahme der Definition der „mitzuverarbeitenden Bausubstanz" in Absatz 7. Die Definition des „Gebäudes" in § 2 Nummer 2 der HOAI 2009 war bei der letzten Novellierung neu aufgenommen worden und entsprach derjenigen der Musterbauordnung. Es hat sich allerdings gezeigt, dass diese Definition in der Praxis zu Abgrenzungsschwierigkeiten mit den Ingenieurbauwerken führt, die häufig auch die Kriterien der Definition des „Gebäudes" erfüllen. Da für die preisrechtliche Zuordnung die Definition des Gebäudebegriffs nicht erforderlich ist, ist diese aus dem Katalog der Begriffsbestimmungen entfallen. Für die Praxis bleibt die Möglichkeit einer Negativabgrenzung zu anderen Objekten, zum Beispiel im Anwendungsbereich der Ingenieurbauwerke gemäß § 41 HOAI bestehen. Der Begriff der raumbildenden Ausbauten (§ 2 Nummer 8 der HOAI 2009) wurde im Teil 3, Abschnitt 1, durch „Innenräume" ersetzt. Die Definition der Freianlagen (§ 2 Nummer 11 der HOAI 2009) ist im allgemeinen Teil entfallen und wurde in § 39 Absatz 1 HOAI aufgenommen. Auch die Definition der „fachlich allgemein anerkannten Regeln der Technik" in § 2 Nummer 12 der HOAI 2009 ist entfallen. Im fachkundigen Sprachgebrauch wird in der Praxis auf die „allgemein anerkannten Regeln der Technik" abgestellt. Eine statische Definition solcher „allgemein anerkannter Regeln der Technik" in der Honorarordnung ist sachlich weder erforderlich noch praxisgerecht. Auch die Begriffsbestimmung der „Honorarzonen" des § 2 Nummer 15 der HOAI 2009 hat sich auf Grundlage der Konkretisierung des § 5 HOAI als entbehrlich erwiesen.

§ 2 Begriffsbestimmungen 2009	§ 2 **Begriffsbestimmungen 2013**
Für diese Verordnung gelten folgende Begriffsbestimmungen: 1. „Objekte" sind Gebäude, raumbildende Ausbauten, Freianlagen, Ingenieurbauwerke, Verkehrsanlagen, Tragwerke und Anlagen der Technischen Ausrüstung;	**(1) Objekte sind Gebäude, Innenräume, Freianlagen, Ingenieurbauwerke, Verkehrsanlagen. Objekte sind auch Tragwerke und Anlagen der Technischen Ausrüstung.**

Amtliche Begründung

§ 2 Absatz 1 entspricht weitestgehend § 2 Nummer 1 der HOAI 2009. Der Begriff der „Objekte" dient als Steuerbegriff in der HOAI und wird dann eingesetzt, wenn eine Regelung für die Leistungsbilder der Objekt- und Fachplanungen gleichermaßen gelten soll, siehe zum Beispiel §§ 10, 11 HOAI.

Der Begriff der „raumbildenden Ausbauten" wurde durch Innenräume im Teil 3, Abschnitt 1, ersetzt. Innenräume können zusammengefasst mit Gebäuden ein Objekt bilden oder als Einrichtungsplanung ein eigenständiges Objekt darstellen. Anlagen der Technischen Ausrüstung bilden dann ein Objekt, wenn sie die Planung und Ausführung einer Anlagengruppe oder funktional gleichartiger Anlagen innerhalb der Anlagengruppe 7.1[10] gemäß § 53 Absatz 2 HOAI umfassen.

10 **Anmerkung des Autors:** Die Anlagengruppe 7.1 umfasst die Nutzungsspezifischen Anlagen. (Siehe Objektliste 15.2)

Die Regelung des § 2 Absatz 1 wurde neu in die jeweils in Satz 1 und Satz 2 aufgeführten Objekte aufgeteilt. Hintergrund dafür ist der Verweis der Regelung zu den Besonderen Grundlagen des Honorars der Technischen Ausrüstung in § 54 Absatz 1 und 2. Objekte im Sinne dieser Regelung sind ausschließlich die in § 2 Absatz 1 Satz 1 angeführten Objekte (Gebäude und Innenräume, Freianlagen, Ingenieurbauwerke und Verkehrsanlagen), nicht aber die in § 2 Absatz 1 Satz 2 genannten Tragwerke und die Anlagen der Technischen Ausrüstung.

§ 2	Begriffsbestimmungen 2009	**§ 2**	**Begriffsbestimmungen 2013**
2.	*„Gebäude" sind selbstständig benutzbare, überdeckte bauliche Anlagen, die von Menschen betreten werden können und geeignet oder bestimmt sind, dem Schutz von Menschen, Tieren oder Sachen zu dienen;*		

Kurzkommentar

Die erst in § 2 Abs. 2 HOAI 2009 eingefügte klärende Begriffsbestimmung „Gebäude" wurde wieder gestrichen, da unter diese Definition auch Ingenieurbauwerke fallen können. Hier ist nun erneut der Rückgriff auf § 94 BGB[11] und die Musterbauordnung § 2 Abs. 2[12] notwendig.

§ 2	Begriffsbestimmungen 2009	**§ 2**	**Begriffsbestimmungen 2013**
3.	„Neubauten und Neuanlagen" sind Objekte, die neu errichtet oder neu hergestellt werden;	**(2)**	**Neubauten und Neuanlagen sind Objekte, die neu errichtet oder neu hergestellt werden;**

Amtliche Begründung

§ 2 Absatz 2 HOAI entspricht der Definition der „Neubauten und Neuanlagen" des § 2 Nummer 3 der HOAI 2009.

§ 2	Begriffsbestimmungen 2009	**§ 2**	**Begriffsbestimmungen 2013**
4.	„Wiederaufbauten" sind vormals zerstörte Objekte, die auf vorhandenen Bau- oder Anlageteilen wiederhergestellt werden; sie gelten als Neubauten, sofern eine neue Planung erforderlich ist;	**(3)**	**Wiederaufbauten sind Objekte, bei denen die zerstörten Teile auf noch vorhandenen Bau- oder Anlageteilen wiederhergestellt werden. Wiederaufbauten gelten als Neubauten, sofern eine neue Planung erforderlich ist.**

11 **BGB Bürgerliches Gesetzbuch:**
§ 94 (1) Zu den wesentlichen Bestandteilen eines Grundstücks gehören die mit dem Grund und Boden fest verbundenen Sachen, insbesondere Gebäude, sowie die Erzeugnisse des Grundstücks, solange sie mit dem Boden zusammenhängen [...]
(2) Zu den wesentlichen Bestandteilen eines Gebäudes gehören die zur Herstellung des Gebäudes eingefügten Sachen.

12 **Musterbauordnung:**
§ 2 (2) Gebäude sind selbstständig benutzbare, überdeckte bauliche Anlagen, die von Menschen betreten werden können und geeignet oder bestimmt sind, dem Schutz von Menschen, Tieren oder Sachen zu dienen.

Amtliche Begründung

§ 2 Absatz 3 HOAI entspricht inhaltlich der Definition der „Wiederaufbauten“ in § 2 Nummer 4 der HOAI 2009. Die Definition wurde zur besseren Verständlichkeit sprachlich überarbeitet.

§ 2	Begriffsbestimmungen 2009	**§ 2**	**Begriffsbestimmungen 2013**
5.	„Erweiterungsbauten“ sind Ergänzungen eines vorhandenen Objekts;	**(4)**	**Erweiterungsbauten sind Ergänzungen eines vorhandenen Objekts.**

Amtliche Begründung

§ 2 Absatz 4 HOAI entspricht der Definition der „Erweiterungsbauten“ des § 2 Nummer 5 der HOAI 2009.

§ 2	Begriffsbestimmungen 2009	**§ 2**	**Begriffsbestimmungen 2013**
6.	„Umbauten“ sind Umgestaltungen eines vorhandenen Objekts mit Eingriffen in Konstruktion oder Bestand;	**(5)**	**Umbauten sind Umgestaltungen eines vorhandenen Objekts mit wesentlichen Eingriffen in Konstruktion oder Bestand.**

Kurzkommentar

Das in der HOAI ’09 erst gestrichene Wort "wesentlichen" ist wieder eingeführt und damit auf die Begriffsdefinition der HOAI 1996 zurückgeführt. Kleinere Eingriffe in Konstruktion oder Bestand des Objekts gelten nicht mehr als Umbaumaßnahme. Die amtliche Begründung hierfür lautet, dass durch die Wiedereinführung der Anrechenbarkeit der „mitverarbeiteten Bausubstanz“ der Begriff des „Umbaus“ (und damit der Anspruch auf den Umbauzuschlag) eingegrenzt werden müsse. Für die Rechtssicherheit bei Honorarprozessen stellt dies einen Rückschritt dar, da sich über einen rechtlich unbestimmten Begriff wie "wesentlich" trefflich streiten lässt.

Amtliche Begründung

§ 2 Absatz 5 HOAI gibt weitestgehend die Definition der „Umbauten“ des § 2 Nummer 6 der HOAI 2009 wieder. Nach Einführung des Begriffs der mitzuverarbeitenden Bausubstanz in § 2 Absatz 7 ist der Begriff der „Umbauten“ entsprechend einzugrenzen. Umbauten setzen wesentliche Eingriffe in Konstruktion oder Bestand voraus und nur für solche Eingriffe kann der Umbauzuschlag gemäß § 6 Absatz 2 Satz 1 Nr. 5, Satz 2 bis 4 HOAI in Anspruch genommen werden. Im Ergebnis kann für Umbauten der Umbauzuschlag beansprucht werden und ist die mitzuverarbeitende Bausubstanz zu berücksichtigen. Die prozentuale Wertspanne des Umbauzuschlags wurde in den Leistungsbildern der Objektplanung entsprechend reduziert. Bei unwesentlichen Eingriffen im Rahmen von „Erweiterungsbauten“, „Instandsetzungen“ oder „Instandhaltungen“ ist lediglich die mitzuverarbeitende Bausubstanz gemäß § 4 Absatz 3 HOAI angemessen zu berücksichtigen.

§ 2	Begriffsbestimmungen 2009	§ 2	**Begriffsbestimmungen 2013**
7.	„Modernisierungen“ sind bauliche Maßnahmen zur nachhaltigen Erhöhung des Gebrauchswertes eines Objekts, soweit sie nicht unter die Nummern 5, 6 oder Nummer 9 fallen;	**(6)**	**Modernisierungen sind bauliche Maßnahmen zur nachhaltigen Erhöhung des Gebrauchswertes eines Objekts, soweit diese Maßnahmen nicht unter Absatz 4, 5 oder 8 fallen.**

Kurzkommentar

Hier wurde lediglich der Bezug auf die neue Absatznummerierung (und überhaupt auf Absätze statt Nummern) aktualisiert. Inhaltlich bleibt dieser Absatz gleich.

Amtliche Begründung

§ 2 Absatz 6 HOAI entspricht der Definition der „Modernisierung“ des § 2 Nummer 7 der HOAI 2009. Auch für Modernisierungen greift der Umbauschlag gemäß § 6 Absatz 4 Satz 1 Nr. 5 Satz 2 bis 4 HOAI.

§ 2	Begriffsbestimmungen 2009	§ 2	**Begriffsbestimmungen 2013**
		(7)	**Mitzuverarbeitende Bausubstanz ist der Teil des zu planenden Objekts, der bereits durch Bauleistungen hergestellt ist und durch Planungs- oder Überwachungsleistungen technisch oder gestalterisch mitverarbeitet wird.**

Kurzkommentar

Der in § 10 3a der HOAI 1996 bis zum 17.08.2009 verwendete Begriff der „vorhandenen Bausubstanz“

Zitat:
§ 10 Abs. 3a HOAI 1996
Vorhandene Bausubstanz, die technisch oder gestalterisch mitverarbeitet wird, ist bei den anrechenbaren Kosten angemessen zu berücksichtigen; [...]

wurde in der HOAI 2009 gestrichen.

Der Autor hat seines Wissens als einziger HOAI-Kommentator das Streichen dieses § 10 Abs. 3a HOAI 1996 gerügt und das Verhalten des Verordnungsgebers in diesem Punkt als nicht verfassungskonform bezeichnet.

Zitat aus dem Architektenvertragshandbuch Gebäude:[13]
Nicht ausdrücklich übernommen hat die HOAI 2009 die Regelung des alten § 10 Abs. 3a HOAI 1996, nach der die technisch oder gestalterisch mitverarbeitete vorhandene Bausubstanz mit angemessenen fiktiven Kosten zusätzlich in die Kostenprognosen (Kostenschätzung und Kostenberechnung) und damit auch in die Honorarbemessungsgrundlage eingestellt wurde.

In der Amtlichen Begründung zur HOAI 2009 aus der Bundesrats-Drucksache 395/09 vom 30.04.2009 heißt es hierzu:

13 **Eich + Eich** Architektenvertragshandbuch Gebäudeplanung, 2. Auflage, Köln: Werner Verlag, 2010, S. 83–85

Zitat:[14]

§ 35 bündelt die Vorschriften zu Umbauten und Modernisierungen der geltenden §§ 10 Abs. 3a, 24 [...] und regelt die Möglichkeit, Zuschläge für die Planung von Umbauten und Modernisierungen zu vereinbaren.
Die Regelung des bisherigen § 10 Absatz 3a hat in der Vergangenheit vielfach zu Rechtsstreitigkeiten geführt. Es wurde daher eine Zusammenführung der bisherigen Regelungen vorgenommen. Um auch Änderungen an der vorhandenen Bausubstanz in der Regel zum Umbauzuschlag mit zu erfassen, wurde zum einen die Definition der Umbauten in § 2 Nummer 6 weiter gefasst und die Marge, in der ein Zuschlag vereinbart werden kann, auf 20 bis 80 Prozent, statt bisher 20 bis 33 Prozent, erweitert.

Zum Verständnis der Hintergründe ist auf die Entstehungsgeschichte des alten § 10 Abs. 3a HOAI einzugehen:
Die HOAI 1985 regelte in Teil II § 10 Abs. 3 Nr. 4:

Zitat:

§ 10 Grundlagen des Honorars:
(3) Als anrechenbare Kosten [...] gelten die ortsüblichen Preise, wenn der Auftraggeber [...]
4. vorhandene oder vorbeschaffte Baustoffe oder Bauteile mitverarbeiten lässt. [...]

Sodann hat der BGH klargestellt, dass diese fiktiven Kosten ein fester Bestandteil der Bemessungsgrundlage des Architektenhonorars sind und deren Anrechnungsmöglichkeit mit der Möglichkeit einen Umbauzuschlag zu berechnen, nichts zu tun hat:

Zitat:[15]

Soweit bei einem Umbau stehenbleibende Gebäudeteile mitverarbeitet werden, gelten die ortsüblichen Preise als anrechenbare Kosten i.S. des § 10 Abs. 3 Nr. 4 HOAI.
[...] Zutreffend nimmt das Berufungsgericht ferner an, dass der Wert der verbliebenen und mitverarbeiteten Bauteile nicht etwa deshalb außer Betracht zu bleiben hat, weil § 24 HOAI bei einem Umbau die Vereinbarung einer zusätzlichen Vergütung zulässt. Auch die Revision räumt ein, dass diese Vorschrift mit der Frage, welche Kosten anzurechnen sind und damit die Honorargrundlage bilden, nichts zu tun hat. [...]

Aufgrund dessen hat der Verordnungsgeber später neben dem oben zitierten § 10 Abs. 3 Nr. 4 zusätzlich die Regelung des § 10 Abs. 3a

Zitat:

§ 10 Grundlagen des Honorars:
(3a) Vorhandene Bausubstanz, die technisch oder gestalterisch mitverarbeitet wird, ist bei den anrechenbaren Kosten angemessen zu berücksichtigen. [...]

in die HOAI 1988 aufgenommen und somit die grundlegende Sichtweise des BGH dahingehend übernommen, dass die fiktiven Kosten der mitverarbeiteten vorhandenen Bausubstanz

- dem Grunde nach in die anrechenbaren Kosten gehören,
- der Höhe nach aber nicht unter dem Ansatz ortsüblicher Preise, sondern lediglich in angemessener Höhe einzustellen sind.

Damit ist klar, dass die vorhandene mitverarbeitete Bausubstanz als Teil der Honorarbemessungsgrundlage „Anrechenbare Kosten“ keine Berührungspunkte zur Thematik des Umbauzuschlags aufweist. Dies stellte der BGH in dem zuvor zitierten Urteil klar.[16]

Wenn der Verordnungsgeber nun den bisherigen § 10 Abs. 3a streicht und glaubt, diese Streichung durch einen höheren Umbauzuschlag auffangen zu können, negiert er die Feststellung des BGH. Während § 10 Abs. 3a HOAI a.F. den Umstand ausgleicht, dass der Architekt Bausubstanz planerisch und baukonstruktiv mitverarbeitet, ohne dass diese sich in der Form von echten Kosten niederschlägt, ist der Umbauzuschlag ein Regulativ, durch das die durch eine Umbaumaßnahme bedingten zusätzlichen leistungserschwerenden Kriterien berücksichtigt werden. Eine Zusammenfassung von § 10 Abs. 3a und § 24 HOAI a.F. ist somit gemessen an der zugrunde liegenden Thematik nicht zweckdienlich.

Die HOAI 2009 legt in § 6 Abs. 1 Nr. 1 in Verbindung mit § 4 Abs. 1 fest, dass das Honorar auf der Grundlage der Kostenberechnung nach der DIN 276 Ausgabe 2008 zu berechnen ist.

---

14 Amtliche Begründung zur HOAI 2009 aus der Bundesrats-Drucksache 395/09 vom 30.04.2009, zu § 35 HOAI 2009
15 BGH, Urteil vom 19.06.1986 – VII ZR 260/84. Leitsatz zitiert nach BauR 1986, S. 593 ff.
16 BGH, Urteil vom 19.06.1986 – VII ZR 260/84.

Da dort bei den Grundsätzen der Kostenplanung, unter 3.3.6 DIN 276 Ausgabe 2008 bestimmt ist, dass der Wert vorhandener Bausubstanz und wieder verwendete Teile auch in die jeweiligen Kostengruppennummern aufzunehmen ist,

> **Zitat:**
> DIN 276 2008 Teil 3 Nr. 3.3.6: Vorhandene Bausubstanz und wieder verwendete Teile
> Der Wert der vorhandenen Bausubstanz und wieder verwendeter Teile ist bei den betreffenden Kostengruppen gesondert auszuweisen.

und die HOAI 2009 in § 32 bei der Anrechenbarkeit der Baukonstruktion (Kostengruppe 300) und der Technischen Anlagen (Kostengruppe 400) keine weitere Unterscheidung vornimmt, gehören diese Kosten, das heißt die tatsächlich für neue Bauteile neu anfallenden wie auch die fiktiven Kosten der wiederverwendeten Bauteile zur Bemessungsgrundlage des Architektenhonorars.

Bei logischer Betrachtungsweise muss damit die Regelung des § 10 Abs. 3a HOAI 1996 noch weiter ausgelegt werden als bisher. Denn unter den Begriff "wiederverwendete Teile" des Punktes 3.3.6 der DIN 276 Ausgabe 2008 sind nicht nur die Kosten der Baukonstruktionen und Technischen Anlagen, sondern auch diejenigen der Ausstattung, Kunstwerke und Außenanlagen zu subsumieren.

Zusammenfassend kann somit festgestellt, dass die (technisch oder gestalterisch) wieder- oder mitverarbeitete Bausubstanz

- schon vor dem Zeitraum 01.04.1988, als der § 10 Abs. 3a HOAI der Fassungen 1988, 1991 und 1996 noch nicht expressis verbis in der HOAI stand, aufgrund des BGH-Urteils mit fiktiven Kosten in die Bemessungsgrundlage des Architektenhonorars eingesetzt werden konnte,
- während des Zeitraums vom 01.04.1988 bis zum 17.08.2009, in dem § 10 Abs. 3a HOAI ausdrücklich in der HOAI ausgewiesen war, selbstverständlich für die Honorarbemessung heranzuziehen war und
- auch ab dem 18.08.2009 logischerweise mit fiktiven Kosten über die DIN 276 Ausgabe 2008 die Höhe des Architektenhonorars beeinflusst, obwohl § 10 Abs. 3a HOAI a.F. nicht mehr in der HOAI ausgewiesen ist

Dass das der Verordnungsgeber im Rahmen der HOAI 2009 möglicherweise anders sehen wollte, muss dahinstehen. Nimmt man die Verordnung wörtlich, kann eine andere Auslegung dieses Berechnungssystems nicht erfolgen.

Um jedoch von vornherein Unklarheiten hinsichtlich der Berücksichtigung der mitverarbeiteten Bausubstanz zu vermeiden, sollten die Vertragsparteien diesbezüglich klare vertragliche Regelungen treffen und deren Anrechenbarkeit im Einzelfall individuell vereinbaren.
Zitatende aus dem Architektenvertragshandbuch Gebäude:

Die HOAI 2013 führt in § 2 Abs. 7 den Begriff der „vorhandenen Bausubstanz“ aus § 10 Abs. 3a HOAI 1996 in § 2 Abs. 7 wieder ein, versucht diesen aber durch den Begriff „Mitzuverarbeitende Bausubstanz“ zu spezifizieren. Die Voraussetzung der technischen und gestalterischen Mitverarbeitung für die Anrechenbarkeit vorhandener Bausubstanz war in der HOAI 1996 direkt im § 10 Absatz 3a bestimmt.

Amtliche Begründung

Neu als Begriffsbestimmung aufgenommen ist die Definition der mitzuverarbeitenden Bausubstanz. Für Leistungen im Bestand ist die mitzuverarbeitende Bausubstanz gemäß § 4 Absatz 3 HOAI bei der Ermittlung der anrechenbaren Kosten angemessen zu berücksichtigen. Begrifflich besteht die Bausubstanz aus Teilen der Konstruktion oder Installation und setzt eine feste Verbindung mit dem Bauwerk voraus. Durch den Hinweis, dass es sich um „durch Bauleistungen hergestellte“ Substanz handeln muss, soll zum Beispiel im Hinblick auf Freianlagen klargestellt werden, dass „unbearbeitete Substanz“, wie zum Beispiel Vegetation, grundsätzlich keine mitzuverarbeitende Bausubstanz darstellt. Solche Vegetationsbestände können im Einzelfall unter der Voraussetzung berücksichtigt werden, dass sie in die Bausubstanz eingebunden und gestaltet sind, wie zum Beispiel begrünte Flachdächer. „Unbearbeitete Substanz“ kann zum Beispiel auch vorliegen, wenn vorhandene Bausubstanz nicht planerisch oder konstruktiv bearbeitet wird. Dies ist für Verkehrsanlagen beispielsweise der Fall, wenn Deckschichten des Fahrbahnoberbaus erneuert werden. Die Binder- und Tragschichten stellen in diesem Fall keine mitzuverarbeitende Bausubstanz dar.

§ 2	Begriffsbestimmungen 2009	§ 2	**Begriffsbestimmungen 2013**
8.	*„raumbildende Ausbauten“ sind die innere Gestaltung oder Erstellung von Innenräumen ohne wesentliche Eingriffe in Bestand oder Konstruktion oder Bestand;*		

Kurzkommentar

Die Definition der Raumbildenden Ausbauten ist in § 2 HOAI 2013 entfallen und wurde in § 34 Absatz 2 HOAI 2013 als Definition der „Leistungen für Innenräume“ aufgenommen

§ 2	Begriffsbestimmungen 2009	§ 2	**Begriffsbestimmungen 2013**
9.	„Instandsetzungen“ sind Maßnahmen zur Wiederherstellung des zum bestimmungsgemäßen Gebrauch geeigneten Zustandes (Soll-Zustandes) eines Objekts, soweit sie nicht unter Nummer 4 fallen oder durch Maßnahmen nach Nummer 7 verursacht sind;	(8)	**Instandsetzungen sind Maßnahmen zur Wiederherstellung des zum bestimmungsgemäßen Gebrauch geeigneten Zustandes (Soll-Zustandes) eines Objekts, soweit sie nicht unter Absatz 3 fallen.**

Kurzkommentar

Der in der HOAI 2009 enthaltene Verweis eines Ausschlusses einer Instandsetzung im Rahmen von Modernisierungen entfällt hier, jedoch wird bereits bei der Begriffsdefinition der Modernisierung in § 2 Absatz 6 eingeschränkt, dass Instandsetzungsmaßnahmen die Definition einer Planungsaufgabe als Modernisierung ausschließen. Hier wird also ein Zirkelschluss der Definitionen behoben.

Amtliche Begründung

§ 2 Absatz 8 HOAI entspricht im Wesentlichen der Definition der „Instandsetzungen“ in § 2 Nummer 9 der HOAI 2009. Durch Streichung der Einschränkung „soweit sie nicht durch Maßnahmen nach Nummer 7 verursacht sind“ wurde die Abgrenzung zu § 2 Absatz 6 klargestellt. Instandsetzungen schließen folglich Modernisierungen nach § 2 Absatz 6 aus.

§ 2	Begriffsbestimmungen 2009	§ 2	**Begriffsbestimmungen 2013**
10.	„Instandhaltungen“ sind Maßnahmen zur Erhaltung des Soll-Zustandes eines Objekts;	(9)	**Instandhaltungen sind Maßnahmen zur Erhaltung des Soll-Zustandes eines Objekts;**

Amtliche Begründung

§ 2 Absatz 9 HOAI deckt sich mit der Definition der „Instandhaltungen“ in § 2 Nummer 10 der HOAI 2009.

§ 2 Begriffsbestimmungen 2009	**§ 2 Begriffsbestimmungen 2013**
11. „Freianlagen“ sind planerisch gestaltete Freiflächen und Freiräume sowie entsprechend gestaltete Anlagen in Verbindung mit Bauwerken oder in Bauwerken;	

Kurzkommentar

Die Definition der Freianlagen ist in § 2 HOAI 2013 entfallen und wurde in § 39 Absatz 1 HOAI 2013 aufgenommen.

§ 2 Begriffsbestimmungen 2009	**§ 2 Begriffsbestimmungen 2013**
12. „fachlich allgemein anerkannte Regeln der Technik“ sind schriftlich fixierte technische Festlegungen für Verfahren, die nach herrschender Auffassung der beteiligten Fachleute, Verbraucher und der öffentlichen Hand geeignet sind, die Ermittlung der anrechenbaren Kosten nach dieser Verordnung zu ermöglichen und die sich in der Praxis allgemein bewährt haben oder deren Bewährung nach herrschender Auffassung in überschaubarer Zeit bevorsteht;	

Kurzkommentar

Die Definition der „fachlich allgemein anerkannten Regeln der Technik“ ist komplett entfallen. Es wird auf den allgemeinen fachkundigen Sprachgebrauch der „allgemein anerkannten Regeln der Technik“ verwiesen.

§ 2 Begriffsbestimmungen 2009	**§ 2 Begriffsbestimmungen 2013**
13. „Kostenschätzung“ ist eine überschlägige Ermittlung der Kosten auf der Grundlage der Vorplanung; sie ist die vorläufige Grundlage für Finanzierungsüberlegungen; ihr liegen Vorplanungsergebnisse, Mengenschätzungen, erläuternde Angaben zu den planerischen Zusammenhängen, Vorgängen und Bedingungen sowie Angaben zum Baugrundstück und zur Erschließung zugrunde; wird die Kostenschätzung nach § 4 Absatz 1 Satz 3 auf der Grundlage der DIN 276 in der Fassung vom Dezember 2008 (DIN 276-	**(10) Kostenschätzung ist die überschlägige Ermittlung der Kosten auf der Grundlage der Vorplanung. Die Kostenschätzung ist die vorläufige Grundlage für Finanzierungsüberlegungen. Der Kostenschätzung liegen zugrunde:** **1. Vorplanungsergebnisse,** **2. Mengenschätzungen,** **3. erläuternde Angaben zu den planerischen Zusammenhängen, Vorgängen sowie Bedingungen und** **4. Angaben zum Baugrundstück und zu dessen Erschließung.**

1:2008-12) erstellt, müssen die Gesamtkosten nach Kostengruppen bis zur ersten Ebene der Kostengliederung ermittelt werden;	**Wird die Kostenschätzung nach § 4 Absatz 1 Satz 3 auf der Grundlage der DIN 276 in der Fassung vom Dezember 2008 (DIN 276-1:2008-12) erstellt, müssen die Gesamtkosten nach Kostengruppen mindestens bis zur ersten Ebene der Kostengliederung ermittelt werden.**

Amtliche Begründung

§ 2 Absatz 10 HOAI stimmt im Wesentlichen mit der Definition der „Kostenschätzung" in § 2 Nummer 13 der HOAI 2009 überein. Nunmehr sind die Kosten allerdings „mindestens" bis zur ersten Ebene der Kostengliederung zu ermitteln. Damit wird den Anforderungen im Leistungsbild Technische Ausrüstung Rechnung getragen, denen zufolge die Gesamtkosten im Rahmen der Kostenschätzung sogar bis zur zweiten Ebene zu ermitteln sind. Die Vorschrift wurde zur besseren Verständlichkeit neu strukturiert. Mengenschätzungen im Sinne des § 2 Absatz 10 Nummer 2 können zum Beispiel auch Erfahrungswerte des Planers aus Leistungen zu vergleichbaren Objekten sein.

§ 2 Begriffsbestimmungen 2009	**§ 2 Begriffsbestimmungen 2013**
14. „Kostenberechnung" ist eine Ermittlung der Kosten auf der Grundlage der Entwurfsplanung; ihr liegen durchgearbeitete Entwurfszeichnungen oder auch Detailzeichnungen wiederkehrender Raumgruppen, Mengenberechnungen und für die Berechnung und Beurteilung der Kosten relevante Erläuterungen zugrunde; wird sie nach § 4 Abs. 1 Satz 3 auf der Grundlage der DIN 276 erstellt, müssen die Gesamtkosten nach Kostengruppen bis zur zweiten Ebene der Kostengliederung ermittelt werden;	**(11) Kostenberechnung ist die Ermittlung der Kosten auf der Grundlage der Entwurfsplanung. Der Kostenberechnung liegen zugrunde:** **1. durchgearbeitete Entwurfszeichnungen oder auch Detailzeichnungen wiederkehrender Raumgruppen,** **2. Mengenberechnungen und** **3. für die Berechnung und Beurteilung der Kosten relevante Erläuterungen.** **Wird die Kostenberechnung nach § 4 Abs. 1 Satz 3 auf der Grundlage der DIN 276 erstellt, müssen die Gesamtkosten nach Kostengruppen mindestens bis zur zweiten Ebene der Kostengliederung ermittelt werden.**

Amtliche Begründung

§ 2 Absatz 11 HOAI entspricht im Wesentlichen der Definition der „Kostenberechnung" in § 2 Nummer 14 der HOAI 2009. Nunmehr sind die Kosten allerdings „mindestens" bis zur zweiten Ebene der Kostengliederung zu ermitteln. Damit wird den Anforderungen im Leistungsbild Technische Ausrüstung Rechnung getragen, denen zufolge die Gesamtkosten im Rahmen der Kostenberechnung sogar bis zur dritten Ebene zu ermitteln sind. Die Vorschrift wurde zur besseren Verständlichkeit neu strukturiert.

§ 3 Leistungen und Leistungsbilder 2009	**§ 3 Leistungen und Leistungsbilder 2013**

Amtliche Begründung

§ 3 HOAI wurde wesentlich umgestaltet. Die Änderungen dienen der besseren Systematisierung und Vereinfachung. Die Regelung des § 3 Absatz 2 Satz 2 der HOAI 2009 zu „anderen Leistungen" ist im Hinblick auf die Regelung zur Honorarvereinbarung in § 10 Absatz 1 HOAI entfallen. § 3 Absatz 2 und 4 der HOAI 2009 wurden in § 3 Absatz 2 der HOAI zusammengefasst. § 3 Absatz 5 bis 8 sind entfallen. Die erforderlichen Konkretisierungen erfolgen in den jeweiligen Leistungsbildern der Flächen-, Objekt- und Fachplanung.

§ 3 Leistungen und Leistungsbilder 2009	**§ 3 Leistungen und Leistungsbilder 2013**
(1) Die Honorare für Leistungen sind in den Teilen 2 bis 4 dieser Verordnung verbindlich geregelt. Die Honorare für Beratungsleistungen sind in der Anlage 1 zu dieser Verordnung enthalten und nicht verbindlich geregelt.	**(1) Die Honorare für Grundleistungen der Flächen-, Objekt- und Fachplanung sind in den Teilen 2 bis 4 dieser Verordnung verbindlich geregelt. Die Honorare für Beratungsleistungen der Anlage 1 sind nicht verbindlich geregelt.**

Amtliche Begründung

§ 3 Abs. 1 HOAI bleibt unverändert.

§ 3 Leistungen und Leistungsbilder 2009	**§ 3 Leistungen und Leistungsbilder 2013**
(2) Leistungen, die zur ordnungsgemäßen Erfüllung eines Auftrags im Allgemeinen erforderlich sind, sind in Leistungsbildern erfasst. *Andere Leistungen, die durch eine Änderung des Leistungsziels, des Leistungsumfangs, einer Änderung des Leistungsablaufs oder anderer Anordnungen des Auftraggebers erforderlich werden, sind von den Leistungsbildern nicht erfasst und gesondert frei zu vereinbaren und zu vergüten.*	**(2) Grundleistungen, die zur ordnungsgemäßen Erfüllung eines Auftrags im Allgemeinen erforderlich sind, sind in Leistungsbildern erfasst. Die Leistungsbilder gliedern sich in Leistungsphasen gemäß den Regelungen in den Teilen 2 bis 4.**

(4) Die Leistungsbilder *nach dieser Verordnung* gliedern sich in *die folgenden* Leistungsphasen *1 bis 9:* *1. Grundlagenermittlung,* *2. Vorplanung,* *3. Entwurfsplanung,* *4. Genehmigungsplanung,* *5. Ausführungsplanung,* *6. Vorbereitung der Vergabe,* *7. Mitwirkung bei der Vergabe,* *8. Objektüberwachung (Bauüberwachung oder Bauoberleitung),* *9. Objektbetreuung und Dokumentation.*	

Kurzkommentar

§ 3 Absatz 2 Satz 2 der HOAI 2009 („Andere Leistungen, die durch Änderung [...] erforderlich werden“) wurde gestrichen und damit auch der dritte, erst in der HOAI 2009 eingeführte, Leistungsbegriff der „Anderen Leistungen“ neben den „(Grund-)Leistungen“ und „Besonderen Leistungen“. Die Regelung zum Inhalt des § 3 Absatz 2 Satz 2 HOAI 2009 zum Honorar bei vertraglichen Änderungen des Leistungsumfanges ist nun gemeinsam mit den Regelungen des § 7 Absatz 5 HOAI 2009 im neu eingeführten § 10 HOAI 2013 gebündelt.

Amtliche Begründung

§ 3 Absatz 2 Satz 1 entspricht § 3 Absatz 2 Satz 1 der HOAI 2009. Wieder eingeführt wird der Begriff der „Grundleistung“, wie er bis zur HOAI 2002 verwendet wurde. Der Begriff der „Grundleistung“ ist von den „Besonderen Leistungen“ des § 3 Absatz 3 HOAI abzugrenzen. Die Abgrenzung der „Grundleistungen“ zu den „Besonderen Leistungen“ wird in den Regelungen des Besonderen Teils für jedes Leistungsbild neu übernommen. § 3 Absatz 2 Satz 2 greift mit der Gliederung der Leistungsbilder in Leistungsphasen den Kern der Regelung des § 3 Absatz 4 der HOAI 2009 auf. Die erforderlichen Konkretisierungen erfolgen in den jeweiligen Leistungsbildern der Flächen-, Objekt- und Fachplanung.

§ 3 Leistungen und Leistungsbilder 2009	**§ 3 Leistungen und Leistungsbilder 2013**
(3) Besondere Leistungen sind in der Anlage 2 aufgeführt, die Aufzählung ist nicht abschließend. Die Honorare für Besondere Leistungen können frei vereinbart werden.	**(3) Die Aufzählung der Besonderen Leistungen in dieser Verordnung und in den Leistungsbildern ihrer Anlagen ist nicht abschließend. Die Besonderen Leistungen eines Leistungsbildes können auch für Leistungsbilder oder Leistungsphasen, denen sie nicht zugeordnet sind, vereinbart werden, soweit sie dort keine Grundleistungen darstellen. Die Honorare für Besondere Leistungen können frei vereinbart werden.**

Kurzkommentar

§ 3 Absatz 2 Satz 2 ist eine fast wörtliche Wiedereinführung des in der HOAI 2009 entfallenen § 2 Absatz 3 Satz 3 der HOAI 1996. Die in § 2 Absatz 3 der HOAI 1996 enthaltene Begriffsdefinition der „Besonderen Leistungen" und die Unterscheidung zwischen Besonderen Leistungen,

- die Grundleistungen ersetzen und solchen,
- die zu Grundleistungen hinzutreten,

wurden nicht wieder aufgenommen.

Amtliche Begründung

§ 3 Absatz 3 Satz 1 hebt nunmehr hervor, dass die Aufzählung der Besonderen Leistungen in der HOAI und ihren Anlagen beispielhaft ist und verdeutlicht, dass Auftraggeber und Auftragnehmer über die in den Leistungsbildern beispielhaft angeführten Besonderen Leistungen hinaus weitere Besondere Leistungen vereinbaren können. § 3 Absatz 3 Satz 2 stellt klar, unter welchen Voraussetzungen die Besonderen Leistungen für andere Leistungsbilder und Leistungsphasen vereinbart werden können. § 3 Absatz 3 Satz 3 entspricht § 3 Absatz 3 Satz 2 der HOAI 2009.

§ 3 Leistungen und Leistungsbilder 2009	**§ 3 Leistungen und Leistungsbilder 2013**
(5) Die Tragwerksplanung umfasst nur die Leistungsphasen 1 bis 6.	

Kurzkommentar

Die in § 3 Absatz 4 der HOAI 2009 enthaltene generalisierte Aufzählung der Leistungsphasen entfällt. Die Gliederung der Leistungsphasen ist gemäß § 3 Absatz 2 HOAI 2013 nun jeweils in den einzelnen Leistungsbildern geregelt. Es entfällt daher auch die Ausnahmeregelung der Tragwerksplanung § 3 Absatz 5 HOAI 2009 im allgemeinen Teil.

§ 3	Leistungen und Leistungsbilder 2009	§ 3	**Leistungen und Leistungsbilder 2013**
(6)	*Abweichend von Absatz 4 Satz 1 sind die Leistungsbilder des Teils 2 in bis zu fünf dort angegebenen Leistungsphasen zusammengefasst.* Die Wirtschaftlichkeit der Leistung ist stets zu beachten.	**(4)**	**Die Wirtschaftlichkeit der Leistung ist stets zu beachten.**

Kurzkommentar

Die HOAI 2009 bezog in § 3 Absatz 6 Satz 2 das „Gebot“, die Wirtschaftlichkeit zu beachten, lediglich auf die Flächenplanung des Teils 2. Das schien ein redaktioneller Fehler gewesen zu sein. Die HOAI 2013 § 3 Absatz 4 der HOAI 2013 ist nun systematisch eindeutig auf alle Leistungsbilder bezogen. Doch es muss klargestellt werden, dass die HOAI als Preisrecht keine Kompetenz besitzt, einen Vertragsinhalt zu regeln, der sich auf die Beschaffenheit des vom Bauherrn gewünschten Werks bezieht.

Amtliche Begründung

§ 3 Absatz 5[17] greift für sämtliche Leistungsbilder die bisherige Regelung des § 3 Absatz 6 S. 2 der HOAI 2009 auf. Das Wirtschaftlichkeitsgebot umfasst einen wesentlichen Grundsatz der honorarrechtlich relevanten Leistungspflichten der Auftragnehmer und betrifft sachlich alle Leistungsbilder der HOAI gleichermaßen.

§ 3	Leistungen und Leistungsbilder 2009	§ 3	**Leistungen und Leistungsbilder 2013**
(7)	*Die Leistungsphasen in den Teilen 2 bis 4 dieser Verordnung werden in Prozentsätzen der Honorare bewertet.*		

Kurzkommentar

Die Regelung, dass die Leistungsphasen in Prozentsätzen der Honorare bewertet werden, findet sich in der HOAI 2013 (wieder) in den jeweiligen Paragrafen zum Leistungsbild der einzelnen Leistungsbilder.

§ 3	Leistungen und Leistungsbilder 2009	§ 3	**Leistungen und Leistungsbilder 2013**
(8)	*Das Ergebnis jeder Leistungsphase ist mit dem Auftraggeber zu erörtern.*		

Kurzkommentar

Das erst in der HOAI 2009 durch die Betonung des **Ergebnisses** einer Leistungsphase eingeführte, erstmalige Abheben auf das Werkvertragsprinzip wird in der HOAI 2013 wieder gestrichen. Ein gewisser Ausgleich wird geschaffen, indem in den Anlagen 10 – 15 zu den Objekt- und Fachplanungsdisziplinen im Katalog der Grundleistungen am Ende der Leistungsphasen 1 – 3 nun einheitlich das „Zusammenfassen, Erläutern und Dokumentieren der Ergebnisse“ steht.

---

17 Hier liegt nach Auffassung des Autors ein redaktioneller Fehler vor. Es muss, wie in der Abschnittsüberschrift und inhaltlich deutlich wird, „Absatz 4“ heißen.

§ 4 Anrechenbare Kosten 2009	**§ 4 Anrechenbare Kosten 2013**

Amtliche Begründung

§ 4 Absatz 1 und 2 bleibt weitestgehend unverändert. In § 4 Absatz 3 wird eine Regelung zur angemessenen Berücksichtigung der mitzuverarbeitenden Bausubstanz bei den anrechenbaren Kosten aufgenommen. Im Gegenzug wird die Definition des „Umbaus" in § 2 Absatz 5 auf Umgestaltungen mit wesentlichen Eingriffen in Konstruktion oder Bestand beschränkt.

§ 4 Anrechenbare Kosten 2009	**§ 4 Anrechenbare Kosten 2013**
(1) Anrechenbare Kosten sind Teil der Kosten zur Herstellung, zum Umbau, zur Modernisierung, Instandhaltung oder Instandsetzung von Objekten sowie den damit zusammenhängenden Aufwendungen. Sie sind nach *fachlich* allgemein anerkannten Regeln der Technik oder nach Verwaltungsvorschriften (Kostenvorschriften) auf der Grundlage ortsüblicher Preise zu ermitteln. Wird in dieser Verordnung die DIN 276 in Bezug genommen, so ist die*se in der* Fassung vom Dezember 2008 (DIN 276-1:2008-12) bei der Ermittlung de*r* anrechenbaren Kosten zugrunde zu legen. Die auf die Kosten von Objekten entfallende Umsatzsteuer ist nicht Bestandteil der anrechenbaren Kosten.	**(1) Anrechenbare Kosten sind Teil der Kosten für die Herstellung, den Umbau, die Modernisierung, Instandhaltung oder Instandsetzung von Objekten sowie für die damit zusammenhängenden Aufwendungen. Sie sind nach allgemein anerkannten Regeln der Technik oder nach Verwaltungsvorschriften (Kostenvorschriften) auf der Grundlage ortsüblicher Preise zu ermitteln. Wird in dieser Verordnung im Zusammenhang mit der Kostenermittlung die DIN 276 in Bezug genommen, so ist die Fassung vom Dezember 2008 (DIN 276-1:2008-12) bei der Ermittlung der anrechenbaren Kosten zugrunde zu legen. Umsatzsteuer, die auf die Kosten von Objekten entfällt, ist nicht Bestandteil der anrechenbaren Kosten.**

Amtliche Begründung

In § 4 Absatz 1 Satz 2 wird die Bezeichnung des Prüfungsmaßstabs für die Ermittlung der anrechenbaren Kosten, nämlich die „allgemein anerkannten Regeln der Technik", an den allgemeinen Sprachgebrauch angepasst, siehe bereits Einleitung zu § 2. Es bleibt dabei, dass die HOAI nur auf den Teil 1 der DIN 276, der sich auf den Hochbau bezieht, Bezug nimmt. Prüfungsmaßstab für die Ermittlung der anrechenbaren Kosten können weiterhin auch Verwaltungsvorschriften (Kostenvorschriften) sein, da zum Beispiel die Kostenermittlung für den Straßen- und Brückenbau nach der Anweisung zur Kostenberechnung von Straßenbaumaßnahmen (AKS) erfolgt, die durch das BMVBS verbindlich eingeführt ist.

§ 4 Anrechenbare Kosten 2009	§ 4 Anrechenbare Kosten 2013
(2) Als anrechenbare Kosten gelten ortsübliche Preise, wenn der Auftraggeber 1. selbst Lieferungen oder Leistungen übernimmt, 2. von bauausführenden Unternehmen oder von Lieferanten sonst nicht übliche Vergünstigungen erhält, 3. Lieferungen oder Leistungen in Gegenrechnung ausführt oder 4. vorhandene oder vorbeschaffte Baustoffe oder Bauteile einbauen lässt.	**(2) Die anrechenbaren Kosten richten sich nach den ortsüblichen Preisen, wenn der Auftraggeber** **1. selbst Lieferungen oder Leistungen übernimmt,** **2. von bauausführenden Unternehmen oder von Lieferanten sonst nicht übliche Vergünstigungen erhält,** **3. Lieferungen oder Leistungen in Gegenrechnung ausführt oder** **4. vorhandene oder vorbeschaffte Baustoffe oder Bauteile einbauen lässt.**

Amtliche Begründung

§ 4 Absatz 2 bleibt im Wesentlichen unverändert. Die Vorschrift wurde sprachlich überarbeitet.

§ 4 Anrechenbare Kosten 2009	§ 4 Anrechenbare Kosten 2013
	(3) Der Umfang der mitzuverarbeitenden Bausubstanz im Sinne des § 2 Abs. 7 ist bei den anrechenbaren Kosten angemessen zu berücksichtigen. Umfang und Wert der mitzuverarbeitenden Bausubstanz sind zum Zeitpunkt der Kostenberechnung oder, sofern keine Kostenberechnung vorliegt, zum Zeitpunkt der Kostenschätzung objektbezogen zu ermitteln und schriftlich zu vereinbaren.

Kurzkommentar

§ 4 Absatz 3 der HOAI 2013 führt ausdrücklich den Inhalt des § 10 Absatz 3a der HOAI 1996 wieder ein. Siehe hierzu auch den Kurzkommentar des Autors zu § 2 (7) HOAI 2013. Gegenüber der HOAI 1996 neu ist die Bestimmung, dass Umfang und Wert der mitzuverarbeitenden Bausubstanz (spätestens) zum Zeitpunkt der Kostenberechnung zu ermitteln und vereinbaren sind. Dies dient der Kostensicherheit des Auftraggebers bezüglich der Honorare.

Amtliche Begründung

In die HOAI aufgenommen wird eine Regelung zur angemessenen Berücksichtigung der mitzuverarbeitenden Bausubstanz bei den anrechenbaren Kosten. Die neu in § 2 Absatz 7 aufgenommene Definition der mitzuverarbeitenden Bausubstanz setzt voraus, dass dieser Anteil der Bausubstanz bereits durch Bauleistungen hergestellt ist und durch Planungs- und Überwachungsleistungen technisch oder gestalterisch mitverarbeitet wird. In der Praxis hat sich zu § 35 der HOAI 2009 gezeigt, dass das Ziel einer angemessenen Honorierung für das Planen und

Bauen im Bestand nicht alleine durch die Gewährung eines Zuschlags auf das Honorar erreicht werden kann. Daher orientiert sich § 4 Absatz 3 Satz 1 wiederum an § 10 Absatz 3a der HOAI 1996. Die mitzuverarbeitende Bausubstanz ist gemäß § 4 Absatz 3 Satz 1 „angemessen" entsprechend ihrem Umfang, zum Beispiel über die Parameter Fläche, Volumen, Bauteile oder Kostenanteile, zu berücksichtigen. Gemäß § 4 Absatz 3 Satz 2 ist im Einzelfall der Umfang und Wert der mitzuverarbeitenden Bausubstanz objektbezogen zu ermitteln und schriftlich zu vereinbaren. Maßgeblicher Zeitpunkt dafür ist der Abschluss der Kostenberechnung im Sinne des § 2 Absatz 11 oder, soweit diese nicht vorliegt, der Kostenschätzung im Sinne des § 2 Absatz 10.

§ 5 Honorarzonen 2009	**§ 5 Honorarzonen 2013**

Amtliche Begründung

§ 5 bleibt weitestgehend unverändert. Abweichend von der HOAI 2009 werden für die Leistungsbilder der Flächenplanung einheitlich drei Honorarzonen vorgesehen. Infolgedessen ist § 5 Absatz 3 der HOAI 2009 entfallen. § 5 Absatz 3 übernimmt die Fassung des § 5 Absatz 4 der HOAI 2009 weitestgehend unverändert.

§ 5 Honorarzonen 2009	**§ 5 Honorarzonen 2013**
(1) Die Objekt-, *Bauleit- und* Tragwerksplanung wird den folgenden Honorarzonen zugeordnet: 1. Honorarzone I: sehr geringe Planungsanforderungen, 2. Honorarzone II: geringe Planungsanforderungen, 3. Honorarzone III: durchschnittliche Planungsanforderungen, 4. Honorarzone IV: überdurchschnittliche Planungsanforderungen, 5. Honorarzone V: sehr hohe Planungsanforderungen.	**(1) Die Objekt- und Tragwerksplanung wird den folgenden Honorarzonen zugeordnet:** **1. Honorarzone I: sehr geringe Planungsanforderungen,** **2. Honorarzone II: geringe Planungsanforderungen,** **3. Honorarzone III: durchschnittliche Planungsanforderungen,** **4. Honorarzone IV: hohe Planungsanforderungen,** **5. Honorarzone V: sehr hohe Planungsanforderungen.**

Amtliche Begründung

§ 5 Abs. 1 bleibt unverändert.

§ 5 Honorarzonen 2009	**§ 5 Honorarzonen 2013**
(2) *Abweichend von Absatz 1* werden Landschaftspläne und die Planung der technischen Ausrüstung den folgenden Honorarzonen zugeordnet:	**(2) Flächenplanung und die Planung der Technischen Ausrüstung werden den folgenden Honorarzonen zugeordnet:**

1. Honorarzone I: geringe Planungsanforderungen, 2. Honorarzone II: durchschnittliche Planungsanforderungen, 3. Honorarzone III: hohe Planungsanforderungen	**1. Honorarzone I: geringe Planungsanforderungen, 2. Honorarzone II: durchschnittliche Planungsanforderungen, 3. Honorarzone III: hohe Planungsanforderungen.**
(3) *Abweichend von den Absätzen 1 und 2 werden Grünordnungspläne und Landschaftsrahmenpläne den folgenden Honorarzonen zugeordnet:* *1. Honorarzone I: durchschnittliche Planungsanforderungen,* *2. Honorarzone II: hohe Planungsanforderungen.*	

Amtliche Begründung

§ 5 Absatz 2 HOAI sieht für die Technische Ausrüstung und nunmehr auch für die Leistungsbilder der Flächenplanung einheitlich drei Honorarzonen vor.

§ 5 Honorarzonen 2009	**§ 5 Honorarzonen 2013**
(4) Die Honorarzonen sind anhand der Bewertungsmerkmale in den Honorarregelungen der jeweiligen Leistungsbilder der Teile 2 bis 4 zu ermitteln. Die Zurechnung zu den einzelnen Honorarzonen ist nach Maßgabe der Bewertungsmerkmale, gegebenenfalls der Bewertungspunkte und anhand der Regelbeispiele in den Objektlisten der Anlage 3 vorzunehmen.	**(3) Die Honorarzonen sind anhand der Bewertungsmerkmale in den Honorarregelungen der jeweiligen Leistungsbilder der Teile 2 bis 4 zu ermitteln. Die Zurechnung zu den einzelnen Honorarzonen ist nach Maßgabe der Bewertungsmerkmale und gegebenenfalls der Bewertungspunkte sowie unter Berücksichtigung der Regelbeispiele in den Objektlisten der Anlagen dieser Verordnung vorzunehmen.**

Kurzkommentar

Die geänderte Formulierung „unter Berücksichtigung der Regelbeispiele" macht deutlich, dass die Objektliste zwar eine Hilfe zur schnellen Einordnung eines Objekts in eine Honorarzone darstellt, verbindlich jedoch allein die Einordnung anhand der Bewertungskriterien (Grob- und ggf. Feinbewertung mit Punkten) ist.

Amtliche Begründung

§ 5 Absatz 3 übernimmt weitestgehend unverändert die Fassung des § 5 Absatz 4 HOAI der HOAI 2009. Durch die neue Strukturierung der Anlagen ist der Hinweis auf die Objektlisten der Anlage 3 entfallen. Die Objektlisten sind je nach Leistungsbild in die Anlagen 10 bis 15 aufgenommen worden. Im Wortlaut des § 5 Absatz 3 Satz 2 wurde klargestellt, dass sich die Zurechnung zu einer Honorarzone im Einzelfall nach den Bewertungsmerkmalen und gegebenenfalls den Punktebewertungen richtet. Die Leistungsbilder der Tragwerksplanung und Technischen Ausrüstung weisen keine Punkte für die Bewertungsmerkmale aus. Die Regelbeispiele in den Objektlisten der Anlagen 10 bis 15 haben indikative Bedeutung und sind daher lediglich zu berücksichtigen.

§ 6 Grundlagen des Honorars 2009	**§ 6 Grundlagen des Honorars 2013**

Amtliche Begründung

§ 6 bleibt inhaltlich weitgehend unverändert, wird allerdings neu strukturiert. Neu in § 6 Absatz 2 aufgenommen wird eine Regelung zum Umbau- und Modernisierungszuschlag. § 6 Absatz 2 der HOAI 2009 wird zu § 6 Absatz 3.

§ 6 Grundlagen des Honorars 2009	**§ 6 Grundlagen des Honorars 2013**
(1) Das Honorar für Leistungen nach dieser Verordnung richtet sich 1. für die Leistungsbilder der Teile 3 und 4 nach den anrechenbaren Kosten des Objekts auf der Grundlage der Kostenberechnung oder, soweit diese nicht vorliegt, auf der Grundlage der Kostenschätzung und für die Leistungsbilder des Teils 2, nach Flächengrößen *oder Verrechnungseinheiten,* 2. nach dem Leistungsbild, 3. nach der Honorarzone, 4. nach der dazugehörigen Honorartafel, *5. bei Leistungen im Bestand zusätzlich nach den §§ 35 und 36.*	**(1) Das Honorar für Grundleistungen nach dieser Verordnung richtet sich** **1. für die Leistungsbilder des Teils 2 nach der Größe der Fläche und für die Leistungsbilder der Teile 3 und 4 nach den anrechenbaren Kosten des Objekts auf der Grundlage der Kostenberechnung oder, sofern keine Kostenberechnung vorliegt, auf der Grundlage der Kostenschätzung,** **2. nach dem Leistungsbild,** **3. nach der Honorarzone,** **4. nach der dazugehörigen Honorartafel.**

Kurzkommentar

Die Leistungsbilder der Flächenplanung werden in der HOAI 2013 einheitlich nach Größe des Planungsgebietes in Hektar und nicht mehr teilweise nach Verrechnungseinheiten honoriert.

Amtliche Begründung

§ 6 Absatz 1 bleibt weitestgehend unverändert. § 6 Absatz 1 Nummer 5 der HOAI 2009 entfällt infolge der Streichung der §§ 35 und 36 der HOAI 2009, der neuen Regelung zu Umbauten und Modernisierungen in § 6 Absatz 2 sowie der neuen Regelung zu Instandhaltungen und Instandsetzungen in § 12.

§ 6 Grundlagen des Honorars 2009	§ 6 Grundlagen des Honorars 2013
(1) Das Honorar für Leistungen nach dieser Verordnung richtet sich […] 5. bei Leistungen im Bestand zusätzlich nach den §§ 35 und 36.	(2) Honorare für Leistungen bei Umbauten und Modernisierungen gemäß § 2 Absatz 5 und Absatz 6 sind zu ermitteln nach 1. den anrechenbaren Kosten, 2. der Honorarzone, welcher der Umbau oder die Modernisierung bei sinngemäßer Anwendung zuzuordnen ist, 3. den Leistungsphasen 4. der Honorartafel und 5. dem Umbau- oder Modernisierungszuschlag auf das Honorar. Der Umbau- oder Modernisierungszuschlag ist unter Berücksichtigung des Schwierigkeitsgrads der Leistungen schriftlich zu vereinbaren. Die Höhe des Zuschlags auf das Honorar ist in den jeweiligen Honorarregelungen der Leistungsbilder der Teile 3 und 4 geregelt. Sofern keine schriftliche Vereinbarung getroffen wurde, wird unwiderleglich vermutet, dass ein Zuschlag von 20 Prozent ab einem durchschnittlichen Schwierigkeitsgrad vereinbart ist.
§ 35 Leistungen im Bestand 2009	
(1) Für Leistungen bei Umbauten und Modernisierungen kann für Objekte ein Zuschlag bis zu 80 Prozent vereinbart werden. Sofern kein Zuschlag schriftlich vereinbart ist, fällt für Leistungen ab der Honorarzone II ein Zuschlag von 20 Prozent an. (2) Honorare für Leistungen bei Umbauten und Modernisierungen von Objekten im Sinne des § 2 Nummer 6 und 7 sind nach den anrechenbaren Kosten, der Honorarzone, den Leistungsphasen und der Honorartafel, die dem Umbau oder der Modernisierung sinngemäß zuzuordnen ist, zu ermitteln.	

Kurzkommentar

Da die Anrechenbarkeit der mitzuverarbeitenden vorhandenen Bausubstanz ausdrücklich wieder eingeführt ist, wurde der maximale Umbau- und Modernisierungszuschlag bei durchschnittlichem Schwierigkeitsgrad von bis zu 80 % wieder auf 33 % bzw. 50 % zurückgeführt. Ein Umbauzuschlag von 80 % ist ohnehin kaum durchsetzbar.

Auch weiterhin ist es aber dem Verordnungstext zufolge bei darüber oder darunter liegendem Schwierigkeitsgrad möglich, einen höheren Zuschlag zu vereinbaren. Dies ist unlogisch. Es bleibt abzuwarten, ob hierzu von höchstrichterlicher Stelle eine Klarstellung erfolgt.

Für den Fall, dass keine schriftliche Vereinbarung getroffen wurde, gilt nun der Mindestzuschlag von 20 % erst wieder ab durchschnittlichem Schwierigkeitsgrad als vereinbart. D.h., dass der Mindestzuschlag mit Ausnahme der Technischen Ausrüstung erst wieder ab Honorarzone III greift. Weiterhin kann jedoch schriftlich ein niedrigerer Zuschlag vereinbart werden.

Amtliche Begründung

§ 6 Absatz 2 ersetzt als Regelung zum Umbau- oder Modernisierungszuschlag im Allgemeinen Teil die Vorgängerregelung des § 35 der HOAI 2009 zu Leistungen im Bestand. Die Regelung und Höhe des Umbauzuschlags entspricht im Wesentlichen § 24 der HOAI 2002. § 6 Absatz 2

Satz 1 regelt die Honorarbemessungsgrundlagen für Leistungen bei Umbauten und Modernisierungen. Eine dieser Honorarbemessungsgrundlagen ist der sogenannte Umbau- oder Modernisierungszuschlag. Der Umbau- und Modernisierungszuschlag ist gemäß § 6 Absatz 2 Satz 2 unter Berücksichtigung des Schwierigkeitsgrads der Leistungen schriftlich bei Auftragserteilung zu vereinbaren. Das Erfordernis einer schriftlichen Vereinbarung bei Auftragserteilung folgt auch für den Umbau- und Modernisierungszuschlag aus § 7 Absatz 1. § 6 Absatz 2 Satz 3 stellt klar, dass die Höhe der prozentualen Wertspanne dieses Umbau- oder Modernisierungszuschlags in den Teilen 3 und 4 der HOAI für die jeweiligen Leistungsbilder im Einzelnen festgelegt ist. Gemäß § 6 Absatz 2 Satz 4 wird unwiderleglich vermutet, dass ein Zuschlag von 20 Prozent ab einem durchschnittlichen Schwierigkeitsgrad vereinbart ist, sofern die Vertragsparteien keine schriftliche Vereinbarung getroffen haben. Die Formulierung „ab einem durchschnittlichen Schwierigkeitsgrad" zielt darauf, dass auch für die Fälle hoher und sehr hoher Planungsanforderungen unwiderleglich vermutet wird, dass ein Zuschlag von 20 Prozent vereinbart ist, wenn eine schriftliche Vereinbarung der Vertragsparteien fehlt. § 6 Absatz 2 Satz 4 gibt allerdings keinen Mindestwert vor. Die Höhe des Zuschlags ist im Wege einer schriftlichen Vereinbarung bei Auftragserteilung frei vereinbar. Es steht den Vertragsparteien wie bisher auch frei, bei Auftragserteilung einen Zuschlag von weniger als 20 Prozent zu vereinbaren. Im Falle sehr geringer oder geringer Planungsanforderungen entfällt der Umbauzuschlag, wenn keine schriftliche Vereinbarung darüber bei Auftragserteilung getroffen wurde. Insgesamt ist zu beachten, dass der Auftragnehmer im Einzelfall für Umbauten oder Modernisierungen sowohl einer Erhöhung der anrechenbaren Kosten über die mitzuverarbeitende Bausubstanz gemäß § 4 Absatz 3 als auch den Zuschlag nach § 6 Absatz 2 Nummer 5 beanspruchen kann, wenn die dafür in der HOAI festgelegten Voraussetzungen erfüllt sind. Während die Berücksichtigung der mitzuverarbeitenden Bausubstanz dazu dient, den Auftragnehmer beim Bauen im Bestand nicht schlechter zu stellen als beim Neubau, soll der Umbau- und Modernisierungszuschlag dem besonderen Schwierigkeitsgrad der Anforderungen für Architekten und Architektinnen sowie Ingenieure und Ingenieurinnen beim Umbau und der Modernisierung von Bestandsobjekten Rechnung tragen.

§ 6	Grundlagen des Honorars 2009	**§ 6**	**Grundlagen des Honorars 2013**
(2)	Wenn zum Zeitpunkt der Beauftragung noch keine Planungen als Voraussetzung für eine Kostenschätzung oder Kostenberechnung vorliegen, können die Vertragsparteien abweichend von Absatz 1 schriftlich vereinbaren, dass das Honorar auf der Grundlage der anrechenbaren Kosten einer Baukostenvereinbarung nach den Vorschriften dieser Verordnung berechnet wird. Dabei werden nachprüfbare Baukosten einvernehmlich festgelegt.	**(3)**	**Wenn zum Zeitpunkt der Beauftragung noch keine Planungen als Voraussetzung für eine Kostenschätzung oder Kostenberechnung vorliegen, können die Vertragsparteien abweichend von Absatz 1 schriftlich vereinbaren, dass das Honorar auf der Grundlage der anrechenbaren Kosten einer Baukostenvereinbarung nach den Vorschriften dieser Verordnung berechnet wird. Dabei werden nachprüfbare Baukosten einvernehmlich festgelegt.**

Amtliche Begründung

§ 6 Abs. 3 bleibt unverändert und entspricht inhaltlich § 6 Abs. 2 HOAI 2009.

§ 7 Honorarvereinbarung 2009		§ 7 Honorarvereinbarung 2013	
(1)	Das Honorar richtet sich nach der schriftlichen Vereinbarung, die die Vertragsparteien bei Auftragserteilung im Rahmen der durch diese Verordnung festgesetzten Mindest- und Höchstsätze treffen.	**(1)**	**Das Honorar richtet sich nach der schriftlichen Vereinbarung, die die Vertragsparteien bei Auftragserteilung im Rahmen der durch diese Verordnung festgesetzten Mindest- und Höchstsätze treffen.**
(2)	Liegen die ermittelten anrechenbaren Kosten, Werte oder Verrechnungseinheiten außerhalb der Tafelwerte dieser Verordnung, sind die Honorare frei vereinbar.	**(2)**	**Liegen die ermittelten anrechenbaren Kosten oder Flächen außerhalb der in den Honorartafeln dieser Verordnung festgelegten Honorarsätze, sind die Honorare frei vereinbar.**
(3)	Die in dieser Verordnung festgesetzten Mindestsätze können durch schriftliche Vereinbarung in Ausnahmefällen unterschritten werden.	**(3)**	**Die in dieser Verordnung festgesetzten Mindestsätze können durch schriftliche Vereinbarung in Ausnahmefällen unterschritten werden.**
(4)	Die in dieser Verordnung festgesetzten Höchstsätze dürfen nur bei außergewöhnlichen oder ungewöhnlich lange dauernden Leistungen durch schriftliche Vereinbarung überschritten werden. Dabei bleiben Umstände, soweit sie bereits für die Einordnung in Honorarzonen oder für die Einordnung in den Rahmen der Mindest- und Höchstsätze mitbestimmend gewesen sind, außer Betracht.	**(4)**	**Die in dieser Verordnung festgesetzten Höchstsätze dürfen nur bei außergewöhnlichen oder ungewöhnlich lange dauernden Grundleistungen durch schriftliche Vereinbarung überschritten werden. Dabei bleiben Umstände, soweit sie bereits für die Einordnung in die Honorarzonen oder für die Einordnung in den Rahmen der Mindest- und Höchstsätze mitbestimmend gewesen sind, außer Betracht.**

Amtliche Begründung

§ 7 Absatz 1 bis 4 bleiben inhaltlich weitestgehend unverändert. § 7 Absatz 5 der HOAI 2009 mit einer Regelung zum beauftragten Leistungsumfang auf Veranlassung des Auftraggebers wurde zur besseren Systematisierung und Zusammenfassung der Regelungen zur Honorierung in Fällen von Änderungen des Leistungsumfangs in § 10 Absatz 1 überführt.

§ 7 Honorarvereinbarung 2009	§ 7 Honorarvereinbarung 2013
(5) Ändert sich der beauftragte Leistungsumfang auf Veranlassung des Auftraggebers während der Laufzeit des Vertrages mit der Folge von Änderungen der anrechenbaren Kosten, Werten oder Verrechnungseinheiten, ist die dem Honorar zugrunde liegende Vereinbarung durch schriftliche Vereinbarung anzupassen.	

Kurzkommentar

Die Regelung des Honorars bei vertraglichen Änderungen des Leistungsumfanges ist nun gemeinsam mit den Regelungen des § 3 Absatz 2 Satz 2 der HOAI 2009 im neu eingeführten § 10 HOAI 2013 gebündelt.

§ 7 Honorarvereinbarung 2009	§ 7 Honorarvereinbarung 2013
(6) Sofern nicht bei Auftragserteilung etwas anderes schriftlich vereinbart worden ist, gelten die jeweiligen Mindestsätze gemäß Absatz 1 als vereinbart. *Sofern keine Honorarvereinbarung nach Absatz 1 getroffen worden ist, sind die Leistungsphasen 1 und 2 bei der Flächenplanung mit den Mindestsätzen in Prozent des jeweiligen Honorars zu bewerten.*	**(5) Sofern nicht bei Auftragserteilung etwas anderes schriftlich vereinbart worden ist, wird unwiderleglich vermutet, dass die jeweiligen Mindestsätze gemäß Absatz 1 vereinbart sind.**

Amtliche Begründung

§ 7 Absatz 5 entspricht § 7 Absatz 6 Satz 1 der HOAI 2009. Klarzustellen ist, dass die Mindestsätze gemäß § 7 Absatz 1 auch greifen, wenn die vertragliche Einigung gemäß § 125 Satz 1 BGB nichtig ist, weil die Vertragsparteien ein in der HOAI festgelegtes Schriftformerfordernis nicht gewahrt haben. § 7 Absatz 6 Satz 2 der HOAI 2009 ist entfallen, weil die Prozentmargen für die Bewertung der Leistungsphasen 1 und 2 in der Flächenplanung ebenfalls entfallen sind. Zur Begründung siehe die Erläuterungen zu § 18 Absatz 1.

§ 7 Honorarvereinbarung 2009	§ 7 Honorarvereinbarung 2013
(7) Für Kostenunterschreitungen, die unter Ausschöpfung technisch-wirtschaftlicher oder umweltverträglicher Lösungsmöglichkeiten zu einer wesentlichen Kostensenkung ohne Verminderung des vertraglich festgelegten Standards führen, kann ein Erfolgs-	**(6) Für Planungsleistungen, die technisch-wirtschaftliche oder umweltverträgliche Lösungsmöglichkeiten nutzen und zu einer wesentlichen Kostensenkung ohne Verminderung des vertraglich festgelegten Standards führen, kann ein Erfolgs-**

honorar schriftlich vereinbart werden, das bis zu 20 Prozent des vereinbarten Honorars betragen kann. In Fällen des Überschreitens der *einvernehmlich* festgelegten anrechenbaren Kosten kann ein Malus-Honorar in Höhe von bis zu 5 Prozent des Honorars vereinbart werden.	**honorar schriftlich vereinbart werden. Das Erfolgshonorar kann bis zu 20 Prozent des vereinbarten Honorars betragen. Für den Fall, dass schriftlich festgelegte anrechenbare Kosten überschritten werden, kann ein Malus-Honorar in Höhe von bis zu 5 Prozent des Honorars schriftlich vereinbart werden.**

Amtliche Begründung

§ 7 Absatz 6 entspricht weitestgehend dem Wortlaut des § 7 Absatz 7 der HOAI 2009. In § 7 Absatz 6 Satz 1 wird nunmehr klargestellt, dass die schriftliche Vereinbarung eines Erfolgshonorars sich auf Planungsleistungen bezieht, die zu Kostensenkungen führen. In § 7 Absatz 6 Satz 3 wird jetzt klargestellt, dass die Vereinbarung eines „Malus-Honorars" wie das Erfolgshonorar in § 7 Absatz 6 Satz 1 einer schriftlichen Vereinbarung der Vertragsparteien bedarf. Diese Klarstellung entspricht den übrigen in § 7 festgelegten Formerfordernissen.

§ 8 Berechnung des Honorars in besonderen Fällen 2009	**§ 8 Berechnung des Honorars in besonderen Fällen 2013**

Amtliche Begründung

§ 8 bleibt weitgehend unverändert. Die Vorschrift wurde neu strukturiert.

§ 8 Berechnung des Honorars in besonderen Fällen 2009	**§ 8 Berechnung des Honorars in besonderen Fällen 2013**
(1) Werden nicht alle Leistungsphasen eines Leistungsbildes übertragen, so dürfen nur die für die übertragenen Phasen vorgesehenen Prozentsätze berechnet und *vertraglich* vereinbart werden.	**(1) Werden dem Auftragnehmer nicht alle Leistungsphasen eines Leistungsbildes übertragen, so dürfen nur die für die übertragenen Phasen vorgesehenen Prozentsätze berechnet und vereinbart werden. Die Vereinbarung hat schriftlich zu erfolgen.**

Amtliche Begründung

In § 8 Absatz 1 wird nunmehr klargestellt, dass auch die Beauftragung mit einzelnen Leistungsphasen dem Schriftformerfordernis genügen muss. Im Übrigen bleibt die Vorschrift unverändert.

§ 8 Berechnung des Honorars in besonderen Fällen 2009	**§ 8 Berechnung des Honorars in besonderen Fällen 2013**
(2) Werden nicht alle Leistungen einer Leistungsphase übertragen, so darf für die übertragenen Leistungen nur ein Honorar berechnet und vereinbart werden, das dem Anteil	**(2) Werden dem Auftragnehmer nicht alle Grundleistungen einer Leistungsphase übertragen, so darf für die übertragenen Grundleistungen nur ein Honorar be-**

der übertragenen Leistungen an der gesamten Leistungsphase entspricht. Das Gleiche gilt, wenn wesentliche Teile von Leistungen dem Auftragnehmer nicht übertragen werden. […]	**rechnet und vereinbart werden, das dem Anteil der übertragenen Leistungen an der gesamten Leistungsphase ent-spricht. Die Vereinbarung hat schriftlich zu erfolgen. Entsprechend ist zu verfahren, wenn dem Auftragnehmer wesentliche Teile von Grundleistungen nicht übertragen werden.**

Amtliche Begründung

§ 8 Absatz 2 greift nunmehr mit der Bezeichnung der „Grundleistungen" die Neufassung des § 3 Absatz 2 auf. Zugleich erfolgt die Klarstellung, dass auch die Beauftragung mit einzelnen Leistungen einer Leistungsphase und der Ausschluss wesentlicher Teile von Leistungen die Schriftform erfordern.

§ 8	Berechnung des Honorars in besonderen Fällen 2009	**§ 8**	**Berechnung des Honorars in besonderen Fällen 2013**
(2)	[…] Ein zusätzlicher Koordinierungs- und Einarbeitungsaufwand ist zu berücksichtigen.	**(3)**	**Die gesonderte Vergütung eines zusätzlichen Koordinierungs- oder Einarbeitungsaufwands ist schriftlich zu vereinbaren.**

Amtliche Begründung

§ 8 Absatz 3 entspricht der Regelung des § 8 Absatz 2 Satz 3 der HOAI 2009 und greift für § 8 Absatz 1 und Absatz 2. Die gesonderte Vergütung eines zusätzlichen Koordinierungs- oder Einarbeitungsaufwands ist schriftlich zu vereinbaren. Die Höhe dieser Vergütung können die Vertragsparteien frei vereinbaren.

§ 9	Berechnung des Honorars bei Beauftragung von Einzelleistungen 2009	**§ 9**	**Berechnung des Honorars bei Beauftragung von Einzelleistungen 2013**

Amtliche Begründung

§ 9 regelt die Berechnung des Honorars bei Beauftragung von Einzelleistungen (Vor- und Entwurfsplanung und Objektüberwachung) und wurde grundlegend überarbeitet. Die vorgenommenen Änderungen sollen vor allem der Vereinfachung und besseren Systematisierung der Einzelvorschriften dienen. Neu ist die Strukturierung der Vorschrift dergestalt, dass § 9 Absatz 1 die Regelung zur gesonderten Honorierung der Vor- und Entwurfsplanung für die dort aufgeführten Leistungsbilder der Objekt- und Fachplanung enthält, § 9 Absatz 2 die Flächenplanung erfasst und § 9 Absatz 3 die Honorierung der separat beauftragten Objektüberwachung für Gebäude und die Technische Ausrüstung regelt. § 9 Absatz 3 der HOAI 2009 wurde in überarbeiteter Fassung in § 9 Absatz 2 Satz 2 überführt. Inhaltlich wurden folgende Klarstellungen vorgenommen: § 9 Absatz 1 wurde auf das Leistungsbild der Tragwerksplanung erweitert, da kein sachlicher Grund besteht, die Tragwerksplanung generell einer Regelung der Beauftragung von Einzelleistungen zu entziehen. Darüber hinaus wurde im Wortlaut des § 9 Absatz 3 durch die Formulierung „können herangezogen werden" auch klargestellt, dass die zusätzliche Honorierung der gesonderten Beauftragung der Objektüberwachung für das Leistungsbild Gebäude wie bislang für das Leistungsbild der Tragwerksplanung einer Vereinbarung zwischen Auftragnehmer und Auftraggeber bedarf. Dabei erscheint es sachgerecht, für die Einarbeitung je nach den konkreten Umständen des jeweiligen Einzelfalls zusätzlich höchstens die Summe der prozentualen Bewertung der Leistungsphasen 1 und 2 (Vor- und Entwurfsplanung) in Ansatz zu bringen. § 9 Absatz 1 Satz 2, Absatz 2 Satz 3 und Absatz 3 Satz 2 stellt klar, dass das Schriftformerfordernis des § 7 Absatz 1 für sämtliche in § 9 geregelten Sachverhalte zu beachten ist.

§ 9 Berechnung des Honorars bei Beauftragung von Einzelleistungen 2009	**§ 9 Berechnung des Honorars bei Beauftragung von Einzelleistungen 2013**
(1) Wird bei *Bauleitplänen,* Gebäuden und raumbildenden Ausbauten, Freianlagen, Ingenieurbauwerken, Verkehrsanlagen und Technischer Ausrüstung die Vorplanung oder Entwurfsplanung als Einzelleistung in Auftrag gegeben, können die entsprechenden Leistungsbewertungen der jeweiligen Leistungsphase 1. für die Vorplanung den Prozentsatz der Vorplanung zuzüglich der Anteile bis zum Höchstsatz des Prozentsatzes der vorangegangenen Leistungsphase und 2. für die Entwurfsplanung den Prozentsatz der Entwurfsplanung zuzüglich der Anteile bis zum Höchstsatz des Prozentsatzes der vorangegangenen Leistungsphase betragen.	**(1) Wird die Vorplanung oder Entwurfsplanung bei Gebäuden und Innenräumen, Freianlagen, Ingenieurbauwerken, Verkehrsanlagen, der Tragwerksplanung und der Technischen Ausrüstung als Einzelleistung in Auftrag gegeben, können für die entsprechende Leistungsbewertung der jeweiligen Leistungsphase** **1. für die Vorplanung höchstens der Prozentsatz der Vorplanung und der Prozentsatz der Grundlagenermittlung und** **2. für die Entwurfsplanung höchstens der Prozentsatz der Entwurfsplanung und der Prozentsatz der Vorplanung herangezogen werden. Die Vereinbarung hat schriftlich zu erfolgen.**
(3) Wird die Vorläufige Planfassung bei Landschaftsplänen oder Grünordnungsplänen als Einzelleistung in Auftrag gegeben, können abweichend von den Leistungsbewertungen in Teil 2 Abschnitt 2 bis zu 60 Prozent für die Vorplanung vereinbart werden.	**(2) Zur Bauleitplanung ist Absatz 1 Satz 1 Nummer 2 für den Entwurf der öffentlichen Auslegung entsprechend anzuwenden. Bei der Landschaftsplanung ist Absatz 1 Satz 1 Nummer 1 für die vorläufige Fassung sowie Absatz 1 Satz 1 Nummer 2 für die abgestimmte Fassung entsprechend anzuwenden. Die Vereinbarung hat schriftlich zu erfolgen.**

Kurzkommentar

In der HOAI 2013 ist nun die Regelung bei Beauftragung von Einzelleistungen sortiert nach Objekt- und Fachplanung (Absatz 1) und Flächenplanung (Absatz 2). Bei der Flächenplanung wird jetzt keine absolute Prozentzahl mehr genannt, sondern generell auf die Bewertung der jeweils vorangegangene Leistungsphase als Obergrenze einer Erhöhung der Leistungsbewertung verwiesen. Dies entspricht

- in der Bauleitplanung bei Einzelbeauftragung der
  - Leistungsphase 2 einer maximalen Leistungsbewertung von 30 % + 60 % = 90 %

- in der Landschaftsplanung bei Einzelbeauftragung der
  - Leistungsphase 3 einer maximalen Leistungsbewertung von 50 % + 37 % = 87 %
  - Leistungsphase 4 einer maximalen Leistungsbewertung von 10 % + 50 % = 60 %

Neu ist, dass unter diese Regelung alle Leistungsbilder der Landschaftsplanung fallen und nicht nur Landschaftspläne und Grünordnungspläne.

§ 9 Berechnung des Honorars bei Beauftragung von Einzelleistungen 2009	**§ 9 Berechnung des Honorars bei Beauftragung von Einzelleistungen 2013**
(2) Wird bei Gebäuden oder der Technischen Ausrüstung die Objektüberwachung als Einzelleistung in Auftrag gegeben, können die entsprechenden Leistungsbewertungen der Objektüberwachung 1. für die Technische Ausrüstung den Prozentsatz der Objektüberwachung zuzüglich Anteile bis zum Höchstsatz des Prozentsatzes der vorangegangenen Leistungsphase betragen und 2. für Gebäude anstelle der Mindestsätze nach den §§ 33 und 34 folgende Prozentsätze der anrechenbaren Kosten nach § 32 berechnet werden: a) 2,3 Prozent bei Gebäuden der Honorarzone II, b) 2,5 Prozent bei Gebäuden der Honorarzone III, c) 2,7 Prozent bei Gebäuden der Honorarzone IV, d) 3,0 Prozent bei Gebäuden der Honorarzone V.	**(3) Wird die Objektüberwachung bei der Technischen Ausrüstung oder bei Gebäuden als Einzelleistung in Auftrag gegeben, können für die Leistungsbewertung der Objektüberwachung höchstens der Prozentsatz der Objektüberwachung und die Prozentsätze der Grundlagenermittlung und Vorplanung herangezogen werden. Die Vereinbarung hat schriftlich zu erfolgen.**

Kurzkommentar

Die Erhöhung der Leistungsbewertung bei ausschließlicher Beauftragung der Objektüberwachung bei Gebäuden und Technischer Ausrüstung wird neu geregelt.

Gemäß HOAI 2009 konnte eine reine Beauftragung der Objektüberwachung bei

- Gebäuden abhängig von der Honorarzone zwischen
  - Honorarzone II: 31 % (Lph 8) + 2,3 % = 33,3 %
  - Honorarzone V: 31 % (Lph 8) + 3,0 % = 34,0 %
- Technischer Ausrüstung mit maximal 33 % (Lph 8) + 5 % (Lph 7) = 38,0 %

Leistungsanteil bewertet werden.

Gemäß HOAI 2013 kann eine reine Beauftragung der Objektüberwachung nun bei

- Gebäuden mit maximal 32 % (Lph 8) + 2 % (Lph 1) + 7 % (Lph 2) = 41,0 %
- Technischer Ausrüstung mit maximal 35 % (Lph 8) + 2 % (Lph 1) + 9 % (Lph 2) = 46,0 %

Leistungsanteil bewertet werden.

§ 3 Leistungen und Leistungsbilder 2009		**§ 10 Berechnung des Honorars bei vertraglichen Änderungen des Leistungsumfangs 2013**
§ 7 Honorarvereinbarung 2009		

Amtliche Begründung

In § 10 wurden Vorschriften der HOAI 2009 zusammengefasst, welche die Honorierung von Leistungen im Falle einer vertraglichen Änderung des Leistungsumfangs betreffen. Diese Vorschriften waren § 3 Absatz 2 Satz 2, § 7 Absatz 5 und § 10 der HOAI 2009. Der Regelungsbedarf zu § 3 Absatz 2 Satz 2 und § 10 der HOAI 2009 ist infolge der neuen Struktur und Vereinfachung der Regelung über die vertraglichen Änderung des Leistungsumfangs entfallen. Anders als § 3 Absatz 2 Satz 2 der HOAI 2009 setzt § 10 Absatz 1 nunmehr eine schriftliche vertragliche Vereinbarung aufgrund der veränderten Honorarberechnungsgrundlage voraus. Während § 10 der HOAI 2009 die Vergütung von mehreren Vorentwurfs- oder Entwurfsplanungen erfasste, regelt § 10 Absatz 2 jetzt allgemein die Wiederholung von Grundleistungen und ihre anteilsmäßige Honorarberechnung. Hintergrund dafür ist, dass nach den konkreten Umständen im jeweiligen Einzelfall zu prüfen ist, welcher Mehraufwand dem Auftragnehmer durch die Wiederholung von Grundleistungen tatsächlich entsteht. Soweit erbrachte Grundleistungen im Falle der Wiederholung verwertet werden können, sind diese nicht zusätzlich zu vergüten.

§ 7 Honorarvereinbarung 2009	**§ 10 Berechnung des Honorars bei vertraglichen Änderungen des Leistungsumfangs 2013**
(5) Ändert sich der beauftragte Leistungsumfang *auf Veranlassung des Auftraggebers* während der Laufzeit des Vertrages mit der Folge von Änderungen der anrechenbaren Kosten, *Werten oder Verrechnungseinheiten,* ist die dem Honorar zugrunde liegende Vereinbarung durch schriftliche Vereinbarung anzupassen.	**(1) Einigen sich Auftraggeber und Auftragnehmer während der Laufzeit des Vertrags darauf, dass der Umfang der beauftragten Leistung geändert wird, und ändern sich dadurch die anrechenbaren Kosten oder Flächen, so ist die Honorarberechnungsgrundlage für die Grundleistungen, die infolge des veränderten Leistungsumfangs zu erbringen sind, durch schriftliche Vereinbarung anzupassen.**

Kurzkommentar

Im Wortlaut der HOAI 2013 wird nun deutlich, dass der Auftraggeber BGB- und Werkvertragskonform kein einseitiges Anordnungsrecht hat. Eine Änderung des Leistungsumfanges ist eine Änderung des Werkvertrages, diese muss einvernehmlich geschehen.

Amtliche Begründung

§ 10 Absatz 1 entspricht inhaltlich weitestgehend § 7 Absatz 5 der HOAI 2009. Es wird lediglich klargestellt, dass zu einer Änderung des Leistungsumfangs während der Laufzeit des Vertrags eine Einigung von Auftraggeber und Auftragnehmer erforderlich ist. Die Honorierung der Leistungen aufgrund des veränderten Leistungsumfangs setzt weiterhin voraus, dass die Honorarberechnungsgrundlage durch schriftliche Vereinbarung angepasst wird.

§ 3 Leistungen und Leistungsbilder 2009	**§ 10 Berechnung des Honorars bei vertraglichen Änderungen des Leistungsumfangs 2013**
(2) […] Andere Leistungen, die durch eine Änderung des Leistungsziels, des Leistungsumfangs, einer Änderung des Leistungsablaufs oder anderer Anordnungen des Auftraggebers erforderlich werden, sind von den Leistungsbildern nicht erfasst und gesondert frei zu vereinbaren und zu vergüten.	**(2) Einigen sich Auftraggeber und Auftragnehmer über die Wiederholung von Grundleistungen, ohne dass sich dadurch die anrechenbaren Kosten oder Flächen ändern, ist das Honorar für diese Grundleistungen entsprechend ihrem Anteil an der jeweiligen Leistungsphase schriftlich zu vereinbaren.**
§ 10 Mehrere Vorentwurfs- oder Entwurfsplanungen	
Werden auf Veranlassung des Auftraggebers mehrere Vorentwurfs- oder Entwurfsplanungen für dasselbe Objekt nach grundsätzlich verschiedenen Anforderungen gefertigt, so sind für die vollständige Vorentwurfs- oder Entwurfsplanung die vollen Prozentsätze dieser Leistungsphasen nach § 3 Absatz 4 vertraglich zu vereinbaren. Bei der Berechnung des Honorars für jede weitere Vorentwurfs- oder Entwurfsplanung sind die anteiligen Prozentsätze der entsprechenden Leistungen vertraglich zu vereinbaren.	

Kurzkommentar

Der in der Auslegung des Honorarrechts bereits gebräuchliche Begriff der „Wiederholten Grundleistung“ wird hier in den Verordnungstext der HOAI 2013 aufgenommen.

Amtliche Begründung

Neu eingeführt wird in § 10 Absatz 2 eine Regelung zur Honorierung von Grundleistungen, über deren Wiederholung sich die Vertragsparteien geeinigt haben, ohne dass sich dadurch die anrechenbaren Kosten oder Flächen ändern. Die zu wiederholenden Grundleistungen sind auf der Grundlage einer schriftlichen Vereinbarung entsprechend ihrem Anteil an der jeweiligen Leistungsphase zu honorieren. Abzugrenzen ist die Wiederholung von Grundleistungen von dem Fall, dass der Auftraggeber vom Auftragnehmer eine Mangelbeseitigung aus gesetzlicher Mängelhaftung verlangt. Die im Rahmen des Leistungsbilds Gebäude, Leistungsphase 2 c), enthaltene Darstellung und Bewertung von Varianten stellt keine wiederholt zu erbringende Grundleistung dar.

§ 11 Auftrag für mehrere Objekte 2009	**§ 11 Auftrag für mehrere Objekte 2013**

Amtliche Begründung

§ 11 wurde unter Beibehaltung des Normzwecks neu strukturiert und vereinfacht. § 11 Absatz 4 der HOAI 2009 wurde vollständig gestrichen. Nunmehr bezieht sich die Regelung ausschließlich auf Objekte, nicht aber auf die Flächenplanung. Für die Bauleitplanung ist auszuführen, dass es gemäß § 1 BauGB Aufgabe der Bauleitplanung ist, die bauliche und sonstige Nutzung der Grundstücke in der Gemeinde nach Maßgabe des Baugesetzbuches vorzubereiten und zu leiten. Auf dieser Grundlage sind die bauleitplanerischen Leistungen für den jeweiligen Einzelfall und abgestellt auf die konkreten Verhältnisse vor Ort zu erbringen. Die Verwendung anderer Pläne, zumal anderer Auftraggeber, wäre mit den Vorgaben des § 1 BauGB nicht vereinbar.

§ 11 Auftrag für mehrere Objekte 2009	**§ 11 Auftrag für mehrere Objekte 2013**
(1) Umfasst ein Auftrag mehrere Objekte, so sind die Honorare vorbehaltlich der folgenden Absätze für jedes Objekt getrennt zu berechnen. […]	**(1) Umfasst ein Auftrag mehrere Objekte, so sind die Honorare vorbehaltlich der folgenden Absätze für jedes Objekt getrennt zu berechnen.**

Amtliche Begründung

§ 11 Absatz 1 Satz 1 bleibt inhaltlich unverändert. Die Regelung in § 11 Absatz 1 Satz 2 der HOAI 2009 zu „Objekten mit weitgehend vergleichbaren Objektbedingungen derselben Honorarzonen" wurde mit § 11 Absatz 2 neu zusammengefasst. Die bisherige Differenzierung zwischen „Objekten mit weitgehend vergleichbaren Objektbedingungen derselben Honorarzonen" (§ 11 Absatz 1 Satz 2 der HOAI 2009) und „im Wesentlichen gleichartigen Objekten" (§ 11 Absatz 3 der HOAI 2009) wird aus Gründen der Vereinfachung aufgegeben. Nunmehr greift die Reduzierung über die Summe der anrechenbaren Kosten in § 11 Absatz 2 für die Fallgruppe der „vergleichbaren Gebäude, Ingenieurbauwerke oder Tragwerke mit weitgehend gleichartigen Planungsbedingungen" und die Wiederholungsregelung des § 11 Absatz 3 für Aufträge über „im Wesentlichen gleiche(n) Gebäude oder Tragwerke, die im zeitlichen oder örtlichen Zusammenhang unter gleichen baulichen Verhältnissen geplant oder errichtet werden sollen oder Gebäude oder Tragwerke nach Typenplanung oder Serienbauten".

§ 11 Auftrag für mehrere Objekte 2009	**§ 11 Auftrag für mehrere Objekte 2013**
(1) […] Dies gilt nicht für Objekte mit weitgehend vergleichbaren Objektbedingungen derselben Honorarzone, die im zeitlichen und örtlichen Zusammenhang als Teil einer Gesamtmaßnahme geplant, *betrieben und genutzt* werden. Das Honorar ist dann nach der Summe der anrechenbaren Kosten zu berechnen.	**(2) Umfasst ein Auftrag mehrere vergleichbare Gebäude, Ingenieurbauwerke, Verkehrsanlagen oder Tragwerke mit weitgehend gleichartigen Planungsbedingungen, die derselben Honorarzone zuzuordnen sind und die im zeitlichen und örtlichen Zusammenhang als Teil einer Gesamtmaßnahme geplant und errichtet werden sollen, ist das Honorar nach der Summe der anrechenbaren Kosten zu berechnen.**

Kurzkommentar

Die neue Formulierung verringert die Anforderungen, die zu einer Kumulation der Anrechenbaren Kosten führen. Dies kann durch zwei Phänomene Auswirkungen haben:

- Eine Kumulation führt durch die Degression in den Honorartabellen zu einem insgesamt niedrigeren Honorar.
- Durch die Kumulation kann es zu einem Überschreiten der Tafelhöchstwerte und damit zum Ausscheiden des Objekts aus dem bindenden Preisrecht führen.

Amtliche Begründung

§ 11 Absatz 2 bleibt inhaltlich unverändert. § 11 Absatz 2 regelt nunmehr die Voraussetzungen für die Fallgruppe der „vergleichbaren Objekte, Ingenieurbauwerke und Tragwerke" mit „weitgehend gleichartigen Planungsbedingungen". Die Anpassungen im Wortlaut dienen der sprachlichen Präzisierung. Der Begriff der „Objektbedingungen" wird durch den Begriff der „Planungsbedingungen" ersetzt. Dadurch soll klargestellt werden, dass die Reduzierung des Honorars durch Zusammenrechnung der anrechenbaren Kosten aufgrund des geminderten Planungsaufwands zu rechtfertigen ist. Dieser resultiert aus gleichen Planungsbedingungen, wie zum Beispiel Baugrund, Nutzungsart, bauliche Gestaltung. Der Effekt der Honorarreduzierung soll bereits für „vergleichbare Gebäude, Ingenieurbauwerke oder Tragwerke mit weitgehend gleichartigen Planungsbedingungen" eintreten. Die Wahl des Adjektivs „vergleichbar" statt „gleichartig" dient der besseren Systematisierung von § 11 Absatz 2 und Absatz 3. Während die Wiederholungsregelung für im Wesentlichen gleiche Gebäude oder Tragwerke greifen soll, greift die Reduzierung über die Summe der anrechenbaren Kosten für „vergleichbare Gebäude, Ingenieurbauwerke oder Tragwerke mit weitgehend gleichartigen Planungsbedingungen". Durch die Beibehaltung der Ergänzung „mit weitgehend gleichartigen Planungsbedingungen" besteht inhaltlich zwischen den genannten ehemals „gleichartigen" und nunmehr „vergleichbaren" Objekten kein sachlicher Unterschied.

§ 11 Auftrag für mehrere Objekte 2009		**§ 11 Auftrag für mehrere Objekte 2013**	
(2)	Umfasst ein Auftrag mehrere im Wesentlichen gleichartige Objekte, die im zeitlichen oder örtlichen Zusammenhang unter gleichen baulichen Verhältnissen geplant und errichtet werden sollen, oder Objekte nach Typenplanung oder Serienbauten, so sind für die erste bis vierte Wiederholung die Prozentsätze der Leistungsphase 1 bis 7 um 50 Prozent, von der fünften bis siebten Wiederholung um 60 Prozent und ab der achten Wiederholung um 90 Prozent zu mindern.	**(3)**	**Umfasst ein Auftrag mehrere im Wesentlichen gleiche Gebäude, Ingenieurbauwerke, Verkehrsanlagen oder Tragwerke, die im zeitlichen oder örtlichen Zusammenhang unter gleichen baulichen Verhältnissen geplant und errichtet werden sollen, oder mehrere Objekte nach Typenplanung oder Serienbauten, so sind die Prozentsätze der Leistungsphasen 1 bis 6 für die erste bis vierte Wiederholung um 50 Prozent, für die fünfte bis siebte Wiederholung um 60 Prozent und ab der achten Wiederholung um 90 Prozent zu mindern.**

Kurzkommentar

Die neue Formulierung erhöht die Anforderungen, die zu einer Minderung der Prozentsätze führen. Zudem erfolgt diese Minderung nur noch bis einschließlich § 6.

Amtliche Begründung

§ 11 Absatz 3 erfasst wie bisher im Wesentlichen gleiche Gebäude oder Tragwerke, die im Rahmen eines Auftrags und im zeitlichen oder örtlichen Zusammenhang unter gleichen baulichen Verhältnissen geplant und errichtet werden sollen, und Objekte nach Typenplanung oder Serienbauten. Die Wiederholungsregelung bezieht sich nunmehr lediglich auf die Leistungsphasen 1 bis 6, da bei der Durchführung der Vergabe wie bei der Objektüberwachung regelmäßig nicht mit Einspareffekten aufseiten des Auftragnehmers infolge der Wiederholung zu rechnen ist.

§ 11 Auftrag für mehrere Objekte 2009	**§ 11 Auftrag für mehrere Objekte 2013**
(3) Umfasst ein Auftrag Leistungen, die bereits Gegenstand eines anderen Auftrags zwischen den Vertragsparteien waren, so findet Absatz 2 für die Prozentsätze der beauftragten Leistungsphasen in Bezug auf den neuen Auftrag auch dann Anwendung, wenn die Leistungen nicht im zeitlichen oder örtlichen Zusammenhang erbracht werden sollen.	**(4) Umfasst ein Auftrag Grundleistungen, die bereits Gegenstand eines anderen Auftrags über ein gleiches Gebäude, Ingenieurbauwerk oder Tragwerk zwischen den Vertragsparteien waren, so ist Absatz 3 für die Prozentsätze der beauftragten Leistungsphasen in Bezug auf den neuen Auftrag auch dann anzuwenden, wenn die Grundleistungen nicht im zeitlichen oder örtlichen Zusammenhang erbracht werden sollen.**

Amtliche Begründung

Der Anwendungsbereich des § 11 Absatz 3 der HOAI 2009 wird im neuen § 11 Absatz 4 auf Folgeaufträge für gleiche Gebäude, Ingenieurbauwerke und Tragwerke begrenzt. Die Untersuchung des BMVBS hat ergeben, dass die Regelung für andere Objekte keine praktische Relevanz hat. Im Übrigen wurde die Formulierung in § 11 Absatz 4 unter rechtsförmlichen Aspekten überarbeitet.

§ 11 Auftrag für mehrere Objekte 2009	**§ 11 Auftrag für mehrere Objekte 2013**
(4) Die Absätze 1 bis 3 gelten nicht bei der Flächenplanung. Soweit bei bauleitplanerischen Leistungen im Sinne der §§ 17 bis 21 die Festlegungen, Ergebnisse oder Erkenntnisse anderer Pläne, insbesondere die Bestandsaufnahme und Bewertungen von Landschaftsplänen und sonstigen Plänen herangezogen werden, ist das Honorar angemessen zu reduzieren; dies gilt auch, wenn mit der Aufstellung dieser Pläne andere Auftragnehmer betraut waren.	

Kurzkommentar

Die Regelungen des § 11 Absätze 1 – 3 sind in der HOAI 2013 in den einzelnen Absätzen nur noch auf einzelne Leistungsbilder begrenzt und nicht mehr allgemein gültig. Die Ausnahme der Flächenplanung im alten § 11 Absatz 4 entfällt.

§ 12 Planausschnitte 2009	
Werden Teilflächen bereits aufgestellter Bauleitpläne (Planausschnitte) geändert oder überarbeitet, so sind bei der Berechnung des Honorars nur die Ansätze des zu bearbeitenden Planausschnitts anzusetzen.	

Kurzkommentar

Die Regelung zur Honorierung bei Änderung von Planausschnitten bzw. der Größe des Planungsgebietes werden nun am Ende der jeweiligen Paragrafen zum Honorar für Grundleistungen der einzelnen Leistungsbilder getroffen:

- für Flächennutzungspläne § 20 Absatz 6 HOAI 2013,
- für Bebauungspläne § 21 Absatz 5 HOAI 2013,
- für Landschaftspläne § 28 Absatz 6 HOAI 2013,
- für Grünordnungspläne § 29 Absatz 6 HOAI 2013,
- für Landschaftsrahmenpläne § 30 Absatz 6 HOAI 2013,
- für Landschaftspflegerische Begleitpläne § 31 Absatz 6 HOAI 2013,
- für Pflege- und Entwicklungspläne § 32 Absatz 6 HOAI 2013

§ 36 Instandhaltungen und Instandsetzungen 2009	**§ 12 Instandsetzungen und Instandhaltungen 2013**

Amtliche Begründung

§ 12 übernimmt die bislang im Teil 3 (Objektplanung) enthaltene Regelung des § 36 der HOAI 2009. Die Regelung zur Ermittlung der Honorare für Leistungen bei Instandsetzungen im Sinne des § 2 Absatz 8 und Instandhaltungen im Sinne des § 2 Absatz 9 bezieht sich allgemein auf Objekte im Sinne des § 2 Absatz 1 und ist daher dem allgemeinen Teil der HOAI zuzuordnen. Inhaltlich bleibt die Vorschrift unverändert. Aus Gründen der besseren Systematisierung wird die allgemeine Vorschrift über die Ermittlung der Honorare in § 12 Absatz 1 und die Vorschrift zur Erhöhung des Prozentsatzes für die Leistungsphase 8 in § 12 Absatz 2 aufgenommen. Um für sämtliche Objekte einschließlich der Ingenieurbauwerke und Verkehrsanlagen einen Anknüpfungspunkt der Regelung zu gewährleisten, nimmt § 12 Absatz 2 die Leistungsphase 8 für Gebäude und Innenräume mit der „Objektüberwachung“ und für Ingenieurbauwerke und Verkehrsanlagen mit der „Bauoberleitung“ in Bezug.

§ 36 Instandhaltungen und Instandsetzungen 2009	§ 12 Instandsetzungen und Instandhaltungen 2013
(2) Honorare für Leistungen bei Instandhaltungen und Instandsetzungen von Objekten sind nach den anrechenbaren Kosten, der Honorarzone, den Leistungsphasen und der Honorartafel, der die Instandhaltungs- und Instandsetzungsmaßnahme zuzuordnen ist, zu ermitteln.	**(1) Honorare für Grundleistungen bei Instandsetzungen und Instandhaltungen von Objekten sind nach den anrechenbaren Kosten, der Honorarzone, den Leistungsphasen und der Honorartafel, der die Instandhaltungs- und Instandsetzungsmaßnahme zuzuordnen sind, zu ermitteln.**
(1) Für Leistungen bei Instandhaltungen und Instandsetzungen von Objekten kann vereinbart werden, den Prozentsatz für die Bauüberwachung um bis zu 50 Prozent zu erhöhen.	**(2) Für Grundleistungen bei Instandsetzungen und Instandhaltungen von Objekten kann schriftlich vereinbart werden, dass der Prozentsatz für die Objektüberwachung oder Bauoberleitung um bis zu 50 Prozent der Bewertung dieser Leistungsphase erhöht wird.**

§ 13 Interpolation 2009	§ 13 Interpolation 2013
Die Mindest- und Höchstsätze für Zwischenstufen der in den Honorartafeln angegebenen anrechenbaren Kosten, Werte und Verrechnungseinheiten sind durch lineare Interpolation zu ermitteln.	**Die Mindest- und Höchstsätze für Zwischenstufen der in den Honorartafeln angegebenen anrechenbaren Kosten und Flächen sind durch lineare Interpolation zu ermitteln.**

Amtliche Begründung

§ 13 entspricht § 12 der HOAI 2009.[18]

[18] Hier liegt nach Auffassung des Autors ein redaktioneller Fehler vor. § 13 der HOAI 2013 entspricht dem § 13 der HOAI 2009. § 12 HOAI 2009 hat die Regelung zur Änderung bzw. Überarbeitung von Planausschnitten der Bauleitplanung zum Inhalt.

§ 14 Nebenkosten 2009	**§ 14 Nebenkosten 2013**

Amtliche Begründung

§ 14 entspricht der HOAI 2009.

§ 14 Nebenkosten 2009	**§ 14 Nebenkosten 2013**
(1) Die bei der Ausführung des Auftrags entstehenden Nebenkosten des Auftragnehmers können, soweit sie erforderlich sind, abzüglich der nach § 15 Absatz 1 des Umsatzsteuergesetzes abziehbaren Vorsteuern neben den Honoraren dieser Verordnung berechnet werden. Die Vertragsparteien können bei Auftragserteilung schriftlich vereinbaren, dass ab weichend von Satz 1 eine Erstattung ganz oder teilweise ausgeschlossen ist.	**(1) Der Auftragnehmer kann neben den Honoraren dieser Verordnung auch die für die Ausführung des Auftrags erforderlichen Nebenkosten in Rechnung stellen; ausgenommen sind die abziehbaren Vorsteuern gemäß § 15 Absatz 1 des Umsatzsteuergesetzes in der Fassung der Bekanntmachung vom 21. Februar 2005 (BGBl. I S. 386), das zuletzt durch Artikel 2 des Gesetzes vom 8. Mai 2012 (BGBl. I S. 1030) geändert worden ist. Die Vertragsparteien können bei Auftragserteilung schriftlich vereinbaren, dass abweichend von Satz 1 eine Erstattung ganz oder teilweise ausgeschlossen ist.**
(2) Zu den Nebenkosten gehören insbesondere: 1. Versandkosten, Kosten für Datenübertragungen, 2. Kosten für Vervielfältigungen von Zeichnungen und schriftlichen Unterlagen sowie Anfertigung von Filmen und Fotos, 3. Kosten für ein Baustellenbüro einschließlich der Einrichtung, Beleuchtung und Beheizung, 4. Fahrtkosten für Reisen, die über einen Umkreis von 15 Kilometern um den Geschäftssitz des Auftragnehmers hinausgehen, in Höhe der steuerlich zulässigen Pauschalsätze, sofern nicht höhere Aufwendungen nachgewiesen werden,	**(2) Zu den Nebenkosten gehören insbesondere: 1. Versandkosten, Kosten für Datenübertragungen, 2. Kosten für Vervielfältigungen von Zeichnungen und schriftlichen Unterlagen sowie für die Anfertigung von Filmen und Fotos, 3. Kosten für ein Baustellenbüro einschließlich der Einrichtung, Beleuchtung und Beheizung, 4. Fahrtkosten für Reisen, die über einen Umkreis von 15 Kilometern um den Geschäftssitz des Auftragnehmers hinausgehen, in Höhe der steuerlich zulässigen Pauschalsätze, sofern nicht höhere Aufwendungen nachgewiesen werden,**

2009	2013
5. Trennungsentschädigungen und Kosten für Familienheimfahrten nach den steuerlich zulässigen Pauschalsätzen, sofern nicht höhere Aufwendungen an Mitarbeiter oder Mitarbeiterinnen des Auftragnehmers aufgrund von tariflichen Vereinbarungen bezahlt werden, 6. Entschädigungen für den sonstigen Aufwand bei längeren Reisen nach Nummer 4, sofern die Entschädigungen vor der Geschäftsreise schriftlich vereinbart worden sind, 7. Entgelte für nicht dem Auftragnehmer obliegende Leistungen, die von ihm im Einvernehmen mit dem Auftraggeber Dritten übertragen worden sind.	**5. Trennungsentschädigungen und Kosten für Familienheimfahrten in Höhe der steuerlich zulässigen Pauschalsätze, sofern nicht höhere Aufwendungen an Mitarbeiter oder Mitarbeiterinnen des Auftragnehmers aufgrund von tariflichen Vereinbarungen bezahlt werden,** **6. Entschädigungen für den sonstigen Aufwand bei längeren Reisen nach Nummer 4, sofern die Entschädigungen vor der Geschäftsreise schriftlich vereinbart worden sind,** **7. Entgelte für nicht dem Auftragnehmer obliegende Leistungen, die von ihm im Einvernehmen mit dem Auftraggeber Dritten übertragen worden sind.**
(3) Nebenkosten können pauschal oder nach Einzelnachweis abgerechnet werden. Sie sind nach Einzelnachweis abzurechnen, sofern bei Auftragserteilung keine pauschale Abrechnung schriftlich vereinbart worden ist.	**(3) Nebenkosten können pauschal oder nach Einzelnachweis abgerechnet werden. Sie sind nach Einzelnachweis abzurechnen, sofern bei Auftragserteilung keine pauschale Abrechnung schriftlich vereinbart worden ist.**

§ 15 Zahlungen 2009	**§ 15 Zahlungen 2013**

Amtliche Begründung

§ 15 entspricht weitgehend § 15 der HOAI 2009. Der Wortlaut von Absatz 1 wird lediglich an die Vorschriften des Bürgerlichen Gesetzbuchs zum Werkvertragsrecht, insbesondere zur Abnahme und Fälligkeit der Vergütung (§§ 640 f. BGB), angepasst. Wie bislang bedarf es bei der Abrechnung des Architektenhonorars zusätzlich einer prüffähigen Honorarschlussrechnung. § 15 Absatz 3 wurde mit Blick auf § 14 Absatz 3 angepasst und um eine Regelung zur Fälligkeit von Nebenkosten für den Fall der pauschalen Abrechnung ergänzt.

§ 15 Zahlungen 2009	**§ 15 Zahlungen 2013**
(1) Das Honorar wird fällig, soweit nichts anderes vertraglich vereinbart ist, wenn die Leistung vertragsgemäß erbracht und eine prüffähige Honorarschlussrechnung überreicht worden ist.	**(1) Das Honorar wird fällig, wenn die Leistung abgenommen und eine prüffähige Honorarschlussrechnung überreicht worden ist, es sei denn, es wurde etwas anderes schriftlich vereinbart.**

Kurzkommentar

BGB-konform ist als Fälligkeitsvoraussetzung für das Honorar nun die Abnahme eingefügt.

§ 15 Zahlungen 2009	**§ 15 Zahlungen 2013**
(2) Abschlagszahlungen können zu den vereinbarten Zeitpunkten oder in angemessenen zeitlichen Abständen für nachgewiesene Leistungen gefordert werden.	**(2) Abschlagszahlungen können zu den schriftlich vereinbarten Zeitpunkten oder in angemessenen zeitlichen Abständen für nachgewiesene Grundleistungen gefordert werden.**
(3) Die Nebenkosten sind auf Nachweis fällig, *sofern bei Auftragserteilung nicht etwas anderes vereinbart worden ist.*	**(3) Die Nebenkosten sind auf Einzelnachweis oder bei pauschaler Abrechnung mit der Honorarrechnung fällig.**
(4) Andere Zahlungsweisen können schriftlich vereinbart werden.	**(4) Andere Zahlungsweisen können schriftlich vereinbart werden.**

§ 16 Umsatzsteuer 2009	**§ 16 Umsatzsteuer 2013**

Amtliche Begründung

§ 16 entspricht weitestgehend der HOAI 2009 und wurde lediglich in Absatz 1 Satz 2 sprachlich überarbeitet.

§ 16 Umsatzsteuer 2009	**§ 16 Umsatzsteuer 2013**
(1) Der Auftragnehmer hat Anspruch auf Ersatz der gesetzlich geschuldeten Umsatzsteuer für nach dieser Verordnung abrechenbare Leistungen, sofern nicht die Kleinunternehmerregelung nach § 19 des Umsatzsteuergesetzes angewendet wird. Satz 1 gilt auch hinsichtlich der um die nach § 15 des Umsatzsteuergesetzes abziehbare Vorsteuer gekürzten Nebenkosten, die nach § 14 dieser Verordnung weiterberechenbar sind.	**(1) Der Auftragnehmer hat Anspruch auf Ersatz der gesetzlich geschuldeten Umsatzsteuer für nach dieser Verordnung abrechenbare Leistungen, sofern nicht die Kleinunternehmerregelung nach § 19 des Umsatzsteuergesetzes angewendet wird. Satz 1 ist auch hinsichtlich der um die nach § 15 des Umsatzsteuergesetzes abziehbare Vorsteuer gekürzten Nebenkosten anzuwenden, die nach § 14 dieser Verordnung weiterberechenbar sind.**
(2) Auslagen gehören nicht zum Entgelt für die Leistung des Auftragnehmers. Sie sind als durchlaufende Posten im umsatzsteuerrechtlichen Sinn einschließlich einer gegebenenfalls enthaltenen Umsatzsteuer weiter zu berechnen.	**(2) Auslagen gehören nicht zum Entgelt für die Leistung des Auftragnehmers. Sie sind als durchlaufende Posten im umsatzsteuerrechtlichen Sinn einschließlich einer gegebenenfalls enthaltenen Umsatzsteuer weiter zu berechnen.**

Amtliche Begründung

Teil 2 Flächenplanung

Abschnitt 1 Bauleitplanung

§ 17 Anwendungsbereich 2013

Amtliche Begründung

§ 17 wurde gegenüber § 17 Absatz 1 und 2 der HOAI 2009 sprachlich vereinfacht und nunmehr in § 17 Absatz 1 zusammengefasst. Neu aufgenommen wurde die Klarstellung zur freien Vereinbarkeit der Honorare für Leistungen beim Städtebaulichen Entwurf in § 17 Absatz 2. Die Leistungen beim Städtebaulichen Entwurf werden als Besondere Leistungen nunmehr in Anlage 9 konkretisiert.

§ 18 Leistungsbild Flächennutzungsplan 2013

Amtliche Begründung

Die Strukturierung der Leistungsphasen im Leistungsbild Flächennutzungsplan in § 18 wurde gegenüber der HOAI 2009 überarbeitet. § 18 Absatz 2 der HOAI 2009 ist entfallen. Die Teilnahme an Sitzungen von politischen Gremien oder an Sitzungen im Rahmen der Öffentlichkeitsbeteiligung wird nunmehr in der Anlage 9 als Besondere Leistungen aufgeführt. Diese Verlagerung in eine Besondere Leistung liegt darin begründet, dass in der Praxis je nach Größe des Plangebiets die Anzahl der Sitzungstermine sehr uneinheitlich ist, sodass sich ein einheitlicher Leistungsumfang im Sinne von § 3 Absatz 2 Satz 1 HOAI und entsprechend ein Richtwert für die Preisregulierung nicht herleiten lässt. Als Folge ist die Vergütung für die Teilnahme an Gremien- und Öffentlichkeitsterminen grundsätzlich jeweils projektbezogen zwischen Auftraggeber und Auftragnehmer als Besondere Leistung zu vereinbaren. Dagegen sind erforderliche Sitzungstermine mit politischen Gremien, die lediglich der Vorbereitung der Beschlussfassung, zum Beispiel des Gemeinderates, dienen und bei kleinen Gemeinden nicht gesondert durch Verwaltungsbeamte durchgeführt werden können, als Grundleistung der jeweiligen Leistungsphase von den Honorartafelwerten erfasst. Solche regulären Abstimmungstermine können nicht zusätzlich als Besondere Leistung abgerechnet werden. Für eine Abgrenzung zwischen Grundleistung und Besonderer Leistung kommt es in diesem Ausnahmefall nicht darauf an, dass ein politisches Gremium die Sitzung einberufen hat, sondern ob es sich materiell um eine zur Abstimmung der Planung mit dem Auftraggeber erforderliche Sitzung handelt, die als Grundleistung ohnehin eine Voraussetzung zur ordnungsgemäßen Erfüllung des Planungsauftrags ist.

Zu Absatz 1

Zu Nummer 1

In § 18 Absatz 1 wurden die Leistungsphasen nunmehr entsprechend dem Verfahrensablauf der Bauleitplanung nach dem Baugesetzbuch geordnet und auf drei Leistungsphasen beschränkt. In § 18 Absatz 1 ist die bislang für die Leistungsphasen 1 und 2 vorgesehene Spreizung des prozentualen Anteils am Gesamthonorar entfallen. Die Spreizungen in diesen ersten beiden Leistungsphasen wurden mit der HOAI 1977 eingeführt und begründeten sich zum einen durch die unterschiedlichen Vorbedingungen hinsichtlich der Ausstattung in den verschiedenen Gemeinden. Geeignetes Kartenmaterial oder generell verwendbares Datenmaterial waren nicht überall gleichermaßen vorhanden. Zum anderen sollte über die Spreizung dem Umstand Rechnung getragen werden, dass in diesen Leistungsphasen auch

Leistungen vergütet werden können, die vom Auftraggeber selbst zu erbringen waren. Planungsrelevante Daten und Kartenunterlagen stehen heute den Gemeinden ohnehin zur Verfügung und werden dem Auftragnehmer zur Verfügung gestellt. Sie erfordern also keine planerischen Leistungen. Durch die Vorgaben aus den jeweiligen Fachgesetzen bestehen gegenwärtig auch keine Unklarheiten über den Umfang der einzuholenden Gutachten und Fachleistungen. Im Ergebnis entspricht die Gewichtung der Leistungsphasen 1 bis 3 nunmehr anteilsmäßig der bisherigen Bemessung der Leistungsphasen 1 bis 3, 4 und 5 des § 18 der HOAI 2009. Die „vorgeschriebene Fassung“, in der jeweils der Vorentwurf, der Entwurf und der Plan in den Leistungsphasen zu erstellen ist, ist ein Plan nach der Planzeichenverordnung, nicht jedoch ein sogenannter städtebaulicher Vorentwurfs- oder Entwurfsplan.

Zu Absatz 2

§ 18 Absatz 2 verweist zur konkreten Ausgestaltung der Grundleistungen auf die Anlage 2 und zu den Besonderen Leistungen auf die beispielhafte Auflistung in der Anlage 9.

§ 19 Leistungsbild Bebauungsplan 2013

Amtliche Begründung

Wie im Leistungsbild Flächennutzungsplan wurde die Strukturierung der Leistungsphasen im Leistungsbild Bebauungsplan in § 19 gegenüber der HOAI 2009 überarbeitet. Zur Erleichterung des Verständnisses wurde für den Bebauungsplan in § 19 Absatz 1 statt des Verweises auf die Regelung des § 18 Absatz 1 eine eigenständige Regelung zur Anzahl der Leistungsphasen und ihrer prozentualen Bewertung aufgenommen. Inhaltlich stimmt diese Regelung für den Bebauungsplan weiterhin mit der Regelung in § 18 Absatz 1 zum Flächennutzungsplan überein. Der frühere § 19 Absatz 2 der HOAI 2009 ist gleichlaufend zur Streichung des § 18 Absatz 2 entfallen. Die Teilnahme an Sitzungen von politischen Gremien oder an Sitzungen im Rahmen der Öffentlichkeitsbeteiligung wird nunmehr in der Anlage 9 als Besondere Leistungen aufgeführt. Siehe im Einzelnen die Begründung zu § 18. Inhalt und Regelungsstruktur zur Konkretisierung des Leistungsbildes des Bebauungsplanes in § 19 Absatz 2 wurden an die Regelung für den Flächennutzungsplan in § 18 Absatz 2 angeglichen.

Zu Absatz 1

In § 19 Absatz 1 wurden die Leistungsphasen zum Bebauungsplan entsprechend dem Verfahrensablauf der Bauleitplanung nach dem Baugesetzbuch neu geordnet und auf drei Leistungsphasen beschränkt. In § 19 Absatz 1 ist die bislang für die Leistungsphasen 1 und 2 vorgesehene Spreizung des prozentualen Anteils am Gesamthonorar entfallen. Im Einzelnen siehe die Begründung zu § 18 Absatz 1.

Zu Absatz 2

§ 19 Absatz 2 verweist zur konkreten Ausgestaltung der Grundleistungen auf die Anlage 3 und zu den Besonderen Leistungen auf die beispielhafte Auflistung in der Anlage 9.

§ 20 Honorare für Leistungen bei Flächennutzungsplänen 2013

Amtliche Begründung

§ 20 wurde grundlegend überarbeitet. Zur Umstellung von Verrechnungseinheiten auf Flächen siehe die Begründung zum Teil 2 „Flächenplanung“ oben. Durch die Umstellung auf Flächen entfallen die bislang in § 20 Absatz 2, 3, 4 und 5 der HOAI 2009 enthaltenen Regelungen. Aufgrund der Aktualisierung der Honorartafelwerte besteht für die bislang in § 20 Absatz 6 der HOAI 2009 enthaltene Mindesthonorarregelung kein Regelungsbedarf mehr. Der untere

Honorartafelwert für eine Fläche von 1000 ha gibt Anhaltspunkte für die freie Vereinbarkeit des Honorars für die Flächennutzungsplanung bei kleineren Flächen.

Zu Absatz 1

§ 20 Absatz 1 enthält die auf Flächen in Hektar umgestellte und zu den Honorartafelwerten aktualisierte Honorartafel. Die Anzahl der Honorarzonen wird von fünf auf drei Zonen reduziert. Ziel ist die Vereinheitlichung der Anzahl der Honorarzonen für die Flächenplanung insgesamt.

Zu Absatz 2

§ 20 Absatz 2 regelt die für die Honorarberechnung maßgeblichen zwei Bezugsgrößen. Statt auf Verrechnungseinheiten wird nunmehr auf die Größe des Plangebiets und wie bislang auf die Honorarzone abgestellt.

Zu Absatz 3

§ 20 Absatz 3 aktualisiert die bislang in § 20 Absatz 7 der HOAI 2009 enthaltenen Bewertungsmerkmale, die auf die spezifischen Anforderungen und Inhalte des Flächennutzungsplans abstellen. Unter dem Bewertungsmerkmal „Infrastruktur" ist sowohl die technische als auch die soziale Infrastruktur erfasst.

Zu Absatz 4

§ 20 Absatz 4 regelt den bislang von § 20 Absatz 8 der HOAI 2009 erfassten Sachverhalt, dass die Gewichtung der Bewertungsmerkmale des § 20 Absatz 3 gemäß § 20 Absatz 5 zu dem Ergebnis führt, dass die Bewertungsmerkmale entsprechend dem Schwierigkeitsgrad der Planungsanforderungen nicht einheitlich einer Honorarzone zuzuordnen sind. Bestehen deswegen Zweifel, welcher Honorarzone der Flächennutzungsplan zuzuordnen ist, erfolgt die Zuordnung zu einer Honorarzone einheitlich nach der Summe der Bewertungspunkte entsprechend der in § 20 Absatz 4 Nummer 1 bis 3 enthaltenen maximalen Ansätzen.

Zu Absatz 5

§ 20 Absatz 5 entspricht im Wesentlichen der bisherigen Regelung in § 20 Absatz 9 der HOAI 2009. Zum Zwecke der Vereinfachung und mit Rücksicht auf die Reduzierung der Anzahl der Honorarzonen von bislang fünf auf drei Honorarzonen sind die Bewertungsmerkmale entsprechend dem jeweiligen Schwierigkeitsgrad nunmehr von einem Punkt bis maximal drei Punkten zu gewichten.

Zu Absatz 6

§ 20 Absatz 6 greift für Flächennutzungspläne die bislang in § 12 des allgemeinen Teils der HOAI 2009 enthaltene Regelung des Honorars im Falle der Änderung oder Überarbeitung von Planausschnitten auf. § 20 Absatz 6 sieht jetzt vor, dass in diesem Fall das Honorar frei zu vereinbaren ist. Planausschnitte kommen in der Planungspraxis lediglich für Flächennutzungspläne und Landschaftspläne vor, da lediglich diese Pläne das gesamte Gemeindegebiet umfassen. Im Gegensatz zu Flächennutzungsplänen und Landschaftsplänen kann das Honorar im Falle der Änderung von Bebauungsplänen und Grünordnungsplänen über den Flächenansatz berechnet werden. Für Flächennutzungspläne wie für Landschaftspläne dagegen hat sich die freie Vereinbarkeit des Honorars für die Änderung oder Überarbeitung von Planausschnitten durchgesetzt. Grund dafür ist, dass der Umfang der Änderung oder Überarbeitung in der Praxis sehr stark divergieren kann. So kann nur eine einzige Festsetzung betroffen sein oder die Inhalte der Änderung oder Überarbeitung können eine hohe Komplexität aufweisen.

§ 21 Honorare für Leistungen bei Bebauungsplänen 2013

Amtliche Begründung

In § 21 Absatz 1 wurde die Regelung des § 21 Absatz 1 der HOAI 2009 unter Aktualisierung der Honorartafelwerte beibehalten. Die Anzahl der Honorarzonen wird von fünf auf drei Zonen reduziert. Ziel ist die Vereinheitlichung der Anzahl der Honorarzonen für die Flächenplanung insgesamt. Die Honorartafel des Bebauungsplans sah im Verhältnis zu allen anderen Tafeln der Flächenplanung ein sehr große Spreizung der Honorare – Differenz der Honorartafelwerte Honorarzone I unten bis Honorarzone V oben – vor. Auf dieser Grundlage wird durch den Verzicht auf die Honorarzone I und V und den Einstieg bei Honorarzone II unten sowie Endwert bei Honorarzone IV oben eine Verringerung der Spreizung der Honorarzonen erreicht. § 21 Absatz 2 entspricht im Wesentlichen § 21 Absatz 2 der HOAI 2009. Lediglich zur Klarstellung werden die für die Honorarberechnung maßgeblichen zwei Bezugsgrößen benannt, die Fläche des Plangebiets und die Honorarzone. Folgerichtig kann der Bezug auf die Fläche des Plangebiets in Hektar in § 21 Absatz 1 entfallen. Struktur und Regelungsinhalt des § 21 Absatz 3 und 4 neu wurden überarbeitet. § 21 Absatz 3 wurde infolge der Änderungen in § 20 Absatz 7 bis 9 überarbeitet. Für die Zuordnung zu den Honorarzonen ist für den Bebauungsplan der Verweis auf die für den Flächennutzungsplan maßgeblichen Bewertungsmerkmale entfallen. Nunmehr werden in § 21 Absatz 3 für den Bebauungsplan die für die Zuordnung zur Honorarzone spezifischen Bewertungsmerkmale aufgenommen. Diese sind an die Inhalte des Bebauungsplans und der detaillierten Planungsebene angepasst. Wie bei den Bewertungsmerkmalen für den Flächennutzungsplan ist unter „Infrastruktur" sowohl die technische als auch soziale Infrastruktur erfasst. Beibehalten wurde der Verweis des § 21 Absatz 4 neu auf die Zuordnung zur Honorarzone beim Flächennutzungsplan in § 20 Absatz 4 und 5. Der Verweis in § 21 Absatz 4 wurde neu gefasst. Die bisherige Maßgabe, dass der Bebauungsplan insgesamt einer Honorarzone zuzuordnen ist, kann infolge der Umstellung der Honorarberechnung beim Flächennutzungsplan auf die Größe des Plangebiets in Hektar entfallen. Auch der Flächennutzungsplan ist aufgrund der Umstellung der Honorarberechnung nunmehr einer Honorarzone zuzuordnen. § 21 Absatz 5 greift die Regelung des § 21 Absatz 2 Satz 2 der HOAI 2009 in unveränderter Form auf.

Abschnitt 2 Landschaftsplanung

Amtliche Begründung

Die Leistungsbilder der Landschaftsplanung wurden inhaltlich und strukturell überarbeitet. Sie gliedern sich zukünftig einheitlich in vier gleichlautende Leistungsphasen, die jeweils mit denselben Prozentsätzen bewertet werden. Wie für die Leistungsbilder der Bauleitplanung werden auch für die Leistungsbilder der Landschaftsplanung einheitlich drei Honorarzonen ausgewiesen.

§ 22 Anwendungsbereich 2013

Amtliche Begründung

Zu Absatz 1

§ 22 Absatz 1 bleibt im Wesentlichen unverändert. Da sich die Grundleistungen in den Leistungsbildern der Landschaftsplanung jetzt auf das Vorbereiten und Erstellen der Pläne konzentrieren, entfällt die vormalige Teilleistung „Mitwirken am Verfahren".

Zu Absatz 2

§ 22 Absatz 2 wurde inhaltlich und strukturell überarbeitet. Die Regelung erfasst jetzt strukturell die fünf Pläne der Landschaftsplanung, die Landschaftspläne, die Grünordnungspläne mit den landschaftsplanerischen Fachbeiträgen, die Landschaftsrahmenpläne, die Landschaftspflegerischen Begleitpläne und die Pflege- und Entwicklungspläne. In § 22 Absatz 2 Nummer 2 werden nunmehr neben den Grünordnungsplänen die „Landschaftsplanerischen Fachbeiträge" aufgeführt. Hintergrund dafür ist, dass in den Bundesländern der Grünordnungsplan teilweise als solcher beauftragt wird, teilweise in einem nicht formalisierten Verfahren als „Landschaftsplanerischer Fachbeitrag" ergänzend zu einer Bauleitplanung in Auftrag gegeben wird. Durch die Erweiterung des § 22 Absatz 2 Nummer 2 neu wird klargestellt, dass für die Anforderungen an Leistungen im Rahmen eines „Landschaftsplanerischen Fachbeitrags" sowie für ihre Honorierung das Leistungsbild Grünordnungsplan einschlägig ist. In § 22 Absatz 2 Nummer 4 sind anders als in § 22 Absatz 2 Nummer 3 der HOAI 2009 die „Sonstigen landschaftsplanerischen Leistungen" nicht mehr erfasst.

§ 23 Leistungsbild Landschaftsplan 2013

Amtliche Begründung

§ 23 wurde überarbeitet. Die bisher in § 23 Absatz 1 Nummer 1 und 2 vorgesehene Spreizung der prozentualen Bewertung ist entfallen. Auch der Verweis auf die Regelung der Honorare in § 28 ist entbehrlich und aus Gründen der Vereinfachung entfallen. Die Regelung in § 23 Absatz 2 der HOAI 2009 wurde gestrichen, da die Teilnahme an Sitzungen von politischen Gremien oder an Sitzungen im Rahmen der Öffentlichkeitsbeteiligung nunmehr in der Anlage 9 als Besondere Leistungen aufgeführt wird. Diese Verlagerung in eine Besondere Leistung liegt wie beim Flächennutzungsplan darin begründet, dass in der Praxis je nach Größe des Planungsgebiets die Anzahl der Sitzungstermine sehr uneinheitlich ist, sodass sich ein einheitlicher Leistungsumfang im Sinne von § 3 Absatz 2 Satz 1 HOAI und entsprechend ein Richtwert für die Preisregulierung nicht herleiten lassen. Als Folge ist die Vergütung für die Teilnahme an Gremien- und Öffentlichkeitsterminen grundsätzlich jeweils projektbezogen zwischen Auftraggeber und Auftragnehmer zu vereinbaren. Dagegen sind erforderliche Sitzungstermine mit politischen Gremien, die lediglich der Vorbereitung der Beschlussfassung, zum Beispiel Gemeinderates, dienen und bei kleinen Gemeinden nicht gesondert durch Verwaltungsbeamte durchgeführt werden können, als Grundleistung der jeweiligen Leistungsphase von den Honorartafelwerten erfasst. Solche regulären Abstimmungstermine können nicht zusätzlich als Besondere Leistung abgerechnet werden. Für eine Abgrenzung zwischen Grundleistung und Besonderer Leistung kommt es in diesem Ausnahmefall nicht darauf an, dass ein politisches Gremium die Sitzung einberufen hat, sondern ob es sich materiell um eine zur Abstimmung der Planung mit dem Auftraggeber erforderliche Sitzung handelt, die als Grundleistung ohnehin eine Voraussetzung zur ordnungsgemäßen Erfüllung des Planungsauftrags ist. § 23 Absatz 2 Satz 1 verweist auf die Konkretisierung der Grundleistungen in der Anlage 4 und § 23 Absatz 2 Satz 2 auf die Beispiele für Besondere Leistungen der Flächenplanung in der Anlage 9.

§ 24 Leistungsbild Grünordnungsplan 2013

Amtliche Begründung

§ 24 wurde überarbeitet. Der bisherige Verweis auf das Leistungsbild des Landschaftsplans entfällt. Das Leistungsbild des Grünordnungsplans wird in § 24 Absatz 1 eigenständig geregelt. Der Regelungsinhalt stimmt mit der Regelung sämtlicher Leistungsbilder der Landschaftsplanung überein. Die bisher für das Leistungsbild Gründordnungsplan aufgrund des Verweises auf § 23 Absatz 1 Satz 1 vorgesehene Spreizung der prozentualen Bewertung für die Leistungsphasen 1 und 2 ist entfallen. Auch der Verweis auf die Regelung der Honorare in § 29 ist entbehrlich und aus Gründen der Vereinfachung entfallen. Aus inhaltlichen Gründen ist der Verweis von § 24 Absatz 2 auf § 23 Absatz 2 der HOAI 2009 entfallen. Die Teilnahme an Sitzungen von politischen Gremien oder an Sitzungen im Rahmen der Öffentlichkeitsbeteiligung wird nunmehr in der Anlage 9 als Besondere Leistungen aufgeführt. Siehe im Einzelnen die Begründung zu § 23. § 24 Absatz 2 Satz 1 verweist auf die Konkretisierung der Grundleistungen in der Anlage 5 und § 24 Absatz 2 Satz 2 auf die Beispiele für Besondere Leistungen der Flächenplanung in der Anlage 9.

§ 25 Leistungsbild Landschaftsrahmenplan 2013

Amtliche Begründung

§ 25 wurde überarbeitet. Die bisher in § 25 Absatz 2 der HOAI 2009 geregelte Minderung der Bewertung der Leistungsphase 1 im Falle einer Planfortschreibung des Landschaftsrahmenplans entfällt.

In § 25 Absatz 1 kommt der Leistungsphase 1 neu ein Anteil von 3 Prozent und der Leistungsphase 2 neu ein Anteil von 37 Prozent am Gesamthonorar zu. Bislang waren die Leistungsphasen 1 und 2 in § 25 Absatz 1 der HOAI 2009 mit je 20 Prozent bewertet worden. Hintergrund dafür ist die Zielsetzung der Überarbeitung der Leistungsbilder der Landschaftsplanung, der zufolge nunmehr alle Leistungsbilder in der jeweiligen Leistungsphase mit denselben Anteilen am Gesamthonorar bewertet werden sollen. § 25 Absatz 2 Satz 1 verweist auf die Konkretisierung der Grundleistungen in der Anlage 6 und § 25 Absatz 2 Satz 2 auf die Beispiele für Besondere Leistungen der Flächenplanung in der Anlage 9.

§ 26 Leistungsbild Landschaftspflegerischer Begleitplan 2013

Amtliche Begründung

§ 26 wurde überarbeitet. Die bisher in § 26 Absatz 1 Nummer 1 und 2 der HOAI 2009 vorgesehene Spreizung der prozentualen Bewertung ist entfallen. Wie bei allen anderen Leistungsbildern der Landschaftsplanung werden zur Vereinfachung vier Leistungsphasen mit jeweils einheitlichen prozentualen Anteilen am Honorar vorgesehen. Neu gefasst wurde in § 26 Absatz 1 die Bezeichnung der Leistungsphasen 3 (Vorläufige Fassung) und der Leistungsphase 4 (Abgestimmte Fassung). Aufgrund der eigenständigen Honorarregelung in § 31 neu ist die bislang in § 26 Absatz 2 Satz 1 der HOAI 2009 vorgesehene Aufteilung der Vergütungsregelungen je nach Maßstabsebene des Landschaftspflegerischen Begleitplans entfallen. Die bisher in § 26 Absatz 2 Satz 2 der HOAI 2009 eröffnete Möglichkeit der freien Honorarvereinbarung ist ebenfalls entfallen. § 26 Absatz 2 Satz 1 verweist auf die Konkretisierung der Grundleistungen in der Anlage 7 und § 26 Absatz 2 Satz 2 auf die Beispiele für Besondere Leistungen der Flächenplanung in der Anlage 9.

§ 27 Leistungsbild Pflege- und Entwicklungsplan 2013

Amtliche Begründung

§ 27 wurde überarbeitet. Die bisher in § 27 Satz 1 Nummer 1, 2 und 3 vorgesehene Spreizung der prozentualen Bewertung ist entfallen. Wie bei allen anderen Leistungsbildern der Landschaftsplanung werden zur Vereinfachung nunmehr vier Leistungsphasen mit jeweils einheitlichen prozentualen Anteilen am Honorar vorgesehen. Neu gefasst wurde die Bezeichnung der Leistungsphase 3 (Vorläufige Fassung) und der Leistungsphase 4 (Abgestimmte Fassung). § 27 Absatz 2 Satz 1 verweist auf die Konkretisierung der Grundleistungen in der Anlage 8 und § 27 Absatz 2 Satz 2 auf die Beispiele für Besondere Leistungen der Flächenplanung in der Anlage 9.

§ 28 Honorare für Leistungen bei Landschaftsplänen 2013

Amtliche Begründung

§ 28 wurde vor allem im Hinblick auf die Aktualisierung der Honorartafel in § 28 Absatz 1 überarbeitet. Im Übrigen bleibt § 28 weitestgehend unverändert. In § 28 Absatz 1 wurde klargestellt, dass die Honorartafel nach der Fläche des Planungsgebiets in Hektar ausgerichtet ist. Lediglich zur Klarstellung benennt § 28 Absatz 2 neu die beiden für die Honorarberechnung maßgeblichen Bezugsgrößen, die Fläche des Planungsgebiets und die Honorarzone. § 28 Absatz 3, 4 und 5 bleiben unverändert. § 28 Absatz 6 greift für Landschaftspläne die bislang in § 12 des allgemeinen Teils der HOAI 2009 enthaltene Regelung der freien Vereinbarkeit des Honorars im Falle der Änderung oder Überarbeitung von Planausschnitten auf. Planausschnitte kommen in der Planungspraxis lediglich für Flächennutzungspläne und Landschaftspläne vor, da lediglich diese Pläne das gesamte Gemeindegebiet umfassen. Im Einzelnen siehe dazu die Begründung zu § 20 Absatz 6 neu.

§ 29 Honorare für Grundleistungen bei Grünordnungsplänen 2013

Amtliche Begründung

§ 29 wurde grundlegend überarbeitet. Zum Zwecke der Harmonisierung der Honorartafeln im Bereich der Flächenplanung werden für den Grünordnungsplan wie für die anderen Leistungsbilder der Landschaftsplanung statt zwei nunmehr drei Honorarzonen vorgesehen. Darüber hinaus wird das System der Honorarberechnung wie beim Flächennutzungsplan in der Bauleitplanung und beim Landschaftspflegerischen Begleitplan in der Landschaftsplanung auf die Größe des Plangebiets in Hektar umgestellt. Der Ansatz der Honorarberechnung nach Verrechnungseinheiten entfällt. Zur Umstellung von Verrechnungseinheiten auf Flächen siehe im Einzelnen die Begründung zum Teil 2 „Flächenplanung" oben. Durch die Umstellung von Verrechnungseinheiten auf Flächen entfallen die bislang in § 29 Absatz 2 und 3 der HOAI 2009 enthaltenen Regelungen. Auch die Regelung in § 29 Absatz 5 ist entfallen.

§ 29 Absatz 1 enthält die auf Flächen in Hektar umgestellte und zu den Honorartafelwerten aktualisierte Honorartafel. Die Anzahl der Honorarzonen wird auf drei Zonen erweitert. Ziel ist die Vereinheitlichung der Anzahl der Honorarzonen für die Flächenplanung insgesamt.

§ 29 Absatz 2 regelt die für die Honorarberechnung maßgeblichen zwei Bezugsgrößen. Statt auf Verrechnungseinheiten wird nunmehr auf die Größe des Planungsgebiets und wie auch bislang auf die Honorarzone abgestellt.

§ 29 Absatz 3 erweitert die Liste der bislang fünf Bewertungsmerkmale, die bereits § 29 Absatz 4 Satz 2 der HOAI 2009 zu entnehmen waren, auf sechs Bewertungsmerkmale. Die Bewertungsmerkmale werden inhaltlich an das aktualisierte Leistungsbild und die geänderten Planungsanforderungen angepasst.

§ 29 Absatz 4 und 5 orientieren sich an der Struktur der Honorarvorschrift für den Landschaftsplan in § 28.

§ 29 Absatz 6 greift für den Grünordnungsplan die bislang für Bebauungspläne in § 21 Absatz 2 Satz 2 der HOAI 2009 vorgesehene Regelung zu Änderungen des Planungsgebiets während der Leistungserbringung auf. Im Einzelnen siehe die Begründung zu § 20 Absatz 6 und § 21 Absatz 6.

§ 30 Honorare für Grundleistungen bei Landschaftsrahmenplänen 2013

Amtliche Begründung

§ 30 wurde grundlegend überarbeitet.

§ 30 Absatz 1 neu erweitert die Anzahl der Honorarzonen auf drei Zonen. Ziel ist die Vereinheitlichung der Anzahl der Honorarzonen für die Flächenplanung insgesamt.

§ 30 Absatz 2 regelt die für die Honorarberechnung maßgeblichen zwei Bezugsgrößen, die Fläche des Planungsgebiets und die Honorarzone, und greift inhaltlich den bislang in § 20 Absatz 2 enthaltenen Verweis auf § 28 Absatz 2 der HOAI 2009 auf.

§ 30 Absatz 3 erweitert die Liste der bislang fünf Bewertungsmerkmale, die bereits § 30 Absatz 3 Satz 2 der HOAI 2009 zu entnehmen waren, auf sechs Bewertungsmerkmale. Die Bewertungsmerkmale werden inhaltlich an das aktualisierte Leistungsbild und die geänderten Planungsanforderungen angepasst.

§ 30 Absatz 4 und 5 orientieren sich an der Struktur der Honorarvorschrift für den Landschaftsplan in § 28.

§ 30 Absatz 6 greift für den Landschaftsrahmenplan die bislang für Bebauungspläne in § 21 Absatz 2 Satz 2 der HOAI 2009 vorgesehene Regelung zu Änderungen des Planungsgebiets während der Leistungserbringung auf. Im Einzelnen siehe die Begründung zu § 20 Absatz 6 und § 21 Absatz 6.

§ 31 Honorare für Grundleistungen bei Landschaftspflegerischen Begleitplänen 2013

Amtliche Begründung

§ 31 enthält eine eigenständige Honorarvorschrift für den Landschaftspflegerischen Begleitplan.

In der HOAI 2009 richtete sich das Honorar gemäß § 26 Absatz 2 Satz 1 bei einer Planung im Maßstab des Flächennutzungsplans nach der Honorartafel des Landschaftsplans und bei einer Planung im Maßstab des Bebauungsplans nach der Honorartafel des Grünordnungsplans. Allerdings wurde der vorhabenbezogene Landschaftspflegerische Begleitplan bereits im Geltungszeitraum der HOAI 2009 in der Regel nicht mehr im Maßstab des Flächennutzungsplans erarbeitet. Auf dieser Grundlage war die Honorarvorschrift zum Landschaftspflegerischen Begleitplan neu zu entwickeln.

Zum Zwecke der Harmonisierung der Honorartafeln im Bereich der Flächenplanung werden für den Landschaftspflegerischen Begleitplan wie für die anderen Leistungsbilder der Landschaftsplanung statt zwei nunmehr drei Honorarzonen vorgesehen. Darüber hinaus wird das System der Honorarberechnung wie beim Flächennutzungsplan in der Bauleitplanung und beim Grünordnungsplan in der Landschaftsplanung auf die Größe des Plangebiets in Hektar umgestellt. Der Ansatz der Honorarberechnung nach Verrechnungseinheiten entfällt. Zur Umstellung von Verrechnungseinheiten auf Flächen siehe die Begründung zum Teil 2 „Flächenplanung" oben. Die neue Honorartafel orientiert sich strukturell an der Honorarvorschrift zum Grünordnungsplan.

§ 31 Absatz 1 enthält die auf Flächen in Hektar umgestellte und zu den Honorartafelwerten aktualisierte Honorartafel. Die Anzahl der Honorarzonen wird auf drei Zonen erhöht. Ziel ist die Vereinheitlichung der Anzahl der Honorarzonen für die Flächenplanung insgesamt.

§ 31 Absatz 2 Satz 1 regelt die für die Honorarberechnung maßgeblichen zwei Bezugsgrößen. Statt auf Verrechnungseinheiten wird auf die Größe des Planungsgebiets und wie auch bislang auf die Honorarzone abgestellt. § 31 Absatz 2 Satz 2 regelt die Honorarberechnung für den Fall der Änderung der Größe des Planungsgebiets während der Leistungserbringung.

§ 31 Absatz 3 spezifiziert die Liste der für den Landschaftspflegerischen Begleitplan maßgeblichen Bewertungsmerkmale. Die Bewertungsmerkmale werden inhaltlich an das aktualisierte Leistungsbild und die geänderten Planungsanforderungen angepasst.

§ 31 Absatz 4 und 5 orientieren sich an der Struktur der Honorarvorschrift für den Landschaftsplan in § 28.

§ 31 Absatz 6 greift für den Landschaftspflegerischen Begleitplan die bislang für Bebauungspläne in § 21 Absatz 2 Satz 2 der HOAI 2009 vorgesehene Regelung zu Änderungen des Planungsgebiets während der Leistungserbringung auf. Im Einzelnen siehe die Begründung zu § 20 Absatz 6 und § 21 Absatz 6.

§ 32 Honorare für Grundleistungen bei Pflege- und Entwicklungsplänen 2013

Amtliche Begründung

§ 32 entspricht im Hinblick auf die Regelungsstruktur weitestgehend § 31 der HOAI 2009. Die Honorarvorschrift für den Pflege- und Entwicklungsplan wurde vor allem im Hinblick auf die Aktualisierung der Honorartafel in § 32 Absatz 1 überarbeitet. Im Übrigen bleibt die bisherige Regelung des § 31 der HOAI 2009 weitestgehend unverändert in § 32 erhalten. § 31 Absatz 3, 4 und 5 der HOAI 2009 wurden unverändert in § 32 Absatz 3, 4 und 5 übernommen. § 32 Absatz 6 greift für den Pflege- und Entwicklungsplan die bislang für Bebauungspläne in § 21 Absatz 2 Satz 2 der HOAI 2009 vorgesehene Regelung zu Änderungen des Planungsgebiets während der Leistungserbringung auf. Diese entspricht den Regelungen für den Bebauungsplan in § 20 Absatz 2 Satz 2, den Grünordnungsplan in § 29 Absatz 2 Satz 2, den Landschaftsrahmenplan in § 30 Absatz 2 Satz 2 und den Landschaftspflegerischen Begleitplan in § 31 Absatz 2 Satz 2. Im Einzelnen siehe die Begründung zu § 20 Absatz 6 und § 21 Absatz 6.

Teil 3 Objektplanung

Amtliche Begründung

Allgemeine Änderungen der Leistungsbilder der Objektplanung:

Kostenermittlung und Kostenkontrolle

Die Leistungsbilder wurden in den Leistungsphasen 2 und 6 durch die Grundleistung der Kostenkontrolle ergänzt, um so die Verpflichtung zur durchgängigen Kostenverfolgung während des gesamten Planungs- und Ausführungsprozesses zugrunde zu legen.

In diesem Sinne sind auch die Leistungsphasen 6 und 7 ergänzt worden. Nunmehr sind bepreiste Leistungsverzeichnisse aufzustellen. Im Rahmen der Kostenkontrolle sind diese bepreisten Leistungsverzeichnisse mit der Kostenberechnung und den Ausschreibungsergebnissen zu vergleichen. Durch diese präzisierte Kostenermittlung und Kontrolle wurde der Kostenanschlag entbehrlich. Der Kostenanschlag umfasst nämlich gemäß DIN 276-1:2008-12 lediglich die Kostenermittlung bis zur dritten Ebene und die Ordnung nach Vergabeeinheiten.

Dokumentation

In allen Leistungsbildern der Objektplanung wurde in den Leistungsphasen 1 bis 3 die Grundleistung zur Dokumentation und Erläuterung der Ergebnisse präzisiert. Damit wurde die bisher in § 3 Absatz 8 der HOAI 2009 geregelte Unterrichtung des Auftraggebers direkt in den relevanten Leistungsphasen aufgenommen.

Die Prüfung und Wertung der Angebote ist ohne eine Dokumentation des Vergabeverfahrens nicht möglich und schließt diese ein. In der Leistungsphase 7 wurde daher die Dokumentation des Vergabeverfahrens aufgenommen.

Die auch bisher schon bestehende systematische Zusammenstellung der zeichnerischen Darstellungen und rechnerischen Ergebnisse wurde nunmehr in die Leistungsphase 8 eingegliedert, da sie zeitlich mit der Übergabe des Objekts verknüpft ist. Damit soll darauf hingewirkt werden, dass dem Auftraggeber bei einer etwaigen Teilabnahme nach der Leistungsphase 8 die notwendige Objektdokumentation zur Verfügung steht.

Terminplanung

Die Terminplanung der Leistungsbilder Gebäude, Freianlagen und Technische Ausrüstung wurde in die Leistungsphasen 2, 3 und 5 aufgenommen. In der Leistungsphase 8 ist auch bisher das Aufstellen und Überwachen eines Terminplans verankert.

Am deutlichsten ist diese Grundleistung im Leistungsbild Gebäude hervorgehoben, da diese übergreifende Objektplanung eine Vielzahl von Fachplanungen und Gewerken berücksichtigen und zusammenführen muss.

Die in der Leistungsphase 2 aufgestellte Terminplanung soll in den Leistungsphasen 3, 5 und 8 kontinuierlich fortgeschrieben und ergänzt werden.

Über die bisherige Teilleistung lit. e) der Leistungsphase 8 der HOAI 2009 hinaus wurde das Erstellen, Fortschreiben und Überwachen des Terminplans als Teilleistung in die Leistungsphasen 2, 3, 5 und 8 aufgenommen. Zur Leistungsphase 8 (bisher: „Aufstellen und Überwachen eines Zeitplans [Balkendiagramm]“, neu: „Aufstellen, Fortschreiben und Überwachen eines Terminplans [Balkendiagramm]“) war das Fortschreiben des Terminplans während der Ausführung bereits durch das Überwachen erfasst und wurde zur Klarstellung aufgenommen. Darüber hinaus ist die Terminplanung während der Bauausführung durch die Berücksichtigung der ineinandergreifenden Abläufe der Bauarbeiten als fortlaufender Prozess zu betrachten. Daher war auch klarzustellen, dass neben dem Fortschreiben eine kontinuierliche Überwachung des fortgeschriebenen Terminplans im Bauablauf erforderlich ist.

In den Leistungsbildern Ingenieurbauwerke und Verkehrsanlagen ist der Aspekt der Terminplanung mit Ausnahme der Leistungsphase 8 dagegen nicht berücksichtigt. Im Gegensatz zum Leistungsbild Gebäude laufen hier mehrere eigenständige Objektplanungen parallel (zum Beispiel Wasserwerk). Es wäre deshalb nicht sachgerecht, diese übergreifende terminliche Planung auf Basis der anrechenbaren Kosten einer Objektplanung zu honorieren. Die objektübergreifende, integrierte Bauablaufplanung stellt daher eine Besondere Leistung dar.

Weitere Änderungen je Leistungsphase

Leistungsphase 6: Vorbereitung der Vergabe

Die Grundleistung „Zusammenstellen der Vergabeunterlagen" wurde systematisch der Vorbereitung der Vergabe zugeordnet und aus der Leistungsphase 7 in die Leistungsphase 6 verlagert.

Leistungsphase 7: Mitwirkung bei der Vergabe

Die ehemalige Teilleistung lit. e) „Verhandlung mit Bietern" wird nunmehr in lit. d) „Führen von Bietergesprächen" genannt, da bei öffentlichen Auftragsvergaben Verhandlungen mit Bietern nicht bei allen Vergabearten zulässig sind. Unter Bietergesprächen sind Aufklärungsgespräche oder Verhandlungen im Rahmen der Vergabeverfahren zu verstehen.

Leistungsphase 9: Objektbetreuung

Der Aufwand für die bisherige Grundleistung – Überwachen der Mängelbeseitigung – ist im Umfang nur schwierig kalkulierbar. Daher soll die Überwachung der Mängelbeseitigung zukünftig als Besondere Leistung zum Beispiel auf Zeithonorarbasis beauftragt werden können. Durch die neu aufgenommene Grundleistung der fachlichen Bewertung der Mängel einschließlich notwendiger Begehungen wird sichergestellt, dass der beauftragte Architekt oder Ingenieur auch nach Abschluss des Projekts dem Bauherrn bei auftretenden Mängeln zur Seite steht und eine verursachungsgerechte Inanspruchnahme des Schädigers ermöglicht wird.

Mit der fachlichen Bewertung der Mängel soll in erster Linie die Zuordnung des Mangels zu einem Bau- oder Planungsbeteiligten aus fachlicher Sicht sichergestellt werden. Eine Bewertung mit der Qualität und Ausführlichkeit eines Sachverständigengutachtens ist nicht Gegenstand dieser Grundleistung.

Mit der HOAI 2009 wurde die Frist zur Überwachung der Mängelbeseitigung gemäß § 13 Absatz 4 VOB Teil B auf vier Jahre festgelegt. Da diese nicht in jedem Fall die Vertragsgrundlage bildet, wurde die Frist für die fachliche Bewertung der festgestellten Mängel an § 438 Absatz 1 Nummer 2 BGB auf fünf Jahre angepasst.

Änderungen zu den Objektlisten

Die Objektlisten wurden neu strukturiert. Bisher waren diese nach den Honorarzonen gegliedert. Durch die Strukturierung nach Objekttypen und die tabellarische Zuordnung zu den Honorarzonen werden für den Anwender ein besserer Überblick geschaffen und die Zuordnung zur Honorarzone erleichtert.

Abschnitt 1 Gebäude und Innenräume

§ 33 Besondere Grundlagen des Honorars 2013

Amtliche Begründung

§ 33 HOAI entspricht weitgehend § 32 der HOAI 2009. § 32 Absatz 4 der HOAI 2009 mit einer Ausnahme vom Grundsatz der selbstständigen Abrechnung beim Bau von Gebäuden und Freianlagen wurde in § 38 Absatz 2 überführt. In § 33 Absatz 1 und 2 wurde zum Zwecke der Klarstellung im Hinblick auf § 3 Absatz 2 der Begriff der „Grundleistungen" aufgenommen. Bei den Kosten der Technischen Anlagen im Sinne des § 33 Absatz 2 handelt es sich um die Kosten der Anlagen der Technischen Ausrüstung gemäß § 53 Absatz 2. Im Bereich Gebäude werden die anrechenbaren Kosten auf Grundlage der DIN 276-1:2008-12 ermittelt, hier die Kostengruppe 400 „Bauwerk – Technische Anlagen".

§ 34 Leistungsbild Gebäude und Innenräume 2013

Amtliche Begründung

§ 34 HOAI entspricht weitestgehend § 33 der HOAI 2009. Neu wurde die Definition der Innenräume, bisher für die raumbildenden Ausbauten in § 2 Nummer 8 der HOAI 2009 enthalten, aus den Begriffsbestimmungen der Allgemeinen Vorschriften in § 34 Absatz 2 HOAI überführt.

§ 35 Honorare für Leistungen bei Gebäuden und Innenräumen 2013

Amtliche Begründung

In § 35 Absatz 1 HOAI wurde die aktualisierte Honorartafel mit der Festsetzung der Mindest- und Höchstsätze für die in der Anlage 10 aufgeführten Grundleistungen aufgenommen. Im Übrigen stimmt § 35 weitestgehend mit § 34 der HOAI 2009 überein. § 35 Absatz 7 stellt klar, dass die Objektlisten der Anlage 10, Nummer 10.2 und 10.3 für die Zuordnung des Objekts zu den Honorarzonen anzuwenden sind.

§ 36 Umbauten und Modernisierungen von Gebäuden und Innenräumen 2013

Amtliche Begründung

§ 36 ergänzt für das Leistungsbild Gebäude und Innenräume die allgemeine Regelung über den Umbau- und Modernisierungszuschlag in § 6 Absatz 2 Satz 3. Infolge der wieder eingeführten Berücksichtigung der mitzuverarbeitenden Bausubstanz in § 4 Absatz 3 bei den anrechenbaren Kosten werden die Zuschläge für Umbauten und Modernisierungen auf das Honorar gegenüber der bislang weiten Zuschlagsspanne von 0 bis 80 Prozent gemäß § 35 Absatz 1 Satz 1 der HOAI 2009 wieder bis auf den Maximalwert der HOAI 2002 zurückgeführt.

Zu Absatz 1

§ 36 Absatz 1 konkretisiert die Höhe der prozentualen Wertspanne gemäß § 6 Absatz 2 Satz 3 HOAI für den Umbau und die Modernisierung von Gebäuden. Die Wertspanne bis 33 Prozent greift für Umbauten und Modernisierungen von Gebäuden mit einem durchschnittlichen Schwierigkeitsgrad (Honorarzone III). Maßgeblich ist der Schwierigkeitsgrad der konkreten Umbau- oder Modernisierungsmaßnahme im jeweiligen Einzelfall. Die Höhe des Zuschlags ist im Wege einer schriftlichen Vereinbarung bei Auftragserteilung gemäß § 7 Absatz 1 frei vereinbar. § 6 Absatz 2 Satz 4 gibt keinen Mindestwert vor.

Zu Absatz 2

§ 36 Absatz 2 konkretisiert die Höhe der prozentualen Wertspanne gemäß § 6 Absatz 2 Satz 3 HOAI für den Umbau und die Modernisierung von Innenräumen in Gebäuden. Die Wertspanne gemäß § 36 Absatz 2 Satz 1 bis 50 Prozent auf das Honorar greift für Umbauten und Modernisierungen von Gebäuden und Innenräumen mit einem durchschnittlichen Schwierigkeitsgrad. Maßgeblich ist der Schwierigkeitsgrad der konkreten Umbau- oder Modernisierungsmaßnahme im jeweiligen Einzelfall. Die Höhe des Zuschlags ist im Wege einer schriftlichen Vereinbarung bei Auftragserteilung gemäß § 7 Absatz 1 frei vereinbar. § 6 Absatz 2 Satz 4 gibt keinen Mindestwert vor.

§ 37 Aufträge über Gebäude und Freianlagen oder für Gebäude und Innenräume 2013

Amtliche Begründung

§ 37 regelt die Honorarberechnung zu Aufträgen über Gebäude und Freianlagen bzw. Gebäude und Innenräume abweichend von dem in § 11 Absatz 1 vorgesehenen Grundsatz der getrennten Honorarberechnung.

Zu Absatz 1

§ 37 Absatz 1 wurde systematisch neu zugeordnet und gibt inhaltlich unverändert die Regelung des § 37 Absatz 3 zur gemeinsamen Berechnung der Honorare von Gebäuden und Freianlagen bis zu der Wertgrenze von 7.500 Euro anrechenbaren Kosten wieder.

Zu Absatz 2

In § 37 Absatz 2 wird die Regelung des § 25 Absatz 1 HOAI 2002 wieder aufgenommen. Die Regelung dient der Klarstellung, dass der Grundsatz der getrennten Honorarberechnung des § 11 Absatz 1 Satz 1 auch dann nicht greift, wenn derselbe Auftragnehmer für ein Objekt sowohl Gebäude- als auch Innenraumleistungen erbringt. Durch diese Regelung soll eine Mehrfachhonorierung vermieden werden. Die erhöhten Anforderungen sind im Rahmen der für die Grundleistungen am Gebäude festgesetzten Mindest- und Höchstsätze zu berücksichtigen.

Abschnitt 2 Freianlagen

§ 38 Besondere Grundlagen des Honorars 2013

Amtliche Begründung

§ 38 entspricht weitestgehend § 37 der HOAI 2009. § 37 Absatz 1 wurde als Katalog von Regelbeispielen für Außenanlagen abgefasst. Damit wird klargestellt, dass die in § 38 Absatz 1 Nummer 1 bis 8 aufgeführten Beispiele den Begriff der Außenanlagen konkretisieren. Wie in den entsprechenden Regelungen zum Beispiel für Gebäude (§ 34 Absatz 3 der HOAI 2009) oder Technische Ausrüstung (§ 54 Absatz 3 der HOAI 2009) wird darüber hinaus in § 38 Absatz 1 klargestellt dass die anrechenbaren Kosten für die genannten Bauwerke und Anlagen zu berücksichtigen sind, soweit der Auftragnehmer diese plant oder überwacht. Weiterhin wurden in § 38 Absatz 1 Nummer 4, 6, 7 und 8 die Verweise innerhalb der HOAI konkretisiert. Bei den in § 38 Absatz 1 Nummer 6 ausgenommenen Tragwerken der Honorarzone III bis V handelt es sich um solche der Anlage 14.2. § 37 Absatz 3 der HOAI 2009 wurde in § 37 Absatz 1 der neuen HOAI überführt.

§ 39 Leistungsbild Freianlagen 2013

Amtliche Begründung

§ 39 entspricht weitestgehend § 38 der HOAI 2009. Neu aufgenommen wurde in § 39 Absatz 1 die bislang im allgemeinen Teil in § 2 enthaltene Definition der Freianlagen. § 39 Absatz 2 entspricht mit dem Verweis auf § 34 Absatz 1 zum Umfang des Leistungsbildes der Fassung von § 38 Absatz 1 Satz 1 der HOAI 2009. Für den bereits in der HOAI 2009 im eigenständigen Abschnitt 2 des Teils 3 „Objektplanung" geregelten Leistungsbereich „Freianlagen" wird nunmehr auch der Inhalt des Leistungsbildes in einer eigenständigen Anlage abgebildet. Der Inhalt des Leistungsbildes Freianlagen kann damit konkreter anhand des weiten Spektrums der Planungsaufgaben erläutert werden. Dort werden auch die Leistungen der Landschaftspflegerischen Ausführungsplanung deutlicher herausgebildet.

§ 40 Honorare für Grundleistungen bei Freianlagen 2013

Amtliche Begründung

§ 40 entspricht weitestgehend § 39 der HOAI 2009. § 40 Absatz 5 stellt klar, dass die Anlage 11, Nummer 11.2, für die Zuordnung des Objekts zu den Honorarzonen anzuwenden ist. Gemäß § 40 Absatz 6 ist die Regelung zum Umbau- und Modernisierungszuschlag für Gebäude in § 36 Absatz 1 entsprechend auf Freianlagen anzuwenden. Die durch Umbau oder Modernisierung bedingten Erschwernisse in der Abwicklung, Koordination und Organisation von Umbau- oder Modernisierungsleistungen sind auch bei Freianlagen gegeben. Die bestehenden Planungsbedingungen, die erforderliche Beurteilung von Bauteilen oder Materialien sowie spezifische Bauabläufe sind auch bei Leistungen im Bestand von Freianlagen zu berücksichtigen. Die Höhe des Zuschlags ist im Wege einer schriftlichen Vereinbarung frei vereinbar. § 6 Absatz 2 Satz 4 gibt keinen Mindestwert vor.

Abschnitt 3 Ingenieurbauwerke

§ 41 Anwendungsbereich 2013

Amtliche Begründung

Die Definition der Ingenieurbauwerke in § 41 stimmt weitestgehend mit § 40 der HOAI 2009 überein. Lediglich die Verweise in § 41 Nummer 3 und 4 wurden aktualisiert.

Als Ingenieurbauwerke werden durch die HOAI nur Bauwerke und Anlagen aus Bereichen erfasst, die in § 41 Absatz 1 Nummer 1 bis 7 erwähnt sind. Soweit Bereiche nicht erwähnt worden sind, wie zum Beispiel Elektrizitätswerke oder Versorgungsleitungen für Elektrizität, rechnen die Leistungen hierfür nicht zu den von der Verordnung erfassten Leistungen. Die Leistungen in diesen Bereichen sind preisrechtlich nicht gebunden.

Bauwerke oder Anlagen, die funktional eine Einheit bilden, sind als ein Objekt anzusehen. Werden dagegen einem Auftragnehmer die Planung einer Abwasserbehandlungsanlage und eines Abwasser-Kanalnetzes in einem Auftrag übertragen, so handelt es sich hier um die Übertragung der Leistungen für zwei verschiedene Objekte mit jeweils einer eigenen funktionalen Einheit. Das Abwasser-Kanalsystem erfüllt die Transport-Funktion für das Abwasser, die Abwasserbehandlungsanlage erfüllt die Reinigungsfunktion für das Abwasser.

§ 42 Besondere Grundlagen des Honorars 2013

Amtliche Begründung

§ 42 entspricht weitgehend § 41 der HOAI 2009. Zur Klarstellung wurde in § 42 Absatz 1 Satz 2 neu aufgenommen die Regelung zur Anrechenbarkeit von Anlagen der Maschinentechnik. Infolgedessen ist die Regelung in § 41 Absatz 3 Nummer 5 der HOAI 2009 entfallen. Im Übrigen wurde die Regelung zur Anrechenbarkeit von Kosten in § 42 Absatz 3 neu systematisiert und inhaltlich vereinfacht.

Zu Absatz 1

§ 42 Absatz 1 Satz 1 bleibt weitestgehend unverändert. Nicht in den Kosten der Baukonstruktion im Sinne des § 42 Absatz 1 Satz 1 enthalten sind die Anschaffungskosten für das Baugrundstück (zum Beispiel einschließlich der Kosten des Erwerbs, des Freimachens und der Erschließung) sowie die Kosten der Vermessung und Vermarktung, Winterbauschutzvorkehrungen, sonstige zusätzliche Maßnahmen bei der Erschließung, beim Bauwerk und bei den Außenanlagen für den Winterbau, Entschädigungen und Schadensersatzleistungen sowie die Baunebenkosten. Auch die Anschaffungskosten für Kunstwerke sind nicht anrechenbar, soweit nicht wesentlicher Bestandteil des Objekts.

Die Regelung zur Anrechenbarkeit von Anlagen der Maschinentechnik in § 42 Absatz 1 Satz 2 wurde ebenfalls zur Klarstellung ergänzt. Im Einzelnen:

§ 42 Absatz 1 Satz 2 stellt klar, dass die Kosten für die Maschinentechnik, die der Zweckbestimmung des Ingenieurbauwerks dienen, anrechenbar sind, soweit der Objektplaner diese plant oder deren Ausführung überwacht. Die Kosten für die Maschinentechnik sind bei den Kosten der Baukonstruktion im Sinne des § 42 Absatz 1 Satz 1 zu berücksichtigen und nicht den Kosten für die Anlagen der Technischen Ausrüstung im Sinne des § 42 Absatz 2 zuzurechnen. Gleichlaufend wurden nunmehr aus der Definition der Technischen Ausrüstung in § 53 Absatz 2 Nummer 7 die maschinen- und elektrotechnischen Anlagen in Ingenieurbauwerken ausgenommen.

Bei Anlagen der Maschinentechnik handelt es sich um Anlagen ohne jegliche Anschlusstechnik, die als Einheit vom Hersteller geliefert werden, zum Beispiel um Räumer für Absetzbecken bei Kläranlagen und Wasserwerken, Kammerfilterpressen, um Oberflächenbelüfter oder Gasentschwefler sowie um Gasspeicher von Abwasserbehandlungsanlagen. Dazu zählen auch die reinen Stahlbauteile bei Schleusen und Wehren und die Grob- und Feinrechen.

Voraussetzung für die Anrechenbarkeit der Anlagen der Maschinentechnik ist, dass der Auftragnehmer diese plant oder deren Ausführung überwacht. Erforderlich für die Planungsleistung ist nicht, dass der Planer selbst die Konstruktionszeichnungen und weitere Unterlagen für die Anfertigung der Anlagen der Maschinentechnik erstellt. Ausreichend ist, dass der Auftragnehmer auf die Anlagen der Maschinentechnik planerisch Einfluss nimmt. Bei einer Räumerbrücke muss der Objektplaner zum Beispiel auf inneren und äußeren Antrieb, Laufgeschwindigkeit, Windbelastung oder bestimmte Lichtraummaße ebenso Einfluss nehmen wie bei der gesamten technischen Gestaltung der eigentlichen Räumereinrichtung, die mit der Räumerbrücke verbunden ist und wesentliche technische Aufgaben zu erfüllen hat. In diesem Sinn wird die Räumerbrücke vom Objektplaner geplant und regelmäßig wird dann in der Praxis auch ihre Ausführung auf der Baustelle überwacht.

Zu Absatz 2

§ 42 Absatz 2 bleibt inhaltlich im Vergleich zu § 41 Absatz 2 der HOAI 2009 unverändert. Bei den Kosten für Technische Anlagen handelt es sich um die Kosten der Anlagen der Technischen Ausrüstung gemäß § 53 Absatz 2.

Zu Absatz 3

§ 42 Absatz 3 wurde neu strukturiert und inhaltlich vereinfacht. § 42 Absatz 3 regelt, welche Kosten für Leistungen bei Ingenieurbauwerken nicht anrechenbar sind, es sei denn, der Auftragnehmer plant oder überwacht die Ausführung der jeweiligen Maßnahme. Wenn also entweder die Planung oder Überwachung der in § 42 Absatz 3 Nummer 1 bis 4 genannten Maßnahmen übernommen wird, kommt die Anrechnung der Kosten bereits zum Tragen.

§ 42 Absatz 3 Nummer 1 bleibt inhaltlich unverändert. § 41 Absatz 3 Nummer 2 und 3 der HOAI 2009 wurden neu in § 42 Absatz 3 Nummer 2 aufgenommen und durch den Tatbestand „Umlegen und Verlegen von Leitungen" ergänzt.

Ebenfalls aufgrund dieser Systematik der Trennung der Regelungen von Ingenieurbauwerken und Verkehrsanlagen wurde unter Nummer 4 die Ausstattung und Nebenanlagen auf Ingenieurbauwerke bezogen und im Abschnitt Verkehrsanlagen § 46 Absatz 3 Nummer 3 auf Nebenanlagen und Anlagen des Straßen- und Flugverkehrs.

Die verkehrsrelevanten Einzeltatbestände des § 41 Absatz 3 Nummer 4 der HOAI 2009 („Ausstattung und Nebenanlagen von Straßen sowie Ausrüstung und Nebenanlagen von Gleisanlagen") werden in die spezifische Regelung für Verkehrsanlagen in § 46 Absatz 3 Nummer 3 und 4 überführt. § 41 Absatz 3 Nummer 5 der HOAI 2009 wurde in § 42 Absatz 1 Satz 2 aufgenommen.

§ 43 Leistungsbild Ingenieurbauwerke 2013

Amtliche Begründung

§ 43 entspricht weitestgehend § 42 der HOAI 2009. Gemäß § 42 Absatz 2 der HOAI 2009 waren die Regelungen der §§ 35 und 36 Absatz 2 der HOAI 2009 zum Bauen im Bestand und zu Instandsetzungen und Instandhaltungen entsprechend anwendbar. Dieser Verweis ist entfallen und wird durch die Neuregelung in § 44 Absatz 6 und § 12 Absatz 1 ersetzt.

Aufgrund der wieder eingeführten mitzuverarbeitenden Bausubstanz und der in § 2 Absatz 5 neu getroffenen Definition von Umbauten (Umgestaltungen mit wesentlichen Eingriffen in Konstruktion oder Bestand) ist auch die Prozentmarge für den Umbauzuschlag auf bis zu 33 Prozent gemäß § 59 Absatz 1 HOAI 2002 zurückgeführt worden.

§ 42 Absatz 3 der HOAI 2009 ist entfallen. Die Honorarauswirkungen der Teilnahme an Erläuterungs- und Erörterungsterminen wurden für die Ingenieurbauwerke in den Leistungsphasen 2 bis 4 der Anlage 12, Nummer 12.1, konkretisiert.

Zu Absatz 1

In § 43 Absatz 1 wurde im Satz 1 der Verweis auf den Umfang des Leistungsbildes „Gebäude und Innenräume" gemäß § 34 Absatz 1 neu angepasst. In § 43 Absatz 1 Satz 2 wurde zum Zwecke der Klarstellung im Hinblick auf § 3 Absatz 2 der Begriff der „Grundleistungen" aufgenommen. Diese Differenzierung zwischen „Grundleistungen" und „Besonderen

Leistungen“ geht auch in § 43 Absatz 1 Satz 3 durch die Verweisung auf die neue Anlage 12, Nummer 12. 1, ein.

Die Anlage 12 konkretisiert lediglich die Leistungen im Leistungsbild Ingenieurbauwerke. Anders als in der HOAI 2009 werden die Leistungen der Leistungsbilder Ingenieurbauwerke und Verkehrsanlagen nicht mehr einheitlich erfasst. Zukünftig konkretisiert die Anlage 12 das Leistungsbild Ingenieurbauwerke und die Anlage 13 das Leistungsbild Verkehrsanlagen.

Zu Absatz 2

In § 43 Absatz 2 wurde die Vorschrift des § 42 Absatz 1 Satz 4 der HOAI 2009 inhaltlich unverändert übernommen. Lediglich die Verweise auf § 42 Nummer 6 und 7 wurden aktualisiert.

Zu Absatz 3

§ 43 Absatz 3 eröffnet nunmehr die Möglichkeit für abweichende schriftliche Honorarvereinbarungen in Fällen mit gesteigertem Kostenaufwand auf Seiten des Auftragnehmers, wenn in der Leistungsphase 4 ein eigenständiges Planfeststellungsverfahren für das Ingenieurbauwerk und in der Leistungsphase 5 ein überdurchschnittlicher Aufwand an Ausführungszeichnungen erforderlich ist.

§ 44 Honorare für Grundleistungen bei Ingenieurbauwerken — 2013

Amtliche Begründung

§ 44 entspricht weitestgehend § 43 der HOAI 2009. In der Überschrift sowie § 44 Absatz 1 wurde zum Zwecke der Klarstellung im Hinblick auf § 3 Absatz 2 der Begriff der „Grundleistungen“ aufgenommen. Die Objektliste für Ingenieurbauwerke geht nunmehr in die Anlage 12, Objektliste Verkehrsanlagen, Nummer 12.2, ein. § 44 Absatz 5 stellt klar, dass diese Anlage für die Zuordnung des Objekts zu den Honorarzonen anzuwenden ist. Gemäß § 44 Absatz 6 kann für Umbauten und Modernisierungen von Ingenieurbauwerken bei einem durchschnittlichen Schwierigkeitsgrad (Honorarzone III) gemäß § 6 Absatz 2 Satz 2, 3 und § 7 Absatz 1 ein Zuschlag bis zu 33 Prozent bei Auftragserteilung schriftlich vereinbart werden. In § 44 Absatz 7 wurde zur Klarstellung eine Rechtsgrundverweisung auf die Unterschreitung der Mindestsätze gemäß § 7 Absatz 3 für Ingenieurbauwerke mit großer Längenausdehnung (zum Beispiel Deiche, Kaimauern) aufgenommen. Die Planung solcher Ingenieurbauwerke, die unter gleichen baulichen Bedingungen errichtet werden, stellt einen Ausnahmefall im Sinne des § 7 Absatz 3 HOAI dar. Steht der Planungsaufwand in einem Missverhältnis zu dem auf der Grundlage der anrechenbaren Kosten ermittelten Honorar des Auftragnehmers, kann der Mindestsatz durch schriftliche Vereinbarung unterschritten werden.

Abschnitt 4 Verkehrsanlagen

§ 45 Anwendungsbereich — 2013

Amtliche Begründung

Die Definition der Verkehrsanlagen in § 45 stimmt weitestgehend mit § 44 der HOAI 2009 überein. Lediglich der Verweis in § 45 Nummer 1 auf die Definition der Freianlagen wurde aktualisiert.

§ 46 Besondere Grundlagen des Honorars 2013

Amtliche Begründung

§ 46 baut auf § 45 der HOAI 2009 auf. § 45 Absatz 1 der HOAI 2009 wurde gestrichen. Dieser Verweis auf die Besonderen Grundlagen des Honorars für Ingenieurbauwerke, § 41 der HOAI 2009, entfällt. Die Besonderen Grundlagen des Honorars bei Verkehrsanlagen werden nunmehr leistungsbildspezifisch ausgestaltet. Neu konzipiert wurden für Verkehrsanlagen die Regelungen über die Anrechenbarkeit von Kosten in § 46 Absatz 1 bis 3. Diese gehen konzeptionell auf die entsprechenden Regelungen für Ingenieurbauwerke in § 42 Absatz 1 bis 3 zurück. Während § 46 Absatz 1 neu leistungsbildspezifisch die anrechenbaren Kosten für Verkehrsanlagen regelt, behandeln § 46 Absatz 2, 3 und 4 die Integrationshonorare bei der Objektplanung von Verkehrsanlagen. In § 46 Absatz 4 wurde neu aufgenommen eine leistungsbildspezifische Regelung zum Integrationshonorar für Verkehrsanlagen, zur Anrechenbarkeit von Kosten für Erdarbeiten und Ingenieurbauwerken. In die Abminderungsregelung des § 46 Absatz 5 neu geht die Vorschrift des § 45 Absatz 3 der HOAI 2009 auf.

Zu Absatz 1

Infolge des Wegfalls des Verweises auf die Besonderen Grundlagen des Honorars für Ingenieurbauwerke wurde in § 46 Absatz 1 neu eine leistungsbildspezifische Regelung zu den anrechenbaren Kosten für Verkehrsanlagen aufgenommen. § 46 Absatz 1 entspricht sinngemäß der Regelung zu den Besonderen Grundlagen des Honorars für Ingenieurbauwerke in § 42 Absatz 1. § 46 Absatz 1 Satz 2 stellt klar, dass die Kosten für die Ausstattung von Anlagen des Straßen- und Flug- und Schienenverkehrs einschließlich der darin enthaltenen Entwässerungsanlagen, die der Zweckbestimmung der Verkehrsanlage dienen, anrechenbar sind, soweit der Objektplaner diese plant oder deren Ausführung überwacht. Diese Kosten sind bei den Kosten der Baukonstruktion im Sinne des § 46 Absatz 1 Satz 1 zu berücksichtigen und nicht den Kosten für die Anlagen der Technischen Ausrüstung im Sinne des § 46 Absatz 2 zuzurechnen. Die Ausstattung von Anlagen des Straßen- und Flug- und Schienenverkehrs einschließlich Entwässerungsanlagen ist nicht in der Objektliste der Technischen Ausrüstung enthalten. Unter Ausstattung von Anlagen des Straßen- und Flugverkehrs fallen zum Beispiel Signalanlagen, Schutzplanken und Beschilderungen. Bei den Entwässerungsanlagen handelt es sich um Straßenabläufe, Sammelleitungen und zugehörige Anschlussleitungen sowie Regenwasserversickerungen, die nicht als eigenständige Objekte in der Objektliste Ingenieurbauwerke, Gruppe 2, aufgeführt sind, vergleiche Anlage 12, Nummer 12.2. Unter Ausstattung von Anlagen des Schienenverkehrs fallen Oberleitungsanlagen, Signalanlagen, Telekommunikationsanlagen, die den Zugbetrieb beeinflussen, und Weichenheizungsanlagen.

Zu Absatz 2

§ 46 Absatz 2 regelt zukünftig die anrechenbaren Kosten von Technischen Anlagen für die Honorarberechnung der Grundleistungen zur Planung der Verkehrsanlagen.

Zu Absatz 3

In § 46 Absatz 3 wurde die bislang durch den Verweis in § 45 Absatz 1 der HOAI 2009 zur Anwendung kommende Regelung für Ingenieurbauwerke in § 41 Absatz 3 HOAI der HOAI 2009 über die nicht anrechenbaren Kosten für Verkehrsanlagen neu ausgestaltet. Gemäß § 46 Absatz 3 Nummer 3 neu sind die Kosten der Nebenanlagen von Anlagen des Straßen- und Flugverkehrs eingeschränkt anrechenbare Kosten der Verkehrsanlagen.

Zu Absatz 4

§ 46 Absatz 4 regelt die für die Leistungsphasen 1 bis 7 und 9 des § 46 teilweise anrechenbaren Kosten.

Zu Nummer 1

Gemäß § 46 Absatz 4 Nummer 1 sind die Kosten der Erd- und Felsarbeiten nur bis zu 40 Prozent der sonstigen anrechenbaren Kosten nach § 46 Absatz 1 anrechenbar. Grund dafür ist, dass der Arbeitsaufwand für Erd- und Felsarbeiten nicht proportional zu den nach § 46 Absatz 1 anrechenbaren Kosten steigt.

Zu Nummer 2

§ 46 Absatz 4 Nummer 2 regelt die anrechenbaren Kosten für Ingenieurbauwerke für den Sachverhalt, dass ein Ingenieurbauwerk in eine Verkehrsanlage integriert wird. Sachgerecht erscheint es, 10 Prozent der Kosten für Ingenieurbauwerke zur Vergütung des Aufwands für die Einbeziehung des Ingenieurbauwerks in die Planung für die Verkehrsanlage zur Anrechnung kommen zu lassen, wenn dem Auftragnehmer nicht gleichzeitig die Objektplanung für das Ingenieurbauwerk übertragen wird.

Zu Absatz 5

§ 46 Absatz 5 entspricht weitestgehend § 45 Absatz 3 der HOAI 2009. Die teilweise Anrechenbarkeit der Kosten für mehrstreifige Straßen und Gleisanlagen gemäß Absatz 5 begründet sich dadurch, dass sich bei diesen Verkehrsanlagen Leistungen wiederholen oder einmal erbrachte Leistungen übernommen werden können. Neu aufgenommen wurde eine Regelung zur „freien vertraglichen Vereinbarkeit" des Honorars für Gleis- und Bahnsteiganlagen mit mehr als zwei Gleisen oder Bahnsteigen. Anders als bei der Straße gibt es im Bereich des Schienenverkehrs häufig mehr als vier Gleise, zum Beispiel bei Rangieranlagen und Zugbildungsanlagen. Hier wäre daher eine noch weitere Aufgliederung als bei der Straße notwendig gewesen, um im Ergebnis zu einem angemessenen Honorar zu kommen. Im Sinne einer einfachen und flexiblen Regelung wird deshalb die freie Vereinbarkeit geregelt, wie diese auch in § 52 Absatz 9 HOAI 2002 verankert war.

§ 47 Leistungsbild Verkehrsanlagen 2013

Amtliche Begründung

§ 47 entspricht weitgehend § 46 Absatz 1 der HOAI 2009. In § 47 Absatz 1 Satz 1 wurde der Verweis auf den Umfang des Leistungsbildes „Gebäude und Innenräume", neu § 34 Absatz 1, angepasst. Die Anordnung der entsprechenden Anwendbarkeit der Regelung zum Bauen im Bestand zu Instandhaltungen und Instandsetzungen gemäß §§ 35 und 36 Absatz 2 der HOAI 2009 nach § 42 Absatz 2 der HOAI 2009 ist entfallen und wurde in § 48 Absatz 6 und in § 12 Absatz 1 aufgenommen. Aufgrund der wieder eingeführten Berücksichtigung der mitzuverarbeitenden Bausubstanz und der in § 2 Absatz 5 getroffenen Definition von Umbauten (Umgestaltungen mit wesentlichen Eingriffen in Konstruktion oder Bestand) ist auch die Prozentmarge für den Umbauzuschlag auf bis zu 33 Prozent im Sinne des § 59 Absatz 1 der HOAI 2002 zurückgeführt worden. § 47 Absatz 2 verweist auf die Regelung der Grundleistungen und Aufzählung von Beispielen für Besondere Leistungen in der Anlage 13 Nummer 13.1. Die Anlage 13 der HOAI konkretisiert nunmehr gesondert die Leistungen im Leistungsbild Verkehrsanlagen. Anders als in der HOAI 2009 werden die Leistungen der Leistungsbilder Ingenieurbauwerke und Verkehrsanlagen nicht mehr einheitlich erfasst. Die Anlage 12 behandelt zukünftig das Leistungsbild Ingenieurbauwerke und die Anlage 13 das Leistungsbild Verkehrsanlagen.

§ 48 Honorare für Grundleistungen bei Verkehrsanlagen 2013

Amtliche Begründung

§ 48 entspricht in den Absätzen 1 bis 3 inhaltlich § 43 der HOAI 2009. In § 48 Absatz 4 wird die Bepunktung der Bewertungsmerkmale nunmehr eigenständig für Verkehrsanlagen ausgewiesen. Die Objektliste für Verkehrsanlagen geht in die Anlage 13, Objektliste Verkehrsanlagen, Nummer 13.2, ein. § 44 Absatz 5 stellt klar, dass diese Anlage für die Zuordnung des Objekts zu den Honorarzonen anzuwenden ist. Gemäß § 44 Absatz 6 kann für Umbauten und Modernisierungen von Verkehrsanlagen bei einem durchschnittlichen Schwierigkeitsgrad (Honorarzone III) gemäß § 6 Absatz 2 Satz 2, 3 und § 7 Absatz 1 ein Zuschlag bis 33 Prozent bei Auftragserteilung schriftlich vereinbart werden. Maßgeblich ist der Schwierigkeitsgrad der konkreten Umbau- oder Modernisierungsmaßnahme im jeweiligen Einzelfall.

Teil 4 Fachplanung

Amtliche Begründung zu Teil 4 HOAI 2013

Allgemeine Änderungen der Leistungsbilder der Fachplanung

Dokumentation

Wie in allen Leistungsbildern der Fachplanung wurde in den Leistungsphasen 1 bis 3 die Grundleistung zur Dokumentation und Erläuterung der Ergebnisse präzisiert. Damit wurde die bisher in § 3 Absatz 8 geregelte Unterrichtung des Auftraggebers direkt in den relevanten Leistungsphasen aufgenommen.

Die Prüfung und Wertung der Angebote ist ohne eine Dokumentation des Vergabeverfahrens nicht möglich und schließt diese ein. In der Leistungsphase 7 wurde daher die Dokumentation des Vergabeverfahrens aufgenommen.

Die auch bisher schon bestehende systematische Zusammenstellung der zeichnerischen Darstellungen und rechnerischen Ergebnisse wurde nunmehr in die Leistungsphase 8 eingegliedert, da sie zeitlich mit der Übergabe des Objekts verknüpft ist. Damit soll darauf hingewirkt werden, dass dem Auftraggeber bei einer etwaigen Teilabnahme nach der Leistungsphase 8 die notwendige Objektdokumentation zur Verfügung steht.

Das Leistungsbild Tragwerksplanung endet mit der Leistungsphase 6. Die Grundleistung zur Dokumentation und Erläuterung der Ergebnisse ist daher auf die Leistungsphasen 1 bis 3 begrenzt.

Terminplanung

Die in der Leistungsphase 2 aufgestellte Terminplanung soll in den Leistungsphasen 3, 5 und 8 kontinuierlich fortgeschrieben und ergänzt werden.

Über die bisherige Grundleistung lit. e) der Leistungsphase 8 der HOAI 2009 hinaus wurde das Erstellen, Fortschreiben und Überwachen des Terminplans als Teilleistung in die Leistungsphasen 2, 3, 5 und 8 aufgenommen. Zur Leistungsphase 8 (bisher: „Mitwirken bei dem Aufstellen und Überwachen eines Zeitplans [Balkendiagramm]“, neu: „Aufstellen, Fortschreiben und Überwachen eines Terminplans [Balkendiagramm]“) war das Fortschreiben des Terminplans während der Ausführung bereits durch das Überwachen erfasst und wurde zur Klarstellung aufgenommen. Darüber hinaus ist die Terminplanung während der Bauausführung durch die Berücksichtigung der ineinandergreifenden Abläufe der Bauarbeiten als fortlaufender Prozess zu betrachten. Daher war auch klarzustellen, dass neben dem Fortschreiben eine kontinuierliche Überwachung des fortgeschriebenen Terminplans im Bauablauf erforderlich ist.

Bei der Tragwerksplanung ist die Mitwirkung in den Leistungsphasen 2 und 3 berücksichtigt.

Änderungen zu den Objektlisten

Die Objektlisten wurden neu strukturiert. Bisher waren diese nach den Honorarzonen gegliedert. Bei der Technischen Ausrüstung wird durch die Strukturierung nach Anlagentypen und die tabellarische Zuordnung zu den Honorarzonen für den Anwender ein besserer Überblick geschaffen und die Zuordnung zur Honorarzone erleichtert.

In der Tragwerksplanung wird wie bisher keine gesonderte Objektliste dargestellt, sondern der statisch-konstruktive Schwierigkeitsgrad anhand spezifischer Bewertungsmerkmale beschrieben. Formal ist die Darstellung an diejenige der Objektlisten angepasst.

Abschnitt 1 Tragwerksplanung

§ 49 Anwendungsbereich 2013

Amtliche Begründung

Entsprechend der Strukturierung der Leistungsbilder der Objektplanung wird nunmehr der Anwendungsbereich der Honorarregelungen zur Tragwerksplanung festgelegt. § 49 Absatz 1 stellt klar, dass die Tragwerksplanung die Fachplanung für Gebäude oder Ingenieurbauwerke umfasst. In § 49 Absatz 2 wird eine Begriffsdefinition für das Tragwerk aufgenommen.

§ 50 Besondere Grundlagen des Honorars 2013

Amtliche Begründung

§ 50 zielt auf eine Straffung der bislang in § 48 der HOAI 2009 enthaltenen Regelung der bei der Tragwerksplanung von Gebäuden und Ingenieurbauwerken anrechenbaren Kosten. Die Fassung des § 50 Absatz 1, 2, 4 und 5 greift weitestgehend unverändert § 48 Absatz 1, 2, 5 und 6 der HOAI 2009 auf. § 48 Absatz 3 und 4 der HOAI 2009 entfallen und werden durch § 50 Absatz 3 ersetzt.

Zu Absatz 1

§ 50 Absatz 1 entspricht § 48 Absatz 1 der HOAI 2009.

Zu Absatz 2

§ 50 Absatz 2 deckt sich insoweit mit § 48 Absatz 2 der HOAI 2009, als die Vertragsparteien bei der Tragwerksplanung für Gebäude mit einem hohen Anteil an Kosten der Gründung und der Tragwerkskonstruktion weiterhin die anrechenbaren Kosten für Ingenieurbauwerke zugrunde legen können. Die Umbauten werden nicht mehr in Bezug genommen, da deren Honorierung über den Umbauzuschlag gemäß § 52 Absatz 4 geregelt wird.

Zu Absatz 3

§ 50 Absatz 3 ersetzt die Regelungen in § 48 Absatz 3 und 4 der HOAI 2009. Grund dafür ist, dass sich das Honorar für die Tragwerksplanung als Leistungsbild des Teils 4 gemäß § 6 Absatz 1 nach den anrechenbaren Kosten auf Grundlage der Kostenberechnung zu richten hat.

Die Kostenaufgliederung in der Kostenberechnung ist an Bauteilen ausgerichtet. Anrechenbare Kosten nach Fachlosen können hieraus nicht abgeleitet werden.

Zu Absatz 4

§ 50 Absatz 4 entspricht § 49 Absatz 5 der HOAI 2009. Das Honorar für die Tragwerksplanung von Traggerüsten bei Ingenieurbauwerken richtet sich nach den Herstellkosten einschließlich der zugehörigen Kosten für Baustelleneinrichtung. Da jedoch bei Traggerüsten regelmäßig nur die Kosten für Abschreibung und Montage in die Angebotspreise eingerechnet werden und damit zu den Herstellkosten gehören, bestimmt Satz 2, dass bei mehrfach verwendeten Bauteilen von Gerüsten jeweils der Neuwert anrechenbar ist. Die in die Herstellkosten des Objekts eingerechneten Kosten der Traggerüste würden als Bemessungsgrundlage zu nicht immer auskömmlichen Honoraren führen.

Zu Absatz 5

§ 50 Absatz 5 entspricht § 48 Absatz 6 der HOAI 2009. Lediglich die Bezugnahmen auf § 48 Absatz 3 und 4 wurden gestrichen.

§ 51 Leistungsbild Tragwerksplanung 2013

Amtliche Begründung

§ 51 HOAI entspricht weitgehend dem Wortlaut des § 49 der HOAI 2009. Änderungen wurden in den Absätzen 3 bis 6 vorgenommen. Die Anordnung der entsprechenden Anwendbarkeit der Regelungen zum Bauen im Bestand und zu Instandhaltungen und Instandsetzungen gemäß §§ 35 und 36 Absatz 2 der HOAI 2009 nach § 49 Absatz 3 der HOAI 2009 ist entfallen und wurde in 12 Absatz 1 und § 52 Absatz 4 neu aufgenommen. Aufgrund der wieder eingeführten Berücksichtigung der mitzuverarbeitenden Bausubstanz und der in § 2 Absatz 5 neu getroffenen Definition von Umbauten (Umgestaltungen mit wesentlichen Eingriffen in Konstruktion oder Bestand) ist auch die Prozentmarge auf bis zu 50 Prozent gemäß § 66 Absatz 5 HOAI 2002 zurückgeführt worden.

Zu Absatz 1

§ 51 Absatz 1 entspricht weitgehend § 49 Absatz 1 der HOAI 2009. § 51 Absatz 1 Satz 1 entspricht im Wesentlichen § 53 Absatz 1 der HOAI 2009. In § 51 Absatz 1 Satz 1 wurde auf der Grundlage des überarbeiteten Leistungsbildes der Technischen Ausrüstung eine neue Bewertung des Anteils der Leistungsphasen am Honorar vorgenommen. In § 55 Absatz 1 Satz 2 wurde der Verweis auf die Konkretisierung der Grundleistungen und Besonderen Leistungen in der neuen Anlage 14 Nummer 14.1 aufgenommen. In Absatz 1 Satz 3 wird klargestellt, dass die Grundleistungen der Leistungsphase 1 der Tragwerksplanung von konstruktiven Ingenieurbauwerken für Verkehrsanlagen sowie sonstige Einzelbauwerke, ausgenommen Gebäude und Freileitungsmaste (§ 42 Nummer 6 und 7), im Leistungsbild Ingenieurbauwerke enthalten sind.

Zu Absatz 2

§ 51 Absatz 2 regelt die Kürzungen der prozentualen Bewertung der Leistungsphase 5 abweichend von § 51 Absatz 1 und bleibt unverändert gegenüber § 49 Absatz 2 der HOAI 2009.

§ 51 Absatz 2 Nummer 3 regelt die Kürzung der Honorare im Holzbau mit unterdurchschnittlichem Schwierigkeitsgrad, das heißt, sofern das Tragwerk in den Honorarzonen I oder II einzuordnen ist. Die Kürzung bleibt auf den Holzbau mit unterdurchschnittlichem Schwierigkeitsgrad beschränkt, weil der Aufwand in dem modernen Ingenieurholzbau gegenüber dem zimmermannsmäßigen Holzbau, der regelmäßig in den Honorarzonen III bis V angewandt wird, besonders hoch ist.

Zu Absatz 3

§ 51 Absatz 3 regelt die abweichende Bewertung der Leistungsphase 5 mit 20 Prozent, wenn Schalpläne als Einzelleistung in Auftrag gegeben werden. Gegenüber dem Ansatz in Absatz 2 Nummer 1, der bei Nichtbeauftragung der Schalpläne die Leistungsphase 5 mit 30 Prozent ausweist, wird die Einzelleistung doppelt so hoch bewertet. Dies begründet sich darin, dass die Erstellung der Schalpläne als Einzelleistung einen erheblichen Mehraufwand bedeutet. Bei einer Beauftragung im Rahmen der Gesamtleistung stammen die Schalpläne aufgrund der modernen Zeichen- und Konstruktionsmethoden mit CAD aus einer Datenbasis und sind damit leicht generierbar. Dies ist bei der isolierten Beauftragung der Schalpläne nicht der Fall. Die prozentuale Bewertung ist deshalb wesentlich höher.

Zu Absatz 4

§ 51 Absatz 4 regelt jetzt die Möglichkeit einer Erhöhung der Bewertung der Leistungsphase 5 um 4 Prozent. Voraussetzung für die Erhöhung ist eine dahingehende Einigung der Vertragsparteien. Dieser fakultativen Erhöhung der Bewertung liegt die Erwägung zugrunde, dass bei geringen Bewehrungsabständen untereinander und bzw. oder engen Bewehrungsknoten der Aufwand bei der Erstellung der Bewehrungspläne, zum Beispiel aufgrund der stärkeren Durchdringungen und aufwendigeren Verlegeanweisungen, stark ansteigt. Allerdings sind im Regelfall die geringen Bewehrungsabstände oder hohen Bewehrungsdichten nicht durchgängig erforderlich, sodass die mögliche Erhöhung auf einen Zuschlag von 4 Prozent beschränkt bleibt.

Zu Absatz 5

§ 51 Absatz 6 verweist auf die Regelung der Grundleistungen und Aufzählung von Beispielen für Besondere Leistungen in Anlage 14 Nummer 14.1.

§ 52 Honorare für Grundleistungen bei Tragwerksplanungen 2013

Amtliche Begründung

§ 52 wurde gegenüber § 50 der HOAI 2009 wesentlich überarbeitet. § 52 Absatz 1 enthält die aktualisierte Honorartafel für die Grundleistungen bei Tragwerksplanungen. Die bislang in § 50 Absatz 2 und 3 der HOAI 2009 geregelte Zuordnung zu den Honorarzonen nach dem statisch-konstruktiven Schwierigkeitsgrad und nach bestimmten Bewertungsmerkmalen ist entfallen. Neu regelt § 52 Absatz 2 die Anwendung der Anlage 14, Nummer 14.2. Die Bewertungsmerkmale wurden in Bezug auf ihre Anwendung bei Ingenieurbauwerken angepasst und spezifische Merkmale für Ingenieurbauwerke, wie zum Beispiel Stütz- und Uferwände, Baugrubenverbau, wurden ergänzt. Auch die aktuellen Rechenmethoden wurden berücksichtigt: Zum Beispiel ist der Aufwand zur Berechnung von Fachwerken (mit gelenkigen Knoten) oder Stabwerken (mit biegesteifen Knoten) mit computergestützten Methoden kein vorhersehbares Kriterium mehr. § 52 Absatz 3 neu entspricht inhaltlich § 49 Absatz 3 der HOAI 2009. § 52 Absatz 4 konkretisiert die Höhe der prozentualen Wertspanne bis zu 50 Prozent gemäß § 6 Absatz 2 Satz 3 HOAI für die Tragwerksplanung für Umbauten und Modernisierungen. Aufgrund der wieder eingeführten Berücksichtigung der mitzuverarbeitenden Bausubstanz und der in § 2 Absatz 5 neu getroffenen Definition von Umbauten (Umgestaltungen mit wesentlichen Eingriffen in Konstruktion oder Bestand) ist der Maximalsatz der Prozentmarge auf § 66 Absatz 5 HOAI 2002 zurückgeführt worden. Gemäß § 52 Absatz 4 kann für Umbauten und Modernisierungen von Tragwerken mit einem durchschnittlichen Schwierigkeitsgrad (Honorarzone III) gemäß § 6 Absatz 2 Satz 2, 3 und § 7 Absatz 1 ein Zuschlag bis 50 Prozent bei Auftragserteilung schriftlich vereinbart werden. Maßgeblich ist der Schwierigkeitsgrad der konkreten Umbau- oder Modernisierungsmaßnahme im jeweiligen Einzelfall. Für die Tragwerksplanung von Ingenieurbauwerken mit großer Längenausdehnung enthält § 52 Absatz 5 neu ebenso wie § 44 Absatz 7 und § 56 Absatz 6 zur Klarstellung eine Rechtsgrundverweisung auf die zulässige Unterschreitung der Mindestsätze gemäß § 7 Absatz 3 HOAI. Die Tragwerksplanung für Ingenieurbauwerke mit großer Längenausdehnung, die unter gleichen baulichen Bedingungen errichtet werden, stellt einen Ausnahmefall im Sinne des § 7 Absatz 3 dar. Steht der Aufwand in einem Missverhältnis zu dem auf der Grundlage der anrechenbaren Kosten ermittelten Honorar des Auftragnehmers, kann der Mindestsatz durch schriftliche Vereinbarung unterschritten werden.

Abschnitt 2 Technische Ausrüstung

§ 53 Anwendungsbereich 2013

Amtliche Begründung

§ 53 HOAI entspricht weitestgehend § 51 der HOAI 2009.

Zu Absatz 1

In § 53 Absatz 1 wird nunmehr klargestellt, dass die Technische Ausrüstung die Fachplanung für Objekte im Sinne des § 2 Nummer 1 der HOAI umfasst, mithin Gebäude, Innenräume, Freianlagen, Ingenieurbauwerke und Verkehrsanlagen.

Zu Absatz 2

§ 53 Absatz 2 Nummer 7 greift nunmehr neben den nutzungsspezifischen Anlagen auch die verfahrenstechnischen Anlagen auf. Für die nutzungsspezifischen Anlagen ist die Bezugnahme auf die maschinen- und elektrotechnischen Anlagen in Ingenieurbauwerken entfallen. Hintergrund dafür ist, dass die Anlagen der Verfahrens- und Prozesstechnik bei Ingenieurbauwerken der Wasserversorgung, Abwasserentsorgung und bei Anlagen des Wasserbaus sowie bei Bauwerken und Anlagen der Abfallentsorgung (§ 42 Nummer 1 bis 3 und 5) planerisch dem Ingenieurbauwerk zuzuordnen sind. Damit im Einklang stellt § 42 Absatz 1 Satz 2 nunmehr klar, dass die Kosten für die Maschinentechnik, die der Zweckbestimmung des Ingenieurbauwerks dienen, anrechenbar sind, soweit der Objektplaner diese plant oder deren Ausführung überwacht. Die Anlagengruppe 7 wird zukünftig in nutzungsspezifische (Anlagengruppe 7.1) und verfahrenstechnische Anlagen (Anlagengruppe 7.2) untergliedert. Da die Technische Ausrüstung nicht nur auf die Fachplanung für Gebäude abstellt, wird in der Anlagengruppe 8 auch die Automation von Ingenieurbauwerken aufgenommen.

§ 54 Besondere Grundlagen des Honorars 2013

Amtliche Begründung

§ 54 Absatz 1 und 2 regeln, unter welchen Voraussetzungen die Kosten der Anlagen jeder Anlagengruppe im Sinne des § 53 Absatz 2 zur Honorarberechnung zusammengefasst werden. § 54 Absatz 1 regelt den Fall, dass mehrerer Anlagen für ein Objekt geplant werden. § 54 Absatz 2 regelt hingegen den Fall, dass für beauftragte unterschiedliche Objekte die Kosten für mehrere Anlagen, die unter funktionalen und technischen Kriterien eine Einheit bilden, zusammengefasst werden. § 54 Absatz 3 greift für im Wesentlichen gleiche Technische Anlagen unter bestimmten Voraussetzungen die Wiederholungsregelung des § 11 Absatz 3 und 4 auf. § 54 Absatz 4 und 5 entspricht § 52 Absatz 3 und 4 der HOAI 2009.

Zu Absatz 1

§ 54 Absatz 1 wurde neu gefasst. Die Regelung in § 54 Absatz 1 Satz 1 zu den Grundzügen der Honorarberechnung wurde zum Zwecke der Klarstellung überarbeitet. Wie § 52 Absatz 1 der HOAI 2009 geht § 54 Absatz 1 vom Grundsatz der getrennten Honorarberechnung für jede einzelne Anlagengruppe eines Objekts aus. Klargestellt wird, dass die Honorarberechnung nach der Summe der anrechenbaren Kosten der Anlagen jeder Anlagengruppe für das jeweilige Objekt erfolgt, nicht aber gesondert für einzelne Anlagen innerhalb jeder Anlagengruppe. Dies gilt nach der Rechtsprechung des Bundesgerichtshofes auch dann, wenn die Anlagen einer Anlagengruppen getrennt an das öffentliche Netz angeschlossen und für sich allein betrieben werden könnten, siehe BGH, Urteil vom 20.12.2007 – VII ZR 114/07. In diese Regelung sind die Kosten der verfahrenstechnischen Anlagen des § 53 Absatz 2, neue Anlagengruppe Nummer 7.2, einbezogen.

Erweitert wurde § 54 Absatz 1 Satz 2 um die Regelung zur Honorarberechnung für die nutzungsspezifischen Anlagen des § 53 Absatz 2, Anlagengruppe 7.1. Die Anlagengruppe 7.1 setzt sich zusammen aus unterschiedlichen nutzungsspezifischen Anlagenarten, die gegenseitig nicht als funktional gleichartig betrachtet werden:

1. Küchentechnische Anlagen,
2. Wäscherei- und Reinigungsgeräte/-anlagen,
3. Medizin- und labortechnische Anlagen,
4. Feuerlöschgeräte/-anlagen,
5. Entsorgungsanlagen,
6. Bühnentechnische Anlagen,
7. Medienversorgungsanlagen,
8. Badetechnische Anlagen,
9. Prozesswärmeanlagen,
10. Technische Anlagen für Tankstellen,
11. Lagertechnische Anlagen,
12. Taumittelsprühanlagen und Enteisungsanlagen einschließlich der stationären Enteisungsanlagen.

Das Honorar wird für jede der 12 nutzungsspezifischen Anlagenarten getrennt nach den anrechenbaren Kosten der jeweiligen Anlagenart berechnet. Umfasst eine nutzungsspezifische Anlagenart mehrere Anlagen, so werden die anrechenbaren Kosten dieser funktional gleichartigen Anlagen bei der Honorarermittlung zusammengefasst. § 54 Absatz 1 Satz 3 entspricht im Wesentlichen § 52 Absatz 1 Satz 2 der HOAI 2009. Diese Regelung zur Anrechenbarkeit der Kosten der sonstigen Maßnahmen für technische Anlagen wird über Gebäude und Innenräume auf sämtliche Objekte im Sinne des § 2 Nummer 1 der HOAI erweitert.

Zu Absatz 2

§ 54 Absatz 2 Satz 1 greift für den Fall der Planung unterschiedlicher Objekte die bislang in § 52 Absatz 2 enthaltene Regelung zur Zusammenfassung der Kosten der Anlagen jeder Anlagengruppe in überarbeiteter Fassung auf. Eine getrennte Honorarberechnung in sinngemäßer Anwendung des § 11 Absatz 1 Satz 1 findet nicht statt. Voraussetzung der Zusammenfassung der Kosten der Anlagen jeder Anlagengruppe ist, dass die Anlagen unter funktionalen und technischen Kriterien eine Einheit bilden, siehe BGH, Urteil vom 24.1.2002 – VII ZR 461/00 (KG); BGH, Urteil vom 12.1.2006 – VII ZR 293/04. Im Hinblick auf die Leistungspflichten des Auftragnehmers in der Fachplanung Technische Ausrüstung kommt es im Wortlaut nicht mehr wie bislang in § 52 Absatz 2 der HOAI 2009 darauf an, dass die Anlagen in zeitlichem und örtlichem Zusammenhang als Teil einer Gesamtmaßnahme geplant, betrieben und genutzt werden. Diese Anforderungen werden im Regelfall ohnehin mit der neuen Voraussetzung erfüllt sein, dass die für unterschiedliche Objekte beauftragten Anlagen unter „funktionalen und technischen Kriterien eine Einheit bilden".

§ 54 Absatz 2 Satz 2 stellt wie § 54 Absatz 1 Satz 2 klar, dass für nutzungsspezifische Anlagen die anrechenbaren Kosten nur zusammengefasst werden, wenn die nutzungsspezifischen Anlagen im Hinblick auf die Technische Ausrüstung funktional gleichartig sind.

§ 54 Absatz 2 Satz 3 verdeutlicht wie bislang § 52 Absatz 2 der HOAI 2009, dass § 11 Absatz 1 in der neuen Fassung der HOAI 2013 im Anwendungsbereich des § 54 Absatz 2 Satz 1 nicht anzuwenden ist.

Zu Absatz 3

§ 54 Absatz 3 hält für im Wesentlichen gleiche Technische Anlagen an der Wiederholungsregelung des § 11 Absatz 3 und 4 der HOAI 2009 fest. Damit soll wie auch in den bisherigen Regelungen der HOAI (§ 11 Absatz 2 und 3 der HOAI 2009 und § 69 Absatz 7 HOAI 2002) der geringere Aufwand des Auftragnehmers durch die Wiederholung der im Wesentlichen gleichen Leistungen berücksichtigt werden.

Zu Absatz 4

§ 54 Absatz 4 entspricht § 52 Absatz 3 der HOAI 2009.

Zu Absatz 5

§ 54 Absatz 5 entspricht § 52 Absatz 4 der HOAI 2009. Im Hinblick auf die auch sonst in der HOAI vorgesehenen Schriftformerfordernisse für abweichende Vereinbarungen wurde ergänzend die Schriftlichkeit der Vereinbarung aufgenommen.

§ 55 Leistungsbild Technische Ausrüstung 2013

Amtliche Begründung

§ 55 entspricht weitestgehend § 53 der HOAI 2009.

Zu Absatz 1

§ 55 Absatz 1 Satz 1 und 2 entsprechen im Wesentlichen § 53 Absatz 1 der HOAI 2009. Der Wortlaut des § 55 Absatz 1 wurde durch die Aufnahme des Begriffs der „Grundleistungen" zum Zwecke der Klarstellung an § 3 Absatz 1 HOAI angepasst. In § 55 Absatz 1 Satz 2 wurde auf der Grundlage des überarbeiteten Leistungsbildes der Technischen Ausrüstung eine neue Bewertung des Anteils der Leistungsphasen am Honorar vorgenommen.

Zu Absatz 2

Gemäß § 55 Absatz 2 ist die Leistungsphase 5 abweichend von Absatz 1 mit einem Abschlag von jeweils vier Prozent weniger zu bewerten, sofern das Anfertigen von Schlitz- und Durchbruchsplänen oder das Prüfen und Anerkennen der Montage- und Werkstattpläne der ausführenden Unternehmen auf Übereinstimmung mit der Ausführungsplanung nicht in Auftrag gegeben wird. Werden beide Alternativen nicht in Auftrag gegeben, ist ein Abschlag von acht Prozent auf die Bewertung der Leistungsphase 5 mit 22 Prozent vorzunehmen, dass heißt, die Leistungsphase 5 ist mit 14 Prozent zu bewerten.

§ 56 Honorare für Grundleistungen bei der Technische Ausrüstung 2013

Amtliche Begründung

§ 56 entspricht im Wesentlichen § 54 der HOAI 2009. Die Höhe der Honorartafelwerte wurde aktualisiert. § 56 Absatz 3 verweist hinsichtlich der Zuordnung zu den Honorarzonen auf die Objektliste der Anlage 15 Nummer 15.2. § 56 Absatz 5 neu greift inhaltlich § 53 Absatz 3 der HOAI 2009 auf und konkretisiert für die Technische Ausrüstung die Höhe der prozentualen Wertspanne gemäß § 6 Absatz 2 Satz 3 HOAI für Umbauten und Modernisierungen. Aufgrund der wieder eingeführten Berücksichtigung der mitzuverarbeitenden Bausubstanz und der in § 2 Absatz 5 erfolgten Beschränkung der Umbauten auf Umgestaltungen mit wesentlichen Eingriffen in Konstruktion oder Bestand ist der Maximalsatz der Prozentmarge auf § 76 Absatz 1 HOAI 2002 zurückgeführt worden. Gemäß § 52 Absatz 5 kann für Umbauten und Modernisierungen der Technischen Ausrüstung bei einem durchschnittlichen Schwierigkeitsgrad (Honorarzone II) gemäß § 6 Absatz 2 Satz 2, 3 und § 7 Absatz 1 ein Zuschlag von bis 50 Prozent bei Auftragserteilung schriftlich vereinbart werden. Maßgeblich ist der Schwierigkeitsgrad der konkreten Umbau- oder Modernisierungsmaßnahme im jeweiligen Einzelfall. Für die Technische Ausrüstung von Ingenieurbauwerken mit großer Längenausdehnung enthält § 56 Absatz 6 neu ebenso wie § 44 Absatz 7 und § 52 Absatz 5 zur Klarstellung eine Rechtsgrundverweisung auf die zulässige Unterschreitung der Mindestsätze gemäß § 7 Absatz 3 HOAI. Die Planung der Technischen Ausrüstung für solche Ingenieurbauwerke, die unter gleichen baulichen Bedingungen errichtet werden, stellt einen Ausnahmefall im Sinne des § 7 Absatz 3 HOAI dar. Steht der Aufwand in einem Missverhältnis zu dem auf der Grundlage der anrechenbaren Kosten ermittelten Honorar des Auftragnehmers, kann der Mindestsatz durch schriftliche Vereinbarung unterschritten werden.

Teil 5 Übergangs- und Schlussvorschriften

§ 57 Übergangsvorschrift 2013

Amtliche Begründung

Entsprechend § 103 Absatz 1 Satz 2 der HOAI 1996 und § 55 der HOAI 2009 ist die neue HOAI nicht auf Grundleistungen anzuwenden, die vor ihrem Inkrafttreten vertraglich vereinbart werden. Grund dafür ist, dass die vertragliche Einigung von Auftraggeber und Auftragnehmer zum Leistungsinhalt und zur Höhe der Vergütung abgeschlossen ist und das Vertrauen der Vertragsparteien in eine Abwicklung des Vertrags insoweit nicht beeinträchtigt werden soll.

§ 58 Inkrafttreten 2013

Amtliche Begründung

Die Ablöseverordnung zur HOAI 2009 tritt am Tag nach ihrer Verkündung in Kraft; gleichzeitig tritt die HOAI 2009 außer Kraft.

Anlage 1 Beratungsleistungen

Nr. 1.1.1 Leistungsbild Umweltverträglichkeitsstudie 2013

Amtliche Begründung

Die in Nummer 1.1.1 festgelegte Empfehlung zum Inhalt des Leistungsbildes und der Leistungsphasen wird neu strukturiert und umfassend überarbeitet.

Zu Absatz 1

Nummer 1.1.1 Absatz 1 wurde sprachlich gestrafft und an die neue Systematik der Leistungsphasen und ihrer Gewichtung angepasst. Absatz 1 empfiehlt nunmehr die für die Landschaftsplanung eingeführte Gliederung des Leistungsbildes in vier Leistungsphasen und die einheitliche Bezeichnung der Leistungsphasen. Mit der Neuordnung wird das Ziel verfolgt, die Leistungsbilder der HOAI an die aktuelle Praxis anzupassen. Zudem soll eine einheitliche Beschreibung der Leistungsinhalte gewährleistet werden. Auch die Gewichtung der jeweiligen Leistungsphasen in Prozenten der Honorare der Nummer 1.1.2 wird an diese Umgestaltung angeglichen. Die Leistungsphase 3 bildet mit nunmehr 50 Prozent – wie die bisherige Leistungsphase 4 – den Schwerpunkt der Umweltverträglichkeitsstudie.

Mit der Streichung der bisherigen Zielsetzung „zur Standortfindung als Beitrag zur Umweltverträglichkeitsprüfung" wird der Anwendungsbereich der Umweltverträglichkeitsstudie erweitert. Insbesondere wird nunmehr auch die Beauftragung von wasserwirtschaftlichen Bauvorhaben zur Variantenklärung erfasst. Allerdings finden nach wie vor im Regelfall Leistungen bei Umweltverträglichkeitsstudien in der Vorbereitungsphase mit Alternativenprüfungen zur Standort- und Linienfindung ihre Anwendung.

Zu Absatz 2

In Nummer 1.1.1 Absatz 2 wurde die Beschreibung des Leistungsbildes in den einzelnen Leistungsphasen an die geänderten Erfordernisse und die neue Systematik der Leistungsphasen angepasst. Im Übrigen wurde die Aufzählung der Leistungen inhaltlich und sprachlich gestrafft.

Im Einzelnen wurde Nummer 1.1.1 Absatz 2 wie folgt gegenüber Nummer 1.1.1 Absatz 2 der HOAI 2009 überarbeitet:

In der **Leistungsphase 1** sind die relevanten Unterlagen (**erster Spiegelstrich**) vom Auftraggeber zur Verfügung zu stellen. Die Inhalte der letzten drei Spiegelstriche der Aufzählung (Konkretisieren weiteren Bedarfs an Daten und Unterlagen, Beraten zum Leistungsumfang für ergänzende Untersuchungen und Fachleistungen, Aufstellen eines verbindlichen Arbeitsplans unter Berücksichtigung der sonstigen Fachbeiträge) sollen die in der Zusammenarbeit von Auftraggeber und Auftragnehmer zu entwickelnden Grundlagen und Rahmenbedingungen für die Erstellung der Umweltverträglichkeitsstudie erläutern. Im Hinblick auf die steigenden Anforderungen an die Terminplanung im Interesse der ordnungsgemäßen Durchführung der Umweltverträglichkeitsstudie tritt das „Aufstellen eines verbindlichen Arbeitsplans unter Berücksichtigung der sonstigen Fachbeiträge" (**siebenter Spiegelstrich**) als Grundleistung neu hinzu.

In Leistungsphase 2 werden im Wesentlichen Grundleistungen aus der vorherigen Leistungsphase 2 (Ermitteln und Bewerten der Planungsgrundlagen) und 3 (Konfliktanalyse und Alternativen) unter der Bezeichnung „Grundlagenermittlung" systematisch zusammengezogen und sprachlich komprimiert.

Leistungsphase 3 entspricht inhaltlich in weiten Teilen der bisherigen Leistungsphase 4. (Vorläufige Fassung der Studie). Im **vierten Spiegelstrich** sind im Gegensatz zur bisherigen Auflistung der Schutzgüter in Leistungsphase Nummer 4a der HOAI 2009 die Auswirkungen auf die – darüber hinausgehenden – Schutzgüter des UVPG maßgebend. Erfasst sind daher nach § 2 Absatz 1 Satz 2 UVPG Auswirkungen auf:

- Menschen, einschließlich der menschlichen Gesundheit (Nummer 1),
- Tiere, Pflanzen und die biologische Vielfalt (Nummer 2),
- Boden, Wasser, Luft, Klima und Landschaft (Nummer 3),
- Kulturgüter und sonstige Sachgüter (Nummer 4) sowie
- die Wechselwirkungen zwischen den vorgenannten Schutzgütern (Nummer 5).

Die bei der Erstellung der Umweltverträglichkeitsstudie im Anwendungsbereich der HOAI maßgebenden Schutzgüter werden damit an der anschließenden behördlichen Umweltverträglichkeitsprüfung und den Anforderungen des UVPG ausgerichtet.

In der aktualisierten Beschreibung der Grundleistungen wird zudem dem Umstand Rechnung getragen, dass auf nationaler und europäischer Ebene weitere umweltrechtlich relevante Regelungen erlassen wurden. Daher wurde als ausdrückliche Grundleistung die Einarbeitung der Ergebnisse vorhandener Untersuchungen zum Gebiets- und Artenschutz sowie zum Boden- und Wasserschutz eingefügt (**fünfter Spiegelstrich**). Maßgebliche Rechtsvorschriften hierfür sind beispielsweise die Richtlinie 92/43/EWG des Rates von 1992 zur Erhaltung der natürlichen Lebensräume sowie der wildlebenden Tiere und Pflanzen („Fauna-Flora-Habitat-Richtlinie"), das Wasserhaushaltsgesetz und die Richtlinie 2000/60/EG des Europäischen Parlamentes und des Rates vom 23.10.2000 zur Schaffung eines Ordnungsrahmens für Maßnahmen der Gemeinschaft im Bereich der Wasserpolitik („Wasserrahmenrichtlinie") sowie das Bundes-Bodenschutzgesetz vom 17.03.1998 (BGBl. I S. 502).

Neu aufgenommen wurde ein Hinweis auf „bis zu drei planerische(n) Lösungen" in einigen Leistungsbildbeschreibungen (**dritter und sechster Spiegelstrich**). Damit wird klargestellt, wann bei einer Vielzahl durch den Auftraggeber geforderter Lösungsvorschläge noch der Honorarahmen für Grundleistungen eingehalten ist bzw. wann hierin eine zusätzliche Besondere Leistung zu sehen wäre.

Neu als Grundleistung tritt schließlich die „Erstellung von Hinweisen auf Schwierigkeiten bei der Zusammenstellung der Angaben" hinzu (**neunter Spiegelstrich**).

Leistungsphase 4 wird nunmehr als „Abgestimmte Fassung" bezeichnet, um zu verdeutlichen, dass in der letzten Leistungsphase die mit dem Auftraggeber abgestimmte Fassung erstellt wird. Die bisher als Grundleistung erfasste Erarbeitung einer „nicht-technischen" Zusammenfassung wurde herausgenommen und in die Besonderen Leistungen überführt. Ausreichend ist nunmehr eine bloße Zusammenfassung. Der Hinweis auf den Maßstab 1:5.000 entfällt, wenngleich weiterhin im Regelfall davon auszugehen ist, dass die Studie im Maßstab 1:5.000 auszuarbeiten ist, um eine für die Umweltverträglichkeitsprüfung ausreichende Aussagegenauigkeit zu gewährleisten.

Zu Absatz 3

Nummer 1.1.1 Absatz 3 verweist hinsichtlich der Besonderen Leistungen auf Anlage 9.

Nr. 1.1.2 Honorare für Grundleistungen bei Umweltverträglichkeitsstudien 2013

Amtliche Begründung

Die in Nummer 1.1.2 geregelte Honorarberechnung für die Grundleistungen bei Umweltverträglichkeitsstudien wird wesentlich umgestaltet. Die Honorarsätze werden aktualisiert. Neu in Nummer 1.1.2 Absatz 7 aufgenommen wird eine Empfehlung für den Fall einer Änderung der Größe des Untersuchungsraumes.

Zu Absatz 1

In Nummer 1.1.2 Absatz 1 wird die bisher in Nummer 1.1.2 Absatz 4 der HOAI 2009 geführte Honorartafel aufgenommen.

Zu Absatz 2

In Nummer 1.1.2 Absatz 2 aufgenommen wird die Klarstellung, dass das Honorar für die Erstellung von Umweltverträglichkeitsstudien nach der Fläche des Untersuchungsraums in Hektar und nach der Honorarzone zu berechnen ist.

Zu Absatz 3

In Nummer 1.1.2 Absatz 3 aufgenommen wird die Klarstellung, dass die Umweltverträglichkeitsstudien drei Honorarzonen zugeordnet werden können.

Zu Absatz 4

In Nummer 1.1.2 Absatz 4 werden die bisher in Nummer 1 1.2 Absatz 1 der HOAI 2009 geregelten Bewertungsmerkmale inhaltlich an die neuen Leistungsbilder und Anforderungen angepasst. Absatz 4 folgt dabei der Systematik der Honorarvorschriften in der Landschaftsplanung.

Der neue Kriterienkatalog enthält sechs Bewertungsmerkmale. Die spezifischen Bewertungsmerkmale „ökologisch bedeutsame Struktur“ und „Erholungsnutzung“ entfallen. Sie gehen in dem in Nummer 1.1.1 Absatz 4 Nummer 1 neu aufgenommen und weitergehenden Kriterium der „Bedeutung des Untersuchungsraumes für die Schutzgüter im Sinne des UVPG“ auf. Das Abstellen auf die Schutzgüter des UVPG geht in systematischer und sprachlicher Hinsicht mit den aktualisierten Leistungsbildern einher. Insgesamt werden diese Bestimmungen inhaltlich und terminologisch enger am UVPG ausgerichtet. In Nummer 1.1.2 Absatz 4 Nummer 2 tritt die „Ausstattung des Untersuchungsraumes an Schutzgebieten“ als weiteres Bewertungsmerkmal hinzu. In Nummer 1.1.2 Absatz 4 Nummer 6 wird neben der Intensität nunmehr auch die „Komplexität“ potentieller Wirkfaktoren berücksichtigt. Hiermit soll dem Umstand Rechnung getragen werden, dass Umweltauswirkungen regelmäßig nicht-linearen Kausalzusammenhängen unterliegen und die Erfassung dieser komplexen Wirkungszusammenhänge einen zentralen Schwerpunkt darstellt. Im Übrigen entspricht der Kriterienkatalog den Bewertungsmerkmalen des Absatzes 1 HOAI 2009.

Zu Absatz 5

Nummer 1.1.2 Absatz 5 entspricht Nummer 1.1.2 Absatz 2 der HOAI 2009.

Zu Absatz 6

Nummer 1.1.2 Absatz 6 entspricht inhaltlich überwiegend Nummer 1.1.2 Absatz 3 der HOAI 2009 und wird sprachlich gestrafft. Die Zuweisung der Anzahl der Bemessungspunkte für die in Absatz 3 aufgeführten Bewertungsmerkmale wird an den teilweise überarbeiteten und erweiterten Kriterienkatalog des Absatzes 3 angepasst. Die einzelnen Gewichtungen und beiden Punkteklassen („6“ und „9“) werden nicht geändert. Die neu aufgenommenen bzw.

aktualisierten Bewertungsmerkmale in Nummer 1.1.1 Absatz 4 Satz 2 Nummer 1 und Nummer 2 werden mit sechs Punkten gewichtet.

Zu Absatz 7

Neu in Nummer 1.1.2 Absatz 7 aufgenommen wird eine Empfehlung zur Anpassung des Honorars für den Fall, dass sich die Größe des Untersuchungsraumes während der Leistungserbringung ändert. Die Ausgestaltung erfolgt entsprechend der Vorschriften zur Flächenplanung, siehe §§ 21, 29, 30, 31, 32 der HOAI.

Nr. 1.2 Bauphysik 2013

Amtliche Begründung

Im neuen Leistungsbild Bauphysik werden die bisherigen Leistungsbilder „Thermische Bauphysik“ (Nummer 1.2 der HOAI 2009) und „Schallschutz und Raumakustik“ (Nummer 1.3 und 1.4. der HOAI 2009) zusammengeführt und umfassend überarbeitet. Es wird eine einheitliche Systematik der Leistungsphasen mit differenzierten Grundleistungen eingeführt, wodurch frühere Teilleistungen entfallen, andere hinzugetreten sind. Die Gliederung in Leistungsphasen entsprechend den Leistungsbildern in § 33 (Gebäude und Innenräume) und § 53 (Technische Ausrüstung) soll die Bezüge und Schnittstellen zu diesen Leistungsbilder verdeutlichen. Der gemeinsamen Leistungsbildbeschreibung nachgeordnet sind in Nummer 1.2.3 bis 1.2.5 jeweils spezifische Empfehlungen für Honorare- und Tafelwerte, die ebenfalls an den geänderten Beratungsaufwand angepasst wurden. Neu eingeführt für alle drei Leistungsbilder der Bauphysik wird ein Zuschlag für Umbauten und Modernisierungen bei Bestandsobjekten. Zudem wird für alle drei Leistungsbilder eine Empfehlung zur angemessenen Berücksichtigung der mitzuverarbeitenden Bausubstanz bei den anrechenbaren Kosten aufgenommen. Die Umstrukturierung und Neukonzipierung folgt dem Ziel, die Leistungsbilder an erheblich veränderte gesellschaftliche und rechtliche Umfeldbedingungen sowie den Stand der Technik anzupassen:

Im Einzelnen

Für das durch die Aufnahme der Energiebilanzierung grundlegend erweiterte Leistungsbild **Wärmeschutz und Energiebilanzierung** gilt dies insbesondere mit Blick auf die Energieeinsparverordnung (EnEV). Die Verordnung löste die bisherige Wärmeschutzverordnung und die Heizungsanlagenverordnung ab, an welchen das bisherige Leistungsbild der „Thermischen Bauphysik“ ausgerichtet war. Die Einführung der EnEV führte zu einer grundlegenden Neuausrichtung der Wärmeschutzmaßnahmen und einer umfassenden Erweiterung des Leistungsaufwandes gegenüber der Wärmeschutzverordnung (Wärmeschutzverordnung) vom 16. August 1994. Danach sollte zunächst der Heizenergiebedarf von Gebäuden um 30 Prozent gegenüber dem Anforderungsniveau der Wärmeschutzverordnung (Wärmeschutzverordnung 1995) gesenkt werden. Mit der EnEV 2007 wurde sodann ein neues Berechnungsverfahren eingeführt, das Wohngebäude und Nichtwohngebäude getrennt betrachtet. Die zwischenzeitlich in Kraft getretene EnEV 2009 führt weitere weitreichende Vorgaben zur Reduzierung des Primärenergiebedarfs und Leistungserfordernisse ein, insbesondere zur Energiebilanzierung (zum Beispiel Einbeziehung der Anlagentechnik in die Energiebilanz, zu entstehenden Energieverlusten, zur möglichst detaillierten Berücksichtigung von Wärmebrücken, zum sommerlichen Wärmeschutz sowie zu solaren Energiegewinnen, zum Übergang zu einer sogenannten Energiebilanzierung anstatt der bisherigen Wärmebedarfsorientierung). Daraus folgen eine deutlich erhöhte Detaillierung bei der Beratung und den Berechnungsmodellen sowie ein erheblich höherer Abstimmungsaufwand, die alle Leistungsphasen des Leistungsbildes betreffen.

Die Neukonzipierung der Grundleistungen und Honorarempfehlungen im Leistungsbild der **Bauakustik** ist erforderlich, um der Bedeutung des Schallschutzes bzw. der Bauakustik für die „Lebensqualität" in allen Lebensbereichen (Wohnen, Arbeiten, Freizeit) Rechnung zu tragen. Beispielhaft genannt seien hier die Grundsatzentscheidungen des Bundesgerichtshofes vom 14.06.2007 (VII ZR 45/06) und vom 04.06.2009 (VII ZR 54/07). Im Bereich der Bauakustik ist darüber hinaus eine zunehmende Regulierung zu beobachten, die sowohl das Europarecht (z. B. Richtlinie 2002/49/EG des Europäischen Parlaments und des Rates vom 25.06.2002 über die Bewertung und Bekämpfung von Umgebungslärm) als auch bundesrechtliche Gesetze und Verordnungen (z. B. Bundes-Immissionsschutzgesetz, Gaststättengesetz, TA-Lärm, Geräte- und Maschinenlärmschutzverordnung, Sportanlagenlärmschutzverordnung), Landesrecht (zum Beispiel Lärmimmissionsschutzgesetze der Länder) und auch gemeindliche Satzungen (zum Beispiel Bebauungspläne) betrifft.

Die fortschreitende bautechnische Entwicklung und Ausdifferenzierung bautechnischer Verfahren macht es erforderlich, frühzeitig Berechnungen zur Bauakustik anzustellen, weil hiervon grundsätzliche Entscheidungen zur Bauweise abhängen können. Schließlich tragen unterschiedliche Randbedingungen des Objekts und seiner Nutzung zu einer erhöhten Komplexität bei. So sind bei der zunehmenden Zahl von Bestandsbauvorhaben andere Wechselwirkungen zwischen unterschiedlichen Zielen und Anforderungen (z. B. Denkmalschutz, ökonomische Ziele der Investoren, Erwartungen der Erwerber an den Wohnkomfort etc.) zu berücksichtigen als bei einem Neubauvorhaben.

Diese neuen Anforderungen wirken sich in allen Leistungsphasen aus, allerdings – entsprechend dem Grad der Untersuchungsvertiefung – im unterschiedlichen Umfang.

Für die **Raumakustik** haben sich seit 1996 die Anforderungen erhöht, wobei die Anforderungen je nach Nutzung des jeweiligen Raumes, wie zum Beispiel Versammlungsräume, Schulräume, Räume in Verwaltungsgebäuden, oder andere öffentliche Gebäude wie Gerichte, Gewerberäume, Konzertsäle, Theatersäle, Kirchen, Rundfunkstudios vollkommen unterschiedlich sein können. Gleichzeitig haben sich die technischen Möglichkeiten, z. B. durch neue Berechnungsmethoden oder innovative Oberflächengestaltung, erheblich erweitert, sodass es heute technisch in einem sehr viel größerem Umfang als früher möglich ist, für nahezu jede vorgegebene Grundform und Nutzungsanforderung eines Raumes eine raumakustisch höchsten Anforderungen genügende Lösung zu finden.

Nr. 1.2.1 Anwendungsbereich 2013

Amtliche Begründung

Zu Absatz 1

Nummer 1.2.1 Absatz 1 benennt die Grundleistungen für Bauphysik, nämlich den Wärmeschutz und die Energiebilanzierung, die Bauakustik (Schallschutz) und die Raumakustik. In den Absätzen 2 bis 4 werden die jeweiligen Fachgebiete näher beschrieben, wobei sich die Beschreibung auf wesentliche Inhalte beschränkt.

Zu Absatz 2

Nummer 1.2.1 Absatz 2 definiert die Leistungen für „Wärmeschutz und Energiebilanzierung". Neu aufgenommen werden Leistungen für die fachübergreifende Energiebilanzierung, um das bislang als „Thermische Bauphysik" (Nummer 1.2 der HOAI 2009) bezeichnete Leistungsbild an die weitgehenden rechtlichen und technischen Änderungen anzupassen, siehe im Einzelnen die Ausführungen zu Nummer 1.2. Das Leistungsbild Wärmeschutz und Energiebilanzierung erfährt dadurch eine erhebliche Erweiterung. Im Übrigen wird die Leistungsbeschreibung in Nummer 1.2.1 sprachlich gestrafft. Die bisherigen Absätze 2 und 3 in Nummer 1.2.1 der HOAI 2009 entfallen.

Zu Absatz 3

Nummer 1.2.1 Absatz 3 definiert die Leistungen für die Bauakustik. Die Begriffsbestimmung nimmt weitgehend unverändert die Definition des „baulichen Schallschutzes" nach Nummer 1.3.1 Absatz 1 Nummer 1 der HOAI 2009 und des „Schallimmissionsschutzes" nach Nummer 1.3.1 Absatz 1 Nummer 2 der HOAI 2009 in sich auf. Die Honorarempfehlung in Nummer 1.2.4 nimmt auf dieses Leistungsbild vollumfänglich Bezug. Infolgedessen werden nunmehr auch Leistungen des Schallimmissionsschutzes von den Honorarempfehlungen der Anlage 1.2 erfasst. Bisher konnte die Anwendung der Anlage 1.3 der HOAI 2009 zur Honorarermittlung nur für die Leistungen des baulichen Schallschutzes vereinbart werden (Nummer 1.3.1 der HOAI 2009).

Zu Absatz 4

Nummer 1.2.2 Absatz 4 bestimmt die Leistung für die Raumakustik näher. Gegenüber der bisherigen Empfehlung in Nummer 1.3.4 der HOAI 2009 entfallen die Überwachungsleistungen. Im Übrigen wird die Definition sprachlich gestrafft.

Zu Absatz 5

Absatz 5 stellt zum systematischen Verständnis klar, dass die Besonderen Grundlagen der Honorare in den jeweiligen Nummern der Teilgebiete Wärmeschutz und Energiebilanzierung, Bauakustik, Raumakustik aufgeführt sind.

Nr. 1.2.2 Leistungsbild Bauphysik 2013

Amtliche Begründung

Zu Absatz 1

In Nummer 1.2.2 Absatz 1 sind die Leistungsphasen der Bauphysik zusammengefasst und prozentual bewertet. Neu hinzugetreten sind die Leistungsphasen 1 und 2. Die neuen einheitlich geltenden Leistungsphasen ersetzen damit die bisher für die drei Leistungsbilder unterschiedlich ausgestalteten und bewerteten Teilleistungen.

Zu Absatz 2

Nummer 1.2.2 Absatz 2 fasst das Leistungsbild Bauphysik zusammen, ordnet die Grundleistungen den Leistungsphasen 1 bis 9 zu und benennt beispielhaft Besondere Leistungen. Das Leistungsbild Bauphysik wird durch die Energiebilanzierung ergänzt.

Nr. 1.2.3 Honorare für Grundleistungen für Wärmeschutz und Energiebilanzierung 2013

Amtliche Begründung

Nummer 1.2.3 wird gegenüber der bisherigen Honorarempfehlung in Nummer 1.2.2 Absatz 2 bis 3 der HOAI 2009 überarbeitet, wobei insbesondere dem geänderten Beratungsaufwand durch das um die Energiebilanzierung erweiterte Leistungsbild Rechnung getragen wird. Neu aufgenommen wird die Berücksichtigung eines Umbauzuschlages.

Zu Absatz 1

Nummer 1.2.3 Absatz 1 entspricht der Grundlagennorm zur Honorierung in Nummer 1.2.2 Absatz 2 der HOAI 2009. Neu ist durch die Verweisung auf § 33 der HOAI, dass auch bei Leistungen des Wärmeschutzes und der Energiebilanzierung für Bestandsobjekte die mitzuverarbeitende Bausubstanz angemessen bei den anrechenbaren Kosten berücksichtigt werden kann.

Zu Absatz 2

Nummer 1.2.3 Absatz 2 nimmt die bislang in Nummer 1.2.2 Absatz 3 der HOAI 2009 niedergelegte Honorartabelle auf. Die Tabellenwerte, Grenzwerte und Staffelungen werden umfassend aktualisiert.

Zu Absatz 3

Neu aufgenommen in Nummer 1.2.3 Absatz 3 wird eine Empfehlung zur Vereinbarung eines Umbauzuschlages bei Umbauten (vgl. § 2 Nummer 5) und Modernisierungen (vgl. § 2 Nummer 6). Maßgeblich ist der Schwierigkeitsgrad der konkreten Umbau- oder Modernisierungsmaßnahme im jeweiligen Einzelfall. Damit wird der zunehmenden Bedeutung der energetischen Sanierung von Bestandsobjekten und dem einhergehenden erhöhten Leistungsumfang Rechnung getragen. Die Empfehlung ist an den Regelungsgehalt des § 6 Absatz 2 Satz 3 angelehnt.

Nr. 1.2.4 Honorare für Grundleistungen der Bauakustik 2013

Amtliche Begründung

Nummer 1.2.4 fasst die bislang in Nummer 1.3.2 und Nummer 1.3.3 der HOAI 2009 enthaltenen Honorarempfehlungen für das überarbeitete Leistungsbild zusammen und passt sie an den geänderten Beratungsaufwand an.

Neu in den Empfehlungen enthalten sind ein Umbauzuschlag und die Berücksichtigung der mitzuverarbeitenden Bausubstanz. Mit Nummer 1.3.2 Absatz 4 der HOAI 2009 entfallen zudem die Verweise auf die Bestimmungen der §§ 4, 6, 35 und 36 der HOAI 2009. Durch die bisherige Verweisung auf § 35 der HOAI 2009 auf den bei Leistungen im Bestand gegebenen Honorarzuschlag wurde ein Ausgleich dafür geschaffen, dass die Berücksichtigung der technisch und gestalterisch mitzuverarbeitenden Bausubstanz bei den anrechenbaren Kosten in der HOAI 2009 entfallen war. In Nummer 1.2.4 Absatz 1 Satz 2 wird die Möglichkeit geschaffen, die mitzuverarbeitende Bausubstanz als anrechenbare Kosten zu berücksichtigen. Damit entfällt das Erfordernis einer Verweisung auf § 35.

Zu Absatz 1

Nummer 1.2.4 Absatz 1 Satz 1 benennt anrechenbare Kosten, welche der Honorarermittlung zugrunde gelegt werden können. Die Definition der anrechenbaren Kosten in Nummer 1.2.4 Absatz 1 entspricht im Wesentlichen der in Nummer 1.3.2 Absatz 3 der HOAI 2009. Die bisherigen Begriffsmerkmale „Installationen“, „zentrale Betriebstechnik“ und „betriebliche Einbauten“ werden unter der Bezeichnung „Anlagen der Technischen Ausrüstung“ zusammengezogen. Damit wird die Vorschrift an die DIN 276 12/2008, „Kostengruppe 300 und 400“ angepasst, nach welcher sich die anrechenbaren Kosten der Bauphysik richten.

Nummer 1.2.4 Absatz 1 Satz 2 stellt jetzt klar, dass bei der Beratung zu Maßnahmen der Bauakustik für Bestandsgebäude nunmehr auch die mitzuverarbeitende Bausubstanz bei den anrechenbaren Kosten angemessen berücksichtigt werden kann.

Zu Absatz 2

Nummer 1.2.4 Absatz 2 entspricht vollumfänglich Nummer 1.3.2 Absatz 5 der HOAI 2009.

Zu Absatz 3

Nummer 1.2.4 Absatz 3 enthält wie die bisherige Nummer 1.3.3 Absatz 3 der HOAI 2009 die Empfehlung für eine aktualisierte Honorartafel für Leistungen der Bauakustik.

Zu Absatz 4

Auch für Leistungen der Bauakustik wird nach Nummer 1.2.4 Absatz 4 nunmehr bei Umbau und Modernisierung mit durchschnittlichem Schwierigkeitsgrad (Honorarzone III) die Vereinbarung eines Zuschlages vorgeschlagen. Hinsichtlich der Ausgestaltung der Empfehlung siehe die Begründung zu Nummer 1.2.3 Absatz 3. Mit dieser Vorschrift wird auch hier der zunehmenden Bedeutung der energetischen Sanierung von Bestandsobjekten und den damit im Zusammenhang stehenden Aufwendungen bei der Beratung zum Schallschutz Rechnung getragen.

Zu Absatz 5

Nummer 1.2.4 Absatz 5 ändert die bislang in Nummer 1.3.3 Absatz 1 der HOAI 2009 anhand spezifischer Objekttypen und Objekteigenschaften ausgerichtete Beschreibung der Honorarzonen. Es werden sechs Bewertungsmerkmale eingeführt, welche der Ermittlung der Honorarzone zugrunde gelegt werden können. Neben einer Straffung der Empfehlungen dient dies dem Ziel, die Zuordnung angesichts der vielgestaltigen Anforderungen der Praxis handhabbarer zu gestalten.

Zu Absatz 6

Die Empfehlung für die Zuordnung zu den Honorarzonen in Nummer 1.2.4 Absatz 6 verweist auf die Regelung zur Tragwerksplanung und entspricht inhaltlich Nummer 1.3.3 Absatz 2 der HOAI 2009.

Zu Absatz 7

Die in Nummer 1.2.4 Absatz 7 beispielhaft aufgeführte Objektliste entspricht § 82 Absatz 1 der HOAI 1996. Die Objektliste soll nunmehr übersichtlicher gestaltet werden.

Nr. 1.2.5 Honorare für Grundleistungen der Bauakustik 2013

Amtliche Begründung

In Nummer 1.2.5 werden die bisher in Nummer 1.3.5 und 1.3.6 der HOAI 2009 niedergelegten Honorarempfehlungen für Leistungen der Raumakustik zusammengefasst und überarbeitet. Ebenfalls neu enthalten ist die Vereinbarkeit eines Umbauzuschlags und die Berücksichtigung der mitzuverarbeitenden Bausubstanz. Die bisherigen Verweise auf die §§ 4, 6, 35 und 36 entfallen mit Absatz 4 in Nummer 1.3.5 der HOAI 2009 auch hier. Siehe im Einzelnen die Ausführungen zu Nummer 1.2.4.

Zu Absatz 1

Nummer 1.2.5 Absatz 1 entspricht weitgehend der Empfehlung über die Honorargrundlagen in Nummer 1.3.5 Absatz 2. Die Verweise werden aktualisiert.

Zu Absatz 2

Nummer 1.2.4 Absatz 2 Satz 1 entspricht inhaltlich weitestgehend Nummer 1.3.5 Absatz 3 der HOAI 2009. Die Empfehlung wird sprachlich an die DIN 276 12/2008 angepasst. Die

Bezugnahme auf die Technische Ausrüstung wird aufgenommen. Anstelle der Kosten „für betriebliche Einbauten, bewegliches Mobiliar und Textilien“, die zu den anteilig ermittelten Kosten der „Baukonstruktion und Technischen Ausrüstung“ hinzugezählt werden, tritt die Verweisung auf die Kosten der Ausstattung im Sinne der DIN 276, KGR 610.

Nach Satz 2 wird nunmehr für Grundleistungen der Raumakustik zu Räumen in Bestandsgebäuden die mitzuverarbeitende Bausubstanz angemessen berücksichtigt.

Zu Absatz 3

Die bislang in Nummer 1.3.5 Absatz 4 enthaltene Honorartabelle wird in Nummer 1.2.5 Absatz 3 aktualisiert.

Zu Absatz 4

Wie schon bei den Leistungen für Wärmeschutz und Energiebilanzierung sowie der Bauakustik (Schallschutz) wird in Absatz 4 neu die Vereinbarung eines Umbauzuschlages vorgeschlagen. Die Erläuterungen zu Nummer 1.2.3 Absatz 3 gelten entsprechend. Ein solcher Umbauzuschlag soll berücksichtigen, dass erhöhte Aufwendungen im Zuge der Beratung zu Maßnahmen zur Steigerung der Energieeffizienz auch den Umfang der Grundleistung Raumakustik erhöhen können.

Zu Absatz 5

Die in Nummer 1.2.5 Absatz 5 vorgesehene Anzahl von fünf Honorarzonen entsprechend der Schwierigkeit der Beratungsanforderungen geht mit der bisherigen Fassung des Nummer 1.3.5 Absatz 1 der HOAI 2009 einher. Allein die Honorarzone IV erfasst nicht mehr „durchschnittliche“, sondern „hohe“ Anforderungen.

Zu Absatz 6

Nummer 1.2.5 Absatz 6 übernimmt inhaltlich unverändert die bislang in Nummer 1.3.6 Absatz 2 der HOAI 2009 aufgeführten Bewertungsmerkmale.

Zu Absatz 7

Die in Nummer 1.2.5 Absatz 7 beispielhaft aufgeführte Objektliste entspricht inhaltlich im Wesentlichen der bisherigen Fassung in Nummer 1.3.7 der HOAI 2009. Die Objektliste soll nunmehr übersichtlicher gestaltet werden.

Zu Absatz 8

Die Empfehlung für Zweifelsfälle der Honorarzonenzuordnung in Nummer 1.2.5 Absatz 8 entspricht inhaltlich Nummer 1.3.6 Absatz 3 der HOAI 2009.

Nr. 1.3 Grundleistungen für Geotechnik 2013

Amtliche Begründung

Im neuen Leistungsbild der „Geotechnik“ werden die bisherigen Leistungen für „Bodenmechanik, Erd- und Grundbau“ zusammengefasst. Die Darstellung des Leistungsbildes und der Honorarempfehlungen wird redaktionell überarbeitet und an die Struktur der anderen Leistungsbilder angepasst. Insbesondere wird das Leistungsbild in Grundleistungen und Besondere Leistungen gegliedert. Dies folgt der Zielstellung, die HOAI einheitlicher und übersichtlicher zu gestalten. Zudem wurden bei der Anpassung der Leistungsbeschreibung teilweise veränderte Prozesse bei der Leistungserbringung berücksichtigt. Schließlich ist die Honorartabelle aktualisiert worden.

Eine Empfehlung zum Umbauzuschlag und zur mitzuverarbeitenden Bausubstanz ist – im Gegensatz zum neuen Leistungsbild der Bauphysik und der früheren Regelung der Geotechnik in der HOAI 1996 – nicht vorgesehen. Grundleistungen der Geotechnik beziehen sich immer auf eine vorhandene Situation im Boden. Insofern ist ein Unterschied zwischen Neubau, Umbau und Modernisierung bei der Honorarbemessungsgrundlage nicht ersichtlich.

Nr. 1.3.1 Anwendungsbereich 2013

Amtliche Begründung

Zu Absatz 1

Nummer 1.3.1 Absatz 1 definiert den Leistungsbereich der Geotechnik. Die Beschreibung wird gegenüber der bisherigen Fassung in Nummer 1.4.1 Absatz 1 der HOAI 2009 inhaltlich konkretisiert. Lediglich klarstellenden Charakter hat die ausdrückliche Bezugnahme auf die „Grundwasserverhältnisse". Bereits Nummer 1.4.1 Absatz 2 Nummer 1 der HOAI 2009 schließt mit der „Baugrundbeurteilung und Gründungsberatung" die Klärung der Grundwasserverhältnisse mit ein. Erdbauwerke, Frei- und Verkehrsanlagen sind ausgenommen, weil dafür der Leistungsumfang von den hier definierten Grundleistungen abweicht. Sie sind der Objektplanung zugeordnet.

Zu Absatz 2

Die Aufzählung der in der Praxis vorkommenden Leistungen der Geotechnik konzentriert sich in Nummer 1.3.1 Absatz 2 inhaltlich auf die bislang in Nummer 1.4.1 Absatz 2 Nummer 1 der HOAI 2009 aufgeführte Leistung der „Baugrundbeurteilung und Gründungsberatung". Die bisher in Nummer 1.4.1 Absatz 2 Nummer 2 bis 9 der HOAI 2009 aufgezählten Leistungen, die nicht von der Honorarempfehlung der Anlage 1 erfasst waren, können zur weiteren Vereinfachung entfallen.

Nr. 1.3.2 Besondere Grundlagen des Honorars 2013

Amtliche Begründung

In Nummer 1.3.2 werden nunmehr unter der Bezeichnung „Besondere Grundlagen des Honorars" die bisher in Nummer 1.4.2 Absatz 3 und Absatz 5 der HOAI 2009 enthaltenen Honorarempfehlungen zusammengezogen. Die Inhalte der Nummer 1.4.2 Absatz 4 und Absatz 6 der HOAI 2009 werden nicht übernommen. Für die unverbindliche Anlage 1.3 entfällt ein Bedürfnis für die dort getroffenen Verweisungen auf den Allgemeinen Teil der HOAI 2009.

Zu Absatz 1

Nummer 1.3.2 Absatz 1 entspricht inhaltlich Nummer 1.4.2 Absatz 3 der HOAI 2009. Das Honorar kann sich nach den anrechenbaren Kosten der Tragwerksplanung gemäß § 52 Absatz 1 bis Absatz 3 richten. Weiterhin wird gegenüber der bisherigen Empfehlung klargestellt, dass „das gesamte Objekt aus Bauwerk und Baugrube" die Bezugsgröße für die anrechenbaren Kosten darstellt.

Zu Absatz 2

Nummer 1.3.2 entspricht Nummer 1.4.2 Absatz 5 der HOAI 2009. Mit dieser spezifischen Empfehlung für die Honorierung geotechnischer Leistungen im Zusammenhang mit Ingenieurbauwerken mit großer Längenausdehnung, wie z. B. Ufermauern, Kaimauern oder Tunnel, soll dem vergleichsweise deutlich höheren Aufwand bei der Darstellung und

Auswertung der Baugrunderkundungen sowie für deren geotechnische Bewertung Rechnung getragen werden. Klargestellt wird, dass das Honorar für diese Leistungen ergänzend zu den Honorarempfehlungen der Nummer 1.3.4 frei vereinbar sein kann.

Nr. 1.3.3 Leistungsbild Geotechnik 2013

Amtliche Begründung

Zu Absatz 1

Nummer 1.3.3 Absatz 1 beschreibt in Satz 1 den wesentlichen Inhalt der Grundleistungen. In Satz 2 wird klargestellt, dass die Darstellung dieser Inhalte im geotechnischen Bericht erfolgen kann.

Zu Absatz 2

Nummer 1.3.3 Absatz 2 übernimmt inhaltlich unverändert die bisher in Nummer 1.4.2 Absatz 1 der HOAI 2009 zugrunde gelegte Aufteilung in drei Teilleistungen. Die prozentuale Gewichtung der Teilleistungen bleibt auch unter Berücksichtigung der Änderungen in Teilleistung c) Absatz 3 unverändert. Neu aufgenommen ist entsprechend dem Vorgehen in den anderen Leistungsbildern jeweils eine eigene Bezeichnung der drei Teilleistungen.

Zu Absatz 3

Die bislang in Nummer 1.4.2 Absatz 1 der HOAI 2009 enthaltene ausführliche Beschreibung der Grundleistungen bleibt im Bereich der Teilleistung 1 und Teilleistung 2 im Wesentlichen unverändert. Inhaltliche Änderungen ergeben sich aufgrund der durch geänderte Beratungsprozesse erforderlichen Ergänzungen in der Teilleistung c).

Im Einzelnen wurde Nummer 1.3.3 Absatz 3 wie folgt gegenüber Nummer 1.4.2 Absatz 1 der HOAI 2009 überarbeitet:

Teilleistung a): Die sprachliche Ergänzung durch das Wort „Grundwasserverhältnisse" hat lediglich klarstellende Wirkung. Auch die Nummer 1.4.2 Nummer 1 der HOAI 2009 schließt mit der „Baugrundbeurteilung und Gründungsberatung" die Klärung der Grundwasserverhältnisse mit ein.

Teilleistung b): Der Begriff der „Bodenkennwerte" wird durch den weitergehenden Begriff der „Baugrundwerte" ersetzt. Durch die allgemeine Bezugnahme auf den „Baugrund" wird klargestellt, dass hierbei auch zum Beispiel der Fels mit umfasst ist.

Teilleistung c): Die Teilleistungen „Allgemeine Angaben zum Erdbau" und „Angaben zur geotechnischen Eignung von Aushubmaterial zur Wiederverwendung bei der betreffenden Baumaßnahme sowie Hinweise zur Bauausführung" sind neu. Insoweit gibt es keine vergleichbare Empfehlung in Nummer 1.4.2 Absatz 1 der HOAI 2009. Mit der letztgenannten Leistung wird unter anderem den aktuellen (auch umweltschutzbedingten) Anforderungen an eine mögliche Wiederverwendung von Bodenaushub entsprochen. Soweit zum Beispiel das Aushubmaterial verwendbar ist, weil es die geotechnischen Eigenschaften erfüllt, die eine Verfüllung auf dem Baugelände erfordert (z. B. Sickerfähigkeit als kapillarbrechende Schicht, Verdichtungseignung, Tragfähigkeit je nach Einzelfall), kann es wiederverwendet werden. Das gilt auch für Aushubmaterial in verschiedenen Lagevorkommen mit geotechnisch gegebenenfalls unterschiedlichen Eigenschaften. „Hinweise zur Bauausführung" können sich u. a. auf die Art der Wiederverwendung oder die Arbeitsfolge des Einbaus beziehen.

Weiterhin wurde die beispielhafte Aufzählung der Besonderen Leistungen präzisiert und unter Berücksichtigung der Anforderungen der heutigen Beratungspraxis um einige Leistungen erweitert, insbesondere wurde das „Mitwirken während der Auswertung" neu aufgenommen.

Nr. 1.3.4 Honorare Geotechnik 2013

Amtliche Begründung

Zu Absatz 1

Nummer 1.3.4 Absatz 1 aktualisiert die bisher in Nummer 1.4.3 Absatz 3 der HOAI 2009 enthaltene Honorarempfehlung.

Zu Absatz 2

Die Empfehlung zur Honorarzonenzuordnung in Nummer 1.3.4 Absatz 2 entspricht Nummer 1.4.3 der HOAI 2009.

Zu Absatz 3

Die in Nummer 1.3.4 Absatz 2 getroffene Empfehlung für die Zuordnung zu den Honorarzonen entspricht inhaltlich Nummer 1.4.3 Absatz 1 der HOAI 2009.

Zu Absatz 4

Nummer 1.3.4 Absatz 4 ergänzt die Empfehlung für die Zuordnung zu den Honorarzonen um die Aspekte des „Grundwassereinflusses" und der „Nachbarbebauung", die bei der Ermittlung der Honorarzone berücksichtigt werden können.

Nr. 1.4 Ingenieurvermessung 2013

Amtliche Begründung

Unter dem neuen Oberbegriff „Ingenieurvermessung" werden die Leistungsbild- und Honorarempfehlungen der bisherigen „vermessungstechnischen Leistungen" umfassend überarbeitet.

Die Leistungsbilder werden aktualisiert und modernisiert, insbesondere an die dem Stand der Technik entsprechenden Mess- und Auswertungsmethoden angepasst. Das Leistungsbild wird fortan „methodenneutral" beschrieben und die anzuwendende Methode (zum Beispiel „tachymetrisch" oder „fotogrammetrisch") nicht mehr vorgegeben. Mit der Anpassung an den Stand der Technik verbunden ist der Übergang von „Plänen" zu „Daten" sowie von „Festpunkten" zu einem „geodätischen Raumbezug", um beispielsweise auch satellitengestützte Messmethoden zu berücksichtigen. Aus den aktuellen Arbeitsmethoden und Abläufen der Vermessung resultieren auch Änderungen in der zeitlichen Abfolge der Leistungserbringung. Die Gliederung der Leistungsbilder und Leistungsphasen wird daran angepasst.

Aufgrund des gleichartigen Arbeitsaufwandes wird nunmehr auch die Vermessung für Flächenplanungen in das neu bezeichnete Leistungsbild der Planungsbegleitenden Vermessung aufgenommen. Die Honorierung der Planungsbegleitenden Vermessung wird von den Baukosten entkoppelt und ein Flächenansatz eingeführt, der durch sogenannte Verrechnungseinheiten realisiert wird.

Die Überarbeitung berücksichtigt zudem die unterschiedlichen Gegebenheiten aus Hoch- und Tiefbau. Des Weiteren werden die Leistungsbilder an neue Anforderungen angepasst, welche aus der Neuordnung des Bauordnungsrechts resultieren.

Auf der Grundlage dieser Aktualisierung des Leistungsbildes werden gesonderte Honorartafeln für die Planungsbegleitende Vermessung und die Bauvermessung eingeführt.

Nr. 1.4.1 Anwendungsbereich 2013

Amtliche Begründung

Zu Absatz 1

Nummer 1.4.1 Absatz 1 definiert die Leistung der „Ingenieurvermessung“. Die Begriffsbestimmung entspricht der bisherigen Definition der „vermessungstechnischen Leistungen“ in Nummer 1.5.1 der HOAI 2009. Allein der Begriff der „ortsbezogenen Daten“ wird durch die Bezeichnung „raumbezogene“ Daten ersetzt.

Zu Absatz 2

Nummer 1.4.1 Absatz 2 Nummer 1 bis Nummer 3 konkretisiert und erweitert die Aufzählung der Gruppen vermessungstechnischer Leistungen der Nummer 1.5.1. Absatz 2 der HOAI 2009.

Die ehemalige Gruppe 1 („Entwurfsvermessung“) in Nummer 1.5.1 Absatz 2 Nummer 1 der HOAI 2009 wird unter der Bezeichnung „Planungsbegleitende Vermessung“ fortgeführt. Neu aufgenommen werden in diese Leistungskategorie die Ingenieurvermessungen bei Flächenplanungen. Dahinter steht die Zielsetzung, für inhaltlich vergleichbare Leistungen auch eine gleichlaufende Systematik und Honorarempfehlung zu gewährleisten. Denn in der Planungspraxis haben sich die aktuellen Aufnahme- und Auswertungsverfahren für die Planung und den Entwurf von Gebäuden, Ingenieurbauwerken, Verkehrsanlagen einerseits und für die Flächenplanungen anderseits angeglichen. Mit dieser Erweiterung wird daher das Ziel verfolgt, dass die Planungsbegleitende Vermessung für eine Straßenplanung genauso bewertet werden kann wie die gleiche Planungsbegleitende Vermessung für eine Flächenplanung, die unter Umständen sogar das gleiche Planungsgebiet abdeckt. Am Beispiel des Straßenbaus könnten demnach für die Vermessung bei einer Straßenplanung im Rahmen eines „Planfeststellungsverfahrens“ die gleichen Honorarempfehlungen greifen wie für die Vermessung bei einer Flächen- und der gleichen Straßenplanung im Rahmen eines „Bauleitplanverfahrens“.

Leistungsgruppe 2 („Bauvermessungen“) in Absatz 2 Nummer 2 bleibt im Wesentlichen inhaltlich unverändert. Um den Leistungsumfang konkreter zu beschreiben, wird nunmehr klargestellt, dass die Bauvermessungen „vor und während“ der Bauausführung erfasst sind.

Leistungsgruppe 3 („Sonstige Vermessungstechnische Leistungen“) in Absatz 2 Nummer 3, auf welche Anlage 1.4 keine Anwendung finden soll, entspricht weitgehend der bisherigen Beschreibung in Nummer 1.5.1 Absatz 2 Nummer 3 der HOAI 2009. Die einzelnen Leistungen werden inhaltlich konkretisiert und neu strukturiert, um eine Abgrenzung zu den von der Anlage erfassten Leistungen in Nummer 1 und Nummer 2 zu gewährleisten. Ausdrücklich wird in Spiegelstrich 2 klargestellt, dass Wasserstraßen dieser Leistungskategorie zuzuordnen sind. Bei Wasserstraßen sind sowohl Land- als auch Wasserflächen betroffen. Es liegen Besonderheiten vor, die es nicht erlauben, die sonst üblichen Maßstäbe für die Bemessung des

Honorars anzuwenden. Ingenieurbauwerke im Zusammenhang mit Wasserstraßen sind hiervon nicht betroffen.

Nr. 1.4 2 Grundlagen des Honorars bei der Planungsbegleitenden Vermessung 2013

Amtliche Begründung

Nummer 1.4.2 wird gegenüber Nummer 1.5.2 der HOAI 2009 grundlegend verändert. Neu eingeführt wird ein Modell, bei dem durch einen Flächenansatz für die Honorierung der Planungsbegleitenden Vermessung eine Entkoppelung von den anrechenbaren Kosten möglich wird. Die zu beplanende Fläche ist der maßgebende Parameter für die Honorarfindung bei der „Planungsbegleitenden Vermessung". Mit dem Flächenansatz soll zudem ein in der Planungspraxis auftretendes Problem vermieden werden: Mitunter werden Planungsbegleitende Vermessungstechnische Leistungen zu einem Zeitpunkt angefordert, an welchem die Planung noch nicht so weit verfestigt ist, dass die Baukosten ansatzweise ermittelt werden könnten. Eine Kostenvereinbarung ist daher mit Schwierigkeiten verbunden. Wird dagegen der Ansatz über die Fläche gewählt, kann der tatsächliche Aufwand für „Planungsbegleitende Vermessungen" deutlich zutreffender abgebildet werden. Gleichzeitig wird hiermit ein transparenter, leicht nachvollziehbarer und anwendbarer Berechnungsansatz zur Verfügung gestellt.

Der Flächenansatz wird über so genannte Verrechnungseinheiten (VE) realisiert.

Als Folge der Entkoppelung von den Baukosten entfallen die bisherigen Empfehlungen zu den anrechenbaren Kosten in Nummer 1.5.2 Absatz 2 bis 5 der HOAI 2009.

Zu Absatz 1

Nummer 1.4.2 Absatz 1 nimmt die Vorschriften zur Honorarberechnung der Nummer 1.5.2 der HOAI 2009 auf und passt sie an das veränderte Berechnungssystem an. Anstelle der anrechenbaren Kosten ist daher als neue Komponente der Honorarabrechnung nunmehr die „Summe der Verrechnungseinheiten" maßgebend.

Zu Absatz 2

Nummer 1.4.2 Absatz 2 bestimmt nunmehr, dass sich die Verrechnungseinheiten aus der Größe der aufzunehmenden Fläche und deren Punktdichte berechnen. Bei objektgebundenen Vermessungen ist damit klargestellt, dass nicht nur die Fläche zum Beispiel eines Bauantragsgrundstückes, sondern auch die Fläche anzusetzen ist, die zur Beurteilung des Vorhabens mit aufgemessen wird. Üblicherweise sind dies bei Bauantragsplänen die Grundstücksstreifen auf den Nachbargrundstücken zumindest bis zur Hauswand von Nachbargebäuden, wenn sie sich in Grenznähe befinden (Abstandflächenrelevanz). Ebenso sind notwendige private Erschließungsflächen und Teile der nächsten öffentlichen Erschließungsanlage (Straßentopografie und Kanalsituation) mit aufzumessen. Bei Verkehrsanlagen wird die aufzumessende Fläche üblicherweise durch einen Aufnahmekorridor (zum Beispiel: 100 m links und rechts der Trasse) definiert. Die Punktdichte ergibt sich aus der Anzahl der aufzumessenden bzw. aufgemessenen Punkte in Relation zur aufzumessenden Fläche. Aufgemessene Punkte sind anhand der örtlichen Aufnahme definiert. Jeder Punkt, der unabhängig örtlich ermittelt werden muss, zählt. So ergeben beispielsweise Sockel- und Traufpunkt einer Gebäudekante zwei Punkte.

Zu Absatz 3

Nummer 1.4.2 Absatz 3 neu führt aus, wie die Flächen in Abhängigkeit von der Punktdichte den entsprechenden Verrechnungseinheiten je Hektar zugeordnet werden können.

Zu Absatz 4

Nummer 1.4.2 Absatz 4 entspricht Nummer 1.5.2 Absatz 6 der HOAI 2009 und regelt die Honorarempfehlung bei objektbezogenen Planungsbegleitenden Vermessungen, bei denen für mehrere Objekte gleichzeitig ein Auftrag erteilt wird. Es wird klargestellt, dass für jedes einzelne Objekt die aufzumessende Fläche, die Punktdichte und die Honorarzone separat ermittelt und das Honorar darauf basierend getrennt berechnet werden kann.

Nr. 1.4.3 Honorarzonen für Grundleistungen bei der Planungsbegleitenden Vermessung 2013

Amtliche Begründung

Nummer 1.4.3 wird inhaltlich weitgehend unverändert aus Nummer 1.5.3 der HOAI 2009 übernommen. Die Empfehlung wird sprachlich gestrafft und neu aufgebaut. Die Änderungen sollen der besseren Systematik und Übersichtlichkeit dienen. Die Empfehlung zur Einordnung in die Honorarzone in Zweifelsfällen in Nummer 1.5.3 Absatz 2 Satz 1 der HOAI 2009 entfällt.

Zu Absatz 1

Das Punktebewertungssystem zur Einordnung in die Honorarzonen in Nummer 1.4.3 Absatz 1 wird gegenüber Nummer 1.5.3 Absatz 1 und Absatz 2 der HOAI 2009 übersichtlicher gestaltet, neu strukturiert und zusammengefasst. Die angewandten Kriterien werden im Wesentlichen übernommen. Die Gewichtung der Bewertungsmerkmale bleibt unverändert. Das Merkmal Topografiedichte entfällt, da dieser Aufwandsfaktor über die Punktdichte Berücksichtigung findet. Das bisherige Kriterium des Lage- und Höhenfestpunkfeldes geht in der neuen Bezeichnung der „Qualität des geodätischen Raumbezuges“ auf Diese sprachliche Anpassung soll den veränderten technologischen Möglichkeiten Rechnung tragen.

Zu Absatz 2

Nummer 1.4.3. Absatz 2 aktualisiert die bislang in Nummer 1.5.3 Absatz 2 Satz 2 enthaltene Punkteskala für die Empfehlung zur Zuordnung der Honorarzone.

Nr. 1.4.4 Leistungsbild Planungsbegleitende Vermessung 2013

Amtliche Begründung

Zu Absatz 1

Das in Nummer 1.4.4 Absatz 1 niedergelegte Leistungsbild erfasst im Zuge des erweiterten Anwendungsbereiches nunmehr auch die Flächenplanung. Der Hinweis auf die terrestrische und fotogrammetrische Aufnahmeart wird gestrichen. Dies folgt der Zielstellung, die Leistungsbilder methodenneutral zu beschreiben. Die Anzahl der Leistungsphasen wurde entsprechend den aktuellen Abläufen bei der Vermessung von sechs auf vier reduziert. Die Praxis hat gezeigt, dass die bisherigen Leistungsphasen „Absteckungsunterlagen“ und „Absteckung für Entwurf“ im Leistungsbild Planungsbegleitende Vermessung entbehrlich geworden sind. Die Leistungsphase „Absteckung für Entwurf“ kommt nur bei Verkehrsanlagen und auch in diesem Fall nur sehr selten vor, sodass nicht mehr von einer Grundleistung gesprochen werden kann. Wenn die Leistungsphase „Absteckung“ betrachtet wird, dann ist diese logisch der Bauvermessung zuzuordnen und dann sind regelmäßig auch die

„Absteckungsunterlagen" zu fertigen. Demzufolge sind diese beiden Leistungsphasen im Leistungsbild Planungsbegleitende Vermessung entfallen, und die Leistungsphase „Absteckungsunterlagen" ist in die Bauvermessung verschoben worden. Die entfallenen Prozentanteile werden auf die Bewertung der jetzigen Leistungsphasen 1 bis 3 verteilt.

Zu Absatz 2

Nummer 1.4.4 Absatz 2 enthält nunmehr die Anzahl der Leistungsphasen der planungsbegleitenden Vermessung und die Prozentsätze ihrer Bewertung.

Zu Absatz 3

In Nummer 1.4.4 Absatz 3 werden die Grundleistungen der bisherigen Leistungsphasen 3, 4, 5, 6 der Nummer 1.5.4 Absatz 2 der HOAI 2009 modernisiert und teilweise neu zusammengestellt. Gleiches gilt hinsichtlich der Besonderen Leistungen.

Im Einzelnen wurde Nummer 1.4.4 Absatz 2 wie folgt gegenüber Nummer 1.5.4 der HOAI 2009 überarbeitet:

Die Beschreibung **der Leistungsphasen 1 und 2** wird lediglich sprachlich angepasst und bleibt inhaltlich weitestgehend unverändert.

Leistungsphase 3: Im Rahmen der Leistungsphase 3 wird die Reihenfolge der Grundleistungen und Besonderen Leistungen an die geänderten zeitlichen Arbeitsabläufe angepasst. Die Aufteilung der bisherigen Leistungsphase „vermessungstechnische Lage- und Höhenpläne" zielt darauf ab, Unsicherheiten für die Anwendungspraxis zu beseitigen.

Die Berechnung des digitalen Geländemodells (sogenanntes „3-D-Modell") wurde daher aus der Leistungsphase 3 in die jetzige Leistungsphase 4 überführt. Der in der Grundleistung b) vorgenommen Ergänzung „Aufbereiten" kommt nur klarstellender Charakter zu. Es wird damit nur ein notwendiger Zwischenschritt des bisher schon enthaltenen Begriffs der „Auswertung" genannt. Neu mit Grundleistung c) aufgenommen ist das Erstellen eines Digitalen Lagemodells. Das Digitale Lagemodell stellt die grundrissbezogene Beschreibung (x-, y-Koordinaten) des Geländes mit Angaben zu Geometrie, Bedeutung und gegenseitigen Beziehungen von topografischen Objekten dar (vgl. DIN 18709-1). Die Leistung f) ist sprachlich neu gefasst, aber inhaltlich nicht verändert worden. In Grundleistung h) wird klargestellt, dass nicht nur Daten, sondern auch Pläne zu liefern sind, und zwar nicht nur in digitaler, sondern auch in analoger Form.

Leistungsphase 4: Die neue Leistungsphase 4 nimmt nunmehr unter der Bezeichnung „Digitales Geländemodell" die bisherige Leistungsphase 6 der HOAI 2009 auf. Dies entspricht dem heutigen Stand der Technik, demzufolge sich Profile aus einem digitalen Geländemodell ableiten lassen. Digitales Geländemodell ist nicht zu verwechseln mit dem digitalen Lagemodell der Leistungsphase 3. Das Lagemodell ist zweidimensional in der Planebene mit Ausweisung einzelner Höhenangaben, während das Geländemodell einen komplett dreidimensionalen Planungsraum virtuell beschreibt.

Nr. 1.4 5 Grundlagen des Honorars bei der Bauvermessung 2013

Amtliche Begründung

Nummer 1.4.5 stimmt inhaltlich weitestgehend mit Nummer 1.5.5 der HOAI 2009 überein. Anpassungen werden hinsichtlich der Verweisungen vorgenommen.

Zu Absatz 1

Nummer 1.4.5 Absatz 1 aktualisiert die Verweise auf die maßgebenden Vorschriften für die Honorarberechnung und entspricht im Übrigen der bislang in Nummer 1.5.5 der HOAI 2009 getroffenen Empfehlung zu den Grundlagen der Honorarberechnung bei der Bauvermessung.

Zu Absatz 2

In Absatz 2 wird nunmehr empfohlen, die anrechenbaren Kosten entsprechend § 4 Absatz 1 und § 33 Absatz 1 bis Absatz 3 (bei Gebäuden), § 42 Absatz 1 bis Absatz 3 (bei Ingenieurbauwerken) bzw. § 45 Absatz 1 bis Absatz 5 (Verkehrsanlagen) zu ermitteln. Dies entspricht inhaltlich der bisherigen Verweisung auf Nummer 1.5.2 Absatz 3 der HOAI 2009 (jetzt 1.4.2 HOAI 2013), welche jedoch aufgrund der Umstellung auf einen Flächenansatz nicht übernommen worden ist. Die mitzuverarbeitende Bausubstanz ist nicht zu berücksichtigen.

Zu Absatz 3

Nummer 1.4.5 Absatz 3 bleibt inhaltlich gegenüber Nummer 1.5.5 Absatz 3 der HOAI 2009 unverändert. Die Verweisungen werden aktualisiert. Bereits im Rahmen der Empfehlung zum Anwendungsbereich der Anlage 1.5 ist nunmehr ausdrücklich klargestellt, dass Wasserstraßen von den Empfehlungen der Anlage 1.5. nicht erfasst sind.

Nr. 1.4.6 Honorarzonen für Grundleistungen bei der Bauvermessung 2013

Amtliche Begründung

Nummer 1.4.6 wird entsprechend dem Vorgehen in Nummer 1.4.3 umstrukturiert. Gegenüber der bisherigen Ausgestaltung in Nummer 1.5.6 Absatz 2 der HOAI 2009 entfällt auch hier die Empfehlung für die Zuordnung in Zweifelsfällen bei Bewertungsmerkmalen aus mehreren Honorarzonen.

Zu Absatz 1

Das Punktebewertungssystem zur Einordnung in die Honorarzonen wird neu gestaltet. Inhaltlich bleiben die Bewertungsmerkmale unverändert.

Zu Absatz 2

Die Punktebereiche der einzelnen Honorarzonen bleiben unverändert gegenüber den bislang in Nummer 1.5.6 Absatz 2 in Verbindung mit Nummer 1.5.2 Absatz 2 Satz 2 der HOAI 2009 getroffenen Empfehlungen.

Nr. 1.4.7 Leistungsbild Bauvermessung 2013

Amtliche Begründung

Nummer 1.4.7 wird gegenüber der bisherigen Fassung in Nummer 1.5.7 der HOAI 2009 überarbeitet.

Zu Absatz 1

Die Inhaltsbestimmung des Leistungsbildes entspricht im Wesentlichen der Beschreibung in Nummer 1.5.7 der HOAI 2009. Im Zuge der nunmehr zugrunde gelegten methodenneutralen Beschreibung entfällt auch hier der Hinweis auf die terrestrische und fotogrammetrische Aufnahmeart.

Zu Absatz 2

Die in Nummer 1.4.7 Absatz 2 vorgenommen ausführliche Beschreibung des Leistungsbildes in den einzelnen Leistungsphasen wird gegenüber der bisherigen Empfehlung in Nummer 1.5.7 Absatz 2 der HOAI 2009 aktualisiert und an die neue Systematik der Leistungsphasen angepasst.

Zu Absatz 3

Im Einzelnen wurde das Leistungsbild der Nummer 1.4.7 Absatz 2 wie folgt gegenüber Nummer 1.5.7 Absatz 2 der HOAI 2009 überarbeitet:

Leistungsphase 1: Die bisherigen Grundleistungen a) und b) werden in der neuen Grundleistung b) zusammengefasst. Die neue Grundleistung a) stellt dabei lediglich eine Vorleistung zu der Grundleistung b) dar. Die bisherige Grundleistung d) wird nicht mehr als Grundleistung geführt, sondern den Besonderen Leistungen zugeordnet, da der Leistungsinhalt (Messprogramme für Bewegungs- und Deformationsmessungen) einer festen Verpreisung nur sehr bedingt zugänglich ist.

Leistungsphase 2: Die gesamte Leistungsphase ist neu eingeführt, siehe die Ausführungen zu Nummer 1.4.4. Die Berechnung der Detailgeometrie hat sich als fachtechnisches Erfordernis gezeigt. „Aufzeigen von Widersprüchen“ umfasst das Prüfen aller von Dritten beigebrachten und vorgegebenen Grundlagendaten in Bezug auf die Umsetzbarkeit des Projekts.

Leistungsphase 3: Neu aufgenommen wird die Leistungsphase „Bauvorbereitende Vermessung“, wodurch sich die Anzahl Leistungsphasen der Bauvermessung von vier auf fünf Leistungsphasen erhöht. Die prozentuale Gewichtung wurde entsprechend angepasst. Grundleistungen a) und b) der Leistungsphase 3 sind neu. Das „Prüfen“ eines Festpunktfeldes gemäß Grundleistung a) erfordert die Bereitstellung vorhandener vermessungstechnischer Unterlagen und Daten. Die „Ergänzung“ eines bauvorbereitenden Festpunktfeldes basiert auf definierten Genauigkeitsanforderungen und dem projektbezogenen Schwierigkeitsgrad. Gleiches gilt für die Anzahl von Festpunkten, die projektspezifisch sehr unterschiedlich sein können. Dabei ist zu klären, ob es für die nachfolgende Arbeit bereits hinreichend ist oder ob Anpassungen, Verdichtungen und/oder Ergänzungen erforderlich sind.

Die Grundleistung b) behandelt alle projektbezogenen Arbeiten zur Vorbereitung der örtlichen Absteckungsaufgabe. Hierzu gehört das Vorbereiten der Absteckdokumentation und dazu notwendiger Protokolle. Diese ist Voraussetzung der anschließenden Übergabe (Grundleistung d)) an Dritte zur weiteren Arbeitsgrundlage, z. B. zur Arbeitsvorbereitung eines ausführenden Unternehmens.

Grundleistung c) nimmt inhaltlich im Wesentlichen unverändert die bisherige Grundleistung a) auf. Unter c) erfolgt die eigentliche Absteckung, in welcher die wesentliche Projektgeometrie in Relation zu den zu beachtenden Grenzen und Zwangspunkten in die Örtlichkeit zu übertragen und sichtbar zu markieren ist.

Grundleistung d) bleibt inhaltlich unverändert gegenüber der bisherigen Grundleistung b). Mit der Leistungsphase erfolgt die Übergabe der Festpunkte, der abgesteckten Projektgeometrie und der Absteckungsunterlagen in Form einer nachvollziehbaren Dokumentation an die bauausführenden Beteiligten.

In der Praxis kommt es in seltenen Fällen vor, dass hoheitliche Katastervermessungen in direktem zeitlichen und örtlichen Zusammenhang mit Absteckungen ausgeführt werden und die hoheitlichen Vermessungen auf der Grundlage der Gebührenordnungen der Länder, jedoch Absteckungen nach der HOAI honoriert werden. Dieser Umstand kann durch eine angemessene Bewertung der Grundleistungen in Prozenten berücksichtigt werden.

Leistungsphase 4: Die Leistungsphase 4 entspricht – bis auf die Grundleistung e) – inhaltlich vollumfänglich der bisherigen Leistungsphase 3 in Nummer 1.5.7 der HOAI 2009. Die Klarstellung zur Grundleistung c), dass Vermessungsleistungen für Wasserstraßen nicht erfasst sind, entfällt aufgrund der bereits im Anwendungsbereich vorgenommen Beschränkung. Im Einzelnen siehe die Erläuterung zu Nummer 1.4.1.

Leistungsphase 5: Leistungsphase 5 entspricht – hinsichtlich der Grundleistungen b) und c) wörtlich und hinsichtlich der Grundleistung a) inhaltlich – der Leistungsphase 4 in Nummer 1.5.7 HOAI der 2009.

Zu Absatz 4

Nummer 1.4.7 Absatz 3 passt die bisher in Nummer 1.5.7 Absatz 3 der HOAI empfohlene Abminderungsmöglichkeit bei Gebäuden an die neue prozentuale Gewichtung für die Leistungsphase 3 an.

Nr. 1.4.8 Honorare für Grundleistungen bei der Ingenieurvermessung 2013

Amtliche Begründung

Die in Nummer 1.4.8 in Absatz 1 und 2 enthaltenen Honorartafeln sehen für die Planungsbegleitende Vermessung und die Bauvermessung gesonderte Honorartafeln vor. Die Honorierung der Planungsbegleitenden Vermessung erfolgt nach Verrechnungseinheiten.

Nr. 1.4.9 Sonstige vermessungstechnische Leistungen 2013

Amtliche Begründung

Nummer 1.4.9 stellt klar, dass für die in Nummer 1.4.1 Absatz 2 Nummer 3 aufgeführten Sonstigen Vermessungstechnischen Leistungen das Honorar in Anlage 1.4 nicht geregelt ist. Es kann daher ergänzend frei vereinbart werden.

Anlage 2 Grundleistungen im Leistungsbild Flächennutzungsplan

Anlage 2 Grundleistungen im Leistungsbild Flächennutzungsplan 2013

Amtliche Begründung

Die Regelung der Grundleistungen im Leistungsbild Flächennutzungsplan wurde strukturell an den Regelablauf eines Aufstellungsverfahrens nach dem Baugesetzbuch angepasst. Die Begrifflichkeit der Leistungsbildbeschreibung orientiert sich am Baugesetzbuch. Mit Blick auf die Verordnungsermächtigung wurde bei der Konkretisierung der Grundleistungen zum Leistungsbild des Flächennutzungsplans auf die Wiederholung inhaltlicher Vorgaben an den Flächennutzungsplan verzichtet.

Im Einzelnen wurde die Anlage 2 zu § 18 wie folgt gegenüber der Anlage 4 der HOAI 2009 überarbeitet:

Leistungsphase 1: (Vorentwurf für die frühzeitigen Beteiligungen)
Die Leistungsphase 1 konzentriert sich auf das Erstellen des Vorentwurfes in der vorgeschriebenen Fassung mit Begründung für die frühzeitigen Beteiligungen nach dem Baugesetzbuch. Der Vorentwurf ist eine Planfassung, die in der vorgeschriebenen Fassung auf der Grundlage der Planzeichenverordnung erstellt wurde. In der Leistungsbildbeschreibung werden die Teilleistungen der bisherigen Leistungsphasen 1 und 2 sowie Teilleistungen der Leistungsphase 3 der Anlage 4 zu § 18 Absatz 1 der HOAI 2009 zusammengefasst und an das Aufstellungsverfahren nach dem Baugesetzbuch angepasst. Dabei werden die bisher in den Leistungshasen 1 bis 3 der HOAI 2009 aufgezählten Teilleistungen nur eingeschränkt übernommen. Zu den Grundleistungen zählt die Unterstützung bei der Durchführung der Beteiligungsverfahren. Bei der Leistungsbildbeschreibung wird die beispielhafte Aufzählung von durch den Auftragnehmer zu ermittelnden Sachverhalten aufgegeben. Gemäß § 1 Absatz 7 BauGB sind die jeweils für den konkreten Flächennutzungsplan abwägungsrelevanten Sachverhalte im Einzelfall zu ermitteln.

Leistungsphase 2: (Entwurf zur öffentlichen Auslegung)
Die Leistungsphase 2 umfasst das Erstellen des Entwurfs des Flächennutzungsplans als Grundlage für den Beschluss der Gemeinde und die öffentliche Auslegung. Die neue Leistungsphase 2 entspricht weitgehend den bisherigen Leistungsphasen 3 und 4 des § 18 Absatz 1 der HOAI 2009. Auch in der Leistungsphase 2 zählt zu den Grundleistungen die Unterstützung bei den Beteiligungs- und Abstimmungsverfahren mit den Nachbargemeinden.

Leistungsphase 3: (Plan zur Beschlussfassung)
Die Leistungsphase 3 erstreckt sich auf das Erarbeiten des Flächennutzungsplans mit Begründung und das Aufstellungsverfahren nach Offenlegung des Flächennutzungsplans. Die neue Leistungsphase 3 entspricht weitgehend den bisherigen Leistungsphasen 5 und 6 des § 18 Absatz 1 der HOAI 2009. Ein wesentlicher Bestandteil der Leistungsphase 3 ist die Unterstützung der Gemeinde bei der Abwägung zu Stellungnahmen. Nach Gemeindebeschluss wird der Flächennutzungsplan durch den Auftragnehmer in der durch Beschluss der Gemeinde aufgestellten Fassung erstellt.

Anlage 3 Grundleistungen im Leistungsbild Bebauungsplan

Anlage 3 Grundleistungen im Leistungsbild Bebauungsplan 2013

Amtliche Begründung

Die Regelung der Grundleistungen im Leistungsbild Bebauungsplan wurde strukturell an den Regelablauf eines Aufstellungsverfahrens nach dem Baugesetzbuch angepasst. Struktur und Inhalt der Regelung entspricht der Regelung zu den Grundleistungen im Leistungsbild Flächennutzungsplan in der Anlage 2. Im Einzelnen siehe zur Anlage 3 zu § 19 die Begründung zur Anlage 2 zu den Änderungen gegenüber der Anlage 5 der HOAI 2009.

Anlage 4 Grundleistungen im Leistungsbild Landschaftsplan

Anlage 4 Grundleistungen im Leistungsbild Bebauungsplan 2013

Amtliche Begründung

In allgemeiner Hinsicht ist zur Aktualisierung des Leistungsbildes Landschaftsplan auszuführen, dass durch die Änderungen der naturschutzrechtlichen Anforderungen an die Landschaftsplanung nunmehr auch Planungsbeiträge der Erholungsplanung und der Biotopverbundplanung in den Landschaftsplan zu integrieren sind. Ebenso ist der Landschaftsplan auf seine Grundlagenfunktion für die strategische Umweltprüfung des Flächennutzungsplans auszurichten. Der Landschaftsplan bereitet die Steuerung von Kompensationsmaßnahmen im Raum nach Standort und Art der Maßnahmen vor.

Im Einzelnen wurde die Anlage 4 zu § 23 wie folgt gegenüber der Anlage 6 der HOAI 2009 überarbeitet:

In der **Leistungsphase 2** beziehen sich die Grundleistungen insbesondere auf:

- die Flächennutzung,
- die naturräumlichen Zusammenhänge und siedlungsgeschichtlichen Entwicklungen,
- den Naturhaushalt, die Landschaftsfaktoren und das Landschaftsbild,
- die Schutzgebiete und -objekte,
- die Erholungsgebiete und -flächen, ihre Erschließung sowie Bedarfssituation,
- die voraussichtlichen Änderungen aufgrund städtebaulicher Planungen, Fachplanungen und anderer Vorhaben.

Die gesteigerte Darstellungsgenauigkeit in der Planung ist nur mit entsprechender Genauigkeit in den Datengrundlagen zum Bestand und zur örtlichen Situation zu erreichen. Die dadurch gegebenenfalls erhöhten Aufwendungen in der Leistungsphase 2 bei der Ermittlung von Daten aus vorhandenen Unterlagen oder örtlichen Erhebungen, die nicht überwiegend der Kontrolle der aus Unterlagen erhobenen Daten dienen (§ 45 a Absatz 6 HOAI 2002), können deshalb weiterhin als Besondere Leistungen gesondert vergütet werden. Insofern hat sich keine Änderung gegenüber der HOAI 2009 ergeben.

Unter **Buchstabe a der Leistungsphase 2** wird zur Straffung der Darstellung der Grundleistungen das „Ermitteln und Beschreiben der planungsrelevanten Sachverhalte auf Grundlage vorhandener Unterlagen und Daten“ aufgenommen. Diese Leistung umfasst auch weiterhin die bisher zur Bestandsaufnahme aufgeführten Teilleistungen, zum Beispiel das „Erfassen von vorliegenden Äußerungen der Einwohner“ (Anlage 6 Leistungsphase 2 a der HOAI 2009).

In der **Leistungsphase 3** dienen die in den Grundleistungen zu erläuternden Ziele, Erfordernisse und Maßnahmen insbesondere:

- der Vermeidung, Minderung oder Beseitigung von Beeinträchtigungen von Natur und Landschaft,
- dem Schutz bestimmter Teile von Natur und Landschaft sowie der Biotope, Lebensgemeinschaften und Lebensstätten der Tiere und Pflanzen wild lebender Arten,
- den Flächen, die zur Kompensation von Eingriffen in Natur und Landschaft sowie zum Einsatz natur- und landschaftsbezogener Fördermittel besonders geeignet sind,
- dem Aufbau und Schutz eines Biotopverbundsystems,
- dem Schutz, der Qualitätsverbesserung und der Regeneration von Böden, Gewässern, Luft und Klima,
- der Erhaltung und Entwicklung von Vielfalt, Eigenart und Schönheit sowie des Erholungswertes von Natur und Landschaft,
- der Erhaltung und Entwicklung von Freiräumen im besiedelten und unbesiedelten Bereich und von Kultur-, Bau- und Bodendenkmälern.

Anlage 5 Grundleistungen im Leistungsbild Grünordnungsplan

Anlage 5 Grundleistungen im Leistungsbild Grünordnungsplan 2013

Amtliche Begründung

In allgemeiner Hinsicht ist zur Aktualisierung des Leistungsbildes Gründordnungsplan auszuführen, dass der Grünordnungsplan neu auf seine Grundlagenfunktion für die Umweltprüfung in der verbindlichen Bauleitplanung auszurichten ist. In der Umweltprüfung des Bebauungsplans sind die Bestandsaufnahmen und Bewertungen des Grünordnungsplanes heranzuziehen. Der Grünordnungsplan liefert die konkreten fachlichen Maßnahmen des Naturschutzes und der Landschaftspflege.

Der Grünordnungsplan ist im Regelfall Grundlage und Bestandteil des Bebauungsplans. Was im Landschaftsplan großflächig an Belangen des Naturschutzes, der Landschaftspflege und der Grünordnung dargestellt wird, wird in den Grünordnungspläner für einen kleineren Bereich planintensiver und konkreter erfasst.

Aus den Anforderungen an die Bestandsaufnahme und Bewertung sowie an die Darstellung der Erfordernisse und Maßnahmen ergibt sich, dass das Planungsgebiet des Grünordnungsplans in der Regel über den Plangeltungsbereich des Bebauungsplans hinausgeht.

Im Rahmen des Leistungsbilds wird keine Rechtsfassung erstellt. Darin unterscheidet sich das Leistungsbild des Grünordnungsplans wesentlich vom Leistungsbild des Bebauungsplans. Die Abgestimmte Fassung des Grünordnungsplans wird zur Entwurfsfassung des Bauleitplans für das Beteiligungsverfahren erstellt.

Zur Ergänzung der Bezeichnung Grünordnungsplan/Landschaftsplanerische Fachbeiträge siehe Erläuterungen zu § 23 Absatz 2 Nummer 2.

Im Einzelnen wurde die Anlage 5 wie folgt gegenüber der Anlage 7 der HOAI 2009 überarbeitet:

In der **Leistungsphase 2** beziehen sich die Grundleistungen insbesondere auf:

- den Naturhaushalt und sein Wirkungsgefüge,
- die Vorgaben des Artenschutzes, des Bodenschutzes und des Orts- oder Landschaftsbildes,
- die siedlungsgeschichtliche Entwicklung,
- die Schutzgebiete und geschützten Objekte,
- die Flächennutzungen und die Vernetzung von Frei- und Grünflächen sowie der Erschließungsflächen,
- die Freizeit- und Erholungsanlagen,
- die voraussichtlichen Änderungen aufgrund städtebaulicher Planungen, Fachplanungen und anderer Vorhaben,
- die vorhandenen und voraussichtlichen Änderungen und Beeinträchtigungen von Natur und Landschaft,
- das Auswerten und Einarbeiten von Fachbeiträgen,
- das Überprüfen des Plangeltungsbereichs.

In der **Leistungsphase 3** wurde das Leistungsbild ergänzt. Die naturschutzrechtliche Eingriffsregelung in der Bauleitplanung ist im Grünordnungsplan im Regelfall zu bearbeiten. Gleiches gilt für das Integrieren ergänzender zulassungsrelevanter Regelungen und Maßnahmen aufgrund des Natura 2000-Gebietsschutzes und der Vorschriften zum besonderen Artenschutz auf Grundlage vorhandener Unterlagen.

Die mit den Grundleistungen in der Leistungsphase 3 zu erläuternden Ziele, Erfordernisse und Maßnahmen beziehen sich insbesondere auf:

- Flächen mit Nutzungsbeschränkungen einschließlich notwendiger Nutzungsänderungen,
- Erhaltung oder Verbesserung des Naturhaushalts oder des Landschafts- oder Ortsbildes,
- landschaftspflegerische Entwicklungs- und Gestaltungsmaßnahmen,
- Flächen für landschaftspflegerische Maßnahmen in Verbindung mit sonstigen Nutzungen, Flächen für Ausgleichs- und Ersatzmaßnahmen,
- Grünflächen,
- Anpflanzungen und Erhaltung von Grünbeständen,
- Gehölzarten, Leitarten bei Bepflanzungen, Befestigungsarten bei Wohnstraßen, Gehwegen, Plätzen und Parkplätzen, Versickerungsfreiflächen,
- Sport-, Spiel- und Erholungsflächen,
- Fußwegesysteme,
- Ortseingänge und Siedlungsränder,
- Einbindung von öffentlichen Straßen und Plätzen,
- Freiflächen mit Klimafunktion,
- den Immissionsschutz,
- Gewässer und die Erhaltung und Verbesserung ihrer natürlichen Selbstreinigungskraft,
- naturnahe Vegetationsbestände,
- den Bodenschutz,
- Festlegen der zeitlichen Folge von Maßnahmen,
- Kostenschätzung der Maßnahmen.

Anlage 6 Grundleistungen im Leistungsbild Landschaftsrahmenplan

Anlage 6 Grundleistungen im Leistungsbild Landschaftsrahmenplan **2013**

Amtliche Begründung

Landschaftsrahmenpläne betreffen große Planungsgebiete (Landkreise oder Planungsregionen der Regionalplanung), für die überörtliche Erfordernisse und Maßnahmen zur Verwirklichung der Ziele des Naturschutzes und Landschaftspflege auf der Maßstabsebene der zugeordneten Regionalplanung darzustellen sind.

Durch die Änderungen der naturschutzrechtlichen Anforderungen an die Landschaftsplanung sind neu Planungsbeiträge der Erholungsplanung und der Biotopverbundplanung in den Landschaftsplan zu integrieren. Ebenso ist der Landschaftsplan auf seine Grundlagenfunktion für die strategische Umweltprüfung in der Bauleitplanung auszurichten. Der Landschaftsrahmenplan bereitet die Steuerung von Kompensationsmaßnahmen im Raum nach Standort und Art der Maßnahmen vor.

Im Einzelnen wurde die Anlage 6 wie folgt gegenüber der Anlage 8 der HOAI 2009 überarbeitet:

In der **Leistungsphase 2** beziehen sich die Grundleistungen insbesondere auf:

- die Flächennutzung,
- die naturräumlichen Zusammenhänge und siedlungsgeschichtlichen Entwicklungen,
- den Naturhaushalt, Landschaftsfaktoren und Landschaftsbild,
- die Schutzgebiete und Objekte,
- die Erholungsgebiete und -flächen, ihre Erschließung sowie Bedarfssituation,
- die voraussichtlichen Änderungen aufgrund städtebaulicher Planungen, Fachplanungen und anderer Vorhaben.

In der **Leistungsphase 3** dienen die in den Grundleistungen zu erläuternden Ziele, Erfordernisse und Maßnahmen insbesondere:

- der Darstellung der übergeordneten Ziele des Naturschutzes,
- der Erarbeitung und Darstellung der schutzgutbezogenen Ziele für jedes Schutzgut,
- der Erläuterung der naturraumbezogenen Ziele,
- der zusammenfassenden Darstellung der Bewertung der Schutzgüter (Arten und Biotope, Landschaftsbild, Boden, Wasser, Klima / Luft),
- der integrierten und räumlichen Darstellung der konkreten Entwicklung zur Klärung naturschutzinterner Zielkonflikte, die sich aus der Integration aller Schutzgüter ergeben,
- der Festlegung der Grundsätze und Inhalte für ein landkreisweites Biotopverbundsystem.

Anlage 7 Grundleistungen im Leistungsbild Landschaftspflegerischer Begleitplan

Anlage 7 Grundleistungen im Leistungsbild Landschaftspflegerischer Begleitplan 2013

Amtliche Begründung

Der Landschaftspflegerische Begleitplan wird zu genehmigungspflichtigen Vorhaben erstellt, die Eingriffe in die Natur und Landschaft nach sich ziehen. Im Landschaftsplanerischen Begleitplan werden die erforderlichen Maßnahmen des Naturschutzes und der Landschaftspflege festgelegt.

Im Einzelnen wurde die Anlage 6 zu § 25 wie folgt gegenüber der Anlage 9 der HOAI 2009 überarbeitet:

In der **Leistungsphase 2** dienen die Grundleistungen der Leistungsphase 2 insbesondere der Erfassung und Bewertung:

- des Naturhaushalts in seinen Wirkungszusammenhängen, insbesondere durch Landschaftsfaktoren wie Relief, Geländegestalt, Gestein, Boden, oberirdische Gewässer, Grundwasser, Geländeklima sowie Tiere und Pflanzen und deren Lebensräume,
- der Schutzgebiete, geschützten Landschaftsbestandteile und schützenswerten Lebensräume,
- der vorhandenen Nutzungen und Vorhaben,
- des Landschaftsbildes und der Landschaftsstruktur,
- der kulturgeschichtlich bedeutsamen Objekte,
- der für die Erholung i. S. d. BNatSchG relevanten Infrastruktur.

Anlage 8 Grundleistungen im Leistungsbild Pflege- und Entwicklungsplan

Anlage 8 Grundleistungen im Leistungsbild Pflege- und Entwicklungsplan 2013

Amtliche Begründung

Im Pflege- und Entwicklungsplan werden Pflege- und Entwicklungsmaßnahmen angeführt, wie sie für Gebiete erstellt werden, die aus Gründen des Naturschutzes und der Landschaftspflege bedeutsam sind und nicht sich selbst überlassen werden können.

Im Einzelnen wurde die Anlage 8 zu § 27 wie folgt gegenüber der Anlage 9 der HOAI 2009 überarbeitet:

In der **Leistungsphase 2** beziehen sich die Grundleistungen insbesondere auf:

- die Flächennutzungen,
- die Artenvorkommen einschließlich ihrer Standorte und Lebensräume (Biotoptypen),
- die Schutzgebiete und -objekte.

Anlage 9 Besondere Leistungen zur Flächenplanung

Anlage 9 Besondere Leistungen zur Flächenplanung 2013

Amtliche Begründung

Anlage 9 führt neu die Besonderen Leistungen für die Leistungsbilder der Flächenplanung zusammen. Diese können auch auf die Beratungsleistung Umweltverträglichkeitsstudien Anwendung finden, siehe Anlage 1 Nummer 1.1.1 Absatz 3.

Anlage 10 Grundleistungen im Leistungsbild Gebäude / Innenräume, Besondere Leistungen, Objektlisten Gebäude / Innenräume

Anlage 10.1 Leistungsbild Gebäude und Innenräume 2013

Amtliche Begründung

Das Leistungsbild Gebäude und Innenräume ist gegenüber der Anlage 11 der HOAI 2009 wie folgt geändert worden:

Leistungsphase 2: Vorplanung (Projekt- und Planungsvorbereitung)

- Buchstabe c): Anstelle des Planungskonzeptes ist die Vorplanung getreten. Damit soll verdeutlicht werden, dass über die gestalterische Konzeption hinaus Zusammenhänge, Vorgaben, Bedingungen mit und aus den Fachplanungen Bestandteil der Vorplanung sind. Dies ergibt sich auch aus den folgenden Teilleistungen der Leistungsphase 2.

- Buchstabe e): Über die eigene Planung hinaus trifft Architekten und Architektinnen als Objektplaner bereits in der Vorplanung die Pflicht zur Koordination und Integration der Leistungen der übrigen an der Planung fachlich Beteiligten. Aus diesem Grunde wurde bewusst der Begriff „Arbeitsergebnisse" der Vorplanung gewählt. Diese sind Grundlagen der weiteren Planungsschritte und müssen allen anderen fachlich Beteiligten zur Verfügung gestellt werden.

- Buchstabe g): Die alternative Kostenschätzung nach dem wohnungsrechtlichen Berechnungsrecht ist entfallen. Für die Regelung, die auf die Zweite Berechnungsverordnung verwies, existiert kein praktischer Bedarf mehr: Die Zweite Berechnungsverordnung findet im Wesentlichen auf den öffentlich geförderten und den steuerbegünstigten Wohnungsbau Anwendung. Diese Förderung des sozialen Wohnungsbaus wurde indes durch das WoFG 2002 grundlegend modifiziert. Die Zweite Berechnungsverordnung gilt lediglich für bestehenden Wohnungsbau, nicht aber für Neu- und Umbauten.

Neue Besondere Leistung „Vorbeugender und organisatorischer Brandschutz":
Der Leistungsphase 2 wurde die Besondere Leistung zur Erarbeitung und Erstellung von besonderen bauordnungsrechtlichen Nachweisen für den vorbeugenden und organisatorischen Brandschutz neu zugeordnet.

§ 11 Absatz 1 Musterbauvorlagen-Verordnung (MBauVorlV) enthält eine Liste von Angaben, die insbesondere für den Nachweis des Brandschutzes im Lageplan, in den Bauzeichnungen und in der Baubeschreibung, soweit erforderlich, darzustellen sind. Diese in die üblichen Bauvorlagen einzutragenden Angaben stellen somit keine besonderen bauordnungsrechtlichen Nachweise dar und sind somit den Grundleistungen der Objektplanung zuzuordnen.

Bei Bestandsbauten oder im Falle von Abweichungen werden allerdings in der Regel darüber hinausgehende Unterlagen und Nachweise erforderlich, die den Besonderen Leistungen zuzuordnen sind.

Nach § 11 Absatz 2 Satz 1 MBauVorlV müssen bei Sonderbauten, Mittel- und Großgaragen zusätzliche Angaben gemäß dortiger Auflistung gemacht werden, also besondere bauordnungsrechtliche Nachweise, die in der Regel eine eigenständige Dokumentation erfordern, die über die vorbeschriebenen Einträge in die Planunterlagen bzw. üblichen Bauvorlagen hinausgeht. Es handelt sich somit um Besondere Leistungen.

§ 11 Absatz 2 Satz 2 MBauVorlV legt fest, dass auch anzugeben ist, weshalb es der Einhaltung von Vorschriften wegen der besonderen Art oder Nutzung baulicher Anlagen oder Räume oder wegen besonderer Anforderungen nicht bedarf, siehe § 51 Satz 2 Musterbauordnung (MBO).

§ 11 Absatz 2 Satz 3 MBauVorlV regelt, dass der Brandschutznachweis auch gesondert in Form eines objektbezogenen Brandschutzkonzeptes dargestellt werden kann.

Die Bearbeitung dieser speziellen Fragestellungen erfordert besondere fachübergreifende Kenntnisse des baulichen, anlagentechnischen und betrieblich-organisatorischen Brandschutzes.

In verschiedenen Bundesländern ist für die Bearbeitung dieser Nachweise eine besondere Qualifikation (zum Beispiel Nachweisberechtigung, staatliche Anerkennung) bauaufsichtlich vorgeschrieben. Häufig sind hierfür besondere Planunterlagen als Visualisierung des Brandschutzkonzeptes zu erstellen, die erheblich über die in § 11 Absatz 1 MBauVorlV beschriebenen üblichen Bauvorlagen hinausgehen.

Leistungsphase 3: Entwurfsplanung (System- und Integrationsplanung)

- Buchstabe a): Die Zeichnungsmaßstäbe werden nur beispielhaft benannt und sollen den erforderlichen Durcharbeitungsgrad verdeutlichen. Da im Zuge des CAD jeder beliebige Maßstab ausgedruckt werden kann und auch je nach Projektgröße und -art die Planmaßstäbe variieren können, ist nicht der konkrete Maßstab ausschlaggebend, sondern der Inhalt an Informationen.

Leistungsphase 4: Genehmigungsplanung

- Buchstabe b): Wie unter Buchstabe a) auch schon bisher verwendet, wurde der Begriff „Unterlagen“ durch den im Zusammenhang mit der Einreichung der Baugenehmigung üblicherweise verwandten Begriff „Vorlagen“ ersetzt.

- Buchstabe c): Die hier aufgeführten Grundleistungen ergeben sich, soweit aufgrund von Auflagen zur öffentlich-rechtlichen Genehmigung Ergänzungen oder Anpassungen der Planunterlagen erforderlich sind. Gegenüber der bisherigen Formulierung der Teilleistung wurde darauf verzichtet, die Verwendung der Beiträge anderer an der Planung fachlich Beteiligter zu wiederholen.

Müssen aber andere an der Planung fachlich Beteiligte für die Ergänzungen oder Anpassungen mitwirken, so sind diese auch weiterhin im Rahmen der Grundleistungen durch den Architekt zu beteiligen und deren Beiträge zu verwenden.

Leistungsphase 5: Ausführungsplanung

- Buchstabe b): Wie auch in der Leistungsphase 3 werden die Maßstäbe nur beispielhaft benannt und sollen den erforderlichen Durcharbeitungsgrad der Planung verdeutlichen.
- Buchstabe f): Die Leistung „Überprüfen erforderlicher Montagepläne der vom Objektplaner geplanten Baukonstruktionen..." wurde neu als Grundleistung aufgenommen. Diese Grundleistung gehörte auch bisher schon zum Leistungsumfang, wird aber nun aus Gründen der Klarstellung aufgeführt. Dagegen wird das „Prüfen und Anerkennen von Plänen Dritter, nicht an der Planung fachlich Beteiligter...soweit die Leistungen Anlagen betreffen, die in den anrechenbaren Kosten nicht erfasst sind", als Besondere Leistung der HOAI 2009 fortgeführt.

Leistungsphase 7: Mitwirken bei der Vergabe

- Buchstabe a): Die neue Grundleistung „Koordinieren der Vergaben der Fachplaner" ersetzt die bisherige Grundleistung nach Buchstabe d) der HOAI 2009 „Abstimmen und Zusammenstellen der Leistungen der fachlich Beteiligten, die an der Vergabe mitwirken."

- Buchstabe c): Die Grundleistung wurde ergänzt um das Prüfen und Werten der Angebote zusätzlicher und geänderter Leistungen der ausführenden Unternehmen. Darunter sind im Zuge der Ausführung sich ergebende Änderungen, zum Beispiel hinsichtlich des beauftragten Produkts, Materialien etc., zu verstehen, die aber nicht zu einem geänderten Leistungsumfang gemäß § 10 Absatz 1 führen. Um dies klarzustellen, wurde auch das Prüfen und Werten von Nebenangeboten mit Auswirkungen auf die abgestimmte Planung als Besondere Leistung aufgenommen.

Leistungsphase 8: Objektüberwachung (Bauüberwachung) und Dokumentation

- Buchstabe a): Mit „Überwachung der Ausführung des Objekts" ist unter anderem auch die Übereinstimmung mit den Verträgen der ausführenden Firmen zu prüfen. Hierbei geht es um die Prüfung, inwieweit die beauftragten Leistungen vertragsgemäß ausgeführt werden. Da sich dies nicht allein aus der Leistungsbeschreibung ergibt, sondern zum Beispiel auch aus den Besonderen Vertragsbedingungen, wurden allgemein die Verträge in Bezug genommen. Mit der Überprüfung der Übereinstimmung der Ausführung mit den Verträgen ist keine rechtliche Vertragsprüfung gemeint.

- Buchstabe b): Überwachen der Ausführung von Tragwerken. Mit dieser Grundleistung soll klargestellt werden, ob und welche Tragwerke durch den Objektplaner im Rahmen der Örtlichen Bauüberwachung in der Leistungsphase 8 zu überwachen sind. Im Wesentlichen geht es dabei um die Kontrolle der Bewehrung im Stahlbetonbau. Es wird klargestellt, dass nur einfache Tragwerke der Honorarzone 1 und 2 gemäß § 49 Absatz 3 Nummer 1 und 2 vom Objektplaner überwacht werden. Wird das Tragwerk einer höheren Honorarzone zugeordnet, so handelt es sich bei der Kontrolle der Bewehrung um eine ingenieurtechnische Kontrolle, die nach Teil IV Abschnitt 1 vom Auftragnehmer als Besondere Leistung durch gesonderte vertragliche Vereinbarung übernommen und berechnet werden kann.

- Buchstabe k): Die Grundleistung h) der HOAI 2009 wurde von „Abnahme der Bauleistungen..." neu mit „Organisation der Abnahme der Bauleistungen..., Feststellung von Mängeln, Abnahmeempfehlung für den Auftraggeber" in das Leistungsbild aufgenommen. Hintergrund ist, dass die rechtsgeschäftliche Abnahme im Regelfall durch den Auftraggeber selbst erfolgt und der Architekt bzw. Ingenieur dafür eine Abnahmeempfehlung abgibt.

Besondere Leistung „Erstellen einer Gebäudebestandsdokumentation“:

In der Leistungsphase 9 wurde die Besondere Leistung „Erstellen einer Gebäudebestandsdokumentation“ neu aufgenommen. Die Aufnahme dieser Besonderen Leistung soll eine bessere Abgrenzung gegenüber der Grundleistung des Buchstaben m) in Leistungsphase 8 „systematischen Zusammenstellung der Dokumentation“ ermöglichen.

Die Grundleistung der Leistungsphase 8 konzentriert sich in Buchstabe m) auf das Zusammenstellen aller Daten und Ergebnisse des Objekts. Demgegenüber umfasst eine gesondert zu vergütende Gebäudebestandsdokumentation der Leistungsphase 9, wie sie zum Beispiel in den Baufachlichen Richtlinien Gebäudebestandsdokumentation des Bundes festgeschrieben sind, alphanumerische und geometrische Bestandsdaten, die nach ganz bestimmten Anforderungen aufzubereiten und zu erstellen sind.

Anlage 10.2 Objektliste Gebäude — 2013

Amtliche Begründung

Anlage 10.2 enthält die aktualisierte Objektliste für Gebäude.

Anlage 10.3 Objektliste Innenräume — 2013

Amtliche Begründung

Anlage 10.3 enthält die aktualisierte Objektliste für Innenräume.

Anlage 11 Grundleistungen im Leistungsbild Freianlagen, Besondere Leistungen, Objektliste

Anlage 11.1 Leistungsbild Freianlagen — 2013

Amtliche Begründung

Das neue eigenständige Leistungsbild Freianlagen weist gegenüber dem ehemals zusammengefassten Leistungsbild Gebäude und raumbildende Ausbauten sowie Freianlagen (Anlage 11 der HOAI 2009) folgende Änderungen auf:

Leistungsphase 1: Grundlagenermittlung

- Buchstabe a): Zum Zwecke der Klarstellung wird neu die Alternative „Klärung der Aufgabenstellung aufgrund vorliegender Planungs- und Genehmigungsunterlagen“ aufgenommen. Freianlagenplanungen werden in der Praxis auch auf der Grundlage bereits erteilter Planfeststellungen oder Plangenehmigungen erstellt.

Leistungsphase 2: Vorplanung

- Buchstabe d): Erstmals werden Beispiele angeführt, wie die Topografie, die Umweltbelange und die gestalterischen und funktionalen Anforderungen, die bei der Erarbeitung des Planungskonzepts zu berücksichtigen sind. Insbesondere die Berücksichtigung der Umweltbelange einschließlich der artenschutzrechtlichen Bedingungen ist neuen Anforderungen des europäischen und nationalen Natur- und Artenschutzrechts sowie der gesetzlichen Bestimmungen zum Boden- und Gewässerschutzes geschuldet und hat für Freianlagen eine hohe Bedeutung. Diese Leistungspflicht setzt sich in den weiteren Leistungsphasen 3, 4, und 5 fort.

- Buchstabe e): Die Teilleistung „Darstellen des Vorentwurfs mit Erläuterungen und Angaben zum terminlichen Ablauf“ stellt gegenüber dem Leistungsbild Gebäude und Innenräume (dort Buchstabe 2 g) „Erstellen eines Terminplans“ weniger strenge Anforderungen. Diese Abweichung liegt darin begründet, dass die Herstellung von Freianlagen besonders den jahreszeitlichen Witterungseinflüssen unterliegt und darüber hinaus Abhängigkeiten in der Terminplanung zur Erstellung von Gebäuden, Verkehrsanlagen oder Ingenieurbauwerken bestehen können.

- Buchstabe f): Lediglich beispielhaft wird auf die DIN 276 Bezug genommen. Abhängig vom konkreten Vorhaben können auch andere Maßgaben zu Kostenermittlungen, zum Beispiel nach AKS (Kostenberechnung für Straßenbaumaßnahmen), herangezogen werden. Die Anwendung der DIN 276 als Grundlage zur Bemessung der anrechenbaren Kosten für die Honorare bleibt davon unberührt.

Leistungsphase 3: Entwurfsplanung (System- und Integrationsplanung)

- Buchstabe c): Die Angabe verschiedener Maßstäbe für die Darstellung des Entwurfs erfolgt beispielhaft zur Verdeutlichung, dass die Planungsunterlagen je nach Stand des Planungsprozesses einen unterschiedlichen Durcharbeitungsgrad haben können. Erläuterungen und Angaben zum terminlichen Ablauf erfolgen bereits in der Leistungsphase 2 e).

- Buchstabe d): Über die Objektbeschreibung hinaus wurde auf die Teilleistung „Erläuterung von Ausgleichs- und Ersatzmaßnahmen nach Maßgaben der naturschutzrechtlichen Eingriffsregelung“ (Leistungsphase 3 c) der HOAI 2009 verzichtet. Damit sollen Abgrenzungsschwierigkeiten zum Leistungsbild des Landschaftspflegerischen Begleitplans vermieden werden. Zwar ist die Erbringung der Fachplanung selbst nicht Teilleistung des Leistungsbildes Freianlagen. Die Integration der Leistungen anderer Fachplanungen sowie die Berücksichtigung weiterer fachlicher Aspekte erfolgt jedoch in der Objektbeschreibung. In der Objektbeschreibung sind damit auch Parameter des Landschaftspflegerischen Begleitplans aufzunehmen.

- Buchstabe e): Lediglich beispielhaft wird auf die DIN 276 Bezug genommen. Abhängig vom konkreten Vorhaben können auch andere Maßgaben zu Kostenermittlungen, zum Beispiel nach AKS (Kostenberechnung für Straßenbaumaßnahmen), herangezogen werden. Die Anwendung der DIN 276 als Grundlage zur Bemessung der anrechenbaren Kosten für die Honorare bleibt davon unberührt.

Leistungsphase 4: Genehmigungsplanung

- Buchstaben b) und c): Siehe bereits die Erläuterungen zu Vorlagen und Anpassungen der Planungsunterlagen im Leistungsbild Gebäude zur Leistungsphase 4 b) und 4 c).

Leistungsphase 5: Ausführungsplanung

- Buchstabe b): Die Angabe verschiedener Maßstäbe für die Darstellung des Entwurfs erfolgt beispielhaft zur Verdeutlichung, dass die Planungsunterlagen je nach Stand des Planungsprozesses einen unterschiedlichen Durcharbeitungsgrad haben können. Erläuterungen und Angaben zum terminlichen Ablauf erfolgen bereits in der Leistungsphase 2 e).

- Buchstabe d): die Teilleistung umfasst die Darstellung der Freianlagen mit den notwendigen Angaben, Detail- und Konstruktionszeichnungen, die insbesondere zu den dort beispielhaft aufgeführten Planungsparametern Aussagen treffen soll. Die aufgeführten Beispiele verdeutlichen die erforderliche Bearbeitungs- und Durchdringungstiefe der Planung. Damit sollen für die Ausführungsplanung die erforderlichen wesentlichen Festlegungen getroffen werden, die allerdings wegen der Bearbeitungs- und Durchdringungstiefe der Planung in der Leistungsphase 5 nicht abschließend sind.

- Buchstabe e): Die Teilleistung „Fortschreiben der Angaben zum terminlichen Ablauf" stellt gegenüber dem Leistungsbild Gebäude und Innenräume (dort Buchstabe 5 d) „Fortschreiben des Terminplans") weniger strenge Anforderungen. Diese Abweichung liegt darin begründet, dass die Herstellung von Freianlagen besonders den jahreszeitlichen Witterungseinflüssen unterliegt und darüber hinaus Abhängigkeiten in der Terminplanung zur Erstellung von Gebäuden, Verkehrsanlagen oder Ingenieurbauwerken bestehen können.

Leistungsphase 6:

Die Teilleistungen zur Vorbereitung der Vergabe wurden leistungsbildspezifisch konkretisiert und an die Änderungen der Leistungsphase 6 im Leistungsbild „Gebäude und Innenräume" angepasst.

Anlage 11.2 Objektliste Freianlagen 2013

Amtliche Begründung

Anlage 11.2 enthält die aktualisierte Objektliste für Freianlagen.

Anlage 12 Grundleistungen im Leistungsbild Ingenieurbauwerke, Besondere Leistungen, Objektliste

Anlage 12.1 Leistungsbild Ingenieurbauwerke 2013

Amtliche Begründung

Anlage 12.1 enthält das aktualisierte Leistungsbild der Ingenieurbauwerke. Das Leistungsbild Ingenieurbauwerke ist gegenüber der Anlage 12 der HOAI 2009 wie folgt geändert worden:

Leistungsphase 3: Entwurfsplanung

- Buchstabe g): Der Begriff der Kostenkontrolle, ehemals enthalten in lit. h) („Kostenkontrolle durch Vergleich der Kostenberechnung mit Kostenschätzung") wurde mit Rücksicht auf den in der Leistungsphase 3 erreichten Planungsstand gestrichen. Für die Entwurfsplanung beschränkt sich die Anforderung in lit. g) neu darauf, die Kostenberechnung mit der Kostenschätzung zu vergleichen. Im Rahmen der lit. j) neu („Zusammenfassen, Erläutern und Dokumentieren der Ergebnisse") sind auch Abweichungen zwischen Kostenschätzung und Kostenberechnung zusammenzufassen, zu erläutern und zu dokumentieren.

Leistungsphase 4: Genehmigungsplanung

Durch die Neuformulierung „erforderliche Genehmigungsverfahren" anstelle „öffentlichrechtlicher Verfahren" wird die Grundleistung allgemeiner gefasst und klargestellt, dass hierunter auch die Erarbeitung und Zusammenstellung von Unterlagen für nicht genehmigungspflichtige Vorhaben fallen.

Leistungsphase 5: Ausführungsplanung

Entsprechend der Anlage 2.8.5 der HOAI 2009 wird als Besondere Leistung das Planen von Anlagen der Verfahrens- und Prozesstechnik beibehalten. Für den Fall, dass die Planung von Anlagen der Verfahrens- und Prozesstechnik als eigenständiges Objekt beauftragt wird, wurde die Objektliste der Anlagen der Technischen Ausrüstung Anlagengruppe 7.2 um die verfahrenstechnischen Anlagen erweitert, siehe § 53 Absatz 2 Nummer 7 Alt. 2 neu.

Leistungsphase 6: Vorbereiten der Vergabe

- Buchstabe b) und c): Der Begriff der „Verdingungsunterlagen" wird entsprechend dem modernen Sprachgebrauch durch „Vergabeunterlagen" ersetzt. Im Übrigen bleibt die Konkretisierung der Leistungsphase 6 inhaltlich unverändert.

Anlage 12.2 Objektliste Ingenieurbauwerke 2013

Amtliche Begründung

Anlage 12.2 enthält die aktualisierte Objektliste für Ingenieurbauwerke.

Anlage 13 Grundleistungen im Leistungsbild Verkehrsanlagen, Besondere Leistungen, Objektliste

Anlage 13.1 Leistungsbild Verkehrsanlagen 2013

Amtliche Begründung

Das Leistungsbild Verkehrsanlagen ist gegenüber der Anlage 12 der HOAI 2009 wie folgt geändert worden:

Leistungsphase 2: Vorplanung

- **Buchstabe h):** Das Mitwirken beim Erläutern des Planungskonzepts gegenüber Dritten ist auf bis zu zwei Terminen beschränkt worden.

- **Buchstabe g):** Nicht mehr erfasst ist als Leistung die Vorverhandlung über die Bezuschussung und Kostenbeteiligung. Stattdessen beschränkt sich die Leistung auf das Mitwirken bei Verhandlungen über die Bezuschussung und Kostenbeteiligung. Grund dafür ist, dass in der Regel keine selbstständigen Verhandlungen durch die Auftragnehmer erfolgen.

Leistungsphase 3: Entwurfsplanung

- **Buchstabe e):** Das Mitwirken beim Erläutern des vorläufigen Entwurfs gegenüber Dritten ist auf bis zu drei Termine beschränkt worden.

Leistungsphase 4: Genehmigungsplanung

- **Buchstabe e):** Die Teilnahme im Genehmigungsverfahren ist auf bis zu vier Erläuterungs- bzw. Erörterungstermine beschränkt worden.

- **Buchstabe f):** Das Mitwirken beim Abfassen von Stellungnahmen zu Bedenken und Anregungen ist auf bis zu 10 Kategorien begrenzt worden.

Leistungsphase 6: Vorbereiten der Vergabe

- **Buchstabe b) und c):** Der Begriff der „Verdingungsunterlagen“ wird entsprechend des modernen Sprachgebrauchs durch „Vergabeunterlagen“ ersetzt. Im Übrigen bleibt die Konkretisierung der Leistungsphase 6 inhaltlich unverändert.

Anlage 13.2 Objektliste Verkehrsanlagen 2013

Amtliche Begründung

Anlage 13.2 enthält die aktualisierte Objektliste für Verkehrsanlagen.

Anlage 14 Grundleistungen im Leistungsbild Tragwerksplanung, Besondere Leistungen, Objektliste

Anlage 14.1 Leistungsbild Tragwerksplanung 2013

Amtliche Begründung

Anlage 14.1 enthält das aktualisierte Leistungsbild für die Tragwerksplanung. Das Leistungsbild Tragwerksplanung ist gegenüber der Anlage 13 der HOAI 2009 wie folgt geändert worden:

Leistungsphase 3: Entwurfsplanung

- Buchstabe h): Die Grundleistung wurde neu aufgenommen. Zur Erzielung von Kostensicherheit benötigt der Objektplaner die aus der Entwurfsplanung abgeleiteten Angaben zur Erstellung einer den Anforderungen und Qualitäten entsprechenden Kostenberechnung. So stellen beispielsweise die Kosten von Betonstahl eine wichtige Größe dar.

Leistungsphase 4: Genehmigungsplanung

- Buchstabe d): Da es sich bei den erforderlichen Genehmigungen nicht ausschließlich nur um solche der Bauaufsicht handelt, wurde die Leistung allgemeiner gefasst.

Leistungsphase 5: Ausführungsplanung

- Buchstabe c): Die Leistung umfasst die zeichnerische Darstellung der Konstruktionen. Klarstellend werden hierbei auch Leitdetails aufgenommen.

Leistungsphase 6: Vorbereiten der Vergabe

- Buchstabe c): Durch die Einfügung des Begriffs Mitwirkung wird klargestellt, dass die Leistungsbeschreibungen durch den Objektplaner aufgestellt werden und die Tragwerksplaner hierbei lediglich mitwirken.

Anlage 14.2 Objektliste Tragwerksplanung 2013

Amtliche Begründung

Anlage 14.2 enthält die aktualisierte Objektliste für die Tragwerksplanung.

Anlage 15 Grundleistungen im Leistungsbild Technische Ausrüstung, Besondere Leistungen, Objektliste

Anlage 15.1 Grundleistungen im Leistungsbild Technische Ausrüstung, Besondere Leistungen, Objektliste 2013

Amtliche Begründung

Allgemeine Vorbemerkungen zu den Leistungsphasen 2, 3, 5, 6, 7 und 8: Die bisherige Beschränkung der Grundleistung des Fachplaners der Technischen Ausrüstung auf ein „Mitwirken" wurde bei der Beschreibung des Leistungsbilds in den einzelnen Leistungsphasen aufgegeben. In der Vergangenheit war das Leistungsbild darauf ausgerichtet, dass der Planer der Technischen Ausrüstung als Fachplaner in der Regel Beiträge für den Objektplaner liefert. Allerdings werden in der Praxis Aufträge an den Fachplaner der Technischen Ausrüstung vergeben, ohne dass ein Objektplaner eingeschaltet ist. Schon in der amtlichen Begründung zu § 73 HOAI 2002 wurde festgestellt, dass zum Beispiel bei Umbauten, bei denen kein Objektplaner beauftragt wird, der Fachplaner in verschiedenen Leistungsphasen die Aufgaben des Objektplaners zu leisten hat. Leistungen im Bestand, Gebäudesanierungen, gerade auch im haustechnischen Bereich, gewinnen zunehmend in der Baupraxis an Bedeutung. Gerade in diesen Fällen dürfen sich die Grundleistungen des Fachplaners, zum Beispiel zur Genehmigungsfähigkeit, zur Kostenermittlung, Kosten- und Terminkontrolle bei der Vergabe und der Abnahme, nicht auf ein bloßes Mitwirken beschränken. Auch für Projekte, in denen sowohl ein Objektplaner als auch ein Fachplaner tätig werden, ändert dies nichts an dem durch den Fachplaner geschuldeten Leistungsumfang, sodass in diesen Fällen eine Minderung der prozentualen Ansätze für die jeweiligen Leistungsphasen ausscheidet.

Im Einzelnen ist das Leistungsbild Technische Ausrüstung gegenüber der Anlage 14 der HOAI 2009 wie folgt geändert worden:

Leistungsphase 3 und 6: Kostenermittlung und Kostenkontrolle

Die Leistungsphasen 6 und 7 sind durch das Aufstellen bepreister Leistungsverzeichnisse und der Vergleich dieser bepreisten Leistungsverzeichnisse mit der Kostenberechnung und den Ausschreibungsergebnissen ergänzt worden. Durch diese präzisierte Kostenermittlung und Kontrolle wurde der Kostenanschlag entbehrlich. Der Kostenanschlag umfasst nämlich gemäß DIN 276-1:2008-12 lediglich die Kostenermittlung bis zur 3. Ebene und die Ordnung nach Vergabeeinheiten.

Leistungsphase 6: Vorbereitung der Vergabe

Die Grundleistung „Zusammenstellen der Vergabeunterlagen" wurde systematisch der Vorbereitung der Vergabe zugeordnet und aus der Leistungsphase 7 in die Leistungsphase 6 verlagert.

Leistungsphase 7: Mitwirkung bei der Vergabe

Die vormalige Grundleistung „Mitwirken bei der Verhandlung mit Bietern" wurde durch das „Führen von Bietergesprächen ersetzt". Unter Bietergesprächen sind Aufklärungsgespräche oder Verhandlungen im Rahmen der Vergabeverfahren zu verstehen. Bei öffentlichen Auftragsvergaben sind Verhandlungen mit Bietern allerdings nicht bei allen Vergabearten zulässig. Zum Aspekt des „Mitwirkens" siehe die vorstehenden allgemeinen Vorbemerkungen zum Leistungsbild Technische Ausrüstung. Mit den Änderungen wird der Prozess der Vergabe in der Leistungsphase umfassender abgebildet und dem Verbraucherschutz Rechnung getragen.

Leistungsphase 9: Objektbetreuung

Der Aufwand für die bisherige Grundleistung – Überwachen der Mängelbeseitigung – ist im Umfang nur schwierig kalkulierbar. Daher soll die Überwachung der Mängelbeseitigung zukünftig als Besondere Leistung, zum Beispiel auf Zeithonorarbasis, beauftragt werden können. Durch die neu aufgenommene Grundleistung der fachlichen Bewertung der Mängel einschließlich notwendiger Begehungen wird sichergestellt, dass der beauftragte Architekt oder Ingenieur auch nach Abschluss des Projekts dem Bauherrn bei auftretenden Mängeln zur Seite steht und eine verursachungsgerechte Inanspruchnahme des Schädigers ermöglicht wird.

Mit der fachlichen Bewertung der Mängel soll in erster Linie die Zuordnung des Mangels zu einem Bau- oder Planungsbeteiligten aus fachlicher Sicht sichergestellt werden. Eine Bewertung mit der Qualität und Ausführlichkeit eines Sachverständigengutachtens ist nicht Gegenstand dieser Grundleistung.

Die HOAI 2009 orientierte sich an § 13 Absatz 4 VOB Teil B und verpflichtete den Auftragnehmer, die Mängelbeseitigung vier Jahre lang zu überwachen. Da diese Gewährleistungsfrist nicht in jedem Fall die vertragliche Praxis abbildet, wurde die Frist für die fachliche Bewertung der festgestellten Mängel im Hinblick auf § 438 Absatz 1 Nummer 2 BGB auf fünf Jahre angepasst.

D Honorar- und Musterrechnungen

1 Fälligkeit der Honorarrechnung

Das **BGB** legt klar, dass die Vergütung fällig wird, wenn das Werk erbracht und abgenommen ist.

Zitat: **§ 641 BGB Fälligkeit der Vergütung:**
Abs. 1 Die Vergütung ist bei der Abnahme des Werks zu entrichten. [...]

Zur Fälligkeit einer Honorarrechnung sagt die **HOAI** in § 15 Abs. 1:

Zitat: **§ 15 HOAI Zahlungen:**
Abs. 1 Das Honorar wird fällig, wenn die Leistung abgenommen und eine prüffähige Honorarschlussrechnung überreicht worden ist, es sei denn, es wurde etwas anderes schriftlich vereinbart.

Die **HOAI** als **Preisrecht** ist nicht befugt, Sachverhalte zu regeln, die dem **BGB** obliegen. Beachtlich ist aber, dass sie sich dennoch hierzu äußert und sich nun an die §§ 640 und 641 BGB anpasst.

Nach Ansicht des Autors gilt auch bei Architekten- und Ingenieurverträgen, dass das Werk, das dem Bauherrn übergeben wird, im Sinne des § 633 BGB frei von Sach- und Rechtsmängeln sein muss,

Zitat: **§ 633 BGB Sach- und Rechtsmängel:**
Abs. 1 Der Unternehmer hat dem Besteller das Werk frei von Sach- und Rechtsmängeln zu verschaffen [...]

wenn der Honoraranspruch fällig gestellt werden soll.

Eine Abschlagszahlungsanforderung ist auf der Grundlage des § 632a BGB jederzeit möglich,

Zitat: **§ 632a BGB Abschlagszahlungen:**
Abs. 1 Der Unternehmer kann von dem Besteller für eine vertragsgemäß erbrachte Leistung eine Abschlagszahlung in der Höhe verlangen, in der der Besteller durch die Leistung einen Wertzuwachs erlangt hat. [...]

sodass es im Rahmen von Architekten- und Ingenieurverträgen keiner Ausnahme der Fälligstellungsregelungen des Werkvertragsrechts bedarf. Dennoch meint auch zu den Abschlagsrechnungen die HOAI 2013 in § 15 Absatz 2 die Zulässigkeit von Abschlagsforderungen regeln zu können.

2 Prüffähigkeit der Honorarrechnung

2.1 Prüffähigkeit allgemein

Im Rahmen der Problematik zur Rechnungslegung sagt die **HOAI** in § 15 Abs. 1:

> **Zitat:** **§ 15 HOAI Zahlungen:**
> **Abs. 1** Das Honorar wird fällig, wenn die Leistung abgenommen und eine prüffähige Honorarschlussrechnung überreicht worden ist, es sei denn, es wurde etwas anderes schriftlich vereinbart.

Die Nichtprüffähigkeit einer Honorarrechnung ist der häufigste Grund für einen aus Sicht des Planers schlecht laufenden Honorarprozess. Ist die Rechnung für den Rechnungsempfänger nicht prüffähig, wird die Klage in der Regel als derzeit nicht begründet abgewiesen. Das bedeutet Kosten und Frust.

Prüffähigkeit bedeutet, dass in der Rechnung alle einzelnen Honorarberechnungskriterien detailliert aufgeschlüsselt sein müssen, sodass auch ein fachlich unkundiger Rechnungsempfänger die Berechtigung der Honorarforderung voll und ganz nachvollziehen und überprüfen kann.

Einer solchen Schlussrechnung, in der alle HOAI-gemäßen Berechnungsparameter aufgeführt sind, bedarf es hingegen nicht, wenn die Vertragsparteien eine Honorarpauschale vereinbart haben. Es muss aber darauf aufmerksam gemacht werden, dass in der Regel die meisten Pauschalvereinbarungen nicht rechtswirksam vereinbart werden und somit dann im Nachhinein doch nach der Systematik der HOAI abgerechnet werden muss, um die Honorarrechnung prüffähig zu machen.

An die Wirksamkeit einer **Pauschalvereinbarung** stellt die HOAI in § 7 Abs. 1 strenge Anforderungen.

> **Zitat:** **§ 7 HOAI Honorarvereinbarungen:**
> **Abs. 1** Das Honorar richtet sich nach der **schriftlichen** Vereinbarung, die die Vertragsparteien **bei Auftragserteilung** im Rahmen der durch diese Verordnung festgesetzten **Mindest- und Höchstsätze** treffen.

Schriftform bedeutet im Rahmen der HOAI, dass die Pauschalvereinbarung von beiden Parteien eigenhändig unterschrieben worden sein muss. Es ist dabei jedoch auch ausreichend, wenn jede Partei die Urkunde der Gegenseite unterzeichnet hat.

Bei Auftragserteilung bedeutet,
dass die Pauschalvereinbarung bereits bei Abschluss des Architekten- oder Ingenieurvertrags schriftlich vereinbart werden muss. Dabei ist zu beachten, dass die Auftragserteilung schriftlich, mündlich oder konkludent zustande kommen kann. So kann bereits ein Vertragsabschluss darin zu sehen sein, dass der Architekt den ihm mündlich angebotenen Vertrag mündlich annimmt oder im Einvernehmen mit dem Bauherrn mit Planungsleistungen für ein bestimmtes Vorhaben beginnt. Hiermit ist mündlich oder konkludent das Vertragsverhältnis begründet worden. Ein danach schriftlich formulierter Vertrag erfüllt die Bedingung „bei Auftragserteilung" nicht mehr. Eine Pauschalvereinbarung kann dann nicht mehr wirksam getroffen werden.

Mindest- und Höchstsätze der HOAI bedeuten,
dass die Höhe der Pauschalvereinbarung letztendlich den verordnungsrechtlich vorgegebenen Rahmen nicht sprengen darf. D. h., das Honorar darf die Mindestsätze nicht unter- noch die Höchstsätze überschreiten. Ob die Pauschalvereinbarung diesem Kriterium entspricht, kann nur anhand einer den Anforderungen der HOAI an eine prüffähige Honorarrechnung entspre-

chenden Vergleichsberechnung unter Berücksichtigung aller relevanter Berechnungsfaktoren überprüft werden.

Wird die Pauschalvereinbarung einer der oben genannten Wirksamkeitsvoraussetzungen nicht gerecht, so ist sie als von Anfang an unwirksam zu betrachten.

Dies hat zur Folge, dass, sollte die Pauschalhonorarvereinbarung

- **unterhalb der Mindestsätze** liegen, die Vertragsparteien an die von ihnen „vereinbarte" Pauschale in der Regel (mit Ausnahme der Fälle gemäß § 7 Abs. 3) nicht gebunden sind und gemäß § 7 Abs. 5 HOAI die jeweiligen **Mindestsätze** als vereinbart gelten.

  Zitat: **§ 7 HOAI Honorarvereinbarungen:**
  Abs. 5 Sofern nicht bei Auftragserteilung etwas anderes schriftlich vereinbart worden ist, wird unwiderleglich vermutet, dass die jeweiligen Mindestsätze gemäß Absatz 1 vereinbart sind.

- **oberhalb der Höchstsätze** liegen, die Vertragsparteien ebenfalls in der Regel (mit Ausnahme der Fälle gemäß § 7 Abs. 4) an die von ihnen „vereinbarte" Pauschale nicht gebunden sind und die jeweiligen **Höchstsätze** als vereinbart gelten, da diese dem Parteiwillen am nächsten kommen.

Eine **Schlussrechnung** kann erst gestellt werden, wenn der Architekt/Ingenieur seine Verpflichtungen voll erfüllt, d. h., den werkvertraglich geschuldeten Erfolg herbeigeführt hat. Dies bedeutet, insbesondere für den Fall der Vollbeauftragung in Anlehnung an § 34 HOAI mit den Leistungsphasen 1 bis 9, dass die Leistungen erst dann als vertragsgemäß erbracht angesehen werden können, wenn alle Gewährleistungsfristen der am Bau Beteiligten abgelaufen sind und der Architekt/Ingenieur dafür Sorge getragen hat, dass die in diesem Zeitraum angefallenen Mängel behoben worden sind.

Bei etwaigen zuvor gestellten Rechnungen kann es sich lediglich um Abschlagszahlungen im Sinne des § 15 Abs. 2 HOAI handeln.

Vor Erstellung der Schlussrechnung hat der Architekt/Ingenieur weiterhin zu überprüfen, aus wie vielen Objekten, also Abrechnungseinheiten, das von ihm bearbeitete Projekt besteht, da er diese ggfs. gemäß § 11 Abs. 1 HOAI

Zitat: **§ 11 HOAI Honorarvereinbarungen:**
Abs. 1 Umfasst ein Auftrag mehrere Objekte, so sind die Honorare [...] für jedes Objekt getrennt zu berechnen. [...]

kumuliert oder jeweils getrennt abzurechnen hat, wobei die Regelungen der Absätze 2 bis 4 der Vorschrift, nach denen unter Umständen eine Honorarminderung berücksichtigt werden muss, zu beachten sind.

Wurden z. B. neben Planungsleistungen für Gebäude auch solche für Freianlagen erbracht, so ist zunächst zu überprüfen, ob eine separate Abrechnung der Grundleistungen für Freianlagen neben denen für Gebäude vorzunehmen ist. Maßgeblich dafür ist gemäß § 37 Abs. 1 die Höhe der anrechenbaren Kosten. Liegen diese bei getrennter Abrechnung für ein Objekt unter **7 500 Euro**, so werden diese den anrechenbaren Kosten für Grundleistungen für Gebäude zugeschlagen. Die Grundleistungen für Freianlagen werden dann zusammen mit denen für Gebäude abgerechnet. Bei anrechenbaren Kosten ab **7 500 Euro** hingegen besteht nach § 11 Abs. 1 die Verpflichtung, die Grundleistungen für Freianlagen getrennt abzurechnen.

2.2 Prüffähigkeit im Einzelnen

Nach über 30-jähriger Erfahrung des Autors vor 145 verschiedenen Gerichten bei fast 900 Honorarprozessen muss aus seiner Sicht gesagt werden, dass eine im Sinne der HOAI prüffähige Rechnung Aussagen und Hinweise zu folgenden Punkten enthalten muss, und zwar

2.2.1. zur Anspruchsgrundlage,

dies deshalb, da erkennbar sein muss, **wann** das Vertragsverhältnis begann, ob es ein mündliches, konkludent zustande gekommenes oder ein schriftliches Vertragsverhältnis ist. Denn nur dann ist erkennbar, ob gewisse Honorarvereinbarungskriterien, die z. B. der Schriftform **bei** Auftragserteilung bedürfen, um rechtswirksam zu sein, zeitgerecht getroffen worden sind. Der Rechnungsempfänger kann nur so nachvollziehen, ob ein vom Mindestsatz abweichender Honorarsatz rechtsgültig vereinbart wurde.

2.2.2. zur Honorarberechnungsgrundlage,

da für den Auftraggeber erkennbar sein muss, welche HOAI-Fassung er bei der Überprüfung der Honorarrechnung heranziehen muss. Denn es gilt in der Regel die HOAI-Fassung, die zum Zeitpunkt des Vertragsabschlusses Gültigkeit hatte.

Zitat: **§ 57 HOAI Übergangsvorschrift:**
Diese Verordnung ist nicht auf Grundleistungen anzuwenden, die vor ihrem Inkrafttreten vertraglich vereinbart wurden; insoweit bleiben die bisherigen Vorschriften anwendbar.

2.2.3. zum Leistungsbild,

da für den Auftraggeber erkennbar sein muss, welche Leistungsbilder beauftragt wurden und abgerechnet werden dürfen. Hiervon ist abhängig, welcher Teil, ggfs. auch welche Teile der HOAI zur Honorarberechnung herangezogen werden muss/müssen.

2.2.4. zu den Abrechnungseinheiten,

da für den Auftraggeber erkennbar sein muss, ob bei einer Beauftragung, die mehrere Objekte umfasste, gemäß § 11 ggfs. die Objekte kumuliert oder getrennt abgerechnet oder ob Wiederholungsfaktoren berücksichtigt werden müssen.

2.2.5. zum erbrachten und ggf. noch nicht erbrachten Leistungsumfang,

da für den Auftraggeber erkennbar sein muss, welche Leistungen der Auftragnehmer abrechnen will. Im Fall einer Kündigung ist der bis dahin erbrachte und der noch nicht erbrachte Leistungsumfang getrennt darzustellen. Das anteilige Honorar für den nicht erbrachten Leistungsumfang ist gegebenenfalls nach § 649 BGB zu mindern und ohne Mehrwertsteueranteile abzurechnen, da insoweit kein umsatzsteuerpflichtiges Austauschgeschäft zustande gekommen ist.

2.2.6. zu den den Herstellungskosten zugewiesenen Kostengruppen der DIN 276 (2008),

da für den Auftraggeber erkennbar sein muss, ob die Kosten aus der Kostenberechnung korrekt im Sinne des § 4 Abs. 1

Zitat: **§ 4 HOAI Anrechenbare Kosten:**
Abs. 1 Anrechenbare Kosten sind Teil der Kosten für die Herstellung, den Umbau, die Modernisierung, Instandhaltung oder Instandsetzung von Objekten sowie für die damit zusammenhängenden Aufwendungen. [...] Wird in dieser Verordnung im Zusammenhang mit der Kostenermittlung die DIN 276 in Bezug genommen, so ist die Fassung vom Dezember 2008 [...] bei der Ermittlung der anrechenbaren Kosten zugrunde zu legen.[...].

in die Honorarbemessungsgrundlage eingestellt worden sind und ob ggfs. Kosten gemäß § 4 Abs. 2

Zitat: **§ 4 HOAI Anrechenbare Kosten:**
Abs. 2 Die anrechenbaren Kosten richten sich nach den ortsübliche Preisen, wenn der Auftraggeber
1. selbst Lieferungen oder Leistungen übernimmt,
2. von bauausführenden Unternehmen oder von Lieferanten sonst nicht übliche Vergünstigungen erhält,
3. Lieferungen oder Leistungen in Gegenrechnung ausführt oder
4. vorhandene oder vorbeschaffte Baustoffe oder Bauteile einbauen lässt.

einbezogen werden dürfen.

2.2.7. zur Honorarzone,
da für den Auftraggeber erkennbar sein muss, in welcher Spalte der Honorartafel (hier bei Planungsleistungen für Gebäude: § 35 Abs. 1) die Interpolation der Honorarberechnung nachzuvollziehen ist.

2.2.8. zum Honorarsatz,
da für den Auftraggeber erkennbar sein muss, ob der Auftragnehmer nach den Mindestsätzen abrechnet oder ob er berechtigterweise einen höheren Honorarsatz ansetzen darf.

2.2.9. zu den vereinbarten oder den aus der Verordnung sich ergebenden Zuschlägen,
da für den Auftraggeber erkennbar sein muss, ob zu Recht und wenn ja in welcher Höhe honorarerhöhende Zuschläge berechnet werden dürfen.

2.2.10. zum Mehrwertsteuersatz,
da für den Auftraggeber erkennbar sein muss, ob der Rechnungssteller den korrekten Mehrwertsteuersatz angesetzt hat. Dabei ist nicht derjenige Satz zu berechnen, der zum Zeitpunkt der Rechnungslegung, sondern derjenige, der zum Zeitpunkt der Vertragserfüllung gesetzlich gültig war.

2.2.11. zur Gesamtforderung,
da für den Auftraggeber erkennbar sein muss, was insgesamt im Rahmen des Vertragsverhältnisses, auch an Nebenkosten, ihm in Rechnung gestellt wird.

2.2.12. zu den bisher erhaltenen Abschlagszahlungen,
da für den Auftraggeber erkennbar sein muss, ob die Zahlungseingänge sich mit denen seiner Buchhaltungsdaten decken.

2.2.13. zur Restforderung,
da für den Auftraggeber erkennbar sein muss, welcher Betrag zur Überweisung noch ansteht.

3 Honorarberechnungskriterien (beispielhaft für Gebäudeplanung)

3.1 Leistungsumfang

Der Leistungsumfang ergibt sich regelmäßig aus der vertraglichen Vereinbarung, in der der werkvertraglich geschuldete Erfolg in der Regel definiert ist. Die vertragliche Vereinbarung ist mit den in der HOAI aufgestellten Leistungsbildern abzugleichen und ein entsprechender Prozentsatz in die Honorarberechnung einzustellen.

Beispiel 1:
Wurden die Leistungen für die **Planung** und die **Bauleitung** in Auftrag gegeben, wobei die **Nachsorgeleistungen** analog Objektbetreuung **nicht** beauftragt wurden, hat sich der Architekt, abgeglichen an **§ 34 HOAI,** zu einem **Leistungsumfang von 98 %**, bezogen auf einen vollen Architektenvertrag, verpflichtet. Dies ist der Maßstab seiner Honorierung, der sich wie folgt darstellt:

Leistungsphasen		**laut § 34 HOAI**	**beauftragt**
1	Grundlagenermittlung:	2 %	2 %
2	Vorplanung:	7 %	7 %
3	Entwurfsplanung:	15 %	15 %
4	Genehmigungsplanung:	3 %	3 %
5	Ausführungsplanung:	25 %	25 %
6	Vorbereitung der Vergabe:	10 %	10 %
7	Mitwirkung Vergabe:	4 %	4 %
8	Objektüberwachung:	32 %	32 %
9	Objektbetreuung:	2 %	0 %
1- 9	**Gesamt:**	**100 %**	**98 %**

Beispiel 2:
Wurden die Planungsleistungen für Gebäude, z. B. bei einem Wettbewerbsverfahren auf drei Architekten verteilt, sodass der
Architekt A, der Wettbewerbsgewinner, seinen Wettbewerbsentwurf komplett durcharbeiten und diesen zur Genehmigung einreichen,
Architekt B, ein dem Auftraggeber bestens bekannter Detaillierungs- und Ausschreibungsspezialist, die gesamte Realisierungsplanung, d. h., die Ausführungsplanung, die Ausschreibungen und die vorbereitenden Arbeiten für alle Vergaben übernehmen und
Architekt C, der ortsansässige Architekt, die Bauleitung und die nach der Abnahme des Gebäudes zur erledigenden Nachsorgeleistungen übernehmen soll,
so ergibt sich aus dem Abgleich mit § 34 HOAI, dass

Architekt A ein Leistungspaket

Leistungsphasen		**laut § 34 HOAI**	**beauftragt**
1	Grundlagenermittlung:	2 %	2 %
2	Vorplanung:	7 %	7 %
3	Entwurfsplanung:	15 %	15 %
4	Genehmigungsplanung:	3 %	3 %
5	Ausführungsplanung:	25 %	0 %
6	Vorbereitung der Vergabe:	10 %	0 %
7	Mitwirkung bei der Vergabe:	4 %	0 %
8	Objektüberwachung:	32 %	0 %
9	Objektbetreuung:	2 %	0 %
1- 9	**Gesamt:**	**100 %**	**27 %**

in Höhe von **27 %** eines vollen Architektenvertrags,

Architekt B ein Leistungspaket

Leistungsphasen		**laut § 34 HOAI**	**beauftragt**
1	Grundlagenermittlung:	2 %	0 %
2	Vorplanung:	7 %	0 %
3	Entwurfsplanung:	15 %	0 %
4	Genehmigungsplanung:	3 %	0 %
5	Ausführungsplanung:	25 %	25 %
6	Vorbereitung der Vergabe:	10 %	10 %
7	Mitwirkung bei der Vergabe:	4 %	4 %
8	Objektüberwachung:	32 %	0 %
9	Objektbetreuung:	2 %	0 %
1- 9	**Gesamt:**	**100 %**	**39 %**

in Höhe von **39 %** eines vollen Architektenvertrags und

Architekt C ein Leistungspaket

Leistungsphasen		**laut § 34 HOAI**	**beauftragt**
1	Grundlagenermittlung:	2 %	0 %
2	Vorplanung:	7 %	0 %
3	Entwurfsplanung:	15 %	0 %
4	Genehmigungsplanung:	3 %	0 %
5	Ausführungsplanung:	25 %	0 %
6	Vorbereitung der Vergabe:	10 %	0 %
7	Mitwirkung bei der Vergabe:	4 %	0 %
8	Objektüberwachung:	32 %	32 %
9	Objektbetreuung und Dokumentation:	2 %	2 %
1- 9	**Gesamt:**	**100 %**	**34 %**

in Höhe von **34 %** eines vollen Architektenvertrags übernommen hat.

Der Auftraggeber hat somit insgesamt die vollständigen Planungs-, Ausführungsvorbereitungs- und Bauüberwachungsleistungen beauftragt. Er hat diese aber, anders als im typischen Vollauftrag, in drei Vertragsverhältnisse mit unterschiedlichen Auftragnehmern aufgeteilt. Hierbei müssen sich die drei Planer verpflichten, aufeinander abgestimmt, gemeinsam das bestellte Gebäude entstehen zu lassen. Das Honorar, das den Lohn für das geschaffene Werk darstellt, wird unter den drei Architekten aufgeteilt und zwar in den Relationen, wie sie durch die HOAI festgelegt werden. Das bedeutet im vorliegenden Beispiel 2, dass

Architekt A einen Honoraranteil von	**27 %,**
Architekt B einen Honoraranteil von	**39 %,**
Architekt C einen Honoraranteil von	**34 %,**
die Architekten gemeinsam	**100 %**

erhalten, insofern jeder seinen Vertrag ordnungsgemäß erfüllt hat.

Bei einer solchen Fallgestaltung sollte aber schon bei der Auftragserteilung bedacht werden, dass der jeweils nachfolgende Architekt sich grundsätzlich, bevor er mit seiner Tätigkeit beginnen kann, in das von seinem Vorgänger bzw. von seinen Vorgängern schon Geschaffene einzuarbeiten hat, um gewährleisten zu können, dass das vom Auftraggeber letztendlich gewünschte Werk entstehen kann. Diese vom Auftraggeber geschaffene Auftragssituation generiert eine Mehrarbeit, die bei einer einheitlichen Vergabe an einen Planer nicht entsteht. Die HOAI sieht das Honorar als Werklohn, als Gegenwert für den eingetretenen versprochenen Erfolg, das mangelfreie und funktionstüchtige Werk. Sie teilt somit das Gesamthonorar konsequent auf die drei beteiligten Planer auf.

Zitat: **§ 8 Berechnung des Honorars in besonderen Fällen:**
Abs. 1 Werden dem Auftragnehmer nicht alle Leistungsphasen eines Leistungsbildes übertragen, so dürfen nur die für die übertragenen Phasen vorgesehenen Prozentsätze berechnet und vereinbart werden. [...]

Der durch die vom Auftraggeber gewollte Vertragsteilung entstehende Mehraufwand, der über die werkvertragliche Verpflichtung der Nachfolgeplaner hinausgeht, ist zusätzlich außerhalb der HOAI-Honorare angemessen zu ersetzen. Die HOAI 2013 sieht dies ausdrücklich vor.

Zitat: **§ 8 Berechnung des Honorars in besonderen Fällen:**
Abs. 3 Die **gesonderte Vergütung eines zusätzlichen Koordinierungs- oder Einarbeitungsaufwands** ist schriftlich zu vereinbaren.

Sie regelt jedoch nicht die Höhe dieser Vergütung, sondern verlangt lediglich die Schriftform der Vereinbarung.

Bis zur HOAI 2009 war die Vergütung des zusätzlichen Koordinierungs- und Einarbeitungsaufwands nur in dem Zusammenhang vorgesehen, wenn

- nicht alle Leistungen innerhalb einer Leistungsphase
- oder wesentliche Teile einer Leistung nicht

übertragen wurden (siehe § 8 Abs. 2 HOAI 2009). Die Vergütung für den zusätzlichen Aufwand bei der Trennung des Auftrages in ganze Leistungsphasen sah die HOAI 2009 nicht vor. Dies war nicht logisch. Zudem löst ein durch die Vertragsteilung entstehender Mehraufwand keinen Honoraranspruch, sondern einen Schadensersatz aus. Diesen zu regeln ist die HOAI nicht autorisiert. Die HOAI 2013 hat hier nachgebessert.

3.2 Anrechenbare Kosten

Die HOAI bestimmt, dass die Herstellungskosten eines unter mehreren Honorarberechnungskriterien darstellen,

Zitat: **§ 6 Grundlagen des Honorars:**
Abs. 1 Das Honorar für Grundleistungen [...] richtet sich nach
1. [...] den anrechenbaren Kosten des Objekts, [...]

bestimmt aber, dass es je nach Art und Größe der Maßnahme, aus den Herstellungskosten eines Objekts Kostenanteile (**A** bis **F**) geben soll, die

A: **immer** und immer **voll** anrechenbar sind,
B: **immer**, aber ggfs. **voll**, ggf. **gemindert** anrechenbar sind,
C: **bedingt** anrechenbar sind, aber wenn ja, dann **voll**,
D: **unter bestimmten Voraussetzungen voll** oder **nicht** anrechenbar sind,
E: nicht direkt anfallen, aber **als fiktive Kosten** anrechenbar sind und
F: grundsätzlich **nicht** anrechenbar sind.

Um aus den Herstellungskosten diese anrechenbaren Kosten objektbezogen ausweisen zu können, verlangt sie eine Darstellung aller Kosten nach einem bestimmten Ordnungssystem, der DIN 276, Version Dezember 2008

Zitat: **§ 4 Anrechenbare Kosten:**
Abs. 1 [...] Wird in dieser Verordnung im Zusammenhang mit der Kostenermittlung die DIN 276 in Bezug genommen, so ist diese in der Fassung vom Dezember 2008 (DIN 276-1: 2008-12) bei der Ermittlung der anrechenbaren Kosten zugrunde zu legen. [...]

und legt fest, dass (hier Gebäude und Innenräume stellvertretend) die

- **A -** Kosten der Baukonstruktionen immer anrechenbar sind,

Zitat: **§ 33 Besondere Grundlagen des Honorars:**
Abs. 1 Für Grundleistungen bei Gebäuden und Innenräumen sind die Kosten der **Baukonstruktion** anrechenbar.

- **B -** Kosten der Technischen Anlagen ggf. verringert anrechenbar sind,

Zitat: **§ 33 Besondere Grundlagen des Honorars:**
Abs. 2 Für Grundleistungen bei Gebäuden und Innenräumen sind auch die Kosten für **Technische Anlagen**, die der Auftragnehmer nicht fachlich plant oder deren Ausführung er nicht fachlich überwacht,
1. **vollständig** anrechenbar bis zu einem Betrag von 25 Prozent der sonstigen anrechenbaren Kosten und
2. **zur Hälfte** anrechenbar mit dem Betrag, der 25 Prozent der sonstigen anrechenbaren Kosten übersteigt.

- **C -** Kosten des Herrichtens des Grundstücks, der nicht öffentlichen Erschließung, der Ausstattung und der Kunstwerke unter Umständen anrechenbar sind,

Zitat: **§ 33 Besondere Grundlagen des Honorars:**
Abs. 3 **Nicht anrechenbar** sind insbesondere die Kosten für das Herrichten, für die nicht öffentliche Erschließung sowie für Leistungen zur Ausstattung und zu Kunstwerken, **soweit** der Auftragnehmer die Leistungen weder plant noch bei der Beschaffung mitwirkt oder ihre Ausführung oder ihren Einbau fachlich überwacht.

- **D -** Kosten für Freianlagen, wenn der Auftragnehmer auch mit der Planung der Freianlagen beauftragt ist und die anrechenbaren Kosten der Freianlagen weniger als 7.500,- € betragen, voll anrechenbar sind

Zitat: **§ 11 Auftrag für mehrere Objekte:**
Abs. 1 Umfasst ein Auftrag mehrere Objekte, so sind die Honorare vorbehaltlich der folgenden Absätze für jedes Objekt getrennt zu berechnen.

§ 37 Aufträge für Gebäude und Freianlagen oder für Gebäude und Innenräume:
Abs. 1 **§ 11 Absatz 1 ist nicht anzuwenden** wenn die getrennte Berechnung der Honorare **für Freianlagen weniger als 7.500 €** anrechenbare Kosten ergeben würde.

Somit ist indirekt festgeschrieben, dass alle hier nicht genannten Herstellungskosten als Kosten der Kategorie **F** nicht in die Honorarbemessungsgrundlage als anrechenbaren Kosten eingestellt werden dürfen.

Da die Honorarberechnungsgrundlage gemäß § 6 Abs. 1 aus der Kostenberechnung zu ermitteln ist, die Kostenberechnung aber keinen höheren Genauigkeitsgrad als bis zur zweiten Stelle der jeweiligen Kostengruppennummer verlangt, können nach folgender Grafik alle für die Honorarberechnung für Gebäudeplanung relevanten Kosten in die Kategorien A bis F eingeordnet und bestimmt werden.

DIN 276	Bezeichnung:	§ HOAI	K[19]	Anrechenbarkeit:
100	Grundstück		**F**	grundsätzlich nicht
210	Herrichten	§ 33 (3)	**C**	bedingt, aber wenn ja, dann voll
220	Öffentliche Erschließung		**F**	grundsätzlich nicht
230	Nicht öffentliche Erschließung	§ 33 (3)	**C**	bedingt, aber wenn ja, dann voll
240	Ausgleichsabgaben		**F**	grundsätzlich nicht
250	Übergangsmaßnahmen		**F**	grundsätzlich nicht
300	Baukonstruktion	§ 33 (1)	**A**	immer, und immer voll
400	Technische Anlagen	§ 33 (2)	**B**	immer, aber ggfs. voll, ggfs. gemindert
500	Außenanlagen	§ 37 (1)	**D**	< 7.500 €: ja, ≥ 7.500 €: nein
610	Ausstattung	§ 33 (3)	**C**	bedingt, aber wenn ja, dann voll
620	Kunstwerke	§ 33 (3)	**C**	bedingt, aber wenn ja, dann voll
700	Baunebenkosten		**F**	grundsätzlich nicht
	Mehrwertsteueranteile	§ 4 (1)	**F**	grundsätzlich nicht

Aus **§ 4 HOAI** ergibt sich, dass **fiktive Kosten**, also solche, die nicht konkret anfallen und somit vom Architekten im Rahmen der Planung anhand von Erfahrungswerten prognostiziert werden,

Zitat: **§ 4 Anrechenbare Kosten:**
Abs. 2 Die anrechenbaren Kosten richten sich nach den ortsüblichen Preisen, wenn der Auftraggeber
1. selbst Lieferungen oder Leistungen übernimmt,
2. von [...] nicht übliche Vergünstigungen erhält,
3. Lieferungen oder Leistungen in Gegenrechnung ausführt oder
4. vorhandene [...] Baustoffe oder Bauteile einbauen lässt.

auch unter bestimmten Umständen mit in die Bemessungsgrundlage für die Berechnung des Honorars für Leistungen für Gebäude einzusetzen sind. Somit muss u. U. die oben gezeigte Grafik ergänzt werden wie folgt:

§ HOAI	Bezeichnung:	K	Anrechenbarkeit:
§ 4 (2) 1	Eigenleistungen und -lieferungen des AG	**E**	zu ortsüblichen Preisen
§ 4 (2) 2	Nicht übliche Vergünstigungen gegenüber dem AG	**E**	zu ortsüblichen Preisen
§ 4 (2) 3	Lieferungen und Leistungen in Gegenrechnung	**E**	zu ortsüblichen Preisen
§ 4 (2) 4	Einbau vorhandener oder vorbeschaffter Baustoffe / Bauteile	**E**	zu ortsüblichen Preisen

Wieder übernommen hat die **HOAI 2013** die Regelung aus **§ 10 Abs. 3a HOAI 1996**, nach der der Auftragnehmer für vorhandene Bausubstanz, die er technisch oder gestalterisch mitverarbeitet, angemessene fiktive Kosten zusätzlich in seine Honorarbemessungsgrundlage einstellen konnte. Somit kann die Grafik wie folgt erweitert werden:

§ HOAI	Bezeichnung:	K	Anrechenbarkeit:
§ 4 (3)	Mitzuverarbeitende Bausubstanz	**E**	zu ortsüblichen Preisen

19 K = Kategorie der Kosten, A bis F

3.3 Honorarzone

Die **HOAI 2013** hat den Honorarberechnungsparameter Honorarzone unverändert übernommen und bestimmt in § 5 Abs. 3.

Zitat: **§ 5 Honorarzonen:**

Abs. 3 Die Honorarzonen sind anhand der Bewertungsmerkmale in den Honorarregelungen der jeweiligen Leistungsbilder der Teile 2 bis 4 zu ermitteln. Die Zurechnung zu den einzelnen Honorarzonen ist nach Maßgabe der Bewertungsmerkmale und gegebenenfalls der Bewertungspunkte sowie unter Berücksichtigung der Regelbeispiele in den Objektlisten der Anlagen dieser Verordnung vorzunehmen.

Somit ist es sinnvoll, um die Honorarzone (für Gebäude) zu bestimmen, vorerst die Objektliste, Anlage 10.2 für Gebäude, einzusehen und nachzusehen, ob das zu planende Gebäude in vergleichbarer Form hierin beschrieben ist. Wird ein vergleichbarer Gebäudetyp nur einmal in einer Honorarzone genannt, so kann man im Prinzip davon ausgehen, dass hiermit die Honorarzone klar genug bestimmt ist. Kommt dieser vergleichbare Gebäudetyp aber in mehreren Honorarzonen vor, so ist es sinnvoll, eine **Grobbewertung** nach **§ 5 Abs. 1** und **Abs. 3** und **§ 35** vorzunehmen, die beispielhaft dann wie folgt aussehen kann:

Bewertungsmerkmale nach Planungsanforderungen:	Bewertung der Planungsanforderungen nach Schwierigkeitsgrad:				
	sehr gering	gering	durchschnittlich	hoch	sehr hoch
Einbindung in die Umgebung		X			
Anzahl der Funktionsbereiche				X	
Gestalterische Anforderungen			X		
Konstruktive Anforderungen				X	
Technische Gebäudeausrüstung				X	
Ausbau				X	
	I	II	III	IV	V
	HONORARZONE: II, III oder IV				

Kann mit einer Grobbewertung, wie im vorliegenden Fall beispielhaft aufgezeigt, nicht eindeutig eine Honorarzone bestimmt werden, ist eine **Feinbewertung (Punktebewertung)** nach **§ 35 Abs. 2 bis 4 HOAI** vorzunehmen. Nach dem hier verwendeten Bewertungsschema (nach Eich/Eich)[20] kann sich eine Zuordnung wie folgt ergeben:

[20] Eich/Eich: **Architektenvertragshandbuch Gebäudeplanung. 2. Aufl. Köln:** Werner Verlag 2010, ISBN 978-3-8041-8831-0

Bewertungsmerkmale nach Planungsanforderungen:	Bewertung der Planungsanforderungen nach Schwierigkeitsgrad:										Punkte
	sehr gering		gering		durchschnittlich		hoch		sehr hoch		
Einbindung in die Umgebung	1		**2**		3	4	5		6		**2**
Anzahl der Funktionsbereiche	1	2	3	4	5		**6**	**7**	8	9	**6,5**
Gestalterische Anforderungen	1	2	3	4	**5**		6	7	8	9	**5**
Konstruktive Anforderungen	1		2		3	4	**5**		6		**5**
Technische Gebäudeausrüstung	1		2		3	4	**5**		6		**5**
Ausbau	1		2		3	4	**5**		6		**5**
Gesamtpunktzahl:	**28,5**										**28,5**
	1 bis 10		11 bis 18		19 bis 26		**27 bis 34**		35 bis 42		
	I		**II**		**III**		**IV**		**V**		
	HONORARZONE: IV										

Die Punktebewertung ergibt hier beispielsweise 28,5 Punkte, liegt somit zwischen 27 und 34 Punkten, und die Planungsleistung für das Gebäude ist entsprechend der Feinbewertung nach **§ 35 Abs. 6** in die **Honorarzone IV** einzustellen.

3.4 Honorarsatz

Die **HOAI 2013** hat das Prinzip beibehalten, dass die Parteien bei Auftragserteilung einen Honorarsatz vereinbaren können, der sich im Rahmen der Mindest- und Höchstsätze bewegt.

Zitat: **§ 7 Honorarvereinbarung:**

Abs. 1 Das Honorar richtet sich nach der schriftlichen Vereinbarung, die die Vertragsparteien bei Auftragserteilung im Rahmen der durch diese Verordnung festgesetzten Mindest- und Höchstsätze treffen.

Hinzuweisen aber ist, da diese Vorschrift auch schon in den Zeiten der Vorgängerfassungen der HOAI selten beachtet wurde, dass eine Honorarsatzvereinbarung, die

- **nicht schriftlich** getroffen wurde, keine Rechtswirkung entfaltet, da es an der **Schriftform** nicht genügt,
- zwar schriftlich, aber **nicht bei Auftragserteilung**, z. B. erst später nach einer mündlichen oder konkludent zustande gekommenen Beauftragung getroffen wurde, ebenso nicht rechtswirksam werden kann, da das Kriterium **bei Auftragserteilung** nicht eingehalten worden ist.

3.5 Zuschläge

Die Definition des Begriffs Umbau hat die **HOAI 2013** wieder von der **HOAI 1996** in

Zitat: **§ 2 Begriffsbestimmungen**

5. Umbauten sind Umgestaltungen eines vorhandenen Objekts mit wesentlichen Eingriffen in Konstruktion oder Bestand.

übernommen und hat das Merkmal der Wesentlichkeit, das in der Fassung von 2009 entfallen war, wieder eingeführt.

Die Höhe eines Umbauzuschlags ist nach § 36 Abs. 1

> **Zitat:** **§ 36 Umbauten und Modernisierungen von Gebäuden und Innenräumen**
> **Abs. 1** Für Umbauten und Modernisierungen von Gebäuden kann bei einem durchschnittlichen Schwierigkeitsgrad ein Zuschlag gemäß § 6 Abs. 2 Satz 3 bis 33 Prozent auf das ermittelte Honorar schriftlich vereinbart werden.

wieder bei Honorarzone III begrenzt auf 33 %. Bei fehlender schriftlicher Vereinbarung galt ebenfalls wieder ab Honorarzone III, und somit auch für die Honorarzonen IV und V, ein Zuschlag von 20 % als vereinbart. Das heißt aber nicht, dass mit Schriftform kein unter 20 % liegender Umbauzuschlag rechtsgültig vereinbart werden kann.

4 Musterrechnungen

Nachfolgend wird am Beispiel der Leistungsbilder
A **Gebäude** des **§ 34** HOAI und
B **Freianlagen** des **§ 39** HOAI
anhand von zwei Musterrechnungen beschrieben, wie die Honorarberechnungskriterien im Einzelnen zu ermitteln und in einer prüffähigen Rechnung darzustellen sind.

Fallbeispiel

Folgende Vertragsvereinbarungen werden angenommen:

- **Vertragsgegenstand:**
  Umbau eines **Wohn-** und **Geschäftshauses** mit **Tiefgarage** in ABC-Stadt, XYZ-Straße 123 und die dazu gehörenden **Freianlagen**.

- **Anspruchsgrundlage** für
  A Das Vertragsverhältnis wurde zum Zeitpunkt der Auftragserteilung am **19.10.2013** schriftlich begründet.
  B Wie bei A.

- **Honorarberechnungsgrundlage** für
  A Das Vertragsverhältnis wurde am 19.10.2013 geschlossen, im Geltungszeitraum der **HOAI 2013**. Somit gibt diese die Honorarberechnungssystematik vor.
  B Wie bei A.

- **Leistungsbild** des Vertragsgegenstandes für
  A **§ 34** Leistungsbild **Gebäude** und **Innenräume**
  B: **§ 39** Leistungsbild **Freianlagen**

- **Umfang der Leistungsverpflichtung** des Architekten nach folgenden Vereinbarungen:
  A **Gebäudeplanung**
  Das Ergebnis aus den für diese Aufgabenstellung notwendigen Arbeitsschritte analog zu § 34 Abs. 3 Leistungsphasen **1** bis **8**. Die Nachsorgeleistungen analog Objektbetreuung wurden nicht beauftragt.
  B **Freianlagenplanung**
  Das Ergebnis aus den für diese Aufgabenstellung notwendigen Arbeitsschritte analog zu § 39 Abs. 3 Leistungsphasen **1** bis **8**. Die Nachsorgeleistungen analog Objektbetreuung wurden nicht beauftragt.

- **Vergütungsverpflichtung** des Bauherrn nach folgenden Parametern:

  - Die **Honorarzone** wurde für
    A die Gebäudeplanung als hoch eingestuft und somit der Honorarzone **IV** zugeordnet,
    B die Freianlagenplanung als durchschnittlich eingestuft und somit der Honorarzone **III** zugeordnet.

  - Der **Honorarsatz** wird aufgrund aufwandsbezogener Einflussgrößen zum Zeitpunkt bei Auftragserteilung schriftlich festgelegt bei
    A der Gebäudeplanung als **Mittelsatz**,
    B der Freianlagenplanung als **Viertelsatz**.

  - Der **Umbauzuschlag** wird festgelegt aufgrund projektindividueller leistungserschwerender Kriterien bei
    - der Gebäudeplanung mit **25 %** des Honorars,
    - der Freianlagenplanung mit **25 %** des Honorars.

  - Die **Nebenkosten** wurden schriftlich bei Auftragserteilung pauschal mit **5 %** des Honorars vereinbart.

- **Der Vertrag wurde vollständig erfüllt.**

Die Honorarrechnungen sollten wie folgt aufgestellt werden, damit sie als prüffähig angesehen werden können:

Herrn
Dr. Peter **Mustermann**
Musterstraße 1

34567 Musterstadt

Honorarrechnung[21] — A: Gebäudeplanung

Rechnung:	lfd.Nr.	Projekt:	Ust-IdNr.:	Datum:	Signum:
XYZ	00001	B1638-1 (bei Überweisung mit angeben)	DE 184690529	TT.MM.JJ	XYZ

Projekt: **Umbau Wohn- und Geschäftshaus ABC-Stadt, XYZ-Straße 123**

Sehr geehrter **Herr Dr. Mustermann**,

nach Erfüllung unseres Vertrags vom **19.10.2013** am **TT.MM JJJJ** überreichen wir Ihnen beiliegende Rechnung. Zur besseren Nachvollziehbarkeit unserer Rechnungslegung sind alle Parameter wie Honoraranspruchsgrundlage, Honorarberechnungsgrundlage und Fachbegriffe aus dem Preisrecht HOAI in beiliegender Anlage erläutert.

Honorar netto:	=	**450.533,80 €**
zzgl. 5 % Nebenkosten:	=	**22.526,69 €**
Zwischensumme:	=	**473.060,49 €**
abzgl. Abschlagszahlung Nr. 1 vom TT.MM.JJJJ netto		168.067.23 €
abzgl. Abschlagszahlung Nr. 2 vom TT.MM.JJJJ netto		168.067.23 €
Restanspruch (netto):	=	**136.926,03 €**
zuzüglich 19 % Mehrwertsteuer[22] in Höhe von	=	**26.015,95 €**
Restanspruch (brutto):	=	**162.941,98 €**

Es wird gebeten, den Rechnungsbetrag von:	**162.941,98 €**
unter Bezug auf die Rechnungsnummer (lfd.Nr.-Projekt):	**00001-B1638-1**
auf unser Konto:	**205 655 000**
Bank:	**Volksbank Musterhofen**
Bankleitzahl:	**611 665 00**
bis zum:	**TT.MM.JJJJ**

zu überweisen.

Mit freundlichem Gruß

Architekt **Musterplaner**
(Die beiliegenden Anlagen erläutern alle Honorarberechnungsparameter)

21 In diesem Rechnungsmuster sind alle vom Autor eingesetzten Angaben wie Rechnungsnummer, Projektnummer, Datum, Postleitzahlen, Umsatzsteueridentifikationsnummer und variablen Honorarberechnungsparameter individuell zu ändern.

22 Es wird angenommen, dass zum Zeitpunkt der Vertragserfüllung, dem **TT.MM.JJJJ**, 19 % MwSt. Gültigkeit hatten.

Herrn
Dr. Peter **Mustermann**
Musterstraße 1

34567 Musterstadt

Honorarrechnung[23] B: Freianlagenplanung

Rechnung:	lfd.Nr.	Projekt:	Ust-IdNr.:	Datum:	Signum:
XYZ	00001	B1638-2 (bei Überweisung mit angeben)	DE 184690529	TT.MM.JJ	XYZ

Projekt: Umgestaltung der Freianlagen zu Wohn- und Geschäftshaus ABC-Stadt

Sehr geehrter **Herr Dr. Mustermann**,

nach Erfüllung unseres Vertrags vom **19.10.2013** am **TT.MM.JJJJ** überreichen wir Ihnen beiliegende Rechnung. Zur besseren Nachvollziehbarkeit unserer Rechnungslegung sind alle Parameter wie Honoraranspruchsgrundlage, Honorarberechnungsgrundlage und Fachbegriffe aus dem Preisrecht HOAI in beiliegender Anlage erläutert.

Honorar netto:	**= 32.555,41 €**
zzgl. 5 % Nebenkosten:	**= 1.627,77 €**
Zwischensumme:	**= 34.183,18 €**
abzgl. Abschlagszahlung Nr. 1 vom TT.MM.JJ netto	10.000.00 €
Restanspruch (netto):	**= 24.183,18 €**
zuzüglich 19 % Mehrwertsteuer[24] in Höhe von	**= 4.594,80 €**
Restanspruch (brutto):	**= 28.777,98 €**

Es wird gebeten, den Rechnungsbetrag von:	**28.777,98 €**
unter Bezug auf die Rechnungsnummer (lfd.Nr.-Projekt):	**00001-B1638-2**
auf unser Konto:	**205 655 000**
Bank:	**Volksbank Musterhofen**
Bankleitzahl:	**611 665 00**
bis zum:	**TT.MM.JJJJ**
zu überweisen.	

Mit freundlichem Gruß

Architekt **Musterplaner**
(Die beiliegenden Anlagen erläutern alle Honorarberechnungsparameter)

---

23 In diesem Rechnungsmuster sind alle vom Autor eingesetzten Angaben wie Rechnungsnummer, Projektnummer, Datum, Postleitzahlen, Umsatzsteueridentifikationsnummer und variablen Honorarberechnungsparameter individuell zu ändern.

24 Es wird angenommen, dass zum Zeitpunkt der Vertragserfüllung, dem **TT.MM.JJJJ**, 19 % MwSt. Gültigkeit hatten.

Anlage zu den Honorarrechnungen

Leistungsbild:	**A:**	**Objektplanung für Gebäude (Umbau)**
	B:	**Objektplanung für Freianlagen (Umgestaltung)**
Vertragsgrundlage:	**A + B.:**	**Schriftvertrag vom 19.10.2013**
Berechnungsgrundlage:		**HOAI 2013**
Vertragsgegenstand:	**A:**	**Umbau Wohn- und Geschäftshaus in ABC-Stadt**
	B:	**Umgestaltung der Freianlagen zu A**

Berechnungskriterien:

Leistungsumfang:

A: Gebäudeplanung:
gemessen an **§ 34** wie folgt:

1.	Grundlagenermittlung	2 %
2.	Vorplanung	7 %
3.	Entwurfsplanung	15 %
4.	Genehmigungsplanung	3 %
5.	Ausführungsplanung	25 %
6.	Vorbereitung der Vergabe	10 %
7.	Mitwirkung bei der Vergabe	4 %
8.	Objektüberwachung	32 %
9.	Objektbetreuung	0 %
	Gesamt.	**98 %**

B: Freianlagenplanung:
gemessen an **§ 39** wie folgt:

Grundlagenermittlung	3 %
Vorplanung	10 %
Entwurfsplanung	16 %
Genehmigungsplanung	4 %
Ausführungsplanung	25 %
Vorbereitung der Vergabe	7 %
Mitwirkung bei der Vergabe	3 %
Objektüberwachung	30 %
Objektbetreuung	0 %
Gesamt:	**98 %**

Honorarzone:

A:	gemessen an **§ 35** wie folgt:	**IV**
B:	gemessen an **§ 40** wie folgt:	**III**

Honorarsatz

A:	laut schriftlichem Vertrag	**Mittelsatz**
B:	laut schriftlichem Vertrag	**Viertelsatz**

Anrechenbare Kosten

A:	gemäß Kostenberechnung vom TT.MM.JJJJ	**2.687.499,99 €**
B:	gemäß Kostenberechnung vom TT.MM.JJJJ	**126.050,42 €**

Zuschlagsvereinbarung

A:	laut schriftlichem Vertrag	**25 % des Nettohonorars**
B:	laut schriftlichem Vertrag	**25 % des Nettohonorars**

Nebenkostenvereinbarung

A:	laut schriftlichem Vertrag	**5 % des Nettohonorars**
B:	laut schriftlichem Vertrag	**5 % des Nettohonorars**

Honorarberechnung

A: Gebäudeplanung

(Honorartafel des **§ 35 Abs. 1** unter Berücksichtigung von § 13 Interpolation):

bei	2.000.000,00 € = (267.034 + 300.714) : 2		= 283.874,00 €	
bei	3.000.000,00 € = (381.843 + 430.003) : 2		= 405.923,00 €	
bei	2.687.499,99 €		=	283.874,00 €
	+ (405.923,00 – 283.874,00) x (2.687.499,99 – 2.000.000,00) / (3.000.000,00 – 2.000.000,00)		=	83.908,69 €
Honoraranspruch:		100 %	=	367.782,69 €
hiervon Leistungsumfang:		98 %	=	360.427,04 €
zuzüglich Umbauzuschlag:		25 %	=	90.106,76 €
Zwischensumme:			=	450.533,80 €
zuzüglich Nebenkosten:		5 %	=	22.526,69 €
Zwischensumme:			=	473.060,49 €
zuzüglich Mehrwertsteuer:		19 %	=	89.881,50 €
Endsumme:			**=**	**562.941,99 €**

B: Freianlagenplanung

(Honorartafel des **§ 40 Abs. 1** unter Berücksichtigung von § 13 Interpolation):

bei	125.000,00 € = 24.855 + (30.999–24.855) x 25%		= 26.391,00 €	
bei	150.000,00 € = 28.998 + (36.166–28.998) x 25%		= 30.790,00 €	
bei	126.050,42 €		= 26.391,00 €	
	+ (30.790,00 – 26.391,00) x (126.050,42 – 125.000,00) / (150.000,00 – 125.000,00)		=	184,84 €
Honoraranspruch:		100 %	=	26.575,84 €
hiervon Leistungsumfang:		98 %	=	26.044,33 €
zuzüglich Umbauzuschlag:		25 %	=	6.511,08 €
Zwischensumme:			=	32.555,41 €
zuzüglich Nebenkosten:		5 %	=	1.627,77 €
Zwischensumme:			=	34.183,18 €
zuzüglich Mehrwertsteuer:		19 %	=	6.494,80 €
Endsumme:			**=**	**40.677,98 €**

Erläuterungen[25] zur Honorarrechnung

1. Anspruchsgrundlage

Anspruchsgrundlage für die vorliegende Honorarforderung ist der schriftliche Vertrag, der bei Auftragserteilung am **19.10.2013** geschlossen worden ist.

2. Honorarberechnungsgrundlage

Entsprechend dem Architektenvertrag vom 19.10.2013 erfolgte die Auftragserteilung nach dem **TT.MM.JJJJ** und somit innerhalb des Gültigkeitszeitraumes der **HOAI 2013**.

3. Honorarberechnungskriterien

3.1 Leistungsumfang der Beauftragung

Der Leistungsumfang ergibt sich regelmäßig aus der vertraglichen Vereinbarung, in der der werkvertraglich geschuldete Erfolg definiert wurde. Die vertragliche Vereinbarung ist an den in der HOAI aufgestellten Leistungsbildern abzugleichen und ein entsprechender Prozentsatz in die Honorarberechnung einzustellen.

Aus dem Leistungsbild der Objektplanung für Gebäude wurden die Leistungen für die Planung und die Bauleitung in Auftrag gegeben. Die Nachsorgeleistungen analog Objektbetreuung wurden nicht beauftragt. Abgeglichen an § 34 HOAI bedeutet das einen Leistungsumfang von 98 %, der sich wie folgt darstellt:

A: Gebäudeplanung:

Leistungsphasen		laut § 34 HOAI	beauftragt	erbracht
1	Grundlagenermittlung	2 %	2 %	2 %
2	Vorplanung	7 %	7 %	7 %
3	Entwurfsplanung	15 %	15 %	15 %
4	Genehmigungsplanung	3 %	3 %	3 %
5	Ausführungsplanung	25 %	25 %	25 %
6	Vorbereitung der Vergabe	10 %	10 %	10 %
7	Mitwirkung Vergabe	4 %	4 %	4 %
8	Objektüberwachung	32 %	32 %	32 %
9	Objektbetreuung und Dokumentation	2 %	0 %	0 %
1- 9	**Gesamt:**	**100 %**	**98 %**	**98 %**

25 Man sollte sich die Mühe machen, alle Daten, die zur Rechnungserstellung notwendig sind, in dieser Art aufzubereiten und dem Auftraggeber mit der Rechnung zu übergeben, damit die Prüffähigkeit der Honorarrechnung gewährleistet ist.

B: Freianlagenplanung:

Leistungsphasen		laut § 39 HOAI	beauftragt	erbracht
1	Grundlagenermittlung	3 %	3 %	3 %
2	Vorplanung	10 %	10 %	10 %
3	Entwurfsplanung	16 %	16 %	16 %
4	Genehmigungsplanung	4 %	4 %	4 %
5	Ausführungsplanung	25 %	25 %	25 %
6	Vorbereitung der Vergabe	7 %	7 %	7 %
7	Mitwirkung Vergabe	3 %	3 %	3 %
8	Objektüberwachung	30 %	30 %	30 %
9	Objektbetreuung und Dokumentation	2 %	0 %	0 %
1- 9	**Gesamt:**	**100 %**	**98 %**	**98 %**

3.2 Honorarzone

A: Gebäudeplanung:

Im Architektenvertrag vom 19.10.2013 ist die Honorarzone **IV** schriftlich vereinbart. Eine solche Vereinbarung ist gültig, sofern diese Festlegung nicht gegen die Mindest- bzw. Höchstsatzbestimmung der HOAI in Verbindung mit Artikel 10 § 1 und 2 MRVG verstößt. Eine Kontrolle hierüber ist in vorliegendem Fall erfolgt.

Eine **Grobbewertung** nach § 35 Absatz 2 ergibt folgende Zuordnung:

Bewertungsmerkmale nach Planungsanforderungen:	Bewertung der Planungsanforderungen nach Schwierigkeitsgrad:				
	sehr gering	gering	durchschnittlich	hoch	sehr hoch
Einbindung in die Umgebung		X			
Anzahl der Funktionsbereiche				X	
Gestalterische Anforderungen			X		
Konstruktive Anforderungen				X	
Technische Gebäudeausrüstung				X	
Ausbau				X	
	I	II	III	IV	V
	HONORARZONE: II, III oder IV				

Da das vorliegende Bauvorhaben nach einer Grobbewertung nicht eindeutig einer Honorarzone zugeordnet werden kann, ist eine **Feinbewertung** (Punktebewertung) nach § 35 Abs. 4, 5 und 6 HOAI vorzunehmen. Nach dem hier verwendeten Bewertungsschema (nach Eich/Eich[26]) ergibt sich folgende Zuordnung:

---

[26] Eich/Eich: **Architektenvertragshandbuch Gebäudeplanung.** 2. Aufl. Köln: Werner Verlag 2010 ISBN 978-3-8041-8831-0

Bewertungsmerkmale nach Planungsanforderungen:	Bewertung der Planungsanforderungen nach Schwierigkeitsgrad:					Punkte
	sehr gering	gering	durchschnittlich	hoch	sehr hoch	
Einbindung in die Umgebung	1	**2**	3 4	5	6	**2**
Anzahl der Funktionsbereiche	1 2	3 4	5	**6 7**	8 9	**6,5**
Gestalterische Anforderungen	1 2	3 4	**5**	6 7	8 9	**5**
Konstruktive Anforderungen	1	2	3 4	**5**	6	**5**
Technische Gebäudeausrüstung	1	2	3 4	**5**	6	**5**
Ausbau	1	2	3 4	**5**	6	**5**
Gesamtpunktzahl:	**28,5**					**28,5**
	1 bis 10	11 bis 18	19 bis 26	**27 bis 34**	35 bis 42	
	I	**II**	**III**	**IV**	**V**	
	HONORARZONE: IV					

Die Punktebewertung ergibt hier 28,5 Punkte, liegt somit zwischen 27 und 34 Punkten, und die Planungsleistung für das Gebäude ist entsprechend der Feinbewertung in die **Honorarzone IV** einzustellen.

B: Freianlagenplanung:

Eine **Grobbewertung** nach § 40 Absatz 2 ergibt folgende Zuordnung:

Bewertungsmerkmale nach Planungsanforderungen:	Bewertung der Planungsanforderungen nach Schwierigkeitsgrad:				
	sehr gering	gering	durchschnittlich	hoch	sehr hoch
Einbindung in die Umgebung		**X**			
Schutz, Pflege und Entwicklung			**X**		
Anzahl der Funktionsbereiche			**X**		
Gestalterische Anforderungen			**X**		
Ver- und Entsorgung				**X**	
	I	**II**	**III**	**IV**	**V**
	HONORARZONE: II, III oder IV				

Eine **Feinbewertung** nach § 40 Absatz 3 und 4 ergibt folgende Zuordnung:

Bewertungsmerkmale nach Planungsanforderungen:	Bewertung der Planungsanforderungen nach Schwierigkeitsgrad:								Punkte
	sehr gering	gering		durchschnittlich		hoch		sehr hoch	
Einbindung in die Umgebung	1	**2**	**3**	4	5	6	7	8	**2,5**
Schutz, Pflege und Entwicklung	1	2	3	**4**	**5**	6	7	8	**4,5**
Anzahl der Funktionsbereiche	1	2		**3**	**4**	5		6	**3,5**
Gestalterische Anforderungen	1	2	3	**4**	**5**	6	7	8	**4,5**
Ver- und Entsorgung	1	2		3	4	**5**		6	**5**
Gesamtpunktzahl:	**20**								**20**
	1 bis 8	9 bis 15		**16 bis 22**		23 bis 29		30 bis 36	
	I	**II**		**III**		IV		**V**	
	HONORARZONE: III								

Die Punktebewertung ergibt hier 20 Punkte, liegt somit zwischen 16 und 22 Punkten, und die Planungsleistung für die Freianlagen ist entsprechend der Feinbewertung in **Honorarzone III** einzustellen.

3.3 Honorarsatz

Im Architektenvertrag vom 19.10.2013 wurde für
A: die Gebäudeplanung der **Mittelsatz**
B: die Freianlagenplanung der **Viertelsatz**
vereinbart. Da diese Vereinbarung **bei Auftragserteilung in Schriftform** getroffen wurde, sind die Voraussetzungen des § 7 Abs. 1 HOAI eingehalten, und der Mittelsatz bei der Gebäudeplanung und der Viertelsatz bei der Freianlagenplanung sind somit rechtsgültig.

3.4 Anrechenbare Kosten

3.4.1 Herstellungskosten

Die auf der Grundlage der **Entwurfsplanung** ermittelten **Herstellungskosten**, die nach Gewerken und/oder Grobelementen ausgewiesen wurden, werden nachfolgend den Kostengruppen (KG) der DIN 276 in der Fassung von Dezember 2008 zugeordnet, um die Anrechenbaren Kosten für die Honorarbemessung HOAI-konform errechnen zu können:

Bezeichnung	Bruttobetrag in €	KG
Sicherungsmaßnahmen für vorhandene Bauwerksteile	20.000,00	211
Abbruch von vorhandenen Bauwerksteilen	40.000,00	212
Sanieren kontaminierter Böden	10.000,00	213
Baugrubenaushub und Baugrubenumschließung	60.000,00	311
Baugrubenwasserhaltungsmaßnahmen	10.000,00	313
Flachgründungsmaßnahmen	10.000,00	322
Bodenplatte	50.000,00	324
Bauwerksabdichtung	20.000,00	326
Drainagen	30.000,00	327
Außenwände, tragend, inkl. Außen- und Innenverkleidungen	500.000,00	331
Außenwände, nicht tragend, inkl. Verkleidungen	200.000,00	332
Innenwände	250.000,00	342
Innentüren	80.000,00	344
Innenwandverkleidungen	150.000,00	345
Deckenbeläge	100.000,00	352
Deckenbekleidungen	200.000,00	353
Dachfenster	100.000,00	362
Dachbeläge	140.000,00	363
Einbauküchen und Einbauregale	100.000,00	371
Abwasserleitungen	80.000,00	411
Wasserleitungen und Sanitärobjekte	40.000,00	412
Heizleitungen	80.000,00	422
Heizkörper	120.000,00	423
Lüftungsanlagen	40.000,00	431
Elektrokabel	80.000,00	444
Einbauleuchten	60.000,00	445
Blitzschutz	20.000,00	446
Türsprechanlage	50.000,00	452
Fernsehanlagen	20.000,00	455
Brandschutzanlagen	10.000,00	456
Personenaufzug	40.000,00	461
Anlage zur Getränkezubereitung	40.000,00	471
Sprinkleranlagen	60.000,00	475
Abfallentsorgungsanlagen	40.000,00	478
Staubsauganlagen	20.000,00	478
Geländeflächenab- und -auftrag	30.000,00	512
Zufahrten	40.000,00	521
Stellflächen	30.000,00	524
Einfriedungen	10.000,00	531
Spielteich	10.000,00	538
Zufahrtsrampenheizung	15.000,00	544
Kinderspielgeräte und Fahrradständer	10.000,00	551
Pflanzung von Büschen und Raseneinsaat	5.000,00	562
Möbel, Geräte und Vorhänge	40.000,00	611
Schilder und Wegweiser	10.000,00	619
Künstlerische Glasarbeiten im Eingangsbereich	30.000,00	622
Summe der prognostizierten Kosten laut Kostenberechnung	**3.100.000,00**	

Nach Ende der Baumaßnahme musste festgestellt werden, dass gemäß der Honorarberechnungssystematik der HOAI weitere fiktive Kosten in die Honorarbemessungsgrundlage wie folgt eingestellt werden müssen:

Bezeichnung	Bruttobetrag in € Ansatz mit ortsüblichen Preisen	KG
Nicht übliche Vergünstigungen durch Bauunternehmer	5.000,00	336
Eigenleistungen des AG (Malerarbeiten an Innenwänden)	40.000,00	349
Einbau vorbeschaffter Innenwandvertäfelung	50.000,00	348
Mitzuverarbeitende Bausubstanz der Baukonstruktion	200.000,00	399
Mitzuverarbeitende Bausubstanz der Technischen Anlagen	50.000,00	499
Mitzuverarbeitende vorhandene Teile der Ausstattung	20.000,00	699
Summe der fiktiven Kosten	**365.000,00**	

Summe der prognostizierten und fiktiven Kosten: **3.465.000,00**

§ 6 Abs. 1 HOAI bestimmt, dass sich das Honorar für die Leistungen nach der Kostenberechnung zu richten hat.

Die so ermittelten Herstellungskosten stellen sich nach der Systematik der **DIN 276**, Ausgabe Dezember 2008, wie folgt dar:

KG	Bezeichnung	brutto €€	MwSt. €€	netto €€
100	**Grundstück**			
110	**Grundstückswert**	250.000,00	39.915,97	210.084,03
120	**Grundstücksnebenkosten**	50.000,00	7.983,19	42.016,81
130	**Freimachen**	10.000,00	1.596,64	8.403,36
∑ 100	**Gesamtsumme Kostengruppe 100**	**310.000,00**	**49.495,80**	**260.504,20**
200	**Herrichten und Erschließen**			
210	**Herrichten**			
211	Sicherungsmaßnahmen	20.000,00	3.193,28	16.806,72
212	Abbruchmaßnahmen	40.000,00	6.386,56	33.613,44
213	Altlastenbeseitigung	10.000,00	1.596,64	8.403,36
∑ 210	**Herrichten**	**70.000,00**	**11.176,48**	**58.823,52**
220	**Öffentliche Erschließung**			
230	**Nicht öffentliche Erschließung**			
240	**Ausgleichsabgaben**			
250	**Übergangsmaßnahmen**			
∑ 200	**Gesamtsumme Kostengruppe 200**	**70.000,00**	**11.176,48**	**58.823,52**
300	**Bauwerk - Baukonstruktionen**			
310	**Baugrube**			
311	Baugrubenaushub und -umschließung	60.000,00	9.579,83	50.420,17
313	Baugrubenwasserhaltungsmaßnahmen	10.000,00	1.596,64	8.403,36
∑ 310	**Baugrube**	**70.000,00**	**11.176,47**	**58.823,53**
320	**Gründung**			
322	Flachgründungsmaßnahmen	10.000,00	1.596,64	8.403,36
324	Bodenplatte	50.000,00	7.983,19	42.016,81
326	Bauwerksabdichtung	20.000,00	3.193,28	16.806,72
327	Drainagen	30.000,00	4.789,92	25.210,08
∑ 320	**Gründung**	**110.000,00**	**17.563,03**	**92.436,97**
330	**Außenwände**			
331	Tragende Außenwände, inkl. Verkleidungen	500.000,00	79.831,93	420168,07
332	Nicht tragende Außenwände, inkl. Verkleidung	200.000,00	31.932,77	168.067,23
336	Nicht übliche Vergünstigungen bei Außenwandarbeiten	5.000,00	798,32	4.201,68

∑ 330	**Außenwände**	**705.000,00**	**112.563,03**	**592.436,97**
340	**Innenwände**			
342	Innenwände	250.000,00	39.915,97	210.084,03
344	Innentüren	80.000,00	12.773,11	67.226,89
345	Innenwandverkleidungen	150.000,00	23.949,58	126.050,42
348	Einbau vorbeschaffter Innenwandvertäfelung	50.000,00	7983,19	42.016,81
349	Eigenleistung Malerarbeiten an Innenwänden	40.000,00	6.386,55	33.613,45
∑ 340	Innenwände	570.000,00	91.008,40	478.991,60
350	**Decken**			
352	Deckenbeläge	100.000,00	15.966,39	84.033,61
353	Deckenbekleidungen	200.000,00	31.932,77	168.067,23
∑ 350	**Decken**	**300.000,00**	**47.899,16**	**252.100,84**
360	**Dächer**			
362	Dachfenster	100.000,00	15.966,39	84.033,61
363	Dachbeläge	140.000,00	22.352,94	117.647,06
∑ 360	**Dächer**	**240.000,00**	**38.319,33**	**201.680,67**
370	**Baukonstruktive Einbauten**			
371	Einbauküchen und Einbauregale	100.000,00	15.966,39	84.033,61
∑ 370	**Baukonstruktive Einbauten**	**100.000,00**	**15.966,39**	**84.033,61**
390	**Sonst. Maßnahmen für Baukonstruktionen**			
399	Mitverarbeitete Bausubstanz	200.000,00	31.932,77	168.067,23
∑ 390	**Sonst. Maßnahmen für Baukonstruktionen**	**200.000,00**	**31.932,77**	**168.067,23**
∑ 300	**Gesamtsumme Kostengruppe 300**	**2.295.000,00**	**366.428,57**	**1.928.571,43**

400	**Bauwerk – Technische Anlagen**			
410	**Abwasser-, Wasser-, Gasanlagen**			
411	Abwasserleitungen	80.000,00	12.773,11	67.226,89
412	Wasserleitungen und Sanitärobjekte	40.000,00	6.386,56	33.613,44
∑ 410	**Abwasser-, Wasser-, Gasanlagen**	**120.000,00**	**19.159,67**	**100.840,33**
420	**Wärmeversorgungsanlagen**			
422	Heizleitungen	80.000,00	12.773,11	67.226,89
423	Heizkörper	120.000,00	19.159,66	100.840,34
∑ 420	**Wärmeversorgungsanlagen**	**200.000,00**	**31.932,77**	**168.067,23**
430	**Lufttechnische Anlagen**			
431	Lüftungsanlagen	40.000,00	6.386,56	33.613,44
∑ 430	**Lufttechnische Anlagen**	**40.000,00**	**6.386,56**	**33.613,44**
440	**Starkstromanlagen**			
444	Elektrokabel	80.000,00	12.773,11	67.226,89
445	Einbauleuchten	60.000,00	9.579,83	50.420,17
446	Blitzschutz	20.000,00	3.193,28	16.806,72
∑ 440	**Starkstromanlagen**	**160.000,00**	**25.546,22**	**134.453,78**
450	**Fernmelde- u. informationstechnische Anlagen**			
452	Türsprechanlage	50.000,00	7.983,19	42.016,81
455	Fernsehanlagen	20.000,00	3.193,28	16.806,72
456	Brandschutzanlage	10.000,00	1.596,64	8.403,36
∑ 450	**Fernmelde- u. informationstechnische Anlagen**	**80.000,00**	**12.773,11**	**67.226,89**
460	**Förderanlagen**			
461	Personenaufzug	40.000,00	6.386,56	33.613,44
∑ 460	**Förderanlagen**	**40.000,00**	**6.386,56**	**33.613,44**
470	**Nutzungsspezifische Anlagen**			
471	Anlage zur Getränkezubereitung	40.000,00	6.386,56	33.613,44
475	Sprinkleranlage	60.000,00	9.579,83	50.420,17
478	Abfallentsorgungsanlage	40.000,00	6.386,56	33.613,44
478	Staubsauganlage	20.000 00	3.193,28	16.806,72
∑ 470	**Nutzungsspezifische Anlagen**	**160.000 00**	**25.546,23**	**134.453,77**
480	**Gebäudeautomation**			
490	**Sonst. Maßnahmen für technische Anlagen**			
499	Mitverarbeitete Bausubstanz	50.000,00	42.016,81	7.983,19
∑ 490	**Sonst. Maßnahmen für technische Anlagen**	**50.000,00**	**42.016,81**	**7.983,19**
∑ 400	**Gesamtsumme Kostengruppe 400**	**850.000,00**	**135.714,29**	**714.285,71**

500	**Außenanlagen**			
510	**Geländeflächen**			

512	Geländeflächenab- und -auftrag	30.000,00	4.789,92	25.210,08
∑ 510	**Geländeflächen**	**30.000,00**	**4.789,92**	**25.210,08**
520	**Befestigte Flächen**			
521	Zufahrten	40.000,00	6.386,56	33.613,44
524	Stellflächen	30.000,00	4.789,92	25.210,08
∑ 520	**Befestigte Flächen**	**70.000,00**	**11.176,48**	**58.823,52**
530	**Baukonstruktionen in Außenanlagen**			
531	Einfriedungen	10.000,00	1.596,64	8.403,36
538	Spielteich	10.000,00	1.596,64	8.403,36
∑ 530	**Baukonstruktionen in Außenanlagen**	**20.000,00**	**3.193,28**	**16.806,72**
540	**Technische Anlagen in Außenanlagen**			
544	Zufahrtsrampenheizung	15.000,00	2.394,96	12.605,04
∑ 540	**Technische Anlagen in Außenanlagen**	**15.000,00**	**2.394,96**	**12.605,04**
550	**Einbauten in Außenanlagen**			
551	Kinderspielgeräte und Fahrradständer	10.000,00	1.596,64	8.403,36
∑ 550	**Einbauten in Außenanlagen**	**10.000,00**	**1.596,64**	**8.403,36**
560	**Wasserflächen**			
562	Pflanzung von Büschen und Raseneinsaat	5.000,00	798,32	4.201,68
∑ 560	**Wasserflächen**	**5.000,00**	**798,32**	**4.201,68**
570	**Pflanz- und Saatflächen**			
590	**Sonstige Maßnahmen für Außenanlagen**			
∑ 500	**Gesamtsumme Kostengruppe 500**	**150.000,00**	**23.949,58**	**126.050,42**

600	**Ausstattung und Kunstwerke**			
610	**Ausstattung**			
611	Möbel, Geräte und Vorhänge	40.000,00	6.386,56	33.613,44
619	Schilder und Wegweiser	10.000,00	1.596,64	8.403,36
∑ 610	**Ausstattung**	**50.000,00**	**7.983,20**	**42.016,80**
620	**Kunstwerke**			
622	Künstlerische Glasarbeiten im Eingangsbereich	30.000,00	4.789,92	25.210,08
∑ 620	**Kunstwerke**	**30.000,00**	**4.789,92**	**25.210,08**
690	**Sonstige Maßnahmen der Ausstattung**			
699	Mitverarbeitete vorhandene Teile	20.000,00	3.193,28	16.806,72
∑ 690	**Sonstige Maßnahmen der Ausstattung**	**20.000,00**	**3.193,28**	**16.806,72**
∑ 600	**Gesamtsumme Kostengruppe 600**	**100.000,00**	**15.966,39**	**84.033,61**

700	**Baunebenkosten**			
710	Bauherrenaufgaben			
720	Vorbereitung der Objektplanung			
730	Architekten- und Ingenieurleistungen			
740	Gutachten und Beratung			
750	Kunst			
760	Finanzierung			
770	Allgemeine Baunebenkosten			
790	Sonstige Baunebenkosten			
∑ 700	**Gesamtsumme Kostengruppe 700**			

3.4.2 Anrechenbare Kosten

A: Gebäudeplanung:

Aus § 33 HOAI ergibt sich direkt und/oder indirekt, welche Kosten unter welchen Bedingungen als Bemessungsgrundlage für das Honorar für die Gebäudeplanung **anrechenbar** sind. Dabei sind verschiedene Kosten auf unterschiedliche Art und Weise anrechenbar. Es gibt Kosten, die

A: **immer** und **immer voll** anrechenbar sind,
B: **immer**, aber **nicht immer voll**, sondern **ggf. gemindert** anrechenbar sind,
C: **leistungsabhängig bedingt** anrechenbar sind, aber wenn ja, dann **voll**,
D: **unter bestimmten Voraussetzungen voll** oder **nicht** anrechenbar sind,
E: nicht direkt anfallen, aber unter Umständen **als fiktive Kosten** anrechenbar sind, und
F: **grundsätzlich nicht** anrechenbar sind,

und die sich bezogen auf die Kostengruppen der DIN 276 Ausgabe Dezember 2008 wie folgt darstellen lassen:

HOAI		KG	Bezeichnung	wie anrechenbar
	F	100	Grundstück	grundsätzlich nicht
§ 33 Abs. 3	C	210	Herrichten	bedingt, aber wenn ja, dann voll
	F	220	Öffentliche Erschließung	grundsätzlich nicht
§ 33 Abs. 3	C	230	Nicht öffentliche Erschließung	leistungsabhängig bedingt, aber wenn ja, voll
	F	240	Ausgleichsabgaben	grundsätzlich nicht
	F	250	Übergangsmaßnahmen	grundsätzlich nicht
§ 33 Abs. 1	A	300	Baukonstruktion	immer, und immer: voll
§ 33 Abs. 2	B	400	Technische Anlagen	immer, aber ggf. voll, ggf. gemindert
§ 37 Abs. 1	D	500	Außenanlagen	wenn < 7.500 €: ja, wenn ≥ 7.500 €: nein
§ 33 Abs. 3	C	610	Ausstattung	bedingt, aber wenn ja, dann voll
§ 33 Abs. 3	C	620	Kunstwerke	bedingt, aber wenn ja, dann voll
	F	700	Baunebenkosten	grundsätzlich nicht
§ 4 Abs. 1	F		Mehrwertsteueranteile	grundsätzlich nicht

Aus § 4 Abs. 2 HOAI ergibt sich, dass **ortsübliche Preise** in die Bemessungsgrundlage des Architektenhonorars einzubeziehen sind, sofern der Auftraggeber

§ 4 Abs. 2 S. 1	E	selbst Lieferungen oder Leistungen übernimmt,
§ 4 Abs. 2 S. 2	E	von bauausführenden Unternehmen / Lieferanten sonst nicht übliche Vergünstigungen erhält,
§ 4 Abs. 2 S. 3	E	Lieferungen und Leistungen in Gegenrechnung ausführt oder
§ 4 Abs. 2 S. 4	E	vorhandene oder vorbeschaffte Baustoffe oder Bauteile einbauen lässt,
§ 4 Abs. 3	E	mitzuverarbeitende Bausubstanz.

Somit sind im vorliegenden Fall folgende Kosten für die Honorarbemessung für die **Gebäudeplanung** anrechenbar:

Fall	**KG**	**anrechenbar**	**Summe €**	**Summe €**
∑ A	**300**	**Baukonstruktion: voll**	**1.928.571,43**	**1.928.571,43**
∑ C	**210**	**Herrichten**		
	211	Sicherungsmaßnahmen: **voll** (geplant)	16.806,72	
	212	Abbruchmaßnahmen: **voll** (Ausführung überwacht)	33.613,44	
	213	Altlastenbeseitigung: **voll** (Ausführung überwacht)	8.403,36	
	210		**58.823,52**	**58.823,52**
	230	**Nicht öffentliche Erschließung**	0,00	
	600	**Ausstattung und Kunstwerke**		
	610	Ausstattung neu: **voll** (bei Beschaffung mitgewirkt)	42.016,81	
	620	Kunstwerke neu: **voll** (Einbau fachlich überwacht)	25.210,08	
	690	Mitverarbeitete vorhandene Teile	16.806,72	
	600		**84.033,61**	**84.033,61**
∑ D	**500**	**Außenanlagen:** hier **nein**, da Kosten > 7.500 €	0,00	
∑ A,C,D		**Sonstige anrechenbare Kosten** im Sinne des § 33 HOAI		**2.071.428,56**
∑ B	**400**	**Technische Anlagen:** Gemäß 32 Abs. 2 HOAI **gemindert**, da die Summe von 714.285,71 € die 25-%-Marke der sonstigen anrechenbaren Kosten in Höhe von 2.071.428,56 € übersteigt. Somit erfolgt folgende Minderung: Anrechenbar bis 25 % von 2.071.428,56 = 517.857,14 zzgl. 50 % des übersteigenden Betrags, berechnet wie folgt: 714.285,71 – 517.857,14 = 196.428,57 x 50 % =	517.857,14 98.214,29	
			616.071,43	**616.071,43**
∑ A-E		**Anrechenbare Kosten für Gebäudeplanung**		**2.687.499,99**

B: Freianlagenplanung:

	KG	Bezeichnung		netto:
∑	500	Anrechenbare Kosten für Freianlagenplanung		126.050,42

3.5 Umbauzuschlag

Gemäß § 36 Abs. 1 HOAI sind die Honorare bei Umbauten und Modernisierungen im Sinne des § 2 Nr. 5 mit der Maßgabe zu ermitteln, dass eine Erhöhung der Honorare um einen Vomhundertsatz schriftlich zu vereinbaren ist. Bei der Vereinbarung der Höhe des Zuschlags ist insbesondere der Schwierigkeitsgrad der Leistungen zu berücksichtigen. Sofern nicht etwas anderes schriftlich vereinbart ist, gilt gemäß § 6 Abs. 2 bei Honorarzone III ein Zuschlag von 20 Prozent als vereinbart.

Vorliegend wurde im schriftlichen Architektenvertrag vom 19.10.2013 ein Umbauzuschlag für die Objektplanungen des Gebäudes und der Freianlagen von jeweils **25 %** des Nettohonorars vereinbart.

3.6 Nebenkosten

Gemäß § 14 Abs. 3 HOAI können Nebenkosten entweder pauschal oder nach Einzelnachweis abgerechnet werden. Nebenkosten sind nach Einzelnachweis abzurechnen, sofern nicht bei Auftragserteilung eine pauschale Abrechnung schriftlich vereinbart wurde.

Vorliegend wurde im schriftlichen Architektenvertrag vom 19.10.2013 eine Nebenkostenpauschale in Höhe von **5 %** des Nettohonorars vereinbart.

3.7 Umsatzsteuer

Gemäß § 16 Abs. 1 HOAI hat der Auftragnehmer Anspruch auf Ersatz der gesetzlich geschuldeten Umsatzsteuer.

Die Höhe des zu berücksichtigenden Mehrwertsteuersatzes hängt von dem Zeitpunkt der Leistungserbringung ab, d.h. dem Zeitpunkt der frühest möglichen Rechnungsstellung, unabhängig von dem Zeitpunkt der tatsächlichen Rechnungsstellung. Dieser Zeitpunkt ist bei einem Werkvertrag grundsätzlich erst mit der vollständigen Erfüllung der vertraglich geschuldeten Leistung oder bei Beendigung des Vertragsverhältnisses gegeben. Der derzeit geltende Mehrwertsteuersatz liegt bei **19 %.**

4 Honorarberechnung

A: Gebäudeplanung:

Die Honorartafel des § 35 HOAI weist für Anrechenbare Kosten zwischen 25.000 € und 25.000.000 € für die fünf Honorarzonen das Honorar für einen Vollauftrag jeweils nach Mindestsatz und Höchstsatz aus. Das Honorar für den **Mittelsatz** ergibt sich aus:

Honorar für den Mindestsatz + 50 % aus der Differenz der Honorare von Höchst- und Mindestsatz.

So ergeben sich bei Honorarzone IV und Anrechenbaren Kosten von 2.000.000 € bzw. 3.000.000 € Mittelsätze in Höhe von:

Anrechenbare Kosten	**Berechnung des Mittelsatzhonorars**
2.000.000,00 €	267.034 + (300.714 – 267.034) x 50 % = **283.874,00 €**
3.000.000,00 €	381.843 + (430.003 – 381.843) x 50 % = **405.923,00 €**

Das Honorar für Zwischenstufen der Tabellenwerte der Anrechenbaren Kosten errechnet sich wie folgt:

? €	=	**a + (b * c) : d**
? €	=	gesuchtes Honorar
a	=	Honorar des nächstniedrigeren Wertes der Anrechenbaren Kosten
b	=	Differenz zwischen den tatsächlich Anrechenbaren Kosten und dem nächstniedrigeren Wert der Anrechenbaren Kosten
c	=	Differenz der Honorare für die nächsthöheren und nächstniedrigeren Anrechenbaren Kosten
d	=	Differenz der in der Tabelle nacheinander genannten anrechenbaren Kosten

So ergibt sich die in der Rechnung dargestellte Honorarberechnung für Anrechenbare Kosten in Höhe von **2.687.499,99 €** wie folgt:

$$\overbrace{283.874{,}00}^{a} + \frac{\overbrace{(2.687.499{,}99 - 2.000.000{,}00)}^{b} \times \overbrace{(405.923{,}00 - 283.874{,}00)}^{c}}{\underbrace{3.000.000{,}00 - 2.000.000{,}00}_{d}} = \overbrace{367.782{,}69\ €}^{?\ €}$$

B: Freianlagenplanung:

Die Honorartafel des § 40 HOAI weist für Anrechenbare Kosten zwischen 20.000 € und 1.500.000 € für die fünf Honorarzonen das Honorar für einen Vollauftrag jeweils nach Mindestsatz und Höchstsatz aus. Das Honorar für den **Viertelsatz** ergibt sich aus:

Honorar für den Mindestsatz + 25 % aus der Differenz der Honorare von Höchst- und Mindestsatz.
So ergeben sich bei Honorarzone III und anrechenbaren Kosten von 125.000 € bzw. 150.000 € Viertelsätze in Höhe von:

Anrechenbare Kosten	**Berechnung des Mittelsatzhonorars**
125.000,00 €	24.855 + (30.999 – 24.855) x 25 % = **26.391,00 €**
150.000,00 €	28.998 + (36.166 – 28.998) x 25 % = **30.790,00 €**

So ergibt sich die in der Rechnung dargestellte Honorarberechnung für Anrechenbare Kosten in Höhe von **126.050,42 €** wie folgt:

$$\overbrace{26.391{,}00}^{a} + \frac{\overbrace{(126.050{,}42 - 125.000{,}00)}^{b} \times \overbrace{(30.790{,}00 - 26.790{,}00)}^{c}}{\underbrace{150.000{,}00 - 125.000{,}00}_{d}} = \overbrace{26.575{,}84}^{?\ €}$$